U0786988

普通高等教育“十一五”国家级规划教材

化学物质的风险评价

胡建英　安　伟　曹红斌　董兆敏　编著

科学出版社

北　京

内 容 简 介

本书从人类健康和生态安全两个方面阐述了化学物质风险评价的原理、方法和应用。全书分为两部分，第一部分以人类健康为主题，首先介绍了化学物质对人类暴露评估，然后说明了致癌性和非致癌性化学物质的危害性评价方法，最后对致癌性化学物质的风险特征进行刻画，主要是以癌症的发生率、社会费用损失或者剩余寿命的损失作为评价终点进行评价。第二部分是以生态安全为主题，介绍了不同的生物暴露的暴露评价，包括常用的数理统计方法、模型外推方法和生态风险评价方法，在环境基准制定和环境政策决策方面的运用。生态危害性评价包括了在不同层次上进行危害性评价的方法，以及这些方法的适用范围。生态风险的评价通过对不同浓度下的危害发生的概率、生态损失和社会损失期望来描述风险。最后说明了这些方法在化学物质的管理、水质、食品、药品和环境等方面的安全基准制定，以及在政策制定和决策等方面的运用。

本书既可作为环境科学、地理科学专业本科生及研究生教材，也可供相关专业研究人员参考。

图书在版编目（CIP）数据

化学物质的风险评价/胡建英等编著. —北京：科学出版社，2010
普通高等教育“十一五”国家级规划教材
ISBN 978-7-03-029769-3

Ⅰ.①化… Ⅱ.①胡… Ⅲ.①化学物质-风险分析-高等学校-教材 Ⅳ.①06

中国版本图书馆 CIP 数据核字（2010）第 247079 号

责任编辑：杨 红 沈晓晶/责任校对：刘小梅
责任印制：徐晓晨/封面设计：陈 敬

科 学 出 版 社 出版
北京东黄城根北街 16 号
邮政编码：100717
http://www.sciencep.com

北京虎彩文化传播有限公司 印刷
科学出版社发行 各地新华书店经销
*
2010 年 12 月第 一 版 开本：B5(720×1000)
2018 年 11 月第三次印刷 印张：18 3/4
字数：378 000

定价：59.00 元
（如有印装质量问题，我社负责调换）

前　言

现代生活高度依赖各种人工合成的化学物质，因此造就了充满化学物质的环境。人们通过接触空气、水、食品、化妆品、建筑材料以及各种生活用品，每时每刻都暴露于化学物质之中。特别是近年来随着经济的高速发展，环境污染事件在我国时有发生，如牛奶中的三聚氰胺问题、重金属污染导致的儿童血铅增高问题等，有关化学物质对人体健康的影响越来越引起公众的关注。因此，如何在充分享受化学物质带来的便利的同时，有效地管理好化学物质，防止化学物质威胁人类健康和生态安全是各国政府和科学界在认真思考的一个问题。

1992 年联合国第一次提出了化学品风险管理的基本理念，强调企业要进行基于风险评价的自主风险管理。目前，风险评价已经成为欧盟、美国等管理化学品的一个不可或缺的手段。近年来，我国科学界开始关注化学物质的风险管理问题，相关研究方兴未艾。但是，遗憾的是，至今为止，我国还没有一本有关化学物质风险评价的书问世。这导致我国在风险评价概念上存在一些模糊的认识，也缺乏必要的方法学支持，使得一些有关风险评价的研究难以深入下去，也阻碍了风险评价方法在我国化学品管理上的应用。北京大学城市与环境学院于 2003 年开设了“微量化学物质的风险评价”课程。在教学和科研工作中，笔者深刻体会到出版一本系统介绍风险评价概念、方法学和案例的教科书的必要性。因此，在科学出版社的支持下，笔者组织若干名在化学物质风险评价领域有较丰富科研和教学经验的专家编写了这本教材。化学物质风险评价的方法学是本书的重点，希望读者阅读本书后，能够掌握风险评价的基本概念和基本方法，并借助于一些案例分析，能够对各种化学物质的健康以及生态风险进行定量评价。

值得指出的是，人的化学物质暴露途径多种多样，而且每个人的职业、生活方式、生活空间、年龄、性别、经济状况等不同，都会导致其暴露化学物质的量和种类产生显著差异。同时，不同的化学物质有着不同的物理化学性质和用途，这也就决定了其不同的环境行为。这些暴露途径和环境行为的复杂性给化学物质的暴露评价带来了不少困难。因此，弄清化学物质的暴露因素并进行暴露量预测尤为重要。另外，不同化学物质的毒性大小和致毒机制差异非常大，而且，毒性数据来源也很广泛，有些来自专门机构提供的动物暴露数据，有些来自流行病调查数据，处于不同立场的人往往会引用不同的毒性数据。但是不管利用哪一类毒性数据，每个数据背后都隐含着许多假设，在处理毒理学和流行病学模型或者在进行剂量效应解析之前，有必要了解这些假设。最后，任何化学物质都是有毒的，只是呈现毒性的剂量不同而已，因此，将危害性评价和暴露评价有机结合是风险评价的核心。

本书从人类健康和生态安全两个方面系统阐述了化学物质风险评价的原理和方法，并以作者的研究成果为主介绍了若干应用案例，全书分为 5 章。第 1 章回顾了国际上风险评价与风险管理的发展历史，以便帮助读者思考风险评价的本质。第 2 章以人类健康风险评价为主题，介绍了化学物质的人类暴露评估，致癌和非致癌性化学物质的危害性评价方法及其风险计算，并以汞和铅的风险评价为案例来加深读者对健康风险评价方法学的理解。这两章主要由胡建英执笔。第 3 章以生态风险评价方法为主题，内容涉及不同层次上（包括生理水平、个体水平、种群水平、生态系统）的危害性评价方法、适用范围及其在环境基准制定方面的应用，由胡建英和安伟执笔。化学物质风险评价的最终目的在于风险管理，因此第 4 章借助案例着重介绍了风险管理中常用的成本收益分析，由曹红斌执笔。为了便于读者自身开展风险评价，本书在最后一章系统介绍了风险评价中常用的数学技术基础，由董兆敏执笔。

本书的主要框架和内容是在历年的“微量化学物质的风险评价”课程教案的基础上形成的。从开课当初的白手起家到现在的成书，离不开听课的历届学生的支持和启发。开课当初，由于国内缺乏相关参考书，日本化学工业协会的花井先生伸出了援助之手，提供了珍贵的第一手资料，使笔者得以从开课当初的困境中走出，在此深表感谢。同时，本书的成稿也得益于日本产业技术综合研究所化学物质风险管理研究中心林彬勒博士的鼓励和支持。

虽然作者在编写本书的过程中始终兢兢业业、认真负责，但由于时间和能力有限，书中难免存在不妥和疏漏之处，敬请读者批评指正。

胡建英

2010 年 9 月 16 日

目　　录

第1章　化学物质的健康风险评价的发展历史和评价过程

为了减少化学物质对人类健康和生态系统等的影响，目前许多国家都已经采用法律程序，如制定大气、水质等标准的手段进行化学物质的管理。由于法律制定的前提必须是以科学上已经明确的事实为基础，也就是说只有在危害实际上已经发生或者具有明确危害的情况下，才能制定相关的法律。这种缺陷导致了政策的实施往往滞后于事故的发生；此外，虽然化学物质的管理是环境管理中的一个重要部分，但是由于正在使用的化学物质数目非常庞大，化学物质的使用范围和使用方式也在不断发生改变，很难仅依靠法律手段进行化学物质的管理。这要求化工制造企业进行化学物质的自主管理。在这样的背景下，1992年的巴西联合国环境开发会议上采纳了“面向21世纪行动计划”，其中的第19章“International Program on Chemical Safety”（化学物质安全国际项目）详细记载了国际社会针对“化学物质安全”以“持续发展”为基础的行动计划。在这个行动计划中，已经提出了化工制造企业主动进行化学物质管理的必要性。实际上，早在1992年之前，国际化学工业界已经开始了企业责任和惠顾活动。1985年，加拿大进行了一项“企业形象”的民意调查，继烟草工业后，化学工业被民众认为是影响国民健康的产业，这给加拿大化学物质生产者协会一个比较大的打击。因此，加拿大开始了向民众介绍化学工业在环境改善方面所作出的努力。而美洲、欧洲和日本等地区和国家的化学工业协会在1990年设立了国际化学协会协议会（ICCA），开始强调企业责任。日本以日本化学工业协会为中心，于1995年设立了日本“责任/惠顾”（responsible/care）协议会，担负了普及促进企业对化学物质的自主管理的理念。

通过上述活动，日本在1997年修改《大气污染防治法》时，要求厂商在三年内自行减少一些化学物质的排放。日本于1999年制定的“特定化学物质的环境排放量的统计及其管理改善法律”，也即“污染物排放与转移登记制度”（pollutant release and transfer register，PRTR）法案中，要求厂商不仅向行政部门提交排放量，而且要求厂商自主地减少化学物质的排放量。在这个过程中，化工企业需要了解怎样进行化学物质管理以及管理到何种程度。同时为了用法律管理化学物质，有必要调查化学物质所有可能的排放途径，对环境造成的影响进行全面评价，从此寻找最有效的管理方法。

1.1 化学物质风险评价和管理总体发展过程

20 世纪 70 年代以前，为了防止药物中毒或者中毒死亡等急性毒性，各国政府通过制定化学物质环境容量的方法，进行化学物质安全性管理。例如，针对亚砷酸、氰化合物等剧毒物质，制定如危险、剧毒化学品等的管理办法，对容许量和使用方法作出了明确规定。在这一时期，污染控制技术和分析检测技术还没有得到很好的发展，经常会动用所有可能的技术，对污染物质进行环境控制；在未对风险和利益进行综合评估的情况下，就用法律的手段禁止化学物质的生产和使用。

进入 20 世纪 70 年代以后，随着化学物质的致癌性被人们所认识，如何管理这些致癌物质成为大家关心的焦点。当时普遍认为人类癌症是由于人类暴露于致癌物质引起的，因此开始了全民消灭癌症的运动。但是由于没有很好的污染控制技术和仪器检测方法，因此比较关注化学物质的致癌性本身，这个时期的化学物质管理实际上就是致癌物质的管理时期。而对于一些致癌强度大的化学物质，实施了禁止其生产和使用的管理措施。当时人们普遍认为所有的癌症都是由于环境中致癌物质所致，因此展开了致癌物质“零”运动。由于流行病调查数据的缺乏和难于获得，因此普遍认为动物癌症也就是人类癌症，在动物实验中被确认具有致癌性的物质，被认为对人类也一定具有致癌性，而且这种致癌性不存在阈值。这些想法进一步支持了致癌物质的“零”运动，一旦一个化学物质被指定为致癌物质，就意味着在这个世界上就必须消灭该物质的存在。美国联邦食品和药品法律中的《Delaney 修正案》就是典型的致癌物质零风险的代表，该修正案禁止所有已经证明引起人和动物癌症的食品添加剂和畜牧业的医药品的使用，不管其用量多少。这一时期的化学物质管理停留在“危害性”管理阶段。

到了 20 世纪 80 年代，人们开始认识到所有的环境中或多或少都会存在致癌物质，而且我们也无法从环境或者我们的身边去除所有的致癌物质，因此与其说定性管理，还不如对这些致癌物质进行定量评价，弄清楚“究竟多高浓度的致癌物质导致多大程度的致癌风险”，以及“我们能够或者愿意承担的风险有多大”成为比较现实而有意义的一种做法。这一想法后来也波及了其他化学物质的管理，形成了如下化学物质管理的基本理念：“所有的物质都会呈现不同种类的有害性，是否有害取决于化学物质的存在量。”其实，早在 15 世纪，毒理学之父——帕拉塞尔苏斯（Paracelsus）就曾说过：“任何物质都是有毒的，只不过产生毒性效应时的剂量不同而已。”这就意味着，我们不能仅评价化学物质的有害性或者危害性，而且还应该充分考虑人或者野生生物的化学物质暴露途径及其暴露量，也即充分考虑化学物质的危害性大小和暴露量大小的风险评价，然后对于风险大的化学物质，进行严格的控制管理。换言之，即使化学物质的毒性很强，但是可以通过降低暴露量的手段，保证人类和野生生物的安全。反之，即使毒性很弱，但是如果暴露量很大，也必须考虑其控制对策。除了一些化学物质，如在一些工业过程中作为副产物产生的二噁英以外，其实人类合成的所有化学物质都会从不同侧面给人类生活带来很大的便利，现代生活也离不开化学物质带给人类的益处，因此在一定程度上，我们需要容忍这些物质带来一定的风险，而如何计算我们所能容忍的风险大小，也就是本教材的主要目的。

1.1.1　危险管理和风险管理

在各国以往的法规中，化学物质的管理均是基于化学物质固有的危害性（hazard）大小进行的。具体地说，对危险性较大的物质，如急性毒性大的毒物的生产和使用进行法律限制。但是，由于化学物质能引起的危险程度（risk）取决于和对象物质的接触、摄取（暴露）。也就是说，不管多大的毒性，如果人不和此物质接触，那就可以认为是无害的；相反，对于一些毒性较低的物质，如果大量摄取也就有可能发生严重的健康影响。因此，风险评价中不能仅考虑危险性，还要评价化学物质“暴露”的度，综合评价危害的大小和“暴露”程度，是风险管理需要考虑的问题。

1.1.2　风险/效益管理

基于化学物质风险评价的化学物质管理的一个重要问题是何种程度的风险是可以接受的。此判断的标准就是近年来提倡的“风险-利益”分析。如图 1-1 所示，任何化学物质，人只要使用此物质就有发生风险的可能性；此外，人类通过

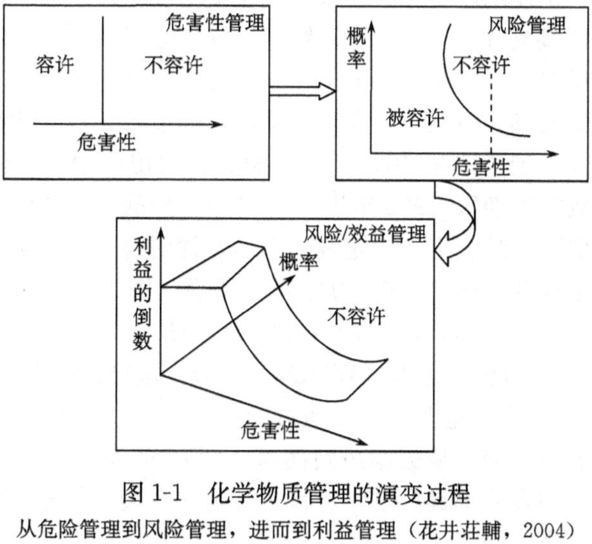

图 1-1　化学物质管理的演变过程

从危险管理到风险管理，进而到利益管理（花井荘輔，2004）

使用此化学物质能够获得便利。例如，有机氯溶剂使用于干洗行业，没有燃烧火灾的危险，并且能很好地去除衣服上的脏物。但是，长时间使用有机氯溶剂，就会发生以致癌性为代表的各种健康危害。因此，我们有必要统筹考虑有机氯溶剂带给干洗行业的益处和由于有机氯溶剂的使用带给人类有害影响（风险）的大小，以决定该物质的容许范围，也即“风险-利益”管理。

DDT的使用是一个典型的风险-利益管理的产物。疟疾原虫是由疟原虫引起的寄生虫病，在热带和亚热带地区一年四季都可能发病，是亚热带和热带地区发病率和死亡率最高的疾病。如果不对疟疾进行迅速处置，在短时间内病情就会加重，而且有死亡的危险。全球每年有5亿人患急性疟疾，其中约100万人死亡，86%的死者在撒哈拉沙漠以南非洲。就儿童而言，全世界每天平均都有3000名儿童死于疟疾。在非洲，每年有1万名孕妇死于疟疾。疟疾对穷人的影响最大，80%的疟疾都发生在世界上最贫困的20%人口中。根据世界卫生组织（World Health Organization，WHO）的定义，到20世纪50年代为止的这一时期属于预控制时期，有1100万～1150万人患病，而到了50年代中期属于控制时期，50年代后期为消灭作战时期，通过使用DDT等各种对策，发病率已经降到非常低的水平。

但是后来出现了DDT抗性，对疟疾的处理效果越来越差，因此20世纪60年代初再次进入控制时期。到了60年代中期，基本上解决了耐药性问题，但是与此同时，科学家们发现DDT在环境中很难降解，并可以在包括南极企鹅在内的动物和人体中累积，特别是由于DDT的高生物富集性，导致鸟类蛋壳变薄，孵化率降低，使处于食物链顶峰的食肉性鸟类，如美国国鸟白头海雕几乎灭绝。因此从70年代后期，DDT逐渐被各国明令禁止。考虑到DDT等的环境高残留性，仅几个国家禁止使用还是无法解决上述问题，因此2001年5月由127个国家参加的外交会议签署了POP国际条约。WHO也于80年代初期就停止了对DDT“室内滞留喷洒”（indoor residual spraying）的推广。但是由于DDT的禁用令，之后疟疾的发病人数又出现飞速的增加，通过各种对策才将患病率控制在每年大约300万人。到了1992年，疟疾发病数再次出现增长的势头，因此又开始了“新的控制战略时期”，1998年进入了“击退作战（RBM）时期”。在这两个阶段，虽然花费了大量资金，但是效果不是非常明显。从每年的发病变化，可以说明发病数的多少和DDT的使用存在很大关系（图1-2），因此，在世界逐渐停止使用DDT近30年之后，WHO于2006年9月15日宣布了声明，推荐使用DDT的室内滞留喷洒以消灭疟疾（WHO，2006）。这样，从生态风险的角度上，DDT的使用量和使用途径越多，必然通过间接和直接的途径影响生态系统，特别是鸟类的种群繁衍。但是从健康风险而言，DDT的使用能为亚热带和热带地区的人群减少疟疾的发病率具有重要贡献。这是一个典型的充分考虑人群健康益处和生态风险的一个案例。

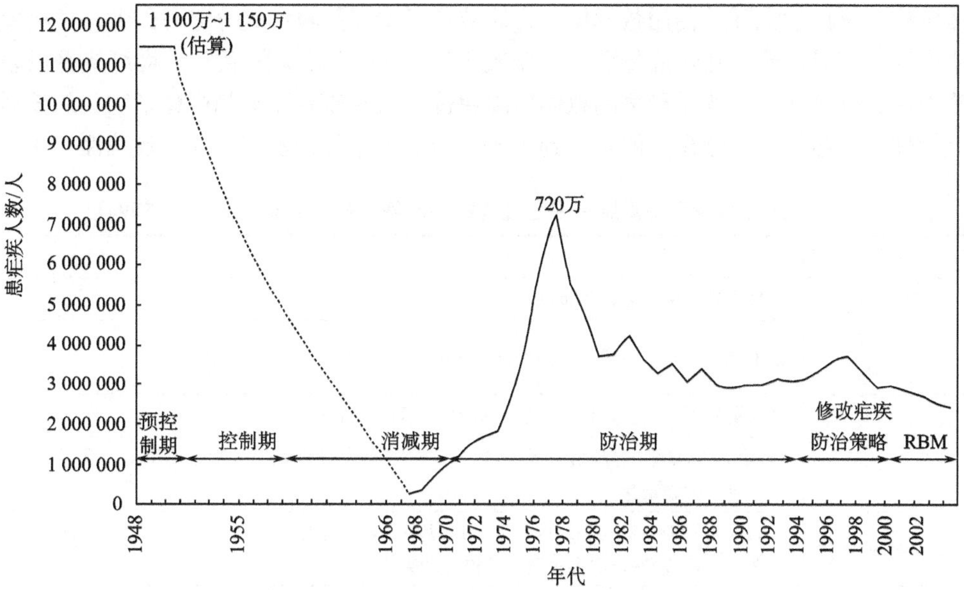

图 1-2　东南亚地区疟疾随年代的变化（WHO，2006）
RBM：roll back malaria（遏制疟疾）

1.2　风险评价的发展历史

1.2.1　美国健康风险评价的发展历史

1995 年美国哈佛大学公共健康风险分析中心的 Graham 对美国的风险评价发展历史做了很好的回顾（Graham，1995）。表 1-1 罗列了促进定量风险评价发展的几件重要的事件。化学物质的风险评价实际上就是从致癌物质的风险评价开始的，是美国食品和药物管理局（Food and Drug Administration，FDA）的努力才让人类受致癌物质影响的风险控制在十万分之一。在 20 世纪 60 年代前后，FDA 通过了三个法律，包括 1958 年的《食品添加剂修改案》、1960 年的《颜料添加剂修改案》以及 1968 年的《兽药修改案》。这三个法律中都有一个《Delaney 修改案》：“如果发现能够诱导人类或者动物致癌的物质，任何添加剂都被认为是不安全的。”1968 年的修改案中再次强调，食品中的致癌性兽药或者添加剂必须低于 FDA 授予的分析方法的检测下限以下。实际上该法案完全取决于分析方法的灵敏度高低。但是随着仪器分析方法的不断进步和发展，仪器的灵敏度越来越高，能够分析的浓度水平越来越低。在这样的背景下，FDA 开发了一个风险评价方法，该方法能够计算出致癌风险的增加几乎为零风险的肉类中化学物质的残留浓度水平，并将此代替以往的“无残留”。1973 年，当 FDA 致力于推广该方法时，美国食品和药品管理局的科学家认为即使在很低的致癌物质的暴露下，也会增加致癌风险。统计学家开始使用数学模型计算致癌风险，并将一亿分之一的致癌发生概率作为可接受风险。几年后将数学模型改用线性剂量-效应关系，并将可接受风险改为一百万分之一。这是最早的致癌风险评价，从而改变了食品中化学物质从零风险管理到可容忍风险管理，但是直到 1987 年 FDA 才公开发布了这一政策性变化。

表 1-1　定量风险评价发展史中里程碑式的时间（Rao Kolluru et al.，1996）

时间	事件
1938 年	联邦食品、医药品、化妆品法
20 世纪四五十年代	原子能、航空宇宙活动中的概率技术的开发和引用
1958 年	联邦食品、医药品、化妆品法的修改——Delaney clause
1976 年	“美国 EPA 的致癌风险评价指南”的发行（继发射线致癌风险之后最初的化学物质致癌风险的定量化）
20 世纪 80 年代	人的健康保护（特别是致癌风险）的新展开，如基于 10^{-7}～10^{-5}风险的 EPA 水质标准制定，剂量-效应多阶段线性模型的采用
1981 年	风险分析学会（Society for Risk Analysis，SRA）杂志 *Risk Analysis* 的创刊
1983 年	“NAS/NRC 的报告书”联邦政府的风险评价：意思决定过程的管理
1986 年	“风险评价的正规指南”的发行
	Superfound 健康评价手册
	暴露风险评价指南 1986 年版（致突变性、致癌性、生殖毒性、化学物质混合物）
	风险管理中的风险交流的重要性的增加
1987 年	EPA“没有终点的事业：环境问题的比较评价”发行
1989 年	EPA“为了 Superfund 的风险评价指导（risk assessment guidance for superfund，RAGS)”，健康评价手册，环境评价手册
1990 年	EPA 科学咨询委员“风险削减”：环境保全的优先度和战略设定发行
	1990 年修改基于大气污染防治法的 EPA 风险评价项目（大气有害物质、突发性事故导致的污染物质的排放）
20 世纪 90 年代	OSHA（Occupational Safety and Health Administration）的工艺安全管理基准（1992 年最终版）
	非致癌（如生殖）影响的关心增加：药物动力学模型，毒性当量应用的增加（如二噁英、PAH 等）；暴露的新指南：生长、生殖、神经毒性、致癌风险、室内暴露（空气污染）
	生态系统和环境影响的关心增加
	WHO、UNEP（United Nations Environment Programme）、经济合作与发展组织等风险问题的国际化
	环境政策决定的风险和成本，益处基准应用的增加

20 世纪 70 年代的化学品管理本质上属于“危害性”管理阶段，风险评价也是起源于这一时期。而在 70 年代中期，关于丙烯腈单体是否是食品添加剂问题的判断，又将风险评价向前推进了一步。丙烯腈单体是一种可能致癌物质（IARC 第 2B 类），主要来自食品包装袋。FDA 认为该物质也应该在《Delaney 修正案》管辖范围，但是遭到了生产商（Monsanto 公司）的反对，最后在美国联邦政府的呼吁下，法院驳回了 FDA 的主张，考虑到该物质并非食品添加剂，建议容忍“实际上最小的风险”（de minimus）。该原则与《Delaney 修正案》有着本质的不同。进入 80 年代后，FDA 开始尝试扩展 de minimus 原则应用到《Delaney 修正案》。利用风险评价方法和百万分之一的可容忍风险，FDA 将着色剂的低致癌风险做 de minimus 处理。1987 年，虽然法院认识到百万分之一是一个非常小的风险，但是依然否决了 FDA 的解释，维持《Delaney 修正案》。因此 FDA 只能通过制定规则以规避《Delaney 修正案》中关于食品添加剂的一些严格要求。此外，美国 EPA 在执行食品残留农药问题上遇到了难题：《Delaney 修正案》要求农产品中的农药残留符合宽松的风险-利益分析原则，但是在加工食品中要求严格的农药零风险。为了解决这一自相矛盾的条款，美国环境保护局（Environmental Protection Agency，EPA）接受国家科学院（National Academy of Science，NAS）的建议，对于食品中残留的所有致癌性农药采用可忽视风险政策，实际上就是采用 FDA 的 de minimus 政策。这个决定虽然遭到了环保主义者的反对，而且 1992 年联邦政府依然维持《Delaney 修正案》中禁止使用致癌性食品添加剂的使用，维持零风险政策。但是，正是这个不断争论的过程，为后来的风险评价在食品安全法规中的应用奠定了坚实的基础。

关于致癌物质的管理问题不仅出现在食品添加剂的使用上，而且同样存在于工业界和美国职业安全与健康管理局（occupational safety and health administration，OSHA）之间的斗争之中。20 世纪 70 年代，OSHA 主张工厂将致癌物质控制在现有技术和经济可接受的最低暴露水平，其理由是人类暴露化学致癌物质的安全水平没有得到任何科学的验证。但是工业界且主张致癌物质的管理必须建立在风险评价和成本-效益分析基础上。也就是，在风险评价大小和削减风险所花费的成本评价基础上，最后决定管理策略。在工业界坚持基于风险评价基础上管理的同时，工人和环境组织则督促《职业安全与卫生法》反对风险评价，其理由是风险评价缺乏技术基础和理论。这样，是否将风险评价应用到政策制定上，在美国国内引起了多部门之间的争论。总体而言，FDA 和 EPA 基于以往的工作经验，认为风险评价在标准和优先物质筛选中能够起到建设性作用。而且当时，EPA（1976）已经出版了致癌物质风险评价的第一次临时指南。这种争论一直到 1980 年才得到了解决。其契机在于职业场所苯标准的制定。在此标准制定的过程中，美国最高法院认为风险评价是可行的，如果不对苯进行风险削减措施，工作场所苯的风险是非常显著的，而且法官建议千分之一的终生致癌风险是显著的，而十亿分之一的致癌风险是可以忽略的，风险评价得到了法院的肯定，虽然在 1970 年法院拒绝采用成本-效益分析通过职业安全与健康法。这样，各方争论的过程对后来的美国各个部门制定有害物质的法规起到了很大的促进作用。例如，20 世纪 90 年代，法院并没有完全同意 OSHA 设定 428 种空气有毒有害物质的允许暴露浓度，部分原因是由于 OSHA 并没有针对每个物质进行风险评价。而 80 年代美国 EPA 在制定氯乙烯空气排放的法规时，也因为没有采用风险评价的方法合理解释较宽的安全值而没有通过该法规。法院认为“安全”不是零风险，而是借助于风险评价方法计算得到的容许风险。1990 年的《清洁空气修改案》就是基于上述观点设定了空气污染物质的排放标准。

尽管人类暴露动物致癌剂的现象越来越普遍，但是当时的里根政府时期主要以面对私营企业的“减轻监管”（regulatory relief）为主导。这主要是由于联邦环境、健康以及安全监管的迅猛增长，相应的政府支出也不断上升，达到每年几千亿美元的地步（Hahn，1998），但是监管的经济效益问题并没有比那些政府直接的预算性支出受到更多且更为详细的审查。里根政府不仅扩大了规制审查的范围，还要求对主要规制的成本收益进行评估。这个“减轻监管”项目虽然是针对各部门的，但是在 EPA 内部引起了非常大的争议。面对此种状况，1983 年 EPA 制定新的管理策略。主要的课题之一就是将风险评价和风险管理作为 EPA 政策决定的主要框架。EPA 项目办公室在此框架下展开了工作，使风险评价在 20 世纪 80 年代有了飞速发展，1984 年提出了新的 EPA 风险评价指南，1986 年提出了最终版。而在这个过程中，由于联邦层面上的有毒有害化学物质法规进展缓慢，进入 80 年代，许多州政府自行开始了法规制定。例如，禁止所有的致癌物质排放到水体中，除非排放量低到不足于产生显著影响。并要求企业提供致癌物

表 1-2 美国的风险评价历程

时间	事件
20 世纪 70 年代以前	落后的控制技术和分析技术——危害性评价
20 世纪 70 年代	Delaney 条款——零风险
20 世纪 80 年代	风险概念的明确化，有关 Waste-sites 的具体风险论的展开
1983 年	确定了风险评价的基本框架；危害性，影响的量依存性评价，暴露评价，风险的待定
1990 年	重视风险交流，新的风险管理
1994 年	风险评价必须考虑不确定性

质的其他暴露途径的信息，除非企业能够证明市民暴露的终身风险低于十万分之一。而在90年代中，风险评价已经进入了实质性的发展时期，考虑到风险评价需要许多模型预测，因此在风险评价之外，要求进行不确定性分析。表1-2总结了美国风险评价的主要发展阶段。

1.2.2　日本风险管理

1956年，日本经历了著名的水俣病环境公害问题。在这次公害中政府制定了非常严格的环境法规，企业也严格遵守环境法律。通过该公害事件，公民非常信任政府，相信政府能够解决所有问题，从而导致企业的自主管理意识相对薄弱。到了20世纪80年代，日本政府受美国在风险评价领域的发展的启发，从“安全”和“危险”的简单选择开始思考“风险”，并于1997年初出版了教科书《化学物质的风险评价现状和问题点》（国立医药品食品卫生研究所编辑委员会，1997）。但是该书虽然以风险评价作为标题，但是整个过程很少涉及暴露评价，基本上就是危害性评价。

环境管理中引入风险评价也仅始于20世纪90年代中期。这是因为一些化学物质，如自来水中的氯消毒副产品、大气中的微量致癌化学物质等的健康风险越来越受到公众的关注，但是要完全禁止其排放或者存在是非常困难的事情。20世纪90年代，美国供水公司为了去除水中细菌，引入了过滤处理单元，10年后，增加了氯气消毒工艺，从而抑制了通过水系传播的传染病的发生。可以说自来水处理工艺是以防治传染病为目的，不可能取消该工艺单元在自来水厂的使用。但是由于在消毒过程中发生了一些致癌性消毒副产物，美国环境保护局对氯气消毒产生的致癌物质制定了水质标准，传染病的传染风险和消毒副产物的致癌风险之间的矛盾成为近代饮用水政策的研究中心。在这样的背景下，1991年秘鲁政府实施了致癌物质的零风险控制策略，而停止对自来水进行氯消毒处理，结果由于饮用水的消毒问题导致了霍乱的蔓延，有80万人患病，7000人死亡（Graha and Wiener，1995）。实际上自来水氯消毒副产物是人类必须面对的风险。就大气中微量致癌物质而言，最典型的物质是汽车尾气排放的苯。汽车给现代社会带来非常大的便利，现代社会离不开汽车，因此汽车尾气所排放苯的风险也是不可避免的。因此，日本政府在修订自来水中消毒副产物和大气中苯的基准时，就是基于风险评价结果。

1993年，日本在对自来水水质标准进行修订时，针对包括致癌物质在内的一般有机化合物、消毒副产品及农药，明确了“以终生持续饮用自来水也不会对人类健康产生影响为准则，充分考虑安全性来设定基准值”的原则。新化学物质的基准值，大多参照WHO的饮用水水质指南设定，致癌化学物质事实上是以终生致癌概率为10^{-5}的可接受风险而确定的。在此之前，日本对可接受风险水

平设定在 10^{-5}还是 10^{-6}进行了讨论，最终定为了 10^{-5}。

在第一次根据风险水平确定自来水水质基准 3 年之后，日本中央环境审议会的中期报告《有关今后的有害大气污染物质对策的做法》中明确了“对于没有阈值的物质，如果根据暴露量预测得出健康风险足够低时，实际上可视为安全。以此为依据设定风险水平，并依据该风险水平相应的设定环境目标值是妥当的”的基准值制定原则。该原则表明了零风险原则的放弃。随后的第二次报告中进一步明确了“现阶段，将终生风险水平 10^{-5}设定为当前的目标值着手制定实施有害大气污染物质对策是妥当的”。参照 10^{-5}的终生暴露风险水平，苯的大气环境基准值设定为年平均 $3\mu g/m^3$。

1999 年 8 月，日本化学工业协会受通产省的委托开发了“ChemPHESA21”风险评价系统。内容涉及了物理、人类健康和生态影响三个领域的风险评价，并和基础数据库（大气常数、表层水、土壤）、剂量效应解析模型［如基准剂量计算模型（benchmark dose）］、生物分解性预测模型、药代模型、定量结构效应关系、化学物质毒性预测、发生频率解析和人群风险评价等相结合，构成了非常庞大的、内容非常周密的风险评价综合系统。

1.2.3 欧盟的风险评价和管理

欧盟以技术指导性文件（technical guidance document，TGD）的形式总结了风险评价的总体思路，具体的评价系统反映在欧盟风险评价体系（European Union System for the Evaluation of Substances，EUSES）中。EUSES 是 1997 年为欧洲各国政府管理各种化学物质而开发的软件，是欧盟各国制定相关法规的根据。它是 1994 年由荷兰政府和民间共同开发的 USES（united south end settlements）系统进行了改良后的软件系统（没有包括农药）（Grant and Jarabek，1990）。此系统的评价风险分为“人类健康”和“生态环境”。使用该软件，通过输入化学物质的物理化学性质和危害性数据后，可以推测系统内化学物质的排放量及分布，推算暴露水平，并结合危害性数据进行风险判断。从对象物质的产业分类、用途分类及生命周期的各阶段分类，可以推算化学物质的排放。根据化学物质在大气、水、土壤等环境媒介之间的分配和环境中的分解速率，推算不同介质中的浓度水平，实际上就是一个多介质过程。在推算人群暴露水平时，主要包括职业暴露估算、消费者暴露量估算、间接人类暴露量估算和经由食物链影响的二次毒性。健康风险评价中包括了操作人员、消费者以及由于环境污染受到间接影响的人群；而环境则包括微生物、水生生物、陆生动物和最高营养层次的捕食动物，如鸟类。但是实际上，由于很难拿到化学物质的使用量，暴露评价部分比想象的更难。此外，由于各方专家的意见不一致，因此在不确定系数的使用方面存在分歧，最终在该系统里，采用了暴露边界比（margin of exposure，MOE），也即无影响作用浓度和暴露量之比。

总体而言，欧盟的风险评价主要从化学物质的综合管理出发，其风险实施的场所包括了工厂环境和商品。而美国则主要以环境对策为主，侧重于工厂和汽车尾气等的排放，也即 Site-specific 的风险评价。相对于欧盟的风险评价，美国的风险评价更加注重科学依据和验证。在暴露评价方面，美国非常重视暴露浓度甚至人体或者生物体的体内浓度，欧盟则关注化学物质从生产到使用的整个排放量。最近的欧盟化学物质登记、评价、许可和限制制度（REACH 法规，Registration，Evaluation，Authorization and Restriction of Chemicals）是欧盟在化学品管理中整体引入了风险评价的概念。该法规是在欧盟 2001 年 2 月发布的《未来化学物质政策的战略白皮书 2001 年》基础上，于 2003 年 5 月发表了草案，在吸纳了利益关系者、一般市民意见的基础上，2003 年 10 月出版了最终稿。之后对内容又进行了修改，于 2006 年 12 月得到了欧盟环境理事会的许可。

日本《地球环境》杂志对该 REACH 法规的内容、背景和存在的问题做了详细的总结（石堂澈生，2007）。该法规发布的背景主要在于现行欧盟化学物质法规仅以新物质作为限制对象。针对从 1981 年以来上市的 3000 种新化学物质，欧盟已经有了大约 40 个“EU 指令”。但是 1971 年到 1981 年 9 月 18 日上市的旧化学物质，几乎没有安全性数据，却依然还在市场上流通。这些旧化学物质的数量高达 10 万种（年产量为 1t 以上的有 3 万种）。为了改善这一现状，各国进行了分担，对旧化学物质实施安全性评价，但是到 2007 年 2 月为止，完成安全性评价的仅为 733 种，仅占总数的 1%。另外，该评价的实施主要是由企业提出数据，并由国家评价，但是评价往往存在缺陷。由于欧盟指令数目太多，难以理解，因此需要一个统一的法规。

REACH 法规中，欧洲境内的化学物质制造厂家和进口单位，必须履行如下义务：

（1）向 2008 年 6 月开始运行的“欧洲化学品厅”有阶段地登记化学物质固有的危害性、有害性评价（危害性评价）和结合暴露评价的风险评价信息；

（2）至于制品中含有的化学物质，登记如芳香物质等有意图地向环境中释放的一定量以上的物质（意图释放物质）；

（3）制品中如果含有高危害性物质，应提交相关物质的情报；

（4）为了削减登记要求的安全性评价的成本，避免重复动物实验，要求参加物质情报的交换和买卖（substance information exchange forum，SIEF）。欧洲境内的制造业和进口单位将根据物质组织论坛进行共同登记。

总结起来，REACH 法规的理念和特征主要体现在以下四个方面：①安全性没有确认的物质，不能进入市场，具体要求见表 1-3；②证明化学物质安全性的责任转移给企业；③对于有高危害性物质，列入许可的对象范畴内；④代替品成为许可的条件之一。REACH 的理念影响许多国家的化学物质的政策。REACH 法规的主要内容还体现在高生产量、三致物质［致癌性、致突变、生殖毒性物质(carcinogenic mutagenic and reprotoxic，CMR)］和 vPvB（极难分解性、高生物富集性）这三个关键词上。具体而言，在欧洲境内年间在 1t 以上的生产和进口的化学物质和年间 1t 以上的生产和进口的成型品中的有可能释放的物质，要求登记这些物质的安全性信息，限制程度则取决于物质的使用量和毒性，对高风险物质实施许可制度。在用途限定的情况下，如果证明“在合理管理下的使用”，才能够允许使用 CMR、PBT（persistent bioaccumulative and toxic）（难分解性、生物富集性、毒性物质）和 vPvB 这三大类物质。这三大类物质大概有 1500 种物质，但是目前还没有对象物质的清单。另外，对于这些物质，如果存在代替物质的研究开发的，或者存在代替物质，要求提出“代替计划”。

表 1-3　根据制造/进口量（t/a）要求的实验项目（石堂澈生，2007）

被要求的实验项目	<1t/a	1～10t/a	10～100t/a	100～1000t/a	1000t/a 以上
1. 物理化学性质	○	○	○	○	○
溶剂中的稳定性、pK_a 黏性				○	○
2. 健康危害				○	○
刺激性（皮肤、眼睛） 皮肤感作性		○	○	○	○
致突变性		○	○	○	○
急性毒性		○	○	○	○
反复投加毒性			○	○	○
生殖力毒性			○	○	○
药代动力学			○	○	○
致癌性					▲
3. 生态毒性					
水生生物毒性试验		○	○	○	○
生物的分解性		○	○	○	○
加水分解性			○	○	○
分解生成物的测定				○	○
环境中的命运和行为			○	○	○
陆生生物毒性试验				○	○
鸟类毒性试验					○
4. 检出和分析方法				○	○
可以到手的其他物理化学性质、有害性、生态毒性信息					

注：黑色小三角为选做；白色小圆圈为必做。

目前化学物质管理都是基于科学的或者说是基于风险评价的理念上的。在这一过程中，必须同时综合考虑毒性和暴露两个方面的内容。即使是危险物质，如果限定使用方法，并很好地进行风险评价，依然可以使用。REACH 法规在高风险物质的管理上，很好地体现了化学物质的这一管理理念。但是 REACH 法规中也存在一些违背风险管理原则的条文。如果有代替品，鼓励提出代替计划。也就是说虽然如果有合适使用的理由，可以获得使用许可，但是如果有代替品，那么必须提交代替计划，在将来合适的时期进行产品替代。这一条后来在美日政府和化学工业界的反对下，从原来的“危害性高的物质必须用安全的代替物质代替”修改成“对于 PBT、vPvB，在社会经济允许范围内，如果能够获得安全的代替物质，必须被代替”。另一条是，在美日政府和化学工业界的反对下，减轻了生产量 10t 以下的化学物质的测试要求，也就是仅要求提出简单的危害性信息，而不要进行风险评价。但是必须考虑的是 1～10t 的物质占了流通中化学物质的 60％。实际上存在着一些物质，虽然其使用量很小，但是如果其危害性很大，那么在使用过程中危害性发生概率或者风险也许不容忽视。化学物质的安全性信息（危害性信息和暴露信息）是化学物质管理的根本。目前正在制造流通的化学物质的数目非常庞大，危害性相关的项目又非常多，加上成本较高，国际上存在数据缺乏的问题。因此有必要提高危害性和暴露数据的质量，还要增加化学物质的种类。

REACH 法规的另一个让步是“如果企业能够证明这些物质是在合理的管理下使用的，可以使用 CMR”。这一条非常好地体现了风险管理的原则。总之，REACH 法规实际上也是一种贸易限制，因此遭到了美日等国家的反对，认为这一法规是将化学品管理的义务过多地转嫁给了厂家，是一种“过分的贸易限制”。但是实际上该法规依然存在一些风险管理理念上的问题。例如，欧盟在进口聚合物时，要求登记单体。而实际上在制造过程，变成了聚合体。欧盟进口聚合物时，实际上并不进入欧洲市场，但是必须登记，这些做法不符合风险管理的理念。到底进口什么，聚合物在哪里制造？另外，高危险物质属于“许可”对象，这类物质实际上是指 CMR、PBT、vPvB。这类物质大概有 1500 种，从这些物质中筛选有必要进行“许可”的物质，独立成为一个“候补物质清单”。如果进入“候补物质清单”，制品中该物质的含量超过 0.1％时，就需要提交该物质的信息，如果年生产量/进口量超过 1t，还必须提交当局。这样很有可能一旦物质被列入“候补物质清单”，在没有进行详细的、科学的风险评价的前提下，就有可能被拒绝进入市场。

1.2.4　国际组织在风险评价和管理中的活动

风险评价在美国、欧盟、加拿大和日本的法规制定中已经起到了非常重要的作用。这也归功于20世纪80年代经济合作与发展组织（Organization Economic Co-operation and Development，OECD）、WHO、国际化学品安全规划署（International Programme on Chemical Safety，IPCS）等国际组织在风险评价领域中所做的大量工作。90年代，风险评价方法的发展面临巨大的挑战。环境发展联合国会议的Agenda 21的第19章完全针对了化学物质的管理，呼吁国际组织之间、地区和政府之间的合作，并推荐IPCS作为化学物质的环境管理国际合作的核心，要求强化国际化学物质风险评价；到2000年为止，这些国际组织联合完成了几百种包括具有全球意义的污染物质在内的优选化学物质的评价，并制定有毒物质的可接受暴露指南值。目前已经把这个职能转移到政府间化学品安全论坛（International Forum on Chemical Safety，IFCS），而IFCS也于1994年召开了第一次会议。IPCS和OECD在人类健康风险评价和环境风险评价方面分别作出了很大努力，两个组织还共同组织项目统一化学物质的危害性/风险评价的术语。

1.3 风险评价和管理的过程

化学物质管理不仅考虑化学物质具有的固有危害性，同时还要求评价环境、人类和这些化学物质接触的可能性，亦即暴露。因此，为了判断某一化学物质的管理应该管理到何种程度，有必要评价使用该化学物质而可能产生的风险大小。评价风险的方法为风险评价，用何种管理方法能使风险控制在容许范围之内的过程也需要风险评价。也就是说，化学物质的管理必须是在风险评价的基础上进行的。

作为风险评价的结果，用根据对象化学物质设定的管理方法，就能知道风险有可能发生的概率，而且也能知道此风险对对象造成多大程度的影响。例如，通过风险评价能够知道“用化学物质现有的使用方法连续10年使用苯，那么工作人员一生有可能患癌症的概率为10^{-5}”的判断结果。另外，风险评价也能够寻找出让可能发生的风险减少在现有经济和社会所能接受或者容许的范围内的管理方法。例如，“用现有的冷却方法，排放到环境中的有机溶剂为1kg/d，但是如果使用新冷却装置，排放量则减少到0.1kg/d，达到地方公共团体的限制值以下，小到对环境的影响可以忽视的程度”这样一种评价结果。如果详细地实施风险评价，就能判断用什么管理方法，何种风险以多大程度的危险，多大程度的概率发生。以此结果，就可以判断采用怎样的管理方法可以把风险控制在容许范围之内，供风险管理方法的选择。

通过评价各种管理方法下的风险，就能知道用何种管理方法能使风险控制在容许范围之内，所以就能决定对该化学物质的管理方法。美国EPA于1986年根据美国科学院的建议，发展了风险评价和管理的具体内容（图1-3），该评价程序已经在国际上得到了公认（Grant and Jarabek，1990）。

更为具体的是欧洲科学家 van Leeuwen 和 Hermens 将风险判断分为风险特征化（risk characterization）或者风险计算和风险分类（risk classification）。而根据风险评价结果，风险管理分为四部分：①风险分类；②风险利益分析；③风险削减；④环境监测（图 1-4）。

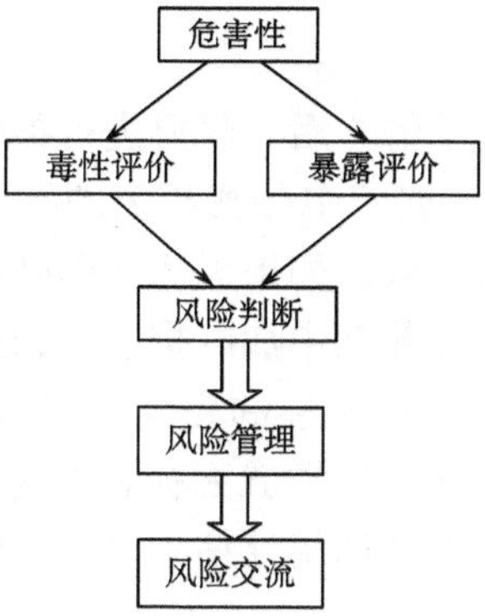

图 1-3　风险评价和管理过程

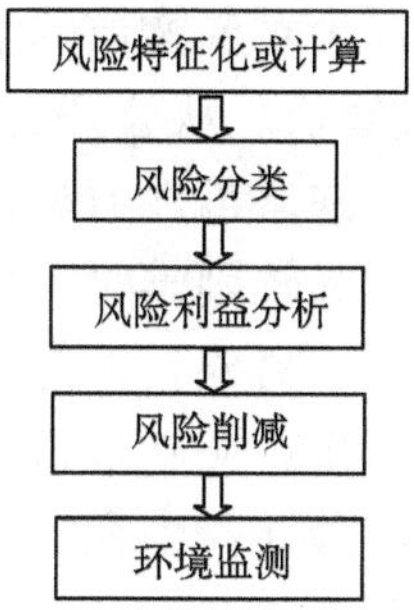

图 1-4　风险管理的细化

1.3.1　危害性

在开始风险评价之前，首先要确定风险评价的对象物质，收集被评价化学物质的各种性质（根据需要测定物性），化学物质的使用方式，化学物质是气体还是固体，化学物质的暴露是一次性的，还是反复接触、长期暴露；掌握了这些信息就可以对评价对象化学物质可能的危害性进行判断。如果是人类健康影响为主，要判断主要的暴露途径，如判断风险是通过呼吸造成的还是皮肤接触造成的。另外，还有必要考虑风险评价的受体对象。例如，人类健康风险评价中，是想知道操作人员的健康，还是工厂周围居民的健康影响。如果非职业暴露，要明确工厂废气和废水中化学物质排放到自然环境中之后，通过大气、河流、地下水扩散、移动和各种生态系统接触导致生物死亡，或者影响繁殖功能等环境影响这一过程。健康风险评价还要考虑是哪一种毒性，如是致癌毒性，还是非致癌毒性（如急性毒性、亚慢性毒性、慢性毒性、生殖毒性、神经毒性、出生缺陷、刺激性、皮肤过敏性、气道过敏性等）。这些毒性信息可能来源于实验室的动物暴露，也有可能来源于流行病调查或者偶发事件，如我国奶粉中的三聚氰胺添加剂的健康影响等。另外，对化学物质在人体内的主要作用器官也应该有所了解。当然，有时候在开始风险评价之初，一些危害因子并不清楚，但是会在风险评价的过程中发现新的危害性，而且这种危害性可能比当初认识到的危害性更加严重。

为了风险评价，必须有场景设定。也就是在什么样的情况下，什么样的条件下对风险进行评价。例如，场景Ⅰ：对于以某种物质A作为溶剂的油漆，连续3个月进行涂墙作业的操作人员的健康风险评价；场景Ⅱ：某一物质B以一定的量排放到现场中，评价周围居民的健康和环境生态的影响等。根据风险评价的目的，评价的阶段，改变具体的内容。

1.3.2 毒性或者危害性评价

在对被评价对象物质的危害性有了一定的了解之后，就要进行毒性评价或者是剂量-效应解析。从公开的学术文献和各种数据库中寻找相关的毒性数据。在许多情况下，缺乏毒性数据，必须用实验方法获取。如果无法找到必要的毒性数据，而测定却又较困难时，也可以从已知的其他数据中加以推测，如采用结构效应关系的方法。另外，即使有文献数据，对数据可靠性的判断也变得非常重要。有时同一种物质，文献报道的毒性数据会不相同，这样就更有必要判断数据的可靠性，决定风险评价中究竟采用那种数据，或者采用统计信息对毒性数据进行判断，如统合分析（meta-analysis）方法。

大多数化学物质的毒性数据来源于实验动物暴露，如鱼类或者老鼠的实验室暴露数据，有一小部分来源于实际环境或者生态系统、人群的流行病调查。另一个问题是化学物质可能呈现出不同种类的毒性，因为我们同时能够获得不同的剂量-效应曲线。例如，短期实验室暴露可以获得致死急性毒性的剂量-效应关系，但是如果长期暴露实验，则可以得到如癌症、智力损伤等慢性毒性的剂量-效应关系。前者的毒性发生在高浓度，而后者发生在低浓度。根据所收集的毒性数据，通过计算无影响作用浓度等，对化学物质进行剂量-效应解析。在人类健康风险和生态风险评价中，毒性评价方法非常相似，差异主要在于生态系统中存在许多物种，不同物种的敏感性分析是关键技术之一；而人类健康评价的对象是人，毒性评价中主要考虑不同暴露途径和人群中个体敏感性差异。另外由于毒性数据往往来自老鼠动物实验，因此毒性评价中要考虑种间差异等不确定性，具体可以参照第2章。

1.3.3 暴露评价

风险评价其实就是评价化学物质的量和其危害性的关系。在完成化学物质的剂量效应关系之后，暴露评价是风险评价的另一个主题。暴露评价是评价生产和使用化学物质的过程中，使用了怎样的条件和设备，向人和环境排放量的多少，然后进入人体或者生物体的暴露量又是多少的过程。要知道生物暴露某种化学物质的实际暴露量和暴露期间，往往是一件非常困难的事情，而需要借助各种模型进行推算。人类对化学物质的暴露方式可以分为直接暴露和通过环境过程的间接暴露。如果已知化学物质的排放形式，那么可以用一些模型进行估算。暴露形式，如每天的暴露时间、每星期或每月的暴露次数、暴露持续的时间等都是影响暴露量的重要影响因素。环境影响评价中，可以使用模型从排放到大气、河流、地下水、土壤等中的浓度推算生态环境的暴露浓度。多介质暴露模型经常用于不同环境介质中的浓度水平的预测。但是采用多介质暴露模型，首先需要估算从生产过程到使用过程中排放到环境中的量，但是如果没有很好的统计系统，如国际上推行的国家化学品污染物排放与转移登记制度（PRTR），那么我们很难拿到这些数据。此外，化学物质在环境中受气温、水利条件和生物化学分解等多种因素的影响，因此多介质暴露模型（Mackay，1991）所预测的结果和实际的浓度存在非常大的差异性，给暴露评价带来了非常大的不确定性。对于既存物质而言，环境中浓度的直接分析测定，能够减少暴露评价的不确定性。但是随着国际化学物质综合管理的不断强化，特别对于新物质的风险评价，很多情况下不能用实测方法进行暴露评价，只能依靠模型预测。因此要求我们使用模型预测和环境监测相结合的方法进行暴露评价。

1.3.4 风险特征

完成了暴露评价和毒性评价（剂量-反应曲线）之后，需要对风险作出合适的判断，即计算人群或者生态系统由于暴露某种化学物质造成危害的概率或者程度。危害的发生概率是最常用的风险表述方法：在描述人由于终生暴露或者连续暴露几年某一种化学物质后的风险时，常用急性毒性的“致死发生概率”，或者慢性毒性的“致癌概率”这样的概念。风险评价在很大程度上取决于所能获得的毒性和暴露数据（表 1-4），根据所获得的数据种类，风险评价结果的权威性也会有所不同。根据野外毒性数据或者流行病学调查数据是风险评价中优先考虑的毒性数据，但是往往较难获得。从暴露的角度，实测浓度比模型预测的数据更反映实际情况，是风险评价的首选。

表 1-4　不同层次的风险评价及其所需要的毒性和暴露数据

层次	影响数据	暴露数据
第一层次（Tier 1）	急性毒性	基本的物理化学性质，平衡分配系数
第二层次（Tier 2）	慢性毒性	稳态模型预测
第三层次（Tier 3）	长时期暴露毒性流行病和现场数据	实测和稳态/非稳态模型预测

但是不管哪一层次的风险评价，由于不是所有的化学物质都有毒性数据，而且还存在毒性测试过程中的一些不可控性因素；浓度分析过程中又存在分析误差，所使用数学模型带来的计算不确定性等都会影响最后的风险值。因此在风险

评价中应该对风险评价的结果进行不确定性分析，风险值往往不是一个点，而是一个概率分布。由于化学物质健康影响的终点各不相同，大方向分为致癌物质和非致癌物质，前者主要以发生概率作为风险评价的指标，而后者则经常以是否超过无影响作用浓度来判断风险大小。因此，在健康风险评价中，如何将两大类风险用统一的尺度进行风险大小排序，是风险评价应用到风险管理的最好输出（见第 2 章）。生态系统保护逐渐成为化学物质风险评价的主流意识，但是实际上生态系统非常复杂，如何采用数理模型评价具有生态学意义的毒性评价，是生态风险评价领域的难点所在（见第 3 章）。

1.3.5 风险分类

风险评价过程是评价危害性的对象、种类及其程度的一个过程，因此判断所评价影响的风险是否在容许范围之内是一个非常重要的部分。在评价人类健康风险时，化学物质引起的急性中毒有致死性的，也有下痢或呕吐程度或是失神、痉挛等。慢性毒性包括呼吸引起的气管炎、致癌、遗传毒性、致突变等。环境影响包括导致水生生物（如水蚤、鱼、藻类等）、陆地生物（如蚯蚓等）的死亡、数量减少或者邻近植物或者动物无法生存的影响。在了解了风险发生的概率和影响大小后，就有必要设定一个判断上述风险是否在容许范围内的一个判断标准。例如，在无作用最大浓度（PNEC）以下或日耐受摄取量（TDI）以下，就被认为在容许的范围内。但是随着风险评价的细化和深入，上述判断标准也不断发生变化。除了科学层面的考虑，同时还需要考虑成本-效益分析，分析为了使用某一物质或者停止使用某一物质给社会带来的利益和成本（见第 4 章）。

风险评价中评价结果是根据许多假设、模型计算获得的，因此包含有很大的不确定性。在获得评价结果后，有必要评价和验证所计算风险的不确定性（见第 5 章）。风险评价是为了不放过有可能发生的风险，通常采用的评价方法侧重于安全性。但是，如果过分考虑安全，所担心的风险就会到了绝对不会发生的程度。此外，在评价过程中会因为危害性数据的缺少，而导致推算结果的不合理；还会出现排放等情况的不清楚导致的暴露预测结果不确定性等。如果不明确这些不确定性，最后就会导致风险判断的失误。

在弄清风险发生的概率、影响程度、评价结果中的不确定性后，对整个风险评价做最后的判断。例如，有必要确认各种操作过程中所使用的假设和标准是否正确。调查是否存在相似使用方法的同类化学物质的风险评价案例，并确认和此结果是否存在很大差异，帮助判断风险评价结果的合理性。

1.3.6 风险管理

风险评价的目的在于风险管理。评价风险处于何种水平就是风险评价，但是使用什么方法才能使风险控制在所容许的范围之内则是风险管理。化学物质的风险管理就是管理化学物质发生的各种风险。因此，必须判断怎样使用化学物质才能使可能发生的风险控制在容许的范围之内。风险管理的内容也可以说是实施风险评价所获得的管理方法以及外部人员进行风险交流所必要的各种情报。风险交流本身是风险管理的一个重要部分。风险管理方法包括辨认保持现状风险、削减风险、转移风险、排除风险等。采用哪种方法则要根据风险的内容、大小和能够采取的对策的价值来判断。

风险管理是采用能够使风险控制在容许范围内的管理方法。使风险在容许范围内的管理方法是从风险评价中获得的。例如，使用什么样的装置和工具、何种化学物质的使用方法，才能保证风险控制在容许范围之内。管理方法是否具有现实性，还必须考虑在经济性和社会性上是否具有实现可能的方法；有关这方面的信息也属于风险管理的范畴。如果采用新的管理方法，所需费用必须低于通过采用风险管理而减少的风险价值。而且，为了作出风险管理中的最终判断，有必要比较化学物质的利益和此化学物质引起的风险。总之，根据风险评价结果，如果风险大小超过所容许的范围，就需要考虑对策，有必要重新考虑化学物质的使用或者排放方式，并进行风险再评价，寻求将风险控制在容许范围之内的管理方法。在综合考虑经济、技术和社会等各方面因素之后，最后决定被评价化学物质的管理方法是否具有可行性。当然，不管如何改变管理方法，也无法保证风险在容许可接受的范围之内，就有必要考虑是否禁止使用该化学物质。

van Leeuwen 和 Hermens 总结了风险削减的三种方法。

(1) 分类和标签（classfication and labelling）：根据化学物质的内在性质，将化学物质进行分类标签危险物质。分类和标签有许多基准，这些基准本身基于标准实验室测试的结果。分类和标签就是贴上标签标注危险等级。

(2) ALARA（as low as reasonable achievable）：根据风险评价结果的风险值，我们就可以判断风险的大小。如果风险过大，进入不可接受的风险范围；而如果风险小，则为可接受风险。那么，当风险水平在两者之间，在合理可行的条件下，尽可能将风险降低到合理可接受的风险。关键是如何解释“合理”（reasonable），这一点以下的安全标准有助于解释此概念。

(3) 安全标准：保护人类健康和生态系统为目标的安全或者质量标准是化学物质的另一个重要手段。基准、指南、目的和标准是经常用到的术语，对这些术语不同机构和国家会有不同的解释。①基准更多的是基于科学数据的评价得到的环境质量指南；②指南是指数字限制或者文字描述，主要是维持环境使用或者保护人体健康所设定的值；③目标值是指数字限制或者文字描述，主要是对特定地点，以维持环境使用或者保护人类健康而设定的；④标准是设定暴露上限值，具有强制性的法律效果。标准分为空气、水和土壤质量标准，还有为工作场所中工业化学物质的空气浓度而设定的阈值。标准是将环境质量控制在一个目前认为可以接受的水平，但是它也不能保证肯定是安全的，因为标准是一种结合了社会经济等因素的限定值。设定指南、目标值和标准值的基础是基准，通常是在基准的基础上除上安全系数得到（van Leeuwen and Hermens，1995）而获得相应的指南、目标值和标准值。

除了上述风险管理手段以外，PRTR 制度作为化学物质管理中的一个重要方法得到各个国家的重视。以往的化学物质管理主要针对每个物质制定标准，并对这些物质的生产、使用和排放进行限制。但是由于化学物质的种类非常繁多，该手法的主要不同点在于，收集更多的化学物质信息，促进相关部门采取对策削减排放，整体上减少环境风险。1992 年的巴西联合国环境开发会议上所采纳的面向 21 世纪行动计划中，就推荐了这种化学物质环境风险管理手法，1996 年 OECD（经济合作与发展组织）也对加盟国推荐实施 PRTR 制度。现在美国、欧盟、澳大利亚、加拿大、日本和韩国等都相继实施了 PRTR 制度。

综上所述，整个风险评价所需要的信息总结在表 1-5 中。暴露条件包括暴露化学物质的浓度、时间暴露的连续性等。几乎所有的风险都涉及各种推算，如危害性数据的推算、暴露量推算，不能推算时就会使用系统的默认值，转用数据时则需要使用安全系数，但是所使用的方法和系数必须明确合理。判断风险评价结果的“判断标准”是非常重要的，此“判断标准”并非完全根据科学结果，同时还需要考虑社会和经济等各个方面。

表 1-5 风险评价所必要的材料

构成	评价目的，风险的种类、对象、状态的确认，评价条件的设定
危害性数据	危害性的种类、程度、剂量反应曲线
暴露条件	暴露对象、暴露量、期间、形式
推算方法	危害性数据的推算方法，暴露的推算法
判断的标准	危害容许的标准

思 考 题

（1）风险评价在推动美国化学物质管理中的作用。

（2）从美国化学物质风险评价的发展过程谈我国化学物质管理的发展方向。

（3）风险评价的主要组成部分。

参 考 文 献

国立医药品食品卫生研究所编辑委员会．1997. 厚生省生活卫生局企划课生活化学安全对策室监，化学物质的风险评价-现状和问题点. 药业时报.（1）.

花井荘輔．2004．化学物質のリスクアセスメント．东京：丸善株式会社.

社团法人日本化学工业协会．1999．Chem PHESA 21-风险评价技术解说书.

石堂澈生．2007．地球环境，454，32-37

European Commission. 2007. 欧洲化学物质法规的冲击，地球环境，4：20-49.

EUSES. 1996. European Union System for the Evaluation of Substances，European Chemicals Bureau，Ispra，Italy.

Graham J D，Jonathan B W. 1995. Risk versus Risk，Tradeoffs in Protecting Health and the Environment. Cambridge. Massachusetts，Boston：Harvard University Press.

Graham J D. 1995. Historical perspecitive on risk assessment in the federal government. Toxicology，102 (1，2)：29-52.

Grant L D，Jarabek A M. 1990. Research on risk assessment and risk management：future directions. Toxicol. Industr. Health，6：217.

Hahn R W. 1998. Policy watch-Government analysis of the benefits and costs of regulation. Journal of Economic perspectives，12 (4)：201-210.

Kolluru R V，Bartell S M，Pitblado R M，et al. 1996. Risk Assessment and Management Handbook for Environmental. New York：McGraw-Hill Inc.

Mackay D. 1991. Multimedia Environmental Models. Chelsea：Lewis Publishers Press.

Nclear Regulatory Commission (NRC)．1994. Science and Judgment in Risk Assessment. Maryland：National academy press.

U. S. EPA. 1976. Interim procedures and guideline for health Risk and economic impact statements of suspected carcingens. Fed. Reg. 41：21402.

van Leeuwen C J，Bro-Rasmussen F，Feijtel T C J，et al. 1999. Risk assessment and management of new and existing chemicals. Environmental Toxicology and Pharmacology，2 (4)：243-299.

van Leeuwen C J，Hermens J L M，1995. Risk Assessment of chemicals：an Introduction. Amsterdam：Kluwer Academic Publishers.

WHO. 2006. Regional office for South East Asia，Malaria Historical background. http://www.searo.who.int/en/Section10/Section21/Section334_4008.htm.

第 2 章　健康风险评价

人类健康风险评价是指人类通过呼吸空气和饮食，长期累积一些化学物质而导致的对人体健康不良影响的轻重程度和发生概率大小。人类健康风险评价主要包括如下三个方面：危害性评价、暴露解析和风险判断。本章在前四节从这三个方面具体阐述健康风险评价以及风险评价在标准制定中的应用；在此基础上介绍了比较风险评价方法，最后作为典型案例详细介绍了铅和汞的风险评价过程。

2.1　化学物质危害性评价

危害性评价包括危害性的确认和剂量-效应评价两个方面。前者是指人类摄取化学物质后所产生的危害健康影响种类，而后者是指人类对化学物质的摄取量与健康影响的效应关系。

2.1.1　危害性的分类

化学物质的危害性评价中首先需要确认对人类健康造成影响的种类，其主要依据为流行病调查或者通过动物实验结果。化学物质对人类健康影响种类较多，主要取决于化学物质的性质。美国毒性物质疾病登录机关（Agency for Toxic Substances and Disease Registry，ATSDR）收集和解析了许多种化学物质的流行病调查和动物实验结果，并将化学物质的危害性分成七大类：①死亡；②体内的呼吸器、心血管、胃肠、血液、肝脏、肾脏、内分泌系统相关器官所产生的有害影响；③免疫系统；④神经系统；⑤生殖和发育（受精、怀孕、分娩，通过哺乳影响婴儿生殖发育过程中产生的有害影响）；⑥遗传毒性（对 DNA、染色体、DNA 中基因产生的有害影响）；⑦致癌性。此外，还有对眼和皮肤的刺激性、鼻喉和皮肤的过敏等化学物质产生的有害性。由于化学物质的致癌性是环境健康风险评价的重要终点，因此，经常根据化学物质是否致癌，将化学物质分成致癌物质和非致癌物质，而相应的风险评价过程也分为致癌风险评价和非致癌风险评价。

2.1.2　剂量-效应关系的解析

危害性评价主要是通过模型解析毒理学研究中所获得的剂量-效应关系的解析过程。所谓剂量-效应关系是指人体体内或者动物体内有毒有害物质的量或称为暴露量和由此对人类或者实验动物健康造成有害影响的发生概率之间的一种关系。对致癌性物质和非致癌性物质的危害性进行评价时，往往会采用不同的剂量-效应关系解析方法。

非致癌风险物质的健康危害性评价也可以称为有阈值的风险评价。显示一般毒性、生殖发育毒性的化学物质，通常采用有阈值的风险评价方法。对于一些致癌物质，其作用机制并不是直接和 DNA 作用，而是间接地，如激素或者活性氧自由基等引起的二次性致癌性物质，也经常采用有阈值的剂量-效应评价方法。所谓阈值是指当动物暴露在某一特定剂量以下时，就不会发现毒性效应。图 2-1 给出了表征化学物质毒性强弱的剂量-效应关系曲线。化学物质对人体的健康影响往往随着暴露剂量的升高而增大，并且由于其边际毒性越来越小，因此剂量-效应曲线往往呈 S 状。对于非致癌物质而言，当暴露剂量低于某一个浓度水平时，不发生毒性影响，这种对健康无影响时的暴露浓度被称为无影响作用浓度或者剂量（NOAEL），也就是阈值（图 2-1）。如果人类实际暴露的浓度水平高于阈值，就有可能发生某种健康影响。对于这类物质的风险评价，就需要进行有阈值的健康风险评价。根据有害影响的部位可以分成肝毒性、肾毒性、呼吸毒性、神经毒性、造血毒性、生殖毒性等。与此相对应，通过直接影响基因导致的健康影响被称为遗传毒性，其中一部分相当于致癌性和致畸性。在化学物质的毒理学研究中，一旦确认发现该化学物质具有遗传毒性，而且被判断具有致癌性时，人群即使暴露非常痕量的化学物质，目前科学家们认为也会有一定比率的 DNA 会被损伤，最终致癌。也就是说，人群即使暴露于一个致癌性分子，也会致癌，因此认为对动物的健康影响是没有阈值的。不同于非致癌物质，该类物质的剂量-效应关系曲线以零剂量为起点，这种评价方法也称为无阈值的评价方法（图 2-1），采用呼吸或者经口的单位暴露量的致癌风险，也即斜率（slope）系数的方

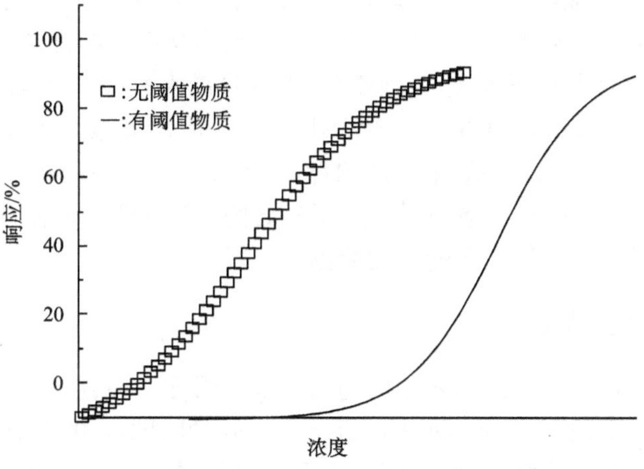

图 2-1　化学物质剂量-效应曲线

法评价剂量-效应曲线。对于其他遗传毒性物质，如果没有充分的证据证明“存在阈值”，则假定为“无阈值”。在危害性确认中，没有致癌性或者虽然具有致癌性但是没有遗传毒性的化学物质，在一定量以下，动物通过自身修复而没有发生有害性影响的情况下，也被认为具有阈值，因此也往往采用有阈值的评价方法。

2.1.3 非致癌化学物质安全值的计算——基于动物实验数据

非致癌物质的安全值计算根据毒性数据的来源的不同，主要可以分成两大类：流行病调查数据和根据实验室动物暴露实验获得的毒性数据。本节主要介绍毒性数据如果来源于动物暴露实验情况下的安全值计算。

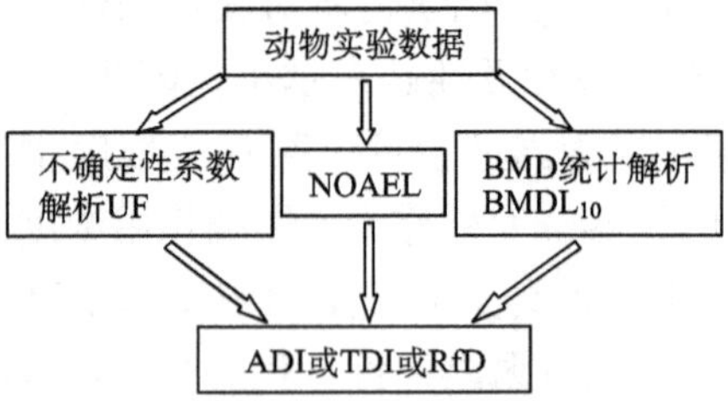

图 2-2 根据动物暴露实验数据的安全值计算框架

ADI：日容许摄入量；TDI：可耐日摄取量；RfD：参考剂量；详见附录Ⅰ说明

非致癌化学物质的安全值常采用可耐日摄取量（tolerable daily intake，TDI）或者日容许摄入量（acceptable daily intake，ADI），其计算过程主要包括如下几个方面（图 2-2）：

（1）根据动物毒性数据整理获得无毒性浓度（NOAEL）或者基准剂量（benchmark dose，BMD）；

（2）不确定系数（uncertainty factor，UF）的解析；

（3）根据如下公式计算 TDI 值：

$$\mathrm{TDI} = \mathrm{NOAEL}/\mathrm{UF} \tag{2-1}$$

通过图 2-1，虽然我们能很好地理解“阈值”这一概念，但是实际上我们很难实施真正意义上的基于阈值的危害性评价。因为从有限的毒性数据中能够获得的是不同暴露浓度水平下没有发现毒性影响的最大剂量，也就是无毒性剂量（no observed adverse effect level，NOAEL），一般用此概念代替阈值。而真正的阈值则发生在 NOAEL 和最小毒性剂量（lowest observed adverse effect level，LOAEL）（发现健康影响的最小暴露水平）之间，NOAEL 值往往低于真正的阈值，可以认为是一个比较安全的推测数据。

1. 无影响剂量的估算

首先我们必须知道如何判断化学物质的毒性强度。一直以来，毒性强度的判断是根据无影响浓度（no observed effect level，NOEL）的高低这一指标。但是，最近国际机构、欧盟各国、美国以及日本等国几乎都采用 NOAEL。关于 NOEL 和 NOAEL 的定义，目前并没有一个统一的规定。WHO 把 NOEL 定义为以对照组作为基准、没有发现被检验物质的影响（通常是有害影响，如形态、功能、生长、发育和寿命）时的投加量；而 NOAEL 是在实验设施背景数据基础上没有发现被检验物质的毒性影响的投加量，由专家作出最后的判断。另外，值得注意的是：在判断是否有毒性或者有害影响（adverse effect）时，如果没有病理组织学变化的血清生化指标的增加或者有害影响的内脏器官质量的增加等不认为具有毒性，只能认为有影响。

在毒性实验或者流行病调查中，试验设计的暴露剂量过高，使所有的暴露剂量下都出现了有害性，无法确定 NOAEL 时，那么只能采用最小毒性剂量（lowest observed adverse effect level，LOAEL），或者采用基准剂量的手法评价化学物质的毒性强度。表 2-1 表示了某一化学物质的肾脏毒性数据。实验采用了老鼠，动物数为 50 只。该化学物质的危害是肾脏毒性。投加 0mg/kg、10mg/kg、20mg/kg、30mg/kg 的某一化学物质时，其发病率分别为 0、0、20%、90%。从毒理学上看，化学物质的投加剂量在 0～10mg/kg 范围内时，对肾脏不会造成危害，10mg/kg 被认为是 NOAEL，这是制定化学物质的基准时的一个重要指标，也是风险评价中的一个重要参数。当投加量增加到 20mg/kg 时，发病率为 20%，与对照组相比，有显著增加。但是 20% 只是一个数值，很难判断是否是由于化学物质暴露引起的，因此需要采用统计学方法比较判断是否存在有意差。

表 2-1 某一化学物质肾脏毒性数据

投加量/(mg/kg)	肾毒性	发生概率/%
0	0/50	0
10	0/50	0
20	10/50	20
30	45/50	90

另外，从动物实验结果推算 NOAEL，同时还受到实验动物数目的影响。表 2-2 给出了每组动物的数目和显示有意差的发生概率之间的关系。用卡方检验（χ^2 检验）检验暴露组和对照组是否具有显著差异就可以知道，在 10 只为一组的实验中，发病的动物数目为 4 只以上（发病率为 40%以上）时，才有显著性差异的影响（$p<0.05$）。然而，卡方检验是一个四线表格的检验，当任何一个频数小于 5，并且暴露组和对照组的试验数目小于 40 时，卡方检验必须进行连续校正，这种情况下，则要求暴露组的发病频数大于 5。换言之，在不进行校正的情况下，发病的动物数目必须为 5 只以上（至少为 6 只）才有统计学意义。而对比表 2-2 中的卡方检验和校验的卡方检验，暴露组中的发病动物数目至少需要达到 5 个以上。而随着实验动物数目的增加，如每组的实验动物数目增加到 500 个时，即使发病率仅为 1.2%，也是有统计学意义的（$p<0.05$）。也就是说动物数越多，能够

监测出发病概率也就越低，灵敏度也越高，NOAEL 值越接近实际。

表 2-2　对照实验的卡方检验示意图

动物数目/个	可达到显著性卡方检验动物数目（$p<0.05$）	
	原卡方检验（p 值）	校验的卡方检验（p 值）
10	4 (0.025)	5 (0.039)
50	4 (0.041)	6 (0.035)*
100	4 (0.043)	6 (0.038)*
200	4 (0.045)	6 (0.040)*
500	4 (0.045)	6 (0.041)*

* 此种情况下，其实并不需要对卡方检验进行校验，因为其发病数已经大于 5。

由于 NOAEL 的决定和实验动物的数目具有很大的关系，即使是同一种毒性，如果所用动物数多，其灵敏度就越高，NOAEL 就会越合理，设定的安全标准也就会相应的变低；反之，则变高。由于 NOAEL 是指不显示有害作用时的最大投加量，因此动物实验时设定合适的投加量间隔非常重要，投加量的设定方法不同就会影响 NOAEL 值。在最低投加量下发现影响时，就无法决定 NOAEL 值，必须重新试验。为了克服 NOALE 决定过程中的这些问题，1995 年美国 EPA 提出了 BMD 的概念［BMD 的计算方法可以参考文献（Crump，1995)］。

BMD 的概念是基于上述 NOAEL 估算中的不确定性的情况下提出来的。该方法是通过统计学方法，分析剂量-效应关系曲线，计算无毒性剂量的方法。图 2-3 给出了 BMD 的概念图。实线表示根据动物实验数据获得的剂量-效应曲线，点线为实线的 95％置信边界的上限，根据这一曲线就可以计算得到 BMD 值。从图 2-3 中首先确认随着暴露量的增加，健康影响指标是否出现有意增加（或者有意减少）。非暴露组的影响指标的异常概率（或者比率）假定为 P_0。在暴露组中，导致超过异常概率 P_0 为 α 的异常增加的暴露量（浓度）定义为 BMD。其含义就是，即使是非暴露（对照）组，也会有 P_0 左右的人群出现异常；在暴露组

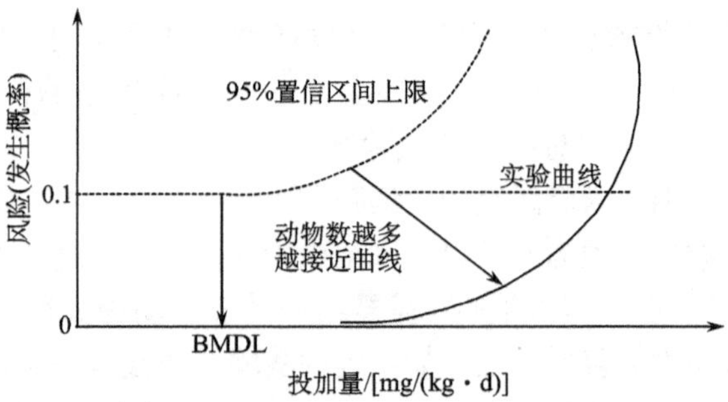

图 2-3　基准剂量（BMD）的概念图

如果异常水平发生概率为（$P_0+\alpha$）时，被认为是由于化学物质暴露导致异常发生概率又增加了 α，（$P_0+\alpha$）所对应的暴露浓度为 BMD。而在实际计算中，通常用数理统计方法算出 BMD 的 95%置信区间上限，95%上置信区间 BMDL 代替 NOAEL 作为无影响作用浓度。

动物数越多，可信度越高，95%置信边界上限就会越接近实验所获得的剂量-效应曲线。如果实验所用的动物数目多到无限大，那么 95%上限曲线将和实验曲线就完全一致了。因此，采用这一方法可以消除由于实验动物数目的不同而导致的 NOAEL 估算上的不确定性。

图 2-3 中横线表示毒性影响发生概率（监测线）假定为 0.1（10%）。0.1 的概率和实验动物数为 50 只时的检出线（4/50＝0.08）几乎相同。0.1 的风险监测线和 95%的上限曲线的交叉点，即为 BMDL 值。该方法的好处在于不管实验动物数为多少，都可以计算得到一个统计学意义上的无毒性量，也就是 BMD。该方法解决了在最低实验投加量下，即使显示有害影响或者毒性，也能通过计算 BMD 获得无毒性/影响浓度水平，而不需要重新做实验。

2. BMD 的具体计算方法

毒性实验中出现的影响可以用发病概率这样的非连续性数和连续数两种方法表示。描述这两种数的剂量效应的数学公式如下。

（1）计算概率发生的公式

$$P = q_0 + (1-q_0)\{1-\exp[-q_1(d-d_0)-q_2(d-d_0)^2-q_3(d-d_0)^3\cdots]\} \tag{2-2}$$

（2）计算连续毒性数据的公式

$$P = q_0 + [q_1(d-d_0)+q_2(d-d_0)^2+q_3(d-d_0)^3\cdots] \tag{2-3}$$

式中，P 为影响（概率，数值）；q_i 为系数；d_i 为投加量；d_0 为 BMD。例如，50 个动物中 5 个致癌的概率即为概率数据；体重 546g、555g 和 493g 等都为连续数值的毒性。在计算 BMD 时，最大的问题在于监测下限的设定。通常为 10%，但是也有采用 5%和 1%的，取决于毒性的种类和严重程度。

一直以来美国 EPA 采用了 NOAEL 值。由于采用 NOAEL 决定参考剂量（RfD）和参考浓度（RfC）存在很多缺陷：①局限于实验设计中的剂量问题；②无法说明剂量-效应估算中的变化；③无法说明剂量-效应曲线的斜率；④在实验数据中如果没有发现 NOAEL 值时，不能应用该概念，除非采用不确定系数（Crump，1984；Kimmel and Gaylor，1988）。基于上述原因，美国 EPA 利用 BMD 方法估算 RfD 和 RfC，BMD 方法的目标就是要计算独立于实验设计的 RfD 或 RfC 或者致癌物质的斜率因子的“point of departure”（POD）（详见本小节第

4分节），这个POD更加独立于实验设计。美国EPA风险评价论坛已经编写了"Guidelines for the Use of the BMD Approach in the Assessment of Noncancer Health Risk"（U. S. EPA，1995），EPA BMD工作组起草了"Technical Guidance for the Application of the BMD Approach in Cancer and Noncancer Dose-response Assessments"（U. S. EPA，1995）。此外，美国EPA已经开发了计算BMD的软件（web site at http：/epa. gov/ncea/ bmds. htm）：从1995年开始，美国EPA开始开发BMD的计算软件，1997年EPA通过了对该软件的内部评价，并于1998年开始了外部评价（Version 1. 0b），于1999年3月结束评估。

BMD方法主要包括了用数学模型拟合剂量-效应曲线，BMR（benchmark response）是指发生10%的特定伤害或者体重减少10%的响应。BMD Version 2. 0提供了16种不同的模型。Gamma、logistic、log-logistic、Multistage、Probit、log-Probit、Quantal-Linear、Quantal-Quadratic、Weibull九种模型适合分析二值（dichotomous）数据，而Linear、Polynomial、Power、Hill四种模型适合分析连续毒性数据，另外还包括NLogistic、NCTR、Rai & Van Ryzin三种模型适合分析发育毒性数据。EPA的致癌模型、二值模型（dichotomous models），如Hill模型和联合（Hybrid）模型在内的连续模型还在开发评估之中。

该模型的操作主要包括以下四个步骤：

（1）在BMDS数据表中输入毒性数据；

（2）根据将要评价的数据类型选择合适的模型；

（3）确定和所选模型的相关参数；

（4）运算模型，观测计算结果。

详细内容可以参见EPA-BMDS的网站。

3. 日可耐摄入量或者日容许摄入量的计算

由于普通人群暴露化学物质的过程是一个低剂量、长期暴露的过程，但是实际能够得到的毒性数据往往只有动物实验数据，或者是基于有限样本数据的毒性数据，而且实验室的暴露往往是一个高剂量、短期暴露过程。我们在设定容许摄入量时，应该考虑绝大多数人的健康，其中还包括儿童和老人那样的脆弱群体，但是动物暴露实验所用的动物往往是均一的，小样本量的。鉴于上述动物实验和实际人群的暴露方式等的不同，仅根据动物实验数据获得的NOAEL值作为安全值，显然存在很大的不确定性。为了最大限度地保护人类健康，非致癌化学物质的危害性评价过程主要在上述无毒性浓度（NOAEL）、最小毒性剂量（LOAEL）或者用数学模拟剂量-效应曲线的95%置信区间上边界线获得基准剂量

(BMD) 的基础上，结合几种类型的不确定性系数计算获得。图 2-4 表示了几个重要概念的区别，日可耐摄入量（TDI）或者日容许摄入量（ADI）是指基于毒性发现的信息、人体摄入一定量的化学物质后不会发生毒性时所对应的日容许摄入量，具体可以按照式(2-4)计算。

$$\text{TDI 或者 ADI} = \text{BMD or NOAEL or LOAEL}/(\text{UF1} * \text{UF2} * \text{UF3} * \text{UF4} * \text{UF5} * \text{UF6}) \quad (2\text{-}4)$$

式中，UF（uncertainty factor）为不确定系数。从动物实验或者流行病调查获得的 NOAEL 等除以 UF 或者 SF（safe factor）即为 TDI 或者 ADI。UF 或者 SF 可以认为是同一种意思，不同的委员会或者机构会采用不同的用法。一般地，考虑到环境中痕量化学物质等的暴露并非人为所致（如垃圾焚烧场排放的二噁英），因此往往使用 UF、TDI；而食品添加剂和农药则是人为添加的，因此往往采用 SF 和 ADI 这样的术语。例如，WHO 的饮用水水质标准及日本的水道水质标准则用 UF 和 TDI，IPCS 标准值用 UF 及 TI（tolerable intake），JECFA（Joint FAO/WHO Expert Committee on Food Additives）和日本食品添加剂的标准都用 SF 和 ADI。而美国 EPA 则用 UF、RfD 或者 RfC。本文统一采用 UF 和 TDI。

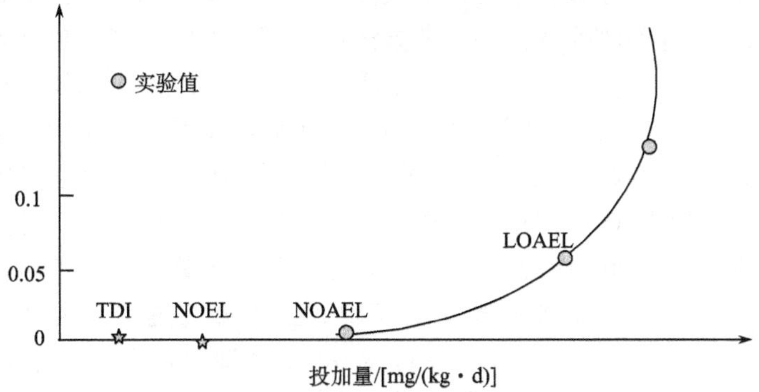

图 2-4　几个概念（TDI、NOEL、NOAEL、LOAEL）的区别

1）不确定性系数（UF）解析历史和默认值

根据动物实验数据进行化学物质的健康风险评价时，在作用机制相同的情况下，实际上只要考虑它们之间的质量差异就行了。但是实际上，从组织、器官、酶类的生物学差异性的角度上，人和动物的差异往往较大，在用动物数据进行健康风险评价时存在诸多的不确定性，而这些差异又不能用实验证明，因此从安全的角度出发，采用不确定系数。反之，如果过多地考虑安全性而采用过大的不确定系数，计算得到的安全值变得不符合实际，缺乏可操作性，因此对不确定系数的使用要非常谨慎。

1999 年英国学者 Renwick 对化学物质风险评价中的不确定系数有了一个非

常好的综述（Renwick，1995）。20 世纪 50 年代初在美国根据动物毒性数据设定美国食品添加剂的安全值时，应用了 100 的安全系数（Lehman and Fitzhugn，1954），表示人群暴露化学物质的量不能超过基于长期毒性试验获得的 NOAEL 的 1/100。之后 FAO/WHO 食品添加剂联合专家委员会也采用了 100，将动物实验数据获得的 NOAEL 数值外推到所谓的人个体的安全日摄入量。这个 100 的默认值已经被广泛地应用到许多化学物质的不同实验动物毒性数据的外推工作中。虽然该安全系数缺乏科学根据，但是已经成为今天计算化学物质安全值（即使终生暴露化学物质也不会产生健康影响的安全值）或者日容许摄取量的基础。实际上该安全系数包含了两个不确定性系数：①与实验动物相比，人类可能对毒性更加敏感，也就是种差不确定系数；②人群中的不同个体可能存在着敏感性比较高的个体，也就是个差不确定系数。因此通常把 100 分割成 10×10，前一个 10 为从动物实验外推到人的种差不确定性系数，后一个 10 表示了人群中个体和个体之间的个差不确定系数。

这种处理方式常由于过于简单而经常受到批评。在风险评价中，对于不确定性的基本想法就是确保化学物质使用过程中的“安全”。因此，采用了最大限度地避免化学物质暴露导致的危害，最大限度地确保安全的理念。随着风险评价相关知识的积累，有关风险评价的思考方法也有了很大的改变。也就是在不影响基于以往安全系数评价结果的基础上，要求不要进行过度安全的风险评价，尽可能地采用更加科学的方法。不同个体之间存在个体敏感性，对于敏感个体可以考虑采用 10 的不确定系数，但是对于非敏感个体，没有必要采用这么高的不确定系数。实际上人和动物体内的化学物质的行为差异主要起因于两个部分：①从摄入化学物质并输送到不同目标器官的过程，这个过程被称为药物代谢过程（toxicokinetics，TK）；②化学物质在特定器官中产生致毒的过程，这个过程被称为毒效过程（toxicodynamics，TD）。20 世纪 90 年代经过许多工作小组的研讨，达成了一个共识，也就是将 10 这个默认值分割成 TK 和 TD 两部分，也即将种差和个差都表示为 TK×TD 的形式，而且 TK 和 TD 的不确定系数分别取 4.0（$=10^{0.6}$）和 2.5（$=10^{0.4}$）。1994 年，WHO 考虑到人群中 TK 和 TD 的个差比较相近，因此对个差 10 的默认值分解成 3.16 和 3.16，其乘积依然为 10（蒲生昌志，2002）。表 2-3 表示了 100 不确定系数的历史变迁。

表 2-3　100 不确定系数（个差和种差）的历史发展

不确定系数种类	20 世纪 50 年代	20 世纪 80 年代	20 世纪 90 年代	现在
安全系数	100			
个差（UF_1）		10	TK×TD=4.0×2.5	TK×TD=3.16×3.16
种差（UF_2）		10	TK×TD=4.0×2.5	TK×TD=4.0×2.5

这样的处理方式，给不确定性系数的选择带来了较大自由度。如果有 TK 变动的实验数据，则以此为准，但是依然需要考虑 TD 的种差或者种间的变动。而如果没有可靠的实验数据，那么依然采用 10 的默认值。TD 和 TK 的种差和个差可以通过体外和体内实验获得。根据人类药物代谢酶的体外（in vitro）实验或者用可靠的结构活性相关关系（QSAR）预测，如果证明个差较小时，TK 就可以考虑采用 1；虽然个体差异较大（如 CyP2A6、N-Axcetyl 化酶代谢差异），但是所采用的数据如果来自代谢较慢的人群，则也可以将 TK 定为 1。另外，虽然没有实测毒性数据，但是从相似结构或者结构活性相关关系，并根据基因型（genotype）和表观型（phenoptype）的差异性判断，有可能出现健康影响时，TK 值则取 3.16。如果考虑一些特定个体，如代谢异常者、患者等在内的人群健康风险，往往建议采用默认值 10。如果风险对象仅限于职业暴露，而且该暴露群体中不包括老人、孩子或患者等敏感人群，那么 TD 值也可以认为 1。

如果所用的毒性数据来自动物，那么存在动物和人的种间差异。人和实验动物大鼠或小鼠之间的种间差异，TK 的差异较 TD 为大，因此 TK、TD 分别取 4 和 2.5，其积为 10。但是如果有 TK 方面的实验结果，如有人类和动物的药物代谢酶（CyP）的体外实验能够证明他们之间的种差较小时，或者有实验能够证明动物体内对象物质的消失速率较慢时，则 TK 值可以取 1。如果实验动物和人的敏感性相同或者动物高于人时，TD 则为 1。

自 20 世纪 50 年代以来，毒理学有了很大的发展，为了确保高质量的毒性数据实施了良好的实验室规范（good laboratory practice，GLP）；致毒机制的深入研究，涉及代谢和排泄等的药代动力学研究的发展，使外暴露到内暴露和目标器官的预测成为可能，这为不确定性系数的取值和选择提供了合理的科学依据；另外，在种差和个差的基础上，又引入了其他几种不确定性系数。例如，美国 EPA 在健康风险评价中，除了采用了种差和个差两种不确定系数以外，还采用了其他不确定系数，如实验暴露时间的校正、动物和人的呼吸器官的差异性校正以及实验数据本身的不确定系数（U. S. EPA，1993a）。日本的 ChemPHESA 风险评价系统（physical，health and environmetnal safety assessment）则考虑了如下众多的不确定性系数（日本化学化工协会化学物质综合安全管理中心，1999）。

（1）从实验时间或者观测时间不够充分的毒性数据推测到长时间暴露的毒性影响时所采用的不确定性系数（UF_3）。

首先，从观测期间的长短暴露可以分为中期暴露（一天以上，3 个月以下）和长期暴露（3 个月以上）。一天以下为短期暴露，实际上就是急性毒性，按急性毒性进行评价。中期暴露所采用的毒性数据如果来自动物实验，实验时间如果超过了拟评价的暴露时间，或者是实验时间为拟评价暴露时间的 1/3 以上，没有发现有害性的累积和物质的累积时，UF 往往采用 1。实验时间为拟评价暴露时间的 1/3 以上，没有发现影响的累积性，但是有可能会因为物质的累积而产生新的影响时，UF 为 3.2。如果毒性数据来自人群，实验时间超过拟评价的暴露时间时，UF_3 取 1，其他情况都采用 10。长期暴露所采用的毒性数据如果来自动物实验，实验时间被认为是慢性，或者实验时间超过拟评价暴露时间的 1/2 以上，而没有发现有害性的累积和物质累积时，UF 往往采用 1。实验时间为拟评价暴露时间的 1/2 以上，没有发现影响的累积性，但是又可能会因为物质的累积而发生新的影响时，UF 为 3.2。如果毒性数据来自人，观测时间为慢性，或者观测时间超过 5 年以上，没有发现影响的累积性和物质的累积性时，UF 则为 1。观测时间为 5 年以上，没有发现影响的累积性，由于物质的累积可能发现新影响时，UF 为 3.2。其他情况都采用 10。

另外，从 28d 的动物实验外推到长期暴露实验时，如果没有 NOEL 或者 NOAEL 时，则认为不能外推到慢性毒性。即使有 NOEL 或者 NOAEL，如果该物质具有累积毒性，那么也不能外推到慢性毒性。如果有 NOEL 和 NOAEL，而且没有发现累积毒性时，UF_3 取 10。

影响累积性包括四种情况：①虽然影响是可逆的，但是恢复需要很长时间；②不管组织器官发生了什么变化，随着年龄的增加，健康程度越来越差；③暴露引起的死亡，慢性病的发生概率增加；④器官和功能发生了不可逆变化。

累积毒性的发现是指（OECD407）向高敏感性组织反复投加化学物质，组织中被检物质或者代谢产物的浓度上升，从而产生健康影响的现象。

动物实验的“慢性”实验期间为：①狗等无累积影响的实验，实验时间 12 个月以上；②啮齿类动物的无累积影响的实验，实验时间 12 个月以上。流行病调查中的慢性是指：①累积影响评价，观测时间为 15 年以上；②无累积影响评价，平均观测时间 5 年以上。

（2）在动物实验和流行病调查中，在最低暴露水平下观测到非常小的毒性影响（也就是仅获得 LOAEL）时，则考虑从 LOAEL 外推到 NOAEL 的不确定性系数（UF_4）。如果能够获得 NOAEL 或者 10% BMDL 时，UF_4 则为 1。如果只能获得 LOAEL，但是毒性数据显示了剂量-效应关系，而且有证据能够证明 LOAEL 值和 NOAEL 非常接近，那么 UF_4 为 3.2。在其他情况下，UF_4 取 10。

（3）用于推测 NOAEL 的毒性数据存在数量和质量问题时，考虑采用不确定系数（UF_5）。如果所采用的毒性数据来自人类，能够获得比较好的流行病调查数据，而且两个团体的研究结果都相同时，UF_5 为 1。另外，虽然流行病调查数据不是太理想，但是相互独立的 3 个以上的群体都获得相同的结果时，UF_5 为 3.2。其他种类的流行病调查数据，UF_5 都取 10。

（4）不同暴露途径之间外推时的不确定性（UF_6）。UF_6 是指拟评价的人类暴露途径和所采用的动物毒性数据的暴露途径不一致时采用的不确定系数。拟评价的人类暴露途径分为呼吸暴露、经口暴露、皮肤暴露三种。如果拟评价的人类暴露途径为呼吸暴露，而且 UF_1～UF_5 选择的根据也是基于呼吸暴露途径，那么 UF_6 取 1。另外，如果 UF 选择基于呼吸暴露以外的毒性信息，同时没有发现呼吸器的影响和累积，则 UF_6 为 1。但是如果根据呼吸以外的暴露途径的信息选择 UF_1～UF_5 时，根据化学物质的物理化学性质，能够推断对呼吸器没有影响或者累积时，UF_6 则为 3.2，其他情况取 10。

如果拟评价的人类暴露途径为皮肤暴露时，UF_1～UF_5 选择都是采用了皮肤暴露途径时，UF_6 则采用 1。但是如果 UF 选择采用皮肤暴露以外的毒性信息，而且血液浓度不会超过经口暴露时的血液浓度，那么 UF_6 取 3.2，其他情况取 10。

拟评价人类暴露途径为经口暴露途径时，采用的毒性实际也为经口暴露时，UF_6 则为 1。

如果能够获得的毒性数据的暴露途径和拟评价的人类暴露途径不一致时，必须进行不同暴露途径间的外推。针对动物实验或者流行病调查获得的 NOAEL 除以不确定系数就可以获得经口 TDI，然后进行“人类经口 TDI—人类呼吸 TDI”、“人类经口 TDI—人类皮肤 TDI”的换算。也就是说在暴露途径之间的外推时，除了考虑不确定系数以外，还需要用如下换算：

(1) 经口-呼吸［量：mg/(kg BW · d)］

TDI（人吸入）＝［TDI（人经口）× F_{oral}/F_{inh}］/UF_6

＝（TDI（人经口）×［LC_{50}（呼吸）/LD_{50}（经口）×（IH_{air}/ BW)］/UF_6

式中，LC_{50}和 LD_{50}一般来自动物实验；F_{oral}为经口利用率；F_{inh}为呼吸利用率。

(2) 经口-呼吸（浓度，mg/m^3）

TDI（人吸入）＝TDI（人经口）×（F_{oral}/F_{inh}）×（BW/IH_{air}）/UF_6

＝TDI（人经口）×［LC_{50}（呼吸）/LD_{50}（经口）］/UF_6

(3) 经口-经皮肤［量：mg/(kg BW · d)］

TDI（人经皮肤）＝［TDI（人经口）× F_{oral}/F_{der}］/UF_6

＝TDI（人经口）×［LC_{50}（呼吸）/LD_{50}（经口）］/UF_6

式中，F_{der}为皮肤吸收率；BW 为体重。

上述公式中的一些数据如果没有实测值，则可以考虑采用默认值（表 2-4）。

如果上述几种不确定系数都采用了 10，那么几个不确定系数相乘，则总不确定系数高达 10×10×10×10＝10 000。但是，有时候也有采用不太大的确定系数，如采用 3 或者 5。不同国家的相关部门在制定化学物质的 TDI 时，即使对同一种化学物质有时也会采用不同的不确定系数，如汞的 TDI 值计算就是一个典型的案例（见 2.7 节）。但是如果总不确定系数太大，如超过 10 000，就认为该毒性数据不宜用来做人类健康风险评价。

表 2-4　不同暴露途径之间外推参数（默认值）

F_{inh}：吸入利用率（气体、蒸汽、呼吸可能的微粒子，≤10μm）		0.75
F_{oral}：经口利用率		1
F_{der}：经皮肤利用率		
高亲水性物质（$\lg K_{ow}\leqslant -1$）		0
高分子质量物质（Mw≥700）		0
其他物质		1
BW：体重/kg	成人男	65
	女	50
	小孩（1～6 岁）	15
	幼儿（1 岁以下）	6
IH_{air}：吸入量/(m^3/d)	成人男	18
	女	13
	小孩（1～6 岁）	10
	幼儿（1 岁以下）	7
成人作业人员呼吸量/(m^3/h)	OECD Workshop	1.25

虽然不确定系数是考虑有害性评价的不确定性而设定的，但是有时也有其他意义上的使用。例如，世界卫生组织在制定饮用水标准时，根据健康影响的性质和程度对农药追加设定≤10 的安全系数。另外，美国 EPA 农药项目局提出了关于暴露水平不确定性的 UF 值（WHO，1995）。1996 年美国成立了食品质量保护法（FQPA），如果采用以往的不确定系数，则无法确保幼儿和儿童（也包括胎儿和母体）不受到健康影响，所以追加了不确定系数 10，实际上就是考虑了儿童暴露水平的不确定性。根据这一方法，美国在评价防虫剂毒死蜱（chlorpyrifos）时，采用了追加的不确定系数（U. S. EPA，2002），其结果就是禁止了该农药在室内环境或者一些使用量较大的农作物中使用（U. S. EPA，2000；U. S. EPA，2002）。与美国一样，日本在计算毒死蜱农药的室内空气浓度指南值时，也采用了 10 的追加不确定系数，使指南值变得非常严格，实际上禁止了毒死蜱农药在日本的使用。

关于不确定系数的议论很多，欧盟生态毒理学和化学品毒理学中心（European Centre for Ecotoxicology and Toxicology of Chemicals，ECETOC）集企业界多名专家的智慧，出版了关于不确定系数的报告书（ECETOC，2003），各种不确定系数大概情况如表 2-5 所示。

表 2-5　ECETOC 推荐的不确定系数（ECETOC，2003）

项目	外推目标	不确定系数
NOAEL 的计算	从 LOAEL 外推 NOAEL	3
暴露继续时间	从亚急性外推慢性 NOAEL	6
	从亚慢性外推慢性 NOAEL	2
	呼吸导致的局部影响的产生	1
暴露途径外推	经口呼吸，皮肤暴露	没有推荐
种间（全身）	小鼠	7
	大鼠	4
	猴	2
	狗	2
种间（呼吸局部）	普通人群	1
个差	普通人群	5
	工人	3
个差（局部影响）	普通人群	5
	工人	3

上述风险评价过程中主要根据 NOAEL 或者 LOAEL 值计算的，也就是慢性毒性的健康风险评价。至于急性毒性的健康风险评价，通常能够获得的数据是半致死浓度。由于化学物质的广泛使用，普通人群都有可能暴露于各种化学物质，但是一般都不会造成急性毒性物质致死，即使是职业暴露下的工人。人类暴露化学物质导致急性毒性致死的发生概率非常小，除非发生突发性事故。因此急性毒性的风险评价往往针对突发性事故这样一种特殊情况的健康风险评价。在人类健康评价系统中，对象化学物质的人类危害性信息不足时，则采用动物毒性数据。对于急性毒性，则往往对实验动物仅投加一次高剂量的化学物质而获得的毒性数据，其评价终点则是致死，常采用 50%致死量（LD_{50}）表征化学物质的毒性强度。如果有不同投加量下的急性毒性试验的毒性数据，则常常采用 BMD 的方法，也即 10%致死的 95%置信下边界 LED_{10} 或者 $BMDL_{10}$。根据急性毒性数据的 LD_{50} 值计算 ADI 时，往往采用个差（UF_1）和种差（UF_2）这两种不确定系数分别为 10、10。但是从 LOAEL 外推到 NOAEL 的不确定性系数（UF_4），其值为 100；如果从 LED_{10} 计算，则取不确定系数为 10。这些不确定系数都是基于毒性数据来自实验动物、暴露时间极其短暂等条件下所采取的一种做法（图 2-5）。

2）基于人和动物体重的种间外推

由此可以发现，从动物毒性数据外推计算化学物质的安全基准时，用“10”的不确定系数外推不同实验动物数据的做法显得过于简单。虽然我们通常用

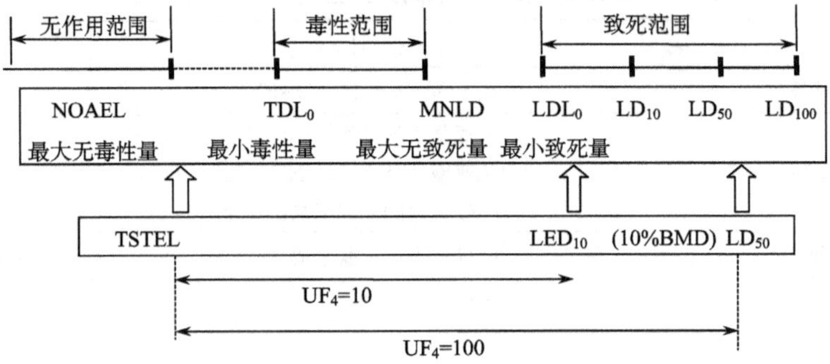

图 2-5　从急性毒性数据计算 NOAEL 时的不确定性系数

（日本的风险评价 ChemPHESA 系统，日本化学化工协会化学物质综合安全管理中心，1999）

“10”这个种间不确定系数计算单位体重的安全摄入量，但是由于大多数的生理过程和生物化学过程与表面积呈较好的关系，简单地用表面积和体重表示的剂量在啮齿动物和人之间实际上存在很大的差异，日本学者岸田对此做了很好的总结（中西準子等，2003）。特别是对一些化学物质会通过食物摄入经消化吸收后，由血液及淋巴液运送到各组织中参加代谢，在各种酶的催化下进行分解和合成代谢，与细胞内外的物质交换和能量转化，或者对于一些体内浓度取决于到达排泄器官的血流量的物质，不能简单用表面积和体重表示的动物剂量外推到人体剂量。

人和动物个头大小不一样，表示个头大小的单位有体长和体重。由于体形不同，比较两者的体长不可取，而体重比较容易获得。由于人和动物都由相同的成分组成，体重的比较就意味着体积的比较，因此体重是表示动物个头大小的常用单位。毒性实验中的剂量是按单位体重的投加量（mg/kg）表示的，意味着投加量和体重成比例。如果大鼠（rat）的体重为 0.5kg、人体重为 50kg，那么人的体重是大鼠的 100 倍，投加量也应该是大鼠的 100 倍。但是根据体重按比率投加药剂的做法是否合理，也就是体重比率是否能够代替等效毒性，没有任何科学依据。实际上决定投加量大小的不应该是体重，而是体表面积。体表面积法则的理论依据在于为了维持动物体力必要的能量消耗量是和体表面积成正比而不是和体重成正比。这是因为能量消耗实际上是和外界接触的体表面积中逃逸的能量相关。Freireich（1966）针对不同大小的动物实验也证明了动物种间毒性差异取决于体表面积而不是体重的这一结论。基于这些研究结果，美国 EPA 在致癌物质的风险评价指南中，推荐从动物外推到人体的种差不确定性系数按体表面换算的方法决定（U. S. EPA，1986）。假定体长为 L，体积则为长×宽×高，也即 L^3，而体表面积为 $L\times L$，也即 L^2，因此体表面积为体重的 2/3 次方。单位体重的投加量和单位体表面积的投加量之比，则为体重的 1/3 次方（=体重/体重$^{2/3}$=体重$^{1/3}$），因此大鼠实验的投加量大约为人投加量的 1/5 [(0.5kg/70kg)$^{1/3}$]。从小鼠实验外推则需要乘上 1/13 进行校正 [=(0.03kg/70kg)$^{1/3}$]。

虽然早在 100 多年前就已经提议用体表面积法则外推动物实验毒性数据到人，也已经广泛应用到各个领域。之后的许多物种的实验中，认为动物的能量消耗量并不是和体表面积（体重$^{2/3}$）成正比，而是和体重的 3/4 成正比。Kleiber (1932) 将从老鼠到牛，相差 4000 倍的动物的能量消费量和体重做对数相关关系研究，得到回归的斜率为 0.74，高于 0.67 (2/3)。之后许多研究人员进行了追加实验，认为动物种间的能量消费量与体重的 0.75 次方（也即 3/4 次方）成正比。一直以来人们就已经知道不同体重的哺乳动物的代谢过程有很大的不同。Wilson 和 Crouch (1987) 发现虽然哺乳动物之间的基本代谢过程其实是相似的，但是代谢是体重的函数，也就是随体重的增加而增加。最近的研究也已经达成了一个共识：体重的 3/4 次方作为经口暴露的换算因子（Watanabe et al.，1992）。美国 EPA 的致癌物质风险评价指南中，推荐从动物到人的外推按体重的 3/4 进行换算（U. S. EPA，1996）。这样，从大鼠外推到人的换算因子为 1/3 (0.5kg/70kg)$^{1/4}$，而小鼠外推到人的换算因子则为 1/7 (0.03kg/70kg)$^{1/4}$。上面我们采用了不确定系数 10 进行了种间外推，相当于动物投加量乘 1/10。而如果按照体重的 3/4 次方进行外推，小鼠的情况是 1/7 的校正系数，应该说不确定系数方法更为安全。表 2-6 的一些参数可以为种间外推所用。

$D_{\text{human}} = \text{sf} \cdot D_{\text{animal}}$

$\text{sf} = (\text{BW}_{\text{animal}}/\text{BW}_{\text{human}})^{1-b}$

$b=0.75$　USEPA 推荐值

平均 $\text{BW}_{\text{human}}=71$

平均 $\text{BW}_{\text{animal}}=0.03$

所以：

$$D_{\text{human}} = D_{\text{animal}}/7 \tag{2-5}$$

表 2-6　人和鼠的平均体重和寿命（Kammen and Hassenzahl，2001）

种	性别	标准寿命/a	标准成人体重/kg	成人体重分布
人	男	72	78.7	正态（78.7，13.5）
	女	79	65.4	正态（65.4，15.3）
	两者	76	71.0	正态（71，15.9）
大鼠	雄	2.5	0.5	—
	雌	2.5	0.35	—
小鼠	雄	2.5	0.03	—
	雌	2.5	0.025	—

3）基于 PBPK 的种间外推

虽然体重的 3/4 次方外推法较不确定系数法更为科学，但这也是一种大概的种间外推方法。对于不同性质的化学物质都采用该方法，不免会出现一些例外。实际上化学物质的人体致毒过程涉及化学物质的体内吸收、吸收后的体内分布、在目标脏器内的致毒敏感性。因此从动物外推到人的种间外推过程，应该全面地研究动物和人在化学物质吸收、体内分布和代谢速率（化学物质体内酶的作用下变成易排泄物质的速率）的不同及目标脏器的敏感性的不同。生理药动学模型（physiologically based pharmacokinetics，PBPK）是以解剖学、生理学、生物化学和物理化学为基础建立的，模拟化学物质体内动态为研究目的而开发的模型。所谓 PBPK 模型就是计算机模拟推测化学物质体内动态和浓度的模型（Andersen et al.，1987）。如图 2-6 所示，模型由肺、肝脏、肾脏、脂肪等构成，通过动脉和筋脉进行物质在脏器间的转移。作为生理参数涉及脏器重量、血流量、呼吸速率等动物固有的参数。另外，还需要脏器中的代谢速率等化学物质本身的一些参数。由于实验动物和人的生理解剖结构相似，可以利用基于一种动物的 PBPK 模型，将人的生理参数代入动物 PBPK 模型，就可以实现从动物外推人体体内的药代过程，从而降低从实验动物外推到人体的不确定性。目前 WHO 在饮用水基准制定中，建议使用药代模型进行种间外推。

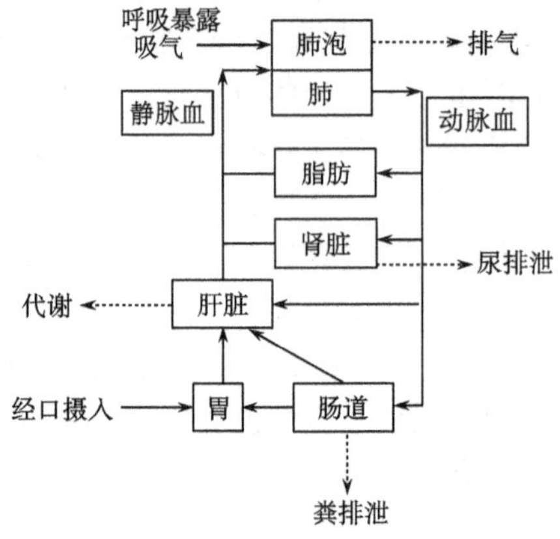

图 2-6 化学物质体内循环过程

总的来说，PBPK 模型在实际血流速率、组织-血液分配系数以及化合物其他性质的控制下遵循物质平衡原理在不同器官间进行药物转运。经肺吸入的化学物质随着动脉血流到全身的各个器官和组织，但是经口摄入的化学物质则先通过肠胃消化道器官，然后进入肝脏代谢，因此和吸入相比即使摄入相同量的化学物质，经口摄入是从静脉输送到全身的各个器官和组织，其量通常低于吸入的量。因此美国 EPA 累积风险信息系统中，将呼吸吸入和经口摄入分别进行处理，在剂量-效应关系评价中，呼吸吸入途径的情况采用 Unit Risk（致癌物质）和基准浓度（非致癌物质），而对于经口暴露则采用斜率系数（致癌物质）和基准剂量（非致癌物质）。

早在 20 世纪 30 年代 PBPK 的概念就已经问世并开始实践，但其后来的发展受到了计算条件的限制，直到 20 世纪后期，随着计算机技术、计算软件和化工界建模技术的飞速提高，PBPK 也随之得到极大发展与广泛应用。例如，PK solutions（http://www.summitpk.com/pksolutions.html）和 Metabase（http://www.summitpk.com/metabase.html）模型为我们的药代研究提供了很好的技术平台。目前已经建立了几种化学物质（如有挥发性化合物和医药品）的 PBPK 模型（Haggard，1924；Teorell，1937）。另外还有苯乙烯的 PBPK 模型，这些模型主要都是为风险评价这一目的而开发的，美国 EPA 已经将 PBPK 模型应用到了二氯甲烷的安全基准值的计算（Ramsey and Andersen，1984；Andersen et al.，1987）。

PBPK 模型（图 2-7）主要描述化学物质在体内各个器官间的分配等动态，而化学物质在体内最后会进入细胞并作用于 DNA 等或者和体内受体蛋白结合，从而致毒，这个过程被称为药效学（pharmacodynamics，PD）。在 PBPK 模型的基础上嵌入 PD 模拟过程，即成为 PBPK-PD 模型。Gabrielsson 和 Weiner（1997）已经很好地阐述了 PBPK-PD 模型的概念和应用。目前最为经典的 PBPK-PD 模型是关于有机磷农药的。有机磷农药通过和乙酰胆碱（神经传达物质、acetylcholine）的分解酶（胆碱酯酶）结合，使体内积蓄较高量的乙酰胆碱而引起神经毒性。因此可以通过体内有机磷农药浓度和分解酶量，就可以计算分解酶和农药的结合量，进而预测脑内有效分解酶的减少和相应的毒性。ERDEM（exposure related dose estimating model）模型是由美国 EPA 国家暴露研究实验室开发的 PBPK-PD 模拟系统。该系统可以建立新的 PBPK 和 PBPK/PD 模型，目前已经应用到许多化学物质，如马拉硫磷和氨基甲酸甲酯的风险评价中（Blancato et al.，2006）。

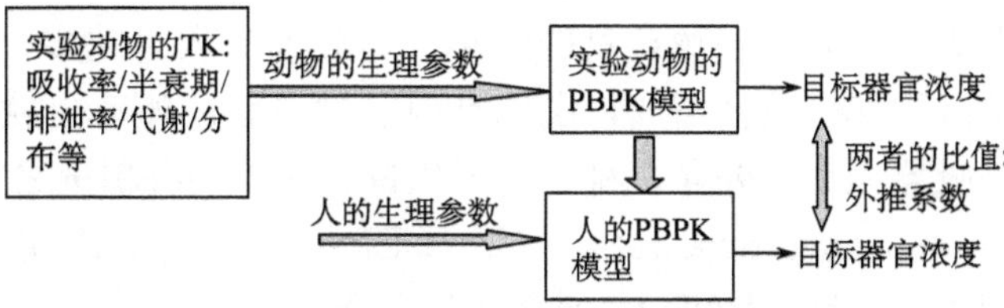

图 2-7 基于 PBPK 模型的种差外推示范图

PBPK 模型在二噁英的风险评价中也逐步得到关注，已经发展了诸多模型。如图 2-8 所示，二噁英风险评价从 20 世纪 80 年代中期基于不确定系数的有阈值风险评价或者 70 年代以来的无阈值的致癌发生概率法，发展到基于 PBPK 模型的种间外推、个体敏感性分布预测以及结合致癌机制的 PBPK-PBPD 模型的开发，这些研究为更加科学地评价二噁英健康风险评价提供了重要的技术基础。

4）颗粒物暴露的种间外推

直接作用于呼吸器管的颗粒物和化学物质是经肺部的沉积而致毒的。由于动

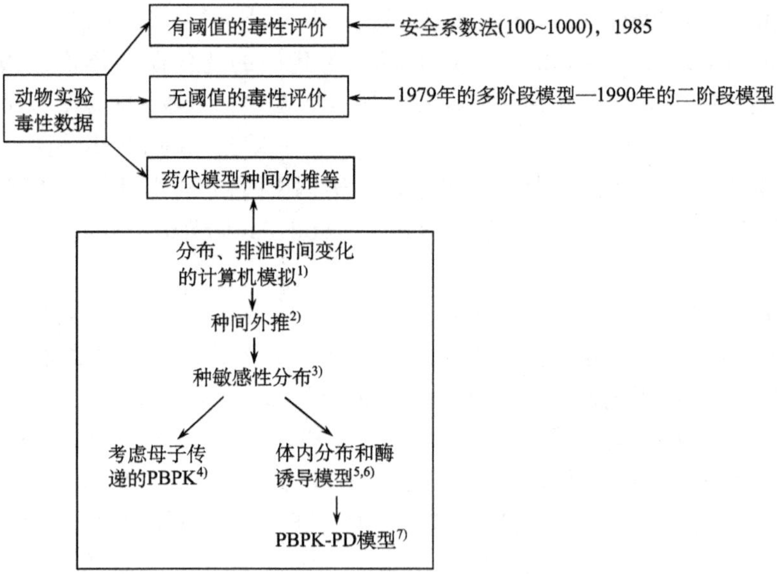

图 2-8　二噁英风险评价方法的发展过程

1) Tuey and Mattews，1980；2) King et al.，1983；3) Leung et al.，1988；4) Claude Emond et al.，2004；5) Leung et al.，1990；6) Kedderis et al.，1993；7) Kohn et al.，1993

物与人的鼻腔、气管和肺的流入量不同，因此动物和人在肺部等的沉积量之比可以用来种间外推。除了呼吸器的形态差异之外，颗粒物的大小，如表面积也是影响沉积量的重要因素。粒径越大的颗粒物越容易被挡在鼻腔，而小颗粒就会到达肺部。沉积率取决于流入量和颗粒物的大小。鼻腔的流入量越多，颗粒物越大，那么鼻腔表面的沉积率也就会增加，也就是说通过鼻腔的概率也就越小。表 2-7 表示了人和鼠呼吸器大小的差异，将动物沉积量和人体的沉积量之间的比定义为 RDDR（regional deposited dose ratio）（U. S. EPA，1994a），因此人的无毒性浓度就等于动物无毒性浓度×RDDR。具体表述如下：

RDDR＝动物沉积量/人体的沉积物量

人体无毒性浓度＝动物无毒性浓度× RDDR

美国 EPA 采用该方法设定了颗粒物和大气中化学物质的安全基准。

表 2-7　动物呼吸器大小的差异

器官	人	大鼠（rat）	小鼠（mouse）
鼻腔等/cm^2	200	15	3
支器官/cm^2	3200	22.5	3.5
肺/cm^2	54	0.34	0.05

2.1.4　致癌化学物质的安全水平计算

化学物质的致癌性是环境健康风险评价的重要终点。许多机构对化学物质的人类致癌性进行了分类，但是采用了不同的分类方式。国际癌研究机构（IARC，http//www.iarc.fr）对化学物质致癌性进行了如下分类：

1：人类致癌物质（carcinogenic to human），95 种

2A：很有可能的人类致癌物质（probably carcinogenic to human），66 种

2B：可能的人类致癌物质（possibly carcinogenic to human），241 种

3：不能作为人类致癌性物质（not classifiable as to carcinogenicity in human），497 种

4：大概对人没有致癌性（probably not carcinogenic to human），1 种物质

而 1986 年美国 EPA 发布的致癌风险评价指南中将化学物质致癌性做了如下分类：

A：人类致癌物质（carcinogenic to human）

B1：很有可能的人类致癌物质（probably carcinogenic to human）；基于流行病调查

B2：很有可能的人类致癌物质（probably carcinogenic to human）；基于动物实验结果

C：可能的人类致癌物质（possibly carcinogenic to human）

D：不能作为人类致癌性物质（not classifiable as to carcinogenicity in human）

E：有非人类致癌性的证据（evidence of non-carcinogenic to human）

2005 年 3 月 29 日，美国 EPA 对致癌风险评价进行了改版，对致癌性进行了重新分类（URL：http://www.epa.gov.iris/）。

（1）人类致癌物质（carcinogenic to human）；

（2）可能的人类致癌物质（likely to be carcinogenic to human）；

（3）有人类致癌性的证据（suggestive evidence of carcinogenic to human）；

（4）已有的资料不足于评价致癌性（inadequate information to assess carcinogenic potential）；

（5）可能是非人类致癌物质（not likely to be carcinogenic to human）。

上述分类仅是致癌物质的定性评价。实际上化学物质的健康风险的概念是在定量评价致癌物质安全性的过程中发展起来的。癌症有早期和晚期之分，但往往没有轻度和重度之分。因此，致癌风险很难用轻重这样一个概念表示，一般用发生概率表示致癌风险的大小。

致癌风险（终生致癌概率）＝致癌强度（cancer potency）×暴露量

但是在具体的致癌强度系数和致癌风险计算中，则需要根据不同的毒性数据来源采用不同的风险评价方法（图 2-9）。

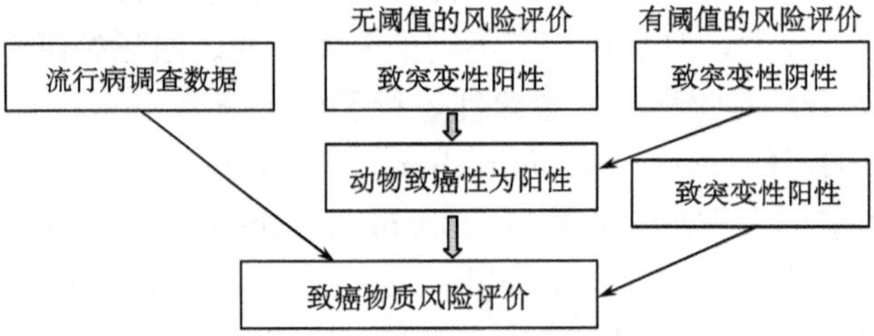

图 2-9　致癌风险评价的种类

1. 基于流行病调查数据的单位风险（unit risk）计算

在风险评价之前，首先需要确认是否具有人类致癌信息。如果有非常足够的证据证明某一化学物质是人类致癌物质，就不需要动物实验的致癌数据。流行病调查结果是致癌阳性物质，那么致癌阳性的动物致癌实验结果将起到进一步证明该物质的人类致癌性的作用；反过来，如果流行病调查认为是阴性的，也不能证明该物质肯定是非致癌性的。虽然有流行病调查数据证明一定暴露量条件下某一物质具有致癌性，但是如果统计学上的处理存在不妥之处，流行病调查的设计存在不合理性，而且推测不符合实际情况时，那么该流行病调查数据认为是不充分的。属于 IARC 的分类中的 Group1（对人有致癌性）或者 Group2A（可能是人类致癌物质）物质都是有致癌性证据的化学物质。

人类致癌风险信息来自流行病调查，那么致癌发生概率能够用相对风险表示。利用相对风险的定量评价方法可以用平均相对风险模型计算致癌单元风险（unit life risk，UR）。

$$\mathrm{UR}=P_0\ (R-1)\ /X$$

式中，UR 为人终生暴露 1μg/m^3（呼吸暴露）或者 1μg/L（经口暴露）的致癌物质而增加的人类致癌风险概率；P_0 为致癌终生风险的背景值，可以从人口统计或者对象人群的不同死因的死亡率，利用生命表法求取（附录Ⅵ）；R 为致癌相对风险，可以用标准化死亡比（SMR）表示（暴露人群中观测到的致癌数和期望值之比）；X 为有害物质的终生平均暴露量，连续暴露某有害物质时的暴露集团的终生平均暴露量。

$$R\ \text{or}\ \mathrm{SMR}=O/E$$

式中，O 为观测集团的死亡数；E 为期望死亡数，标准人群的死亡率乘以观测人群的人口。

2. 根据动物实验数据的致癌风险评价

在风险评价领域，流行病调查数据比致突变实验、动物致癌实验结果更为重要，但是环境和健康之间的因果关系是小概率事件，除了职业场所等高暴露单一暴露环境之外，采用流行病调查的方法弄清小概率事件是一件非常有价值但又是非常难于实现的事情，因此许多化学物质的毒性数据中往往缺少流行病调查数据。而且流行病调查是风险识别和环境管理滞后于健康危害事件发生的研究方式。按照一定的规范，在危害事件发生之前对环境污染导致的人群健康风险进行定量评价是环境管理中的一个重要环节。因此利用实验动物的毒性数据也成为致癌风险评价中的重要毒性数据来源。

如图 2-1 所示，对于显示遗传毒性的，动物实验证明具有致癌性的化学物质，剂量-效应关系是用无阈值。虽然动物实验数据是风险评价中一个重要毒性数据来源，但是动物实验的暴露浓度往往很高，而人类暴露化学物质往往是低剂量、长时间的暴露过程，有必要从实验动物外推计算人类致癌强度。虽然用于风险评价的实验动物的数据往往很有限，但是要获得即使有限的动物毒性数据，也需要 100 万～500 万美元的费用，因此如何有效利用这些有限的动物数据，是风险评价的一个重要内容（Kammen and Hassenzahl，2001）。目前关于致癌物质的外推模型有很多种（表 2-8），虽然在试验暴露剂量范围内，这些模型的模拟结果相差较小，但是外推低浓度的剂量-效应曲线时，不同模型得出的结果差距非常大（图 2-10）（NRC，1983）。

表 2-8　致癌物质剂量-效应曲线的几种模型

模型	关系式
One-hit model	$P(d)=1-\exp^{-(a+bd)}$
Multi-hit model	$P(d)=\int_0^{bd}\frac{x^{k-1}e^{-x}}{\Gamma(k)}dx$
Multistage model	$P(d)=1-e^{-(q_0+q_1d+q_2d^2+\cdots+q_kd^k)}$
Probit model	$P(d)=\Phi(a+b\lg d)$
Logit model	$P(d)=1+e^{-(a+b\lg d)^{-1}}$
Weibull model	$P(d)=1+e^{-bd^k}$

很久以前人们就认为 DNA 损伤导致的致癌作用是无阈值的，因此致癌物质的剂量-效应曲线往往采用无阈值的剂量-效应曲线。描述致癌物质的剂量-效应关系的方式有许多种，美国 EPA 采用了多阶段致癌模型剂量（d）下的致癌发生概率［$P(d)$］可以用式（2-6）表示：

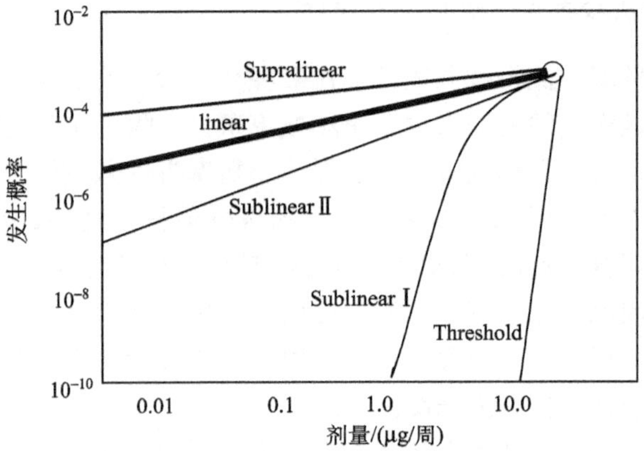

图 2-10　描述致癌物质剂量-效应曲线的几种模型预测结果的差异性（U. S. EPA，1994a）

$$P(d)=1-\exp(-q_0+q_1d+q_2d^2+\cdots+q_kd^k) \tag{2-6}$$

这是假定 $q_1>0$。过剩致癌发生率 $R(D)$ 可以用式（2-7）表示：

$$R(D)=[P(d)-P(0)]/[1-P(0)] \tag{2-7}$$

低剂量范围内，$R(D)$ 接近 q_1D，也就是剂量-效应关系可以用直线关系表示。美国 EPA（1996）采用了如下方法：从一个点（point of departure，POD）和坐标的原点之间引直线（图 2-11），即为低浓度范围内的剂量-效应外推曲线。POD 可以采用和非致癌物质同样的方法求取 LED_{10}。该直线的斜率大小表示了化学物质的致癌强弱，单位为 mg/(kg·d)。除了斜率这一个概念之外，也经常使用单位风险，对于经口暴露，实际上和斜率是一个概念，但是对于呼吸暴露，暴露剂量单位实际上为 1μg/m^3。加拿大等采用了致癌强度（cancer potency）这一概念：用模型获得实验范围内的剂量-效应曲线，计算导致 5%肿瘤发生率时的剂量（tumorigenic dose 5，TD_5）。该值和暴露量相除，即得到暴露强度比率（exposure potency index，EPI）。根据该值的大小决定风险管理对策（中西準子等，2003）。

致癌物质的无阈值，本质上为了保证零致癌率，实际暴露量也应该为零，这也就是第 1 章中提到的致癌物质零风险。在实际操作中，往往计算可接受致癌风险所对应的暴露量，即为致癌物质实质安全值 VSD（virtually safe dose）。VSD 实际上就是忽视了 10^{-5} 或者 10^{-6} 这样低的剩余致癌风险。至于选择 10^{-5} 或者 10^{-6} 还是更高或者更低的可接受风险，主要取决于风险的可控性和风险管理政策。20 世纪 60 年代初，Marntel 和 Bryan 将 VSD 定义为：99%的概率保证致癌概率少于一亿分之一（10^{-8}），而且统计学上 99%置信（Marntel and Bryan，

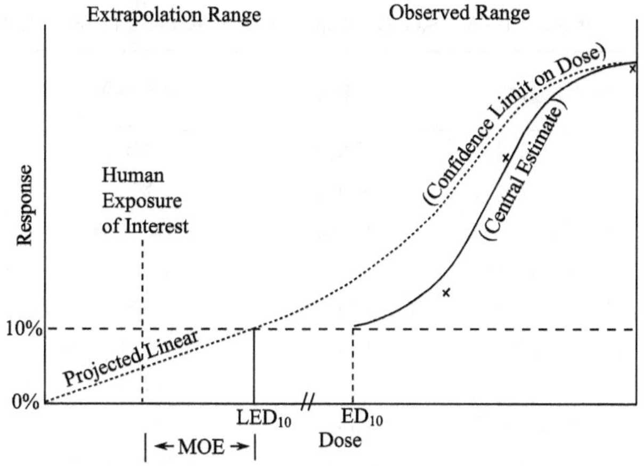

图 2-11　EPA 关于致癌物质剂量-效应曲线的解析方法（U. S. EPA，1996）
实际的暴露水平远低于实验时的投加剂量；MOE，暴露边界（margin of exposure）

1961）。但是美国 FDA 认为 10^{-8} 的可接受风险过小，所以采用了 10^{-6}（FDA，1977）。美国 EPA 则建议采用 10^{-5} 或者 10^{-6} 的可接受风险（U. S. EPA，1986），而 WHO 在制定饮用水水质标准时，统一为 10^{-5} 的可接受风险（WHO，1993）。日本的《大气污染防治法》中，将苯的环境浓度的目标值设在 $3\mu g/m^3$，实际上采用了 10^{-5} 的可接受致癌概率。

从实验剂量到低于实验剂量几个数量级的毒性外推，肯定存在不确定性，因此加拿大和美国在计算致癌物质风险时，要求表明实验范围内的致癌概率 10% 对应的 LED_{10} 和暴露量之间的差异（图 2-11）。对于没有证据证明在低剂量范围内无线性关系，但有证据能够证明具有非线性关系的致癌物质，USEPA 建议计算 LED_{10} 值然后除以环境暴露量，即为暴露差（margin of expoure）。英国没有将遗传毒性致癌物质的剂量关系进行数值化处理，而是采用了在技术允许的范围内尽可能降低暴露量或者消除致癌物质暴露的管理手法。

长期以来，DNA 损伤导致癌症被认为是无阈值的。从安全的角度出发，对于致癌危害性评价，美国 EPA 常采用低剂量直线外推的方法，但是在能够提供足够数据证明具有阈值的情况下，则可以采用有阈值的方法进行有害性评价。二噁英的基准值设定就是一个典型案例。WHO 和日本政府认为二噁英是促癌剂（promoter），在剂量-效应关系中可以解释其有阈值，而美国环保局则认为二噁英是通过 Ah 受体结合而致癌（activator），因此不存在阈值。对二噁英是否是致癌剂问题上的认识分歧，使不同国家采用不同的风险评价方法计算安全基准，最终导致基准值也各不相同（表 2-9）（Wada et al. , 1995）。

表 2-9 不同国家的二噁英（TCDD）的安全基准（ADI 或者 VSD）
（Wada et al.，1995；Kociba et al.，1978；Keenan et al.，1990）

国名	毒性数据	算法	安全系数	安全基准 / [ng/(kg · d)]
加拿大	Kociba (1978)	阈值法	100	10
丹麦	Kociba (1978)	阈值法	200	5
德国	Kociba (1978)	阈值法	100～1000	1～10
荷兰	Kociba (1978)	阈值法	250	4
瑞士	Kociba (1978)	阈值法	100	10
英国	生殖毒性	阈值法	100	1
	免疫毒性	阈值法	100	60
	致癌毒性	阈值法	1000	10
美国 EPA (1985)	Kociba (1978)	无阈值法*	体表面积换算	0.064***
美国 EPA (1988)	Kociba (1978)	无阈值法*	体表面积换算	0.1***
CDC (1984)	Kociba (1978)	无阈值法*	体重换算	0.028～1.4***
FDA (1983)	Kociba (1978)	无阈值法**	体重换算	0.057***
FDA (1991)	Keenan (1990)	无阈值法**	体重换算	0.12***
日本****		阈值法	100	5

* 直线多阶段模型；** 外推法；*** VSD：增加致癌发生概率 10^{-6} 的实质剂量；**** 大鼠慢性毒性实验的 NOAEL [1 ng/(kg · d)] 的基础上采用了不确定系数 100；考虑到猴子的长期毒性所观察到的子宫内膜症，增加 2 的不确定系数。

下面以 DDT 为例尝试计算其致癌强度。DDT 的小鼠毒性数据如表 2-10 所示。该暴露实验中暴露组共用了 881 只小鼠，而对照组小鼠数为 224 只。

表 2-10 小鼠 DDT 实验数据（申葆诚，1984）

剂量/(μg/kg)	小鼠数目	致癌数	致癌发生概率/%
0	224	29	12.9
2	229	61	26.6
10	228	63	27.6
50	231	80	34.6
250	193	151	78.2

在风险评价之前，首先需要判断 DDT 是否具有致癌性。对于零暴露组（zero dose）的致癌概率为：$P(\text{tumor/zero dose})=29/224=0.13$；而暴露组的概率则为

$$P(\text{tumor/zero dose})=455/881=0.52$$

$$Q=[E(\text{zero})+E(\text{nonzero})]/[n(\text{zero})+n(\text{nonzero})]$$

$$= (29+455)/(224+881) = 0.44$$

因为

$$s(\text{differnce}) = \sqrt{Q \times (1-Q)\left(\frac{1}{n(\text{zero})} + \frac{1}{n(\text{nonzero})}\right)} \tag{2-8}$$

故：

$$s(\text{difference}) = \sqrt{0.44 \times (1-0.44)\left(\frac{1}{224} + \frac{1}{881}\right)} = 0.037 \tag{2-9}$$

$$Z = \frac{p(\text{zero}) - p(\text{nonzero})}{s(\text{difference})} = \frac{0.13-0.52}{0.037} = -10.5 \tag{2-10}$$

以 99%作为期望置信水平，算得 Z-table 值为 2.33<10.5。因此，可以认为在 99%的置信区间水平下，暴露组与非暴露组是有显著差异的，即 DDT 是动物致癌性物质。同样，用 2.1 节提到的卡方检验也可以得到相同结论。

采用 BMDS 软件，用 Logistic 模型拟合剂量-效应曲线，得到如图 2-12 所示的剂量-效应曲线。

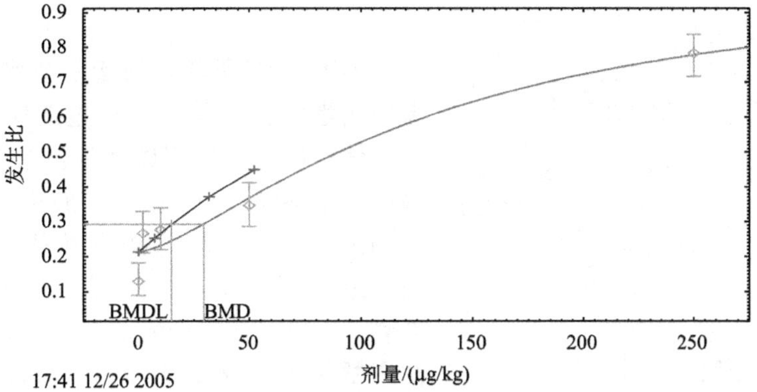

图 2-12　DDT 的剂量-效应曲线和基准剂量

BMD = 29.5329μg/kg；BMDL = 14.9042μg/kg

以 14.902μg/kg 作为 POD 点，这样致癌斜率系数（slope factor）为：SF = 0.1/14.9042 mg/kg = 0.0067 kg/μg。从小鼠外推到人的毒性等效剂量，则人致癌系数为：0.0067/7 = 0.000 96（kg/μg）。这样，如果知道暴露量就可以计算终生暴露 DDT 的致癌发生概率或者风险。并可以通过如下公式计算对象人群每年的致癌人数：

每年致癌人数=（终生致癌发生概率×人口）/人群平均寿命

3．根据体外实验数据的致癌风险评价

遗传毒性是指放射线或者化学物质通过生殖细胞，有可能给下一代带来遗传影响的一个毒性概念。遗传毒性测试方法是潜在致癌物质筛选非常有用的方法，但是遗传毒性不能检测所有的致癌物质，因为（人类和动物）致癌包括作用于DNA的致癌物质和其他致癌机制的致癌物质，而且最终证明其是否致癌还需要用动物实验证明。广义上“遗传毒性”和“DNA损伤”有区别，因此遗传毒性的人类健康评价和致癌风险评价也存在很大的不同，从流行病调查数据进行直接定量评价是非常困难的。由于这一理由，体外（in vitro）测试系统的致癌物质检出率为45%～75%，其值主要取决于相关研究中非遗传致癌剂数目的多少（van Leeuwen and Hermens，2000）。虽然遗传毒性筛选方法存在上述不足，但是这些方法由于相对简便快速，因此是证明化学物质致突变性的有效而经济的方法。由于遗传毒性物质通常不允许存在于环境中，这些性质的测定就会阻止该物质作为工业产品进入市场，而且也是决定是否进一步对其做动物测试的依据，除非该物质被认为非常重要，才有可能会进一步做动物试验证明该物质究竟是否属于动物致癌性。

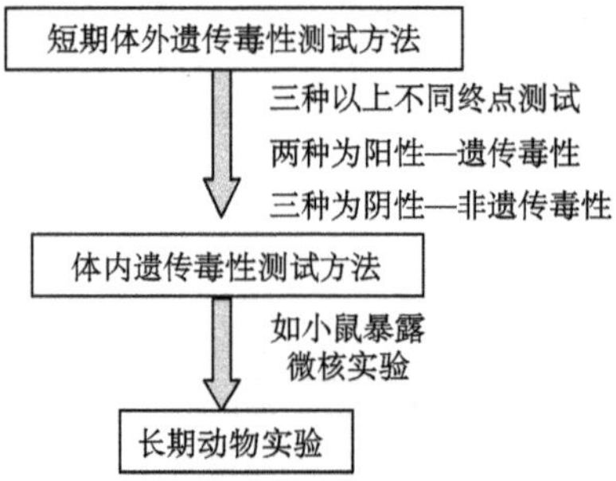

图2-13　检测化学物质致癌性的步骤

如图2-13所示，判断一个物质是否具有致癌性，首先需要进行短期体外实验测试。体外遗传毒性测试通常包括至少两个、最好三个不同的测定终点：①基于原核生物的测试方法；②基于真核细胞的细胞测试方法，最好测试DNA损伤或者测试DNA加合物；③染色体损伤测试。原核生物的测试法通常是细菌测试法，如 *Salmonella thyphimurium*（Ames assay）或者 *Escherichia coli*，这些方法中恢复突变作为遗传毒性的指标（OECD Guideline 471，472）。在真核细胞测试系统中，包括酵母细胞（OECD Guideline 480）或者体细胞（OECD Guideline 476）。也可以采用体外的哺乳动物细胞（测定以不按时间表的DNA合成作为遗传毒性的指标，OECD Guideline 482）。而染色体异常试验则测试染色体结构损伤或者变化，可以通过有丝分裂捕捉细胞，计数异常染色体的数量或者染色单体的交换。当三种测试中有两种结果是阳性的，可以认为该物质是遗传毒性为阳性。当三种测试结果都为阴性，就有足够的证据证明没有遗传毒性。反之如果上述短期实验证明某一物质具有阳性，在长期动物测试之前，则需要进行体内（in vivo）遗传毒性，如老鼠骨髓微核测试（OECD Guideline 474）等实验。如果为阴性，则对啮齿动物而言属于非遗传毒性的可能性较高；反之可以认为很有可能是遗传啮齿动物致癌物质（van Leeuwen and Hermens，2000）。

遗传毒性测试方法的种类非常繁多（表 2-11），主要分为三大类：①以基因突变为指标的实验方法；②以染色体异常作为检测指标的实验方法；③以 DNA 损伤作为指标的方法。Ames 致突变测试方法由于能够检出大部分致癌物质，因此作为预测致癌物质的短期检测方法得到了广泛应用。但是由于仅有细菌方法不能检出所有的致癌物质，因此在鉴定一个物质的致癌性时，要求和其他方法组合。其中哺乳培养细胞染色体异常实验最被推荐，这是因为染色体异常机制和基因致突变的机制不同，致癌机制中染色体异常的重要性得到了广泛的认同。因此国际上将 Ames 和染色体异常实验这两个体外实验方法当作筛选一个化学物质必不可少的两个组合实验方法。当然也有建议增加哺乳培养细胞基因致突变实验，或者将 DNA 损伤，如 Rec-array，不定期 DNA 合成实验（UDS）等作为第三指标考虑，但是认可度相对较低。另外，小鼠淋巴肿瘤细胞出来的基因致突变实验（MLA）也能检出染色体异常，因此可以用该方法代替染色体实验。总之，Ames实验和哺乳动物培养细胞的染色体异常实验或者 MLA 实验是目前作为筛选致癌物质的体外方法最被认可。但是体外方法筛选出的化学物质的致癌性最终还必须用体内致突变测试方法验证。国际上广泛使用的方法是小鼠骨髓中嗜多

表 2-11　遗传毒性测试方法（van Leeuwen and Hermens，2000）

分类		种类	OECD 指南号
原核生物测试法		*Salmonella typhimurium* 细菌回复突变实验	OECD 指南 471
		Escherichia coli 细菌回复突变实验	OECD 指南 472
真核细胞测试方法		*Saccharomyces cerevisiae* 基因突变实验	OECD 指南 480
		体外哺乳动物细胞致突变实验	OECD 指南 476
		体内果蝇伴性隐性致死实验	OECD 指南 477
染色体损伤测试	体外测试	哺乳动物遗传学实验	OECD 指南 473
		哺乳动物细胞染色单体互换实验	OECD 指南 479
	体内测试	体内哺乳动物骨髓细胞染色体分析	OECD 指南 475
		微核试验	OECD 指南 474
DNA 损伤、修复加合物形成测试		DNA 加合物形成实验	—
		体外哺乳动物细胞 DNA 修复合成	OECD 指南 482
		原代肝脏细胞的 DNA 修复测试	—
		体内 DNA 修复	—

染红细胞（PCE）微核实验。骨髓的幼红细胞发生染色体异常时，染色体异常产生的片段因为没有纺锤丝，在细胞分裂后期遗留在细胞质中，在末期之后，单独形成一个或几个规则的次核，包含在子细胞的胞质中，比主核小，因此称为微核。上述微核实验成为染色体异常实验的替代方法。但是如果体外致突变实验呈阳性，体内微核实验呈阴性，也不能保证就是安全的，这是因为两种方法观测的终点不同。而且上述微核方法能够评价血液系统，但是不能评价对其他脏器，如肝脏的影响。因此在微核实验阴性时，有必要实施肝脏不定期 DNA 合成（UDS）实验。总之，目前以 Ames 实验、哺乳动物细胞染色体异常实验和小鼠微核实验作为成组的测试方法成为化学物质致癌性筛选的有效方法（日本国立医薬品食品衛生研究所，1998），目前已经应用到一些国家（如日本）医药品指南中（日本厚生省薬務審査化，1997）。

各国和 IARC（国际致癌研究所）一直从事化学物质的致癌风险评价，具体内容可以参考 1992 年的 IARC 指定的致癌性风险评价标准（http://193.51.164.11/Monoeval/Eval.html）、1996 年的 EPA 致癌性风险评价的指南（http://www.epa.gov/ORD/WebPubs/carcinogen/）和 1997 年日本卫生部监修的“化学物质的风险评价”。致癌风险评价中所依据的数据主要包括：①人类致癌信息；②致突变实验结果。

Ames 检测法即沙门氏菌/微粒体检测法，由 Ames 等于 1975 年提出（Ames et al.，1975），是最早应用于饮用水中水质检测的致突变性测试方法；但是该方法往往需要多种菌株、测试所用时间长（大约 3d）、实验操作比较繁杂，要求严格的无菌操作，环境中组氨酸会干扰检测，出现疑似阳性结果。另外，在用 Ames方法评价饮用水的致突变性时，往往采用定性描述，也就是阴性还是阳性。此外，SOS 显色反应由 Quillardet 等于 1982 年首先提出（Quillardet et al.，1982），使用 sfiA ‘—’ lacZ 融合基因，弥补了 Ames 实验需要使用多种菌株的

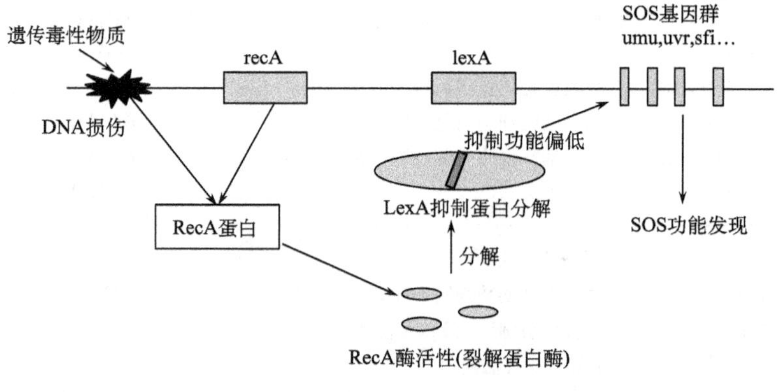

图 2-14　umu 遗传毒性测试的监测原理

缺点。在此基础上，1985 年，Oda 等（1985）根据 DNA 损伤诱导 SOS 反应而表达 umuC 基因这一基本原理建立了 SOS/umu 测试法（又称 umu 测试法）。图 2-14 表示了 umu 检测方法的原理。当细菌暴露遗传毒性物质时，就会发生 DNA 损伤，无活性的 recA 基因被激活，合成的 RecA 蛋白可以与单链 DNA (ssDNA)结合形成 RecAssDNA 核蛋白体，后者介导 LexA 蛋白裂解，LexA 蛋白水平的下降可以诱导 SOS 基因调节子，大量转录 RecA 基因，同时也激活原被 LexA 蛋白阻遏的 SOS 相关基因 umuC、umuD 等。

产生β-半乳糖苷酶的 LacZ 结构基因与操纵子 umuC 基因相融合，通过 PSK-1002 质粒携带整合于鼠伤寒沙门氏菌 TA1535 菌株（Ames 的一种）的 DNA 中。umuC 基因在正常情况下被阻遏蛋白所封闭，一旦环境污染物使细菌的 DNA 受损，细菌即产生 SOS 反应，生成具有活性的蛋白水解酶，该酶切除阻遏蛋白，使受封闭的 umuC 操纵子启动，并带动 LacZ 基因转录、翻译，生成β-半乳糖苷酶，根据该酶被诱导生成的数量，即可判断 DNA 受损的程度。

umu 测试法具有操作简单、不需要严格的灭菌条件、实验周期短、灵敏度高、重现性好、便于定量等特点。表 2-12 比较了环境水样遗传毒性测试方法的检测定量方法，由于 umu 实验的测试终点为吸光度方法，因此非常适合环境样品中遗传毒性的检测。而且由于 umu 基因与 DNA 损伤密切相关，此法能忠实地反映化学物质的遗传毒性。由于上述特点，umu 测试法目前已成为 ISO 中唯一用于检测环境水样及废水遗传毒性的标准方法（ISO，1997）。

表 2-12　环境水样的遗传毒性试验法比较

方法	生物	机制	检测方法
Ames 实验	细菌	致突变	数群落
umu 实验	细菌	DNA 损伤	吸光度
Rec-assay *	细菌	DNA 损伤	发育观察，吸光度
微核实验	培养细胞	染色体异常	荧光显微镜
Comet **	培养细胞	DNA 损伤	电泳：荧光显微镜
染色体异常	培养细胞	染色体异常	染色：荧光显微镜

* 细菌 DNA 修复实验；** 单细胞凝胶电泳（彗星分析）。

饮用水暴露导致的人类致癌风险在饮用水处理技术中日益引起重视。由于水中的化学物质种类繁多、组成复杂，准确地检测每个致癌物质的浓度难度较大。体外生物检测方法在测试样品的综合毒性效应方面具有比较大的优势。但是目前各国的水质管理标准的制定是依据实验动物的毒性数据，并对单一物质制定标准。体外致突变测试目前在环境中的应用主要以预警为主，这就限制了上述体外遗传毒性检测结果直接应用到水质管理目标值的设定。正如前面介绍的，如果我们同时能够获得不同检测终点的多套致突变数据，而且从这些数据可以判断为阳性时，就可以认为是动物致癌性。因此，如果能够活用这些体外测试的致突变数据，对水质进行致癌风险评价的尝试具有重要的现实意义。朱舟等（2008）以我国北方水厂的 umu 遗传毒性测试结果为例，运用致癌风险评价的手法，对饮用水的风险进行评价，并提出了可能的管理目标。

在该论文的研究中所采用的基于 umu 遗传毒性效应的饮用水致癌风险评价流程如图 2-15 所示。在利用 umu 测试法检测环境样品的遗传毒性效应时，实验所用阳性对照物为 4-硝基喹啉-1-氧化物（4-nitroquinoline-1-oxide，4-NQO）。这一工作包括以下几个方面：①收集 4-NQO 的动物致癌数据，计算 4-NQO 致癌强度；②假设饮用水中的 umu 效应与 4-NQO 诱导的 umu 效应的相似性也能体现在动物致癌上，根据所检测水样的 umu 遗传毒性效应计算饮用水的 4-NQO 等当量毒性；③根据饮用水的 4-NQO 等当量及 4-NQO 的致癌强度，估算通过饮用水暴露途径导致的人类健康风险。

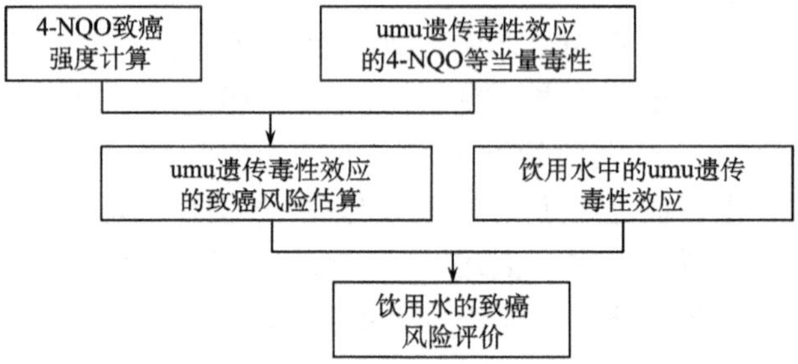

图 2-15　基于 umu 遗传毒性效应的饮用水致癌风险评价流程

1）4-NQO 致癌强度计算

人类流行病学资料是化学物质的人类致癌风险评价中最有效的毒性数据，但是这些数据的获得往往非常困难，所以动物实验数据是人类致癌风险评价中最为直接的毒性数据。由于动物实验的花费非常昂贵，在短时间内获得的毒性数据，往往是在高剂量条件下进行的，因此需要从实验室的高剂量毒性数据外推到低剂量，从动物低剂量外推到人类暴露这一评价过程。

4-NQO 的口服暴露诱导小鼠口腔致癌实验数据如表 2-13 所示（Steidler and Reade，1984）。在此实验中，共采用了 80 只年龄约 45d 的雄性近交系 CBA 小鼠为样本，初始体重为 21～24g。按随机数字表将 80 只小鼠分为 8 组，每组 10 只，分别先用氟烷蒸气吸入方式麻醉。A 组为控制组；B 组仅暴露溶剂，暴露 10 周；其余 C、D、E、F、G、H 六组分别暴露 4-NQO 共 2 周、4 周、6 周、8 周、12 周及 16 周。对于所有暴露组，暴露方式为每次取含有（0.15 ± 0.03）mg 4-NQO 的溶液（B 组则为同样体积的溶剂）涂抹于老鼠上腭，每周 3 次，直至暴露结束。对于 8 个暴露组的小鼠，每周观察一次，每两周称重一次；暴露结束后观察至 50 周时终止实验，对小鼠预先进行氟烷麻醉，断颈处死后，立即解剖提取组织切片，进行组织病理学研究。

表 2-13　4-NQO 的小鼠致癌实验数据（Steidler and Reade，1984）以及外推到人体的剂量

组别	样本数/只	暴露时间/周	暴露量/mg	暴露剂量-鼠/[mg/(kg · d)]	致癌概率/%	暴露剂量-人/[mg/(kg · d)]
C	10	2	0.9	0.039 139	0	0.297 392
D	10	4	1.8	0.074 720	0	0.561 183
E	10	6	2.7	0.107 207	50	0.796 277
F	10	8	3.6	0.136 986	60	1.006 697
G	10	12	5.4	0.205 479	80	1.510 046
H	10	16	7.2	0.273 973	100	2.013 394

2）从实验动物到人体的剂量外推

将动物的暴露剂量外推人体暴露剂量参考了美国 EPA 推荐的体重校正法（U.S. EPA，1996），也即用式（2-5）从老鼠暴露剂量外推至人的暴露剂量。

3）从高剂量到低剂量的外推

由于动物致癌试验数据往往在高暴露剂量的条件下获得的，而实际环境暴露往往是低剂量长时间暴露过程，因此对人类进行致癌风险评价时需要从高剂量外推到低剂量。这一过程包括：①从动物实验数据通过模型拟合，建立剂量-效应曲线关系；②利用数学模型（如多阶段线性外推模型）从高暴露剂量毒性外推到没有实验数据的低剂量范围内的毒性。使用前面章节介绍的基准剂量计算法(BMD)，计算 10%致癌概率所对应的暴露浓度为基准剂量，即 ED_{10}，继而求出 95%置信区间内该浓度的对应值（LED_{10}）。计算得到 4-NQO 的 LED_{10} 为 0.27 mg/(kg · d)，即当人体每天暴露 4-NQO 量为 0.27 mg/(kg · d) 的情况下，致癌概率为 10%（图 2-16）。以此 LED_{10} 作为向低浓度外推的起点（POD)，采用上述线性无阈值外推法，外推没有实验数据的低暴露浓度区（margin of exposure)，就可以得到 4-NQO 的致癌斜率系数 q 为 0.369 mg/(kg · d)。

4）基于 umu 遗传毒性效应的饮用水致癌风险评价方法

在测试样品遗传毒性时，以 4-NQO 作为阳性对照，因此，通过图 2-17 所示的方法，将环境样品的遗传毒性强度（induction rate，IR）值与同时测定的 4-NQO 标样 IR 值进行比较，就可以得出环境样品中 4-NQO 的等当量浓度（$TEQ_{4\text{-NQO}}$）

$$TEQ_{4-NQO}(\mu g/L) = \frac{IR_{sample}(unit/L)}{IR_{4-NQO}(unit/L)} \tag{2-11}$$

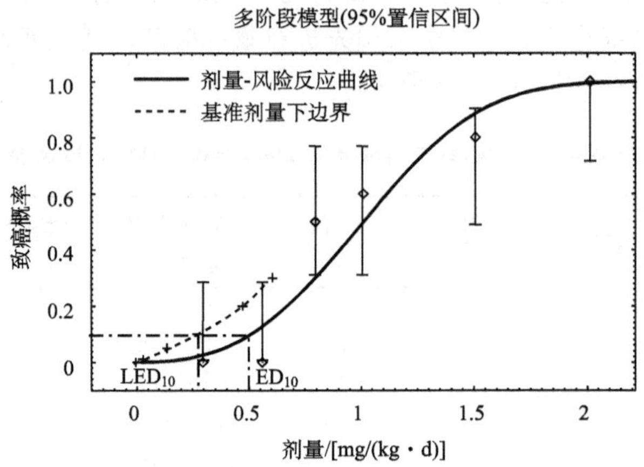

图 2-16　4-NQO 剂量-效应曲线

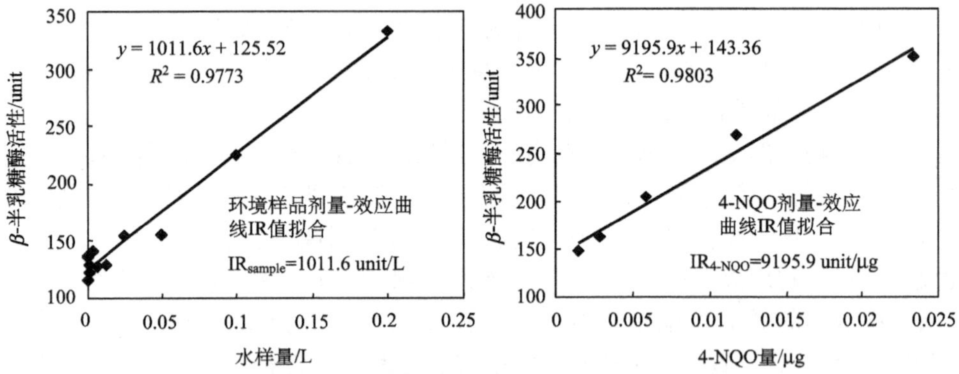

图 2-17　环境样品的 4-NQO 等当量计算

按照成年人体重 70kg，每日饮水按 2 L 计算，则基于 umu 遗传毒性效应的饮用水致癌风险为

$$P=\frac{TEQ_{4-NQO}(\mu g/L)\times 0.001\times 2}{70}\times 0.369 \qquad (2\text{-}12)$$

根据式（2-12）可以算得当遗传毒性效应的致癌风险为 10^{-6} 时，其 TEQ_{4-NQO}为 0.0948μg/L。该论文建议将该值作为饮用水遗传毒性基准值。上述基于 umu 遗传毒性效应的饮用水致癌风险评价方法，由于假定了饮用水中的化学物质与4-NQO诱导 umu 遗传毒性效应的相似性也能体现在动物致癌上，从而将水样的 umu 遗传毒性效应换算为相应的 4-NQO 等当量毒性，这种换算导致了风险评价结果存在一定的不确定性。但是通过组合体外检测技术判断饮用水的致

癌是否呈阳性，将能减少评价的不确定性。

4. 致突变性实验阴性，动物致癌性实验阳性化学物质的风险评价

对于致突变性实验阴性，也即无遗传毒性，但是动物致癌性实验阳性的化学物质，则采用有阈值的风险评价方法，具体方法可以参照前面的章节。对于显示肿瘤性病变的物质，考虑增加一个取值为 10 的 UF 值，而对于无肿瘤性病变的物质，不考虑过多的 UF 值（ICH，1996）。但是无论是否显示肿瘤性病变，考虑到动物致癌性，WHO 都采用了 10 的不确定系数（WHO，1992）。不过从肿瘤的种类、多器官致癌性不能否定通过 DNA 反应引起基因损伤的作用模式时，则采用线性低浓度外推。

2.2　暴露量评价

2.2.1　不同介质中化学物质浓度计算模型简介

所谓暴露就是指人通过鼻、口和皮肤等器官接触化学物质的状态。暴露评价需要至少两大部分的工作：①测定或者预测人体可能呼吸、摄取、接触的空气、食品和饮用水以及土壤等介质中的化学物质浓度；②充分考虑被暴露人体或者团体的生理学特性（如体重、呼吸量等）、行动特征（暴露区域中的停留时间和频度）、食物摄入量等暴露系数，预测经空气、土壤和食品途径的化学物质摄入量。人体通过这些暴露途径暴露于化学物质，而这些暴露途径的浓度水平很大程度上取决于环境介质的种类。食品中的化学物质浓度可以通过环境介质中对象物质的浓度水平并结合一些环境参数进行预测，而环境介质中的浓度水平则可以通过扩散模型和多介质模型预测，典型的模型主要包括如表 2-14 所示的几大类。

表 2-14　各种暴露模型（吉田喜久雄，2001）

介质		模型	内容
单一介质	大气	ISC，METI-LIS	
		TNOplume	
	土壤	ECETOC 土壤	从土壤中的沉降和分解等
		PRZM	农药散播后的扩散模型
	水	ReachScan	河道中的稀释分解挥发
		EXAMS	湖泊的箱式模型
多介质		逸度模型 MNSEM SimpleBOX	大气、水、土壤等各介质分配
城市污水处理厂		SimpleTreat	固液分离等过程的描述

(1) 大气模型：主要描述化学物质从排放源排放后的扩散过程。这些模型有美国 EPA 开发的工业源复合体（industrial source complex，ISC）（U. S. EPA，1995）；有多排放源区域的扩散模型，如日本开发的 ADMER（atmospheric dispersion model for exposure and risk assessment）（Higashino et al.，2000）。

(2) 河流模型：解析化学物质在河流中行为的模型有稀释模型、扩散模型和房室模型。例如，美国 EPA 开发的 ReachScan（http://www.epa.gov/oppt/exposure/pubs / reachscan.htm），主要评价瞬间完全稀释和由于分解、挥发和吸附等而减少的过程，属于稀释模型。另外还有将河流的表层水分割成几个房室，并解析所分割后的房室中的环境行为的房室模型，如美国 EPA 开发的暴露分析模拟系统（exposure analysis modeling systems，EXAMS）（EPA）（EXAMS）http://www.epa.gov/ceampubl/swater/exams/examreln.htm）。

(3) 土壤模型：描述土壤中化学物质的行为，在土壤、空气、水和颗粒物之间的分配、分解、挥发、表面流出和侵蚀过程的模型。典型的有 ECETOCsoil 模型（ECETOC，1994）。另外还有美国 EPA 开发的 PRZM 模型（pesticide root zone model）（U. S. EPA，1993b）。该模型主要描述农药在土壤根基和上下土壤层的垂直迁移。

这些模型已经应用到了一些化学物质，如农药阿特拉津的生态暴露评价中。除了上述单一介质的模型以外，还有多介质模型，如 Makey 开发的逸度模型等。关于这些模型的具体构成已经有许多书，如 van Leeuwen 和 Hermens 的 *Risk Assessment of Chemicals：An Introduction* 进行了详细介绍。

2.2.2 不同暴露介质中化学物质的摄入量计算

为了预测人体摄入化学物质的量，USES、EUSES 将暴露途径分为：①叶菜、根菜、饮用水、鱼、肉、乳制品的经口摄入；②通过大气的呼吸暴露。农作物可以从土壤和大气吸收或者吸入化学物质，而牛会通过大气、水、草和土壤途径暴露化学物质，进而影响乳制品或者牛肉。为了了解农作物等食品中化学物质的浓度，首先必须知道土壤、表层水、地下水和草中的浓度。以下是各种不同暴露途径的暴露量计算公式（van Leeuwen and Hermens，2000）。

(1) 呼吸量的计算：可以按照式（2-13）计算。

$$\mathrm{DOSE_{air}} = \frac{C_{\mathrm{air}} \times \mathrm{IH_{air}} \times \mathrm{BIO_{air}}}{\mathrm{BW}} \tag{2-13}$$

式中，C_{air}为大气中化学物质浓度；$\mathrm{IH_{air}}$为大气吸入量；$\mathrm{BIO_{air}}$为生物学的利用率；BW 为体重。C_{air}也可以采用 SimpleBox2 等软件计算。对于动物和人的鼻腔构造不同导致的化学物质呼吸量的不同，可以参照相关文献（Kimbell et al.，2001）。大气吸入量可以根据式（2-14）计算（中西準子等，2004a），即

$$\mathrm{IH_{air}} = 15\mathrm{m^3/d}\left(\frac{\text{体重[kg]}}{50\mathrm{kg}}\right)^{2/3} \tag{2-14}$$

式中，不同年龄的体重可以从表 2-15 中查取。

表 2-15　体重的概率分布（中西准子等，2004a）

年龄	平均体重/kg	标准偏差
0	7.1	1.0
1	10	1.6
2	12	2.2
3	14	2.8
4	16	3.0
5	18	2.6
6	24	4.2
0～6	16	5.0

（2）用式（2-15）计算经饮用水摄入的化学物质量

$$\mathrm{DOSE_{drw}} = \frac{C_{\mathrm{drw}} \times \mathrm{IH_{drw}}}{\mathrm{BW}} \tag{2-15}$$

式中，C_{drw}为饮用水中的化学物质的浓度；$\mathrm{IH_{drw}}$为每天摄取饮用水的量，通常默认为 2L/d。

（3）经菜叶摄入的化学物质量可以按照式（2-16）计算

$$\mathrm{DOSE_{leaf-crop}} = \frac{C_{\mathrm{leaf-crop}} \times \mathrm{IH_{leaf-crop}}}{\mathrm{BW}} \tag{2-16}$$

$$C_{\mathrm{leaf-crop}} = \mathrm{BCF_{stem}} \times C_{\mathrm{soil}} + \mathrm{BCF_{air-plant}} \times C_{\mathrm{air}} \tag{2-17}$$

式中，$\mathrm{BCF_{stem}}$为通过土壤进入植物叶部的化学物质的生物浓缩倍数；$\mathrm{BCF_{air-plant}}$为通过大气进入植物叶部的化学物质的生物浓缩倍数。

$$\mathrm{BCF_{stem}} = \frac{\mathrm{TSCF} \times \mathrm{SCF} \times \mathrm{BD_{soil}}}{K_{\mathrm{soil-water}}} \tag{2-18}$$

$$\mathrm{BCF_{air-plant}} = \mathrm{FP} \times K_{\mathrm{air-plant}} + (1-\mathrm{FP}) \times K_{\mathrm{gas-plant}} \tag{2-19}$$

式中，FP 为大气中化学物质在颗粒上的吸附量的比率；$K_{\mathrm{air-plant}}$为颗粒表面上的吸附态物质在叶和茎的浓缩倍数；$K_{\mathrm{gas-plant}}$为大气中气态物质的叶、茎上的浓缩倍数；TSCF 为植物通道中水分和土壤中的水分间的分配系数；SCF 为茎中浓缩倍数；$\mathrm{BD_{soil}}$为土壤的密度。

$$K_{\mathrm{gas-plant}} = \frac{(\mathrm{FP_{air}} + \mathrm{FP_{lpd}} \times 10^{\lg K_{\mathrm{OW}}})/\mathrm{HENRY}}{\mathrm{BD_{plant}}} \tag{2-20}$$

式中，$\mathrm{FP_{air}}$和 $\mathrm{FP_{lpd}}$为 植物中空气和脂肪性物质的容积比；$\mathrm{BD_{plant}}$为植物的密度；

HENRY 为常数。

（4）经根菜摄入的化学物质量的计算公式如下：

$$\mathrm{Dose}_{\mathrm{root-crop}} = \frac{C_{\mathrm{root}} \times \mathrm{IH}_{\mathrm{root-crop}}}{\mathrm{BW}} \tag{2-21}$$

式中，C_{root}为根菜中的化学物质的浓度；$\mathrm{IH}_{\mathrm{root-crop}}$为每天根菜的摄取量。

$$C_{\mathrm{root}} = \mathrm{BCF}_{\mathrm{root}} \times C_{\mathrm{soil}} \tag{2-22}$$

式中，$\mathrm{BCF}_{\mathrm{root}}$为从土壤向植物根部的生物浓缩倍数，可以用式（2-23）（Briggs et al.，1982，1983）计算

$$\mathrm{BCF}_{\mathrm{root}} = \frac{(0.82 + 10^{0.77\lg K_{\mathrm{OW}} - 1.52})\mathrm{BD}_{\mathrm{soil}}}{1000 \times K_{\mathrm{soil-water}}} \tag{2-23}$$

（5）经肉类摄入的化学物质量的计算如下：

$$\mathrm{Dose}_{\mathrm{meat}} = C_{\mathrm{meat}} \cdot \mathrm{IH}_{\mathrm{meat}}/\mathrm{BW} \tag{2-24}$$

式中，$\mathrm{IH}_{\mathrm{meat}}$为每天肉类摄取量；$C_{\mathrm{meat}}$为肉中的化学物质浓度，可以用式（2-25）计算。

$$C_{\mathrm{meat}} = \mathrm{BCF}_{\mathrm{meat}}(C_{\mathrm{grass}}\mathrm{IC}_{\mathrm{meat-plant}}\mathrm{CONV}_{\mathrm{plant}} + C_{\mathrm{soil}}\mathrm{IC}_{\mathrm{soil}}\mathrm{CONV}_{\mathrm{soil}} + C_{\mathrm{air}}\mathrm{IC}_{\mathrm{air}}) \tag{2-25}$$

式中，$\mathrm{IC}_{\mathrm{meat-plant}}$为牛每天牧草的摄取量；$\mathrm{IC}_{\mathrm{soil}}$为日土壤摄取量；$\mathrm{IC}_{\mathrm{air}}$为日大气吸入量；$\mathrm{CONV}_{\mathrm{plant}}$为从植物的干量转化成湿量的系数。

$$\mathrm{CONV}_{\mathrm{soil}} = \mathrm{BD}_{\mathrm{soil}}/(\mathrm{BD}_{\mathrm{solid}} \cdot F_{\mathrm{solid-soil}}) \tag{2-26}$$

式中，$\mathrm{BD}_{\mathrm{solid}}$为土壤的粒子密度；$F_{\mathrm{solid-soil}}$为土壤中的粒子容积率。

（6）经乳制品摄入的化学物质量的计算如下：

$$\mathrm{Dose}_{\mathrm{milk}} = C_{\mathrm{milk}} \cdot \mathrm{IH}_{\mathrm{milk}}/\mathrm{BW} \tag{2-27}$$

$$C_{\mathrm{milk}} = \mathrm{BCF}_{\mathrm{milk}}(C_{\mathrm{grass}}\mathrm{IC}_{\mathrm{milk-plant}}\mathrm{CONV}_{\mathrm{plant}} + C_{\mathrm{soil}}\mathrm{IC}_{\mathrm{soil}}\mathrm{CONV}_{\mathrm{soil}} + C_{\mathrm{air}}\mathrm{IC}_{\mathrm{air}}) \tag{2-28}$$

（7）经皮肤摄入的化学物质量的计算如下：

$$\mathrm{Dose}_{\mathrm{air}} = A_{\mathrm{skin}} \cdot C_{\mathrm{skin}} \cdot K_{\mathrm{p}} \cdot T_{\mathrm{contact}} \cdot n/\mathrm{BW} \tag{2-29}$$

式中，A_{skin}为皮肤接触面积；K_{p} 为皮肤透过系数（m/h）；T_{contact}为接触时间（h/次）；BW 为人的体重；C_{skin}为浓度；n 为生物有效性。

（8）经鱼类摄入的化学物质量的计算如下：

$$\mathrm{Dose}_{\mathrm{fish}} = C_{\mathrm{fish}} \cdot \mathrm{IH}_{\mathrm{fish}}/\mathrm{BW} \tag{2-30}$$

$$C_{\mathrm{fish}} = \mathrm{BCF}_{\mathrm{fish}} \cdot C_{\mathrm{disswater}} \tag{2-31}$$

根据上述不同暴露途径的暴露量计算公式，如果知道不同食物的摄入量（可

以从我国居民膳食结构中查取不同)，就可以计算化学物质通过不同暴露途径的人体总摄入量［式（2-32)］。

$$\mathrm{Dose_{total}} = \sum_{i=1}^{n} \mathrm{Dose_{pathway}} \tag{2-32}$$

虽然许多研究中常采用各个暴露途径暴露量的平均值进行简单加和作为总的人体摄入量，但是由于上述不同途径的暴露量实际上都会存在个体差异或者呈现一个人群分布，因此我们需要计算考虑不同暴露途径个体差异的综合暴露量分布，一般采用蒙特卡罗的技术进行处理。实际上当摄入量呈现正态分布时（对数正态分布也类似)，根据两个正态分布相加，其仍然为正态分布的统计学知识，可以计算总暴露量的算术平均和标准偏差。

$$\begin{aligned} \mu &= \sum_{i=1}^{n} \mu_i \\ \sigma^2 &= \sum_{i=1}^{n} \sigma_i^2 \end{aligned} \tag{2-33}$$

以三种暴露途径为例，假定某场所人体受到三个暴露途径影响，其中，暴露途径 A、B、C 的暴露量分别服从 A～N（1，1^2)；B～N（2，2^2)；C～N（3，3^2)；利用式（2-33)，总暴露途径即服从分布 Total～N（1＋2＋3；$1^2+2^2+3^2$)。

上述例子是最为普通的一种情况，因为正态分布是一种特殊的分布。而如果当我们需要处理比较复杂的分布时，如我们假设 A～N（2，1.6^2)；同理，暴露途径 B 服从对数正态分布，算术均值和标准差分别为 3、2；暴露途径 C 服从三角分布，最小值、平均值和最大值分别为 1、3、5；我们就不能手动估计其分布状况，此种情况下，我们借助于 crystal ball 软件计算。进入软件界面首先定义 3 个暴露摄入量的分布假设，具体参数如上所述；其次，定义三者之和为预测 “forecast”。点击 run，即可以得到总暴露量的分布（图 2-18)。总暴露分布非常近似于正态分布，其中，算术均值和标准差分别为 8.00 和 2.64。图 2-18 的模拟结果频数图服从 N（5.99，3.74^2)。

值得注意的是：上述计算中忽视了不同暴露途径进入人体的生物吸收过程的差异。例如，空气中的气相态化学物质和吸附在粒径 10～15μm 以下的浮游粒子上的化学物质通过气道（鼻咽和气管）到达肺泡被吸收（呼吸暴露)。从吸收在肺泡上皮的化学物质进入毛细血管，随血液被输送到体内的各个部分。食物和饮用水中化学物质进入食道到达小肠、结肠等消化器官后被吸收。被吸收的化学物质经血液被输送到肝脏。另外，皮肤从土壤中吸收化学物质，构成皮肤表皮最外侧的皮质层决定了吸附速度。通过角皮质层的化学物质经过内部表皮和真皮，进入血液。因此实际上就是需要考虑通过肺泡、消化管、皮肤的吸收界面的化学物

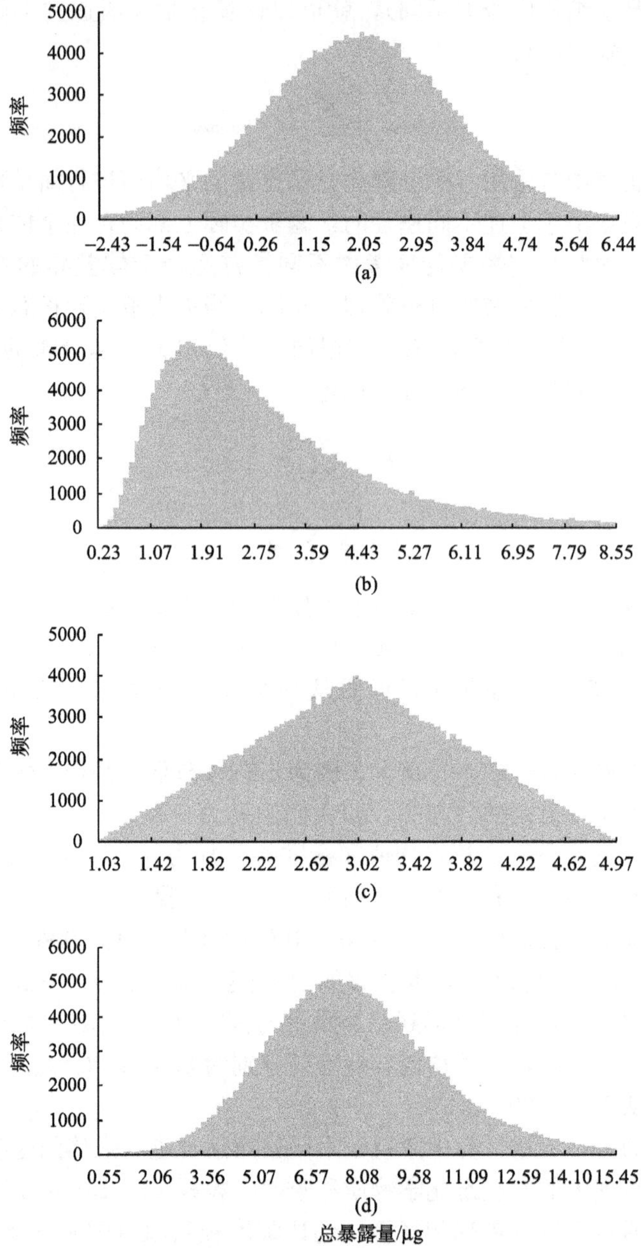

图 2-18　crystall ball 总暴露量模拟示意图

(a) 暴露途径 A；(b) 暴露途径 B；(c) 暴露途径 C；(d) 总暴露

质的比率（也即化学物质的吸收率），从摄入量预测人体体内目标器官的化学物质内暴露量，而药代模型（PBPK 模型）很好地提供了从外暴露预测内暴露的一个工具，如在第 2.6 节介绍的铅的暴露评价。

2.2.3　暴露量的人群分布

人群中每个人的暴露量各不相同，这是因为每个人的生活习惯不一样，食量和食品的品种各不相同。人体通过食品和饮水、呼吸方式摄入或者吸入化学物质之后，最终到达靶器官的能致毒的化学物质的量还取决于每个人的代谢、排泄和器官分配的差异。因此在不考虑个人敏感性差异的情况下，暴露量高的人所处的风险也就越大，为了更加准确合理地进行风险评价，有必要进行人群中暴露量分布或者个体差异分析。有多种方法可以得到暴露的人群分布或者个体差异。例如，可以通过分析每个人摄入的食品、饮用水和大气中的浓度（包括室内空气），然后通过统计分析就能获得暴露的个体差异。另一种方法就是通过检测每个人的体内化学物质浓度，也即生物监测方法。但是生物监测方法获得的个体差异除了暴露个体差异外，还包含体内代谢、分配、排泄等的个体差异。

美国 EPA 出版了暴露系数手册（U. S. EPA，1997），这些系数主要来自文献已经发表的各种暴露系数，根据年龄和性别的不同整理出了不同的暴露系数。美国 EPA 的暴露系数手册中涉及的项目包括偏差和不确定性、饮用水摄入、土壤摄入、呼吸途径、皮肤暴露途径、体重研究、寿命、水果和蔬菜的摄入、鱼类摄入、肉类和乳制品摄入、谷物摄入、自家生产食品的摄入、母乳摄入、活动因素、消费者产品、居住特性。另外，日本国立健康/营养研究所和科学技术振兴事业团开发了健康营养信息基础数据系统（http://nihn. jst. nih. go. jp：8888/nns/owa/nns _ main. hm01）。从该系统中可以得到不同性别、年龄和区域的各种食品摄入量的人群平均值和标准偏差。根据暴露系数和不同暴露途径的对象物质的浓度，日本计算了大气中一些化学物质的暴露浓度的个差（几何标准偏差：GSD）；如通过食物暴露系数和各暴露途径浓度，获得了全日本镉的几何标准偏差为 2.23（几何平均值为 24.7μg/d）。而且不同的年代该暴露浓度及其几何标准偏差各不相同，如 1977～1981 年的镉全国几何平均值为 37.5μg/d（1.97），而 1991～1997 年为 25.5μg/d（2.14）（中西準子等，2003）。

除了暴露系数的做法，生物检测是获得人群暴露差异的有效方法。表 2-16 总结了一些典型化学物质的体内浓度的几何标准偏差。这些暴露水平的人群分布可以用于后续的风险计算。根据这些分布，有一些人群的暴露浓度很高。如果能够知道暴露浓度高的原因，如距离暴露源较近，那么在人群风险评价中，应该把这些高暴露人群另加评价，并对此采取相应的风险管理对策。

表 2-16　体内浓度（头发，尿等）的个体差异（中西準子等，2003）

物质	样品	对象	平均值	GSD
总 BHC	母乳	农妇	0.099 mg/L	2.2
		其他	0.150 mg/L	2.6
总 DDT	母乳	农妇	0.056 mg/L	2.3
		其他	0.064mg/L	2.0
狄氏剂	母乳	农妇	0.003 mg/L	2.5
		其他	0.004 mg/L	2.3
PCB	母乳	农村	0.026	2.0～2.2
		城市	0.033	2.0～2.2
		工厂周边	0.039	2.2～2.3
		渔村	0.040	2.2～2.5
汞	头发	留日美国人	1.9 mg/kg	1.7
		日本居民	4.2 mg/kg	1.7
		东京都居民	5.1 mg/kg	1.7
		鲔鱼师	12.7 mg/kg	1.7
		御所浦居民	35 mg/kg	2.2
		水俣居民	44.8 mg/kg	2.5
汞	血液	美国		2.0
PCB	血液	美国		2.1
镉	血液	日本全国	1.76 μg/L	1.98*
	尿液	日本全国	3.94 μg/g	2.11*
	食物	日本全国	24.7 μg/d	2.23*

* 几何平均值。

2.2.4　基于环境浓度的暴露评价

为了评估一个较大区域内的化学物质风险评价，需要相应的区域暴露评价，但是许多文献中，监测数据往往是由几个小区域构成，而且不同区域的浓度数据的样本点各不相同，在这种情况下，为了计算整个大区域的暴露量，需要进行归一化处理。用式（2-34）和式（2-35）就可以根据不同地区的化学物质的几何平均值和几何标准偏差，计算反映整个地区的暴露量（Jarosińska et al.，2006）。

$$\ln(\mathrm{GM}) = \frac{\sum_{j=1}^{m} w_j \frac{\ln(\mathrm{GM}_j)}{[\ln(\mathrm{GSD}_j)]^2}}{\sum_{j=1}^{m} \frac{w_j}{[\ln(\mathrm{GSD}_j)]^2}} \tag{2-34}$$

$$[\ln(\mathrm{GSD})^2] = \frac{1}{\sum_{j=1}^{m} \frac{w_j}{[\ln(\mathrm{GSD}_j)]^2}} \tag{2-35}$$

式中，GM 和 GSD 分别为总的几何平均值和几何标准差；GM_j 和 GSD_j 分别为各区域的几何平均值和几何标准差，w_j 为各区域人口权重，常用人口数进行换算。

2.3　风险计算

根据 2.1 节和 2.2 节中介绍的人类健康相关的有害性评价和暴露解析结果，最后需要计算化学物质暴露导致的健康风险。

2.3.1　致癌物质的风险判断或者特征化

Lowrance 将风险定义为“风险就是健康危害发生的程度和概率”（Lowrance，1976）。化学物质的健康风险评价是从致癌物质的定量风险评价开始的，癌症有早期癌和晚期癌之分，但是经常不用轻/重来描述。因此致癌物质的风险往往用发生概率来描述致癌风险大小。化学物质的致癌概率可以用如下公式计算：

致癌风险（终生致癌概率）＝致癌斜率系数（SF）×暴露

因此，如果已知某一化学物质的致癌斜率系数（SF）和暴露量，就可以计算得到其致癌发生概率，也即致癌风险。致癌斜率系数是一个常数，忽视个体敏感性，那么只要考虑暴露量的个差。如果用几何平均值和几何标准偏差表示人群的暴露分布，那么人群的致癌概率，实际上就是需要计算致癌概率的期望值（算术平均值）。对数正态分布中，几何平均值、算术平均值的转换公式如下：

$$\ln(\mathrm{GM}) = \ln(\mathrm{AM}/\sqrt{1+\mathrm{CV}^2})$$
$$\ln^2(\mathrm{GSD}) = \ln(\mathrm{CV}^2+1) \tag{2-36}$$

式中，GM 和 GSD 分别为几何平均值和几何标准差；AM 为算术平均值；CV 为变异系数，计算公式中 CV 是标准差除以算术均值。

由于环境中的致癌物质浓度往往较低，而无阈值的致癌物质在低浓度范围内往往采用低剂量线性外推，因此计算人群暴露量和线性剂量关系的累积积分［式(2-37)］就可以得到人群致癌风险（图 2-19）。

$$L = \int_0^{+\infty} f(x)G(x)\mathrm{d}x \tag{2-37}$$

式中，$G(x)$ 为低剂量外推中的线性剂量关系；$f(x)$ 为暴露浓度的对数值为 x 时的概率密度。

2.3.2　非致癌物质的风险评价

对于非致癌物质，评价健康障碍的轻度/重度时，关于生命的危害度、障碍

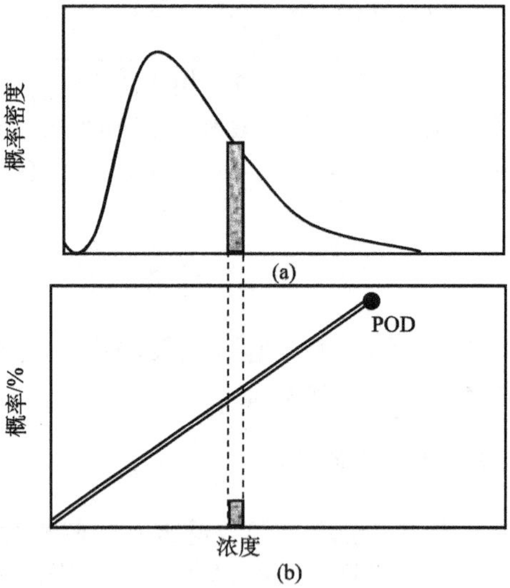

图 2-19　无阈值致癌物质的人群风险计算模式图

(a) 人群暴露分布；(b) 无阈值剂量-效应曲线中的低剂量线性外推

度、对子孙的影响程度等的认识，受医疗水平和价值观等的影响较大。特别地，风险评价往往是事前评价，很难用病的轻重进行定量计算。因此，在风险评价中，通常将风险定义为发生概率。例如，在荷兰的 USES 中，就将风险定义为 "risk is defined as the probability of a substance to cause adverse effects"。最近的 EC 报告中，将风险定义为"风险是人类和环境暴露于一种化学物质或者混合物导致健康危害的发生概率"(van Leeuwen et al.，1996)。

一般而言，非致癌物质风险评价的常用方法包括商值法和概率法两种，商值法 (hazard quotient，HQ) 是非致癌物质风险评价的重要方法。按如下公式计算的 HQ 和 1 的大小之比来判断风险的大小：

$$HQ = 暴露量/ADI$$

式中，HQ≥1 表示有风险；HQ<1 表示风险较小。

衡量非致癌物质风险大小的另一个指标为暴露的冗余度 (margin of exposure，MOE)，具体的计算公式如下所示：

$$MOE = NOAEL/暴露量 \tag{2-38}$$

MOE 值越大，表示化学物质的风险越小。MOE<UF 表示有风险；而 MOE≥UF 则表示风险较小。MOE 和 HQ 计算的最大差别是，前者没有考虑不确定系数，用暴露量和 NOAEL 的绝对值进行比较。

上述风险评价方法比较简单方便，基本想法就是通过判断暴露量是否超过

NOAEL 值看风险大小。但是该方法适合于个体的风险评价，对于群体而言，只能用暴露量的平均值，并忽视个体的敏感性差异。图 2-20 示范了两种具有相同算术平均值，但是不同标准偏差的两个暴露分布图。由于标准偏差的不同，人群中超过安全阈值的概率也各不相同。因此评价人群风险时，有必要考虑人群的暴露分布。

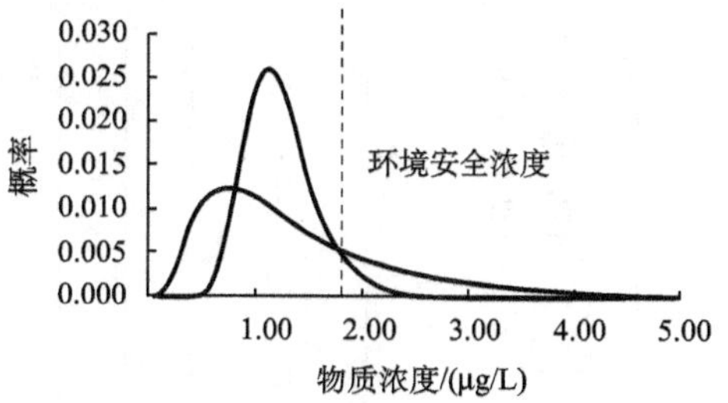

图 2-20　暴露分布和风险
两个分布具有相同的均值，
但是标准差有差异

实际上人群的风险应该综合考虑暴露量的人群分布和个体敏感性分布，通过计算人群总暴露量超过 NOAEL 的比率，即可以计算人群的非致癌物质（严格地说是有阈值的化学物质）的健康风险（图 2-21）。

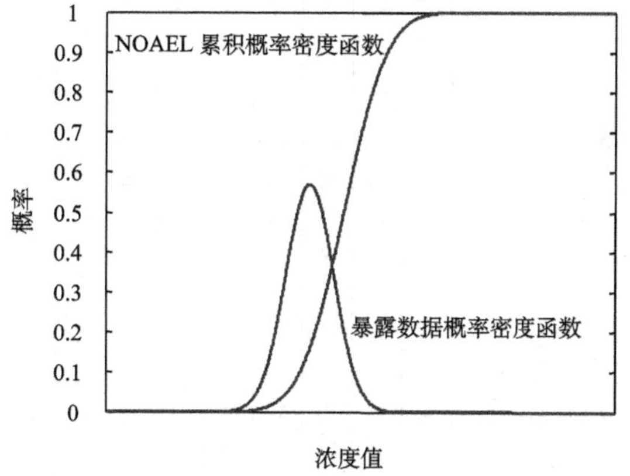

图 2-21　非致癌物质（有阈值）的人群风险计算模式图

概括上述过程，风险值可以按照式（2-39）计算：

$$\text{Risk} = \int f(x) \times \Phi(x)\mathrm{d}x \tag{2-39}$$

式中，f（x）为暴露浓度的对数值为 x 时的概率密度；Φ（x）为暴露浓度对数值 x 所对应的无影响作用浓度的累积概率密度。如图 2-21 所示，风险，即概率，也就是人群中暴露浓度超过 NOAEL 的概率。

表 2-17　Excel 表格计算非致癌物质风险评价示例

	A	B	C	D	E	F	G
1	红细胞中浓度分布				感受性分布		
2	几何均值	0.011 26	$\ln B_2=-4.87$		几何均值	2.916	ln2.916=1.07
3	几何标准差	1.7	$\ln B_3=0.531$		几何标准差	2.7	ln2.7=0.993
4							
5		血液中浓度	累积概率	区间密度	累积概率	区间密度	发病率
		设置为等差数列，从低浓度到高浓度	C_i = Lognormdist (B_i, C_2, C_3)	$D_i=C_i-C_{i-1}$	E_i=Lognormdist (B_i, G_2, G_3)	$F_i=(E_i+E_{i-1})/2$	$G_i=F_i\times D_i$
	6	0.00	0.00		1.10×10^{-13}		
	7	0.00	0.03	2.51×10^{-2}	1.59×10^{-11}	8.01×10^{-12}	2.01×10^{-13}
	8	0.01	0.12	9.23×10^{-2}	2.34×10^{-10}	1.25×10^{-10}	1.15×10^{-11}
	9	0.01	0.26	1.42×10^{-1}	1.43×10^{-9}	8.30×10^{-10}	1.18×10^{-10}
	10	0.01	0.41	1.52×10^{-1}	5.48×10^{-9}	3.45×10^{-9}	5.24×10^{-10}
	11	0.01	0.55	1.36×10^{-1}	1.59×10^{-8}	1.07×10^{-8}	1.45×10^{-9}
	12	0.01	0.66	1.11×10^{-1}	3.80×10^{-8}	2.69×10^{-8}	3.00×10^{-9}
	13	0.02	0.75	8.67×10^{-2}	7.95×10^{-8}	5.87×10^{-8}	5.10×10^{-9}
	14	0.02	0.81	6.56×10^{-2}	1.50×10^{-7}	1.15×10^{-7}	7.53×10^{-9}
				…			
	106	0.20	1.00	3.00×10^{-9}	3.59×10^{3}	3.54×10^{3}	1.06×10^{-11}
	107	0.20	1.00	2.68×10^{-9}	3.70×10^{3}	3.64×10^{3}	9.78×10^{-12}
				总风险(G 列累积相加)			4.07×10^{-7}

所以如果将 Φ (x) 转为其概率密度函数 g (x)，则可以将式 (2-39) 改成式 (2-40) (Posthuma et al.，2002)。

$$\text{Risk} = \int_0^{+\infty} (f(t) - g(t))\,\mathrm{d}t \tag{2-40}$$

假设暴露分布，敏感性分布对数转换后均为正态分布，而两个正态分布相减之后，其分布依然为正态分布，则式 (2-40) 就可以转化成式 (2-41)

$$\text{Risk} = \int_0^{+\infty} L(x)\,\mathrm{d}x \tag{2-41}$$

式中，L (x) 服从 N ($\mu_1-\mu_2$，$\sqrt{\sigma_1^2+\sigma_2^2}$)，根据正态分布和标准正态分布的转换关系，上述公式的正态分布转化成标准正态分布 (0，1)，这样风险计算公式为

$$\text{Risk} = F\left(\frac{\mu_1 - \mu_2}{\sqrt{\sigma_1^2 + \sigma_2^2}}\right) \tag{2-42}$$

式中，F 为标准正态分布的累积概率密度函数。从另外一个角度来说，此种风险计算过程也可以看成是一个累积积分的过程（中西準子等，2004b），如式 (2-39)。为了对比两种计算方法，我们以水俣病中的数据作为案例分析如下。我们选定了红细胞中血汞的浓度分布为对数正态分布，其中几何平均值和几何标准差分别为 0.011 26mg/kg 以及 1.7；感受性分布也称为对数正态分布，几何平均值和标准差分别为 2.916mg/kg 及 2.7。利用式 (2-42) 计算风险为

$$F\left(\frac{\ln(0.011\,26) - \ln(2.916)}{\sqrt{\ln^2(1.7) + \ln^2(2.7)}}\right) = F(-4.934\,45) = 4.02 \times 10^{-7}$$

我们用式 (2-39) 的分段累积积分计算如表 2-17 所示，最后计算结果为 4.07×10^{-7}。可以认为与上述计算结果 4.02×10^{-7} 基本一致。

2.4　标准制定：以饮用水水质标准为例

在弄清非致癌物质的 TDI 和致癌物质的 VSD 的计算后，饮用水水质标准就特别容易计算了。WHO 的饮用水水质标准的指南值的计算公式如下：

$$\text{TDI} = \text{NOAEL 或者 LED}_{10}/\text{UF} \tag{2-43}$$

$$\text{GV} = \text{TDI} \times \text{BW} \times f/V \tag{2-44}$$

式中，GV 为指南值；BW 为体重，成人为 60kg，孩子为 10kg，而婴儿为 5kg；f 为饮用水占人体总暴露量的贡献率，人群通过各种途径暴露化学物质，饮用水对人群的暴露总量的贡献率常设定为 0.2；V 为每天饮用水的消费量；UF 的取值和上述章节中介绍的类似，主要考虑种间差 (10)、个差 (10)、所采用的毒性研究或者数据的妥当性 (10) 和所观测毒性的性质和严重性。如果总 UF 值超过 10 000，那么就认为这些毒性数据的不确定性太大。对于非遗传毒性物质或者可

能的（possible）人类致癌物质，则除了上述 UF 以外，还需要考虑附加的不确定系数（取值为 10）。

WHO 在设定致癌物质的指南值时，参考 IARC 对致癌物质的分类，同时也采用其他可以利用的信息。原则上，根据化学物质是否对体细胞（卵和精子以外）的 DNA 致突变性，决定评价方法。这是因为对于体细胞的致突变性往往是无阈值的，即使很微量的致癌物质的暴露也会致癌。致癌物质的 VSD 计算方法可以参考以上章节中方法，所不同的是在计算 WHO 的水质标准指南值时，采用了 10^{-5}的可接受风险。美国的饮用水水质标准的制定基本上也是沿用了 WHO 的方法，但是可接受风险没有固定在 10^{-5}，而是在 10^{-4}～10^{-6}的范围内。这是因为，一个标准的制定除了按照上述评价方法计算得到的值以外，还取决于如下几个方面：①分析方法是否被确立；②在饮用水中是否有被检出的可能；③是否有经济上能承受的水处理技术。美国砷的标准就是基于 10^{-4}的可接受风险计算的（参考第 4 章），这是成本和效应分析得出的最终结果。

因此，达标并不一定是安全的，仅是安全和管理之间的一种妥协的结果。在实际的水质管理运行中，当水中致癌物质的最大浓度超过标准的 10%时，非致癌物质的最大浓度超过标准值的 50%时，则供水管理部门要求水厂对这些物质进行日常监测。如果非致癌物质的最大浓度为 10%～50%，而致癌物质的最大浓度为 1%～10%，则要求在供水管理部门的配合下进行区域性检测。

另外，对于不能确定是否具有致癌性或者不知道是否具有致癌性的物质，美国 EPA 的基准则取零和基于非致癌性物质计算方法计算得到基准值之间的平均值（Cotruvo and Vogt，1990）。

2.5 致癌和非致癌物质的比较风险

在 2.1 节“危害性评价”中，我们阐述了不同的毒性种类的化学物质风险评价方法主要分为有阈值的和无阈值的风险评价。对于有遗传毒性的致癌物质采用致癌发生概率表征风险大小，而对于非致癌或者非遗传毒性的致癌物质，往往采用商值法或采用超过安全基准的发生概率进行风险表征。因此，即使我们很好地评价了不同毒性物质的风险，也无法对不同毒性种类的化学物质之间进行相互比较，不能用统一的尺度进行风险大小排序，为基于风险管理的化学物质的环境管理，如优先控制物质的选择带来了一定的难度。为了不同种类风险类型之间的直接比较，有必要用统一的尺度进行风险评价。

对完全不同的各种风险，如人类健康风险和生态风险，景观风险和 Amenity 风险采用统一的尺度进行比较目前还存在很大的困难。目前，比较风险主要局限在健康风险或者生态风险评价中不同类型或者不同物质之间的风险大小的比较上。在健康风险评价中，生命损失（loss of life expectancy，LLE）是一个可操作性比较大的可用于风险评价的统一尺度。Gamo 等基于日本的人口统计资料计算比较了日本人群暴露 12 种化学物质的预期寿命损失（Gamo et al.，1995，2003）。

2.5.1　预期寿命损失的计算——致癌物质

预期损失余命，LLE 顾名思义就是暴露组与对照组的平均寿命之差，它是一个群体的平均值。群体中的每个个体的寿命各不相同，存在一个最高寿命，如男为 109 岁，女为 111 岁，但是并不是所有人都能活到这么长，期间由于各种个体与环境因素的不同，不断有个体死亡，根据各个年龄的死亡率、癌症发病率等致病因素，可以计算该集体的平均寿命。选取从出生开始就暴露于某一物质的人群作为暴露组，而选取与他们的其他条件相似，但是未暴露于该物质的一个群体作为对照组，这样上述两组人群的寿命差异就可以认为是因为所暴露的物质造成的。暴露组与对照组相比所减少的寿命就被认为是被“损失”了的寿命，也即为预期寿命损失［式（2-45)］。根据预期寿命损失的大小，可以判定不同物质的健康风险大小，通过排序，就可以科学合理地筛选出优先控制物质。

$$\mathrm{LLE}(x) = L_0(x) - L(x) \tag{2-45}$$

式中，$L(x)$ 为暴露组的预期寿命；$L_0(x)$ 和 $L(x)$ 可以用对照组和暴露组的不同年龄的存活人数 $S_0(x)$ 和 $S(x)$ 进行计算，具体计算方法如式（2-46）和式（2-47）所示。

$$L_0(x) = \frac{\dfrac{S_0(x) + S_0(109\text{ 或 }111)}{2} + \displaystyle\sum_{y=x+1}^{108\text{或}110} S_0(y)}{S_0(x)} \tag{2-46}$$

$$L(x) = \frac{\dfrac{S(x) + S(109\text{ 或 }111)}{2} + \displaystyle\sum_{y=x+1}^{108\text{或}110} S(y)}{S(x)} \tag{2-47}$$

式中，$S_0(x)$ 为对照组中同时出生的 10 万人中 x 岁的存活数。而 $S(x)$ 为暴露组同时出生的 10 万人中的存活数。正常情况下，随着年龄的增加，存活人数将逐渐递减，年龄越大，存活人数越少，如图 2-22 所示。那么 x 岁的平均寿命为阴影部分的总面积/x 岁的总存活人数。由于年龄 x 为整数，$S(x)$-x 函数是不连续的，因此不能采用积分的形式；而是采用“切割”的形式分割成以一岁为单位的小块；由于曲线呈非线性，因此取相邻年龄存活

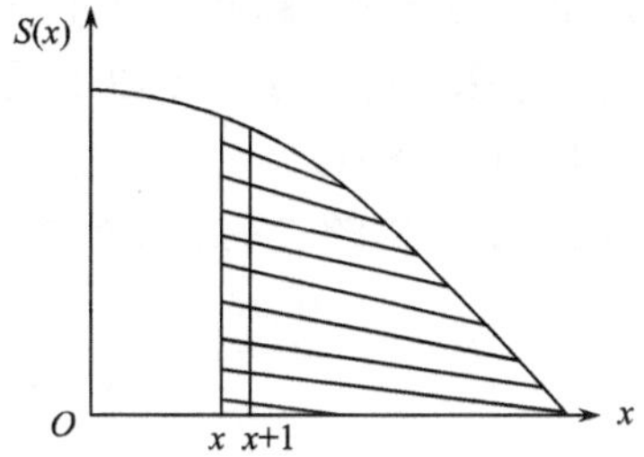

图 2-22　存活人数-年龄之间的关系示意图
纵轴 $S(x)$ 表示存活人数；横轴 x 代表年龄

数的平均值作为高，总面积为各单位面积的总和。

如图 2-22 所示，x 岁后每年存活人数累加，将得到 x 岁时的剩余寿命，即阴影部分面积。

$$L_0(x)=\frac{\frac{S_0(x)+S_0(x+1)}{2}\times 1+\frac{S_0(x+1)+S_0(x+2)}{2}\times 1+\cdots+\frac{S_0(\max-1)+S_0(\max)}{2}\times 1}{S_0(x)}$$

$$=\frac{\frac{S_0(x)}{2}+S_0(x+1)+S_0(x+2)+\cdots+S_0(\max-1)+\frac{S_0(\max)}{2}}{S_0(x)} \tag{2-48}$$

$$L_0(x)=\frac{\frac{S_0(x)+S_0(\max)}{2}+\sum_{x+1}^{\max-1}S_0(y)}{S_0(x)} \tag{2-49}$$

同样，由 S 可求出暴露组剩余寿命 L。

同理可以得到暴露组的平均余命，如式（2-49）所示。

而对照组和暴露组的不同年龄的存活人数 S_0（x）和 S（x）可以通过对照组和暴露组的各年龄段的死亡率 λ_0（x）和 λ（x）计算，如式（2-50）和式（2-51)所示：

$$S_0(x)=S_0(x-1)\times[1-\lambda_0(x-1)] \tag{2-50}$$

$$S(x)=S(x-1)\times[1-\lambda(x-1)] \tag{2-51}$$

而致癌物质的暴露组死亡率 λ（x）是对照组本来的死亡率与由于致癌物质暴露所增加的死亡率之和，也即式（2-52）：

$$\lambda(x)=\lambda_0(x)+\Delta\mu(x) \tag{2-52}$$

式中，$\Delta\mu$（x）为因致癌物质暴露导致的额外增加的癌症死亡率。λ_0（x）可以从人口统计资料中获取。

在求取 $\Delta\mu$（x）时，有两种方法，分别介绍如下。

(1) 方法Ⅰ

致癌性物质的暴露和不同年龄的过剩致癌死亡率的关系，根据放射线暴露的免疫调查结果，建立了基于以下假设 1～4 的模型。在这些模型中，存在几个假设（Gofman，1981）。

假设 1：x 岁的过剩致癌死亡率 $\Delta\mu$（x）和到 x 岁为止的有效暴露累积量成正比。

$$\mu(x)=0$$

$$\Delta\mu(x)\propto\sum_{y=d}^{x}[E(y-d)\times k(y-d)] \tag{2-53}$$

假设 2：x 岁的过剩致癌死亡率 $\Delta\mu$（x）对照组的致癌死亡率成正比。

$$\Delta\mu(x) \propto \mu(x) \tag{2-54}$$

假设 3：暴露效果 k（x）取决于年龄，根据 Gofman 的放射线致癌调查结果获得的 k（x）的回归公式（图 2-23）。

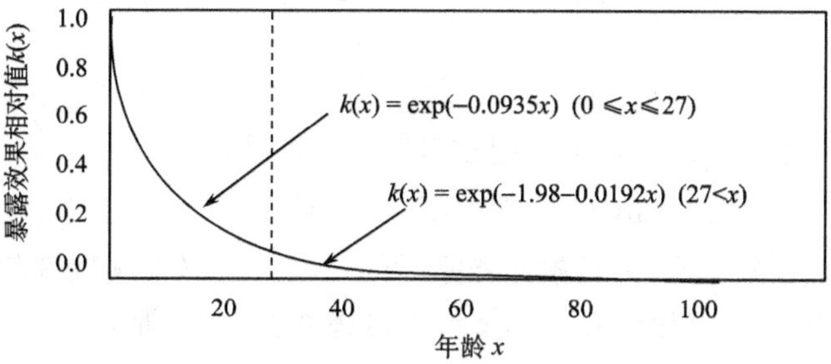

图 2-23　暴露效果相对值 k（x）与年龄 x 关系示意图

假设 4：从暴露到死亡率上升为止的时间 d 为 10 年，根据假设 1～3，获得标准模型。

$$\Delta\mu(x) = 0$$

$$\Delta\mu(x) = \alpha \times \mu(x) \times \sum_{y=10}^{x} [E(y-10) \times k(y-10)] \tag{2-55}$$

式中，E（x）为 x 岁时的暴露有无，有暴露时，E（x）$=1$，无暴露时则为 0；k（x）为一定量的暴露下，产生效应的暴露年龄的相对大小的系数，零岁时，k（0）$=1$；d 为在某一年龄点暴露后导致的癌死亡率上升所要的时间，实际上就是说 x 岁的致癌死亡率的上升是由于（$x-d$）岁时的暴露造成的结果；W（x）为全部人口中 x 岁人数的比率（采用 1990 年的日本人的人口构成）。

终生暴露，也即不同年龄段都存在暴露，E（x）$=1$，利用某一 α 值下的 $\Delta\mu$（x）和 s（x），可以计算致癌物质的终生暴露产生的致癌死亡数（终生过剩致癌死亡数），也即 n。

$$n = \sum_{y=0}^{109\text{或}111} \{\Delta\mu(y) \times s(y)\} \tag{2-56}$$

假定终生过剩致癌数和终生过剩致癌死亡数一样，也就求取满足使式（2-56）中 $n=1$ 时所对应的常数 α，就可以获得对应于 10^{-5} 的终生致癌风险的过剩致癌死亡率 $\Delta\mu$（x），继而可以计算出 LLE（0）。因为各年龄阶段群体所占的人口比例不同，在算出某年损失余命之后，必须考虑它的权重，从而计算出整个被研究群体的损失余命。

$$\sum_{xe=0}^{109\text{或}111} W(xe) \times \text{LLE}(xe) \tag{2-57}$$

式中，xe 为暴露年龄。

因此，根据日本人的人口统计资料，计算得到终生暴露致癌的损失寿命为 65.8min，癌症死亡的平均年龄为 73.9 岁。另外，对照组的寿命为 78.8 岁（根据男女人口构成计算获得），除以 10 万人，也即对照组中如果 10 万人中有一个人死亡，则为 414min。

（2）方法Ⅱ

式（2-52）中，$\Delta\mu(x)$ 可以用式（2-58）表示。

$$\Delta\mu(x) = R \times Y(x) \times C \times \mu(x) \tag{2-58}$$

式中，R 为常数；$Y(x)$ 为总累计暴露时间；C 为人群中某致癌物质的暴露量；$\mu(x)$ 为对照组的致癌死亡率。具体计算过程如图 2-24 所示。

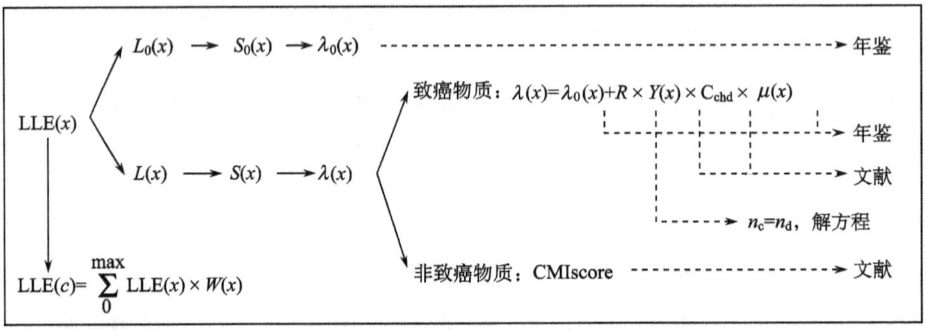

图 2-24　LLE 计算流程图

$\lambda(x)$：暴露群 x 岁的全部死因的死亡率；$\lambda_0(x)$：对照群中 x 岁的全部死因的死亡率；$S(x)$：暴露组 x 岁的存活人口数；$S_0(x)$：对照组 x 岁的存活人口数；$L(x)$：暴露组 x 岁的剩余寿命；$L_0(x)$：对照组 x 岁的剩余寿命

从图 2-24 可以知道，由于累积暴露时间，人群暴露浓度水平都是可以经过查询和分析检测获得，对照组的死亡率和致癌死亡率［$\mu(x)$］也都可以从人口统计年表中获得，如中国卫生统计年鉴，因此为了获得致癌物质暴露组的死亡率 $\lambda(x)$，需要知道公式中的常数 R 值。

$$n_d = \sum_x \Delta\mu(x) \times S(x) = \sum_x R \times Y(x) \times C \times \mu(x) \times S(x) \tag{2-59}$$

由于致癌物质的暴露导致的患癌症死亡的人数增加数等于存活人数与由于暴露导致的额外癌症死亡率之积［式（2-59）］；此外，致癌物质的暴露导致的患癌症死亡的人数增加数也可以用式（2-60）计算，也即等于该致癌物的致癌强度 P、对象致癌物质的暴露量 C 与对照组存活人数的乘积。

$$n_c = P \times C \times S(0) \tag{2-60}$$

式中，P 为致癌物的致癌强度或者斜率；C 为暴露量；$S(0)=10$ 万；所以 n_c

是一定的。

假设患癌症的人全部死亡，即

$$n_d = n_c \tag{2-61}$$

因此

$$P \times C \times S(0) = \sum_x R \times Y(x) \times C \times \mu(x) \times S(x) \tag{2-62}$$

存活人数 S（x）是前一年的存活人数 S（$x-1$）与该年存活率的乘积，该年存活率=1－该年死亡率=1－λ（$x-1$），由此可得式（2-63）：

$$\begin{aligned} S(x) &= S(x-1) \times [1-\lambda(x-1)] \\ &= S(0) \times [1-\lambda(0)][1-\lambda(1)]\cdots[1-\lambda(x-1)] \end{aligned} \tag{2-63}$$

对式（2-62）采用数值迭代法，可以计算出 R 值。再代回式（2-58），可以求得 $\Delta\mu$（x），从而可以获知 λ（x）。表 2-18 为采用 Excel 软件计算 R 值和特定浓度下的某一致癌物质导致的 LLE 的计算过程。

2.5.2　非致癌物质 λ（x）的计算

Gamo 采用寿命损失这一指标评价了毒死蜱杀虫剂的神经毒性风险（Gamo et al.，1995）。有机磷农药的生物降解性比较好，在环境中不容易残留，但是人群暴露该物质会引起神经毒性，并进而出现不同程度的其他症状，从而提高年间死亡率。有机磷化合物包括毒死蜱能够抑制胆碱酯酶的活性，因此可以用抑制胆碱酯酶（ChE）的活性率（V/V_0）来衡量毒性大小；但是该物质比较容易代谢，为了评价体内浓度，用易于测算的体内代谢产物浓度代替毒死蜱的体内浓度。文献中已经建立了 ChE 和体内代谢产物 3,5,6-三氯-2-吡啶酚（TCP）之间的相关关系［式（2-64）］（Jitsunari et al.，1989）：

$$V/V_0 = 1/(1 + 0.0927 \times C_{TCP}^{1.06}) \times 100 \tag{2-64}$$

式中，V/V_0 是 ChE 剩余活性与对照组 ChE 活性的比值。ChE 活性的降低会引起一定的症状，据报道毒死蜱引起疲劳或者头痛等症状时 V/V_0 变化范围为 20%～50%，用康奈尔健康问卷（Cornell medical index，CMI）的 CMI 得分作为指标，假定当 V/V_0=20%时，CMI_{score}=43；当 $V/V_0 \geqslant$50%时，CMI_{score}=0，得到如下 CMI_{score} 与 V/V_0 的关系式

$$CMI_{score} = -1.43 \times V/V_0 + 71.6 (V/V_0 > 50\%, CMI_{score} = 0);$$

根据造纸工人和 CMI 得分之间的人群危害性模型中所得到的一些参数，作者构建从 λ_0（x）计算暴露组的死亡率 λ（x）的公式

$$\lambda(x) = \exp(0.013 \times CMI_{score}) \times \lambda_0(x) \tag{2-65}$$

表 2-18 LLE 计算表格

A	B	C	D	E	F	G	H	I	J	K	L	M	N
请在这里输入致癌物质的暴露量C				20	(μg/kg)			常数R	0.0000002				
请在这里输入致癌强度：			P	9.6 × 10^{-7}	[(per (μg/kg)]			n_c	1.920	n_d	1.920		
结果			LLE(d)	0.0002	⟶ 1.903 631 84	小时							

Formula annotations: D: =D11*(1−B11); E: =(SUM(D13:$D$30)+(D12/2)+($D$31/2))*5/D12; G: =$H$1*F11*$C$1*C11; J: $\Delta\mu_0 * S$; K: =(SUM(D12:$D$30)+(D11/2)+($D$31/2))*5/D11; L: =E11-K11; N: =M11*L11

	对照组										对比	年鉴数据	
	年鉴数据	年鉴数据	计算值										
年龄	总死亡率λ	癌症死亡率 μ_0	存活人口数 S_0	剩余寿命 L_0	累计暴露时间Y	$\Delta\mu_0$	总死亡率λ	存活数S		剩余寿命L	损失寿命 LLE(X)	人口比例	WLLE(X) W*
0~4	0.007 252 4	0.000 082 6	100 000	90.0	2	0.000 000 000 25	0.007 252	100 000	5.0 × 10^{-5}	90.0	0.000 23	0.049 3	0.000 011 22
5~9	0.000 191 3	0.000 032 6	99 274.8	85.6	7	0.000 000 000 7	0.000 191	99 275	6.9 × 10^{-5}	85.6	0.000 23	0.060 8	0.000 013 94
10~14	0.000 201 6	0.000 037 6	99 255.8	80.6	12	0.000 000 001 4	0.000 202	99 256	1.4 × 10^{-4}	80.6	0.000 23	0.082 8	0.000 018 98
15~19	0.000 298 3	0.000 049 8	99 235.8	75.6	17	0.000 000 002 6	0.000 298	99 236	2.5 × 10^{-4}	75.6	0.000 23	0.087 2	0.000 019 98
20~24	0.000 342 9	0.000 058 2	99 206.2	70.7	22	0.000 000 003 9	0.000 343	99 206	3.8 × 10^{-4}	70.7	0.000 23	0.063 5	0.000 014 54
25~29	0.000 437 9	0.000 085 2	99172.1	65.7	27	0.000 000 007 0	0.000 438	99 172	6.9 × 10^{-4}	65.7	0.000 23	0.070 6	0.000 016 16
30~34	0.000 746 5	0.000 171 8	99 128.7	60.7	32	0.000 000 016 6	0.000 747	99 129	1.6 × 10^{-3}	60.7	0.000 23	0.094 1	0.000 021 50
35~39	0.001 053 7	0.000 335 8	99 054.7	55.8	37	0.000 000 037 6	0.001 054	99 055	3.7 × 10^{-3}	55.8	0.000 23	0.097 8	0.000 022 27
40~44	0.001 779	0.000 63	98 950.3	50.8	42	0.000 000 080 0	0.001 779	98 950	7.9 × 10^{-3}	50.8	0.000 23	0.080 3	0.000 018 14
45~49	0.002 776 3	0.001 146 7	98 774.3	45.9	47	0.000 000 163 0	0.002 776	98 774	1.6 × 10^{-2}	45.9	0.000 22	0.071 5	0.000 015 91
50~54	0.004 255 3	0.001 766 7	98 500.1	41.0	52	0.000 000 277 9	0.004 256	98 500	2.7 × 10^{-2}	41.0	0.000 22	0.069	0.000 014 90
55~59	0.005 740 3	0.002 367 1	98 080.9	36.2	57	0.000 000 408 1	0.005 741	98 081	4.0 × 10^{-2}	36.2	0.000 21	0.049 3	0.000 010 16
60~64	0.009 292 6	0.003 437 9	97 517.9	31.4	62	0.000 000 644 8	0.009 293	97 518	6.3 × 10^{-2}	31.4	0.000 19	0.038	0.000 007 35
65~69	0.017 705 8	0.005 676 6	96 611.7	26.6	67	0.000 001 150 5	0.017 707	96 612	1.1 × 10^{-1}	26.6	0.000 18	0.032	0.000 005 64
70~74	0.032 069 9	0.008 404 4	94 901.1	22.1	72	0.000 001 830 4	0.032 072	94 901	1.7 × 10^{-1}	22.1	0.000 15	0.026	0.000 003 92
75~79	0.049 660 8	0.010 193 6	91 857.7	17.7	77	0.000 002 374 3	0.049 663	91 857	2.2 × 10^{-1}	17.7	0.000 12	0.015 3	0.000 001 80
80~84	0.084 107 8	0.011 418 5	87 295.9	13.5	82	0.000 002 832 3	0.084 111	87 295	2.5 × 10^{-1}	13.5	0.000 08	0.008 4	0.000 000 70
85~89	0.160 770 2	0.011 851 3	79 953.7	9.5	87	0.000 003 118 9	0.160 773	79 953	2.5 × 10^{-1}	9.5	0.000 05	0.003	0.000 000 16
90~94	0.321 540 4	0.023 702 6	67 099.5	5.9	92	0.000 006 596 2	0.321 547	67 099	4.4 × 10^{-1}	5.9	0.000 03	0.000 9	0.000 000 03
95~99	1	0.023 702 6	45 524.3	7.5	97	0.000 006 954 7	1.000 007	45 523	3.2 × 10^{-1}	7.5	0.000 00	0.000 2	0.000 000 00
100	—	—	0.0	0							0		

(资料来源：2005年中国卫生统计年鉴)

这样就可以计算非致癌物质的 LLE，用 LLE 统一比较致癌物质和非致癌物质的风险大小。氯丹曾长久作为日本灭白蚁杀虫剂，直到 1986 年根据制造业等行业相关化学物质的审查和监管条例，而被禁止使用和交易。氯丹被禁止的原因是它的致癌性和在鱼体内的富集性。而毒死蜱是一种有机磷杀虫剂，是氯丹的主要替代品之一。一般而言，有机磷化学品含有极少或没有致癌性，但是会导致急性神经毒性。在毒死蜱取代氯丹的使用过程中，灭蚁工人和曾接受灭蚁的房屋中的居民抱怨有头痛、无显著特点的虚弱和焦虑等症状。为了评价日本政府在国内禁止使用持久性农药氯丹，而启用毒死蜱的政策，Gamo 用 LLE 方法分析了氯丹的致癌性风险和毒死蜱（氯丹的主要替代品）的非致癌性风险，并对二者的风险作出比较，发现采用替代品的同时禁止使用氯丹并没有足够有效的降低风险。

2.6　基于 PBPK 模型的暴露量计算（铅案例）

铅是自然界中的一种常见金属，人类使用铅已有数千年之久。铅的广泛应用主要源于此种金属在自然界储量丰富且易于从环境提取。铅广泛应用在涂料、汽油、蓄电池等领域，给人类生活带来了极大的便利；但是，铅的广泛使用又给环境带来了极大的负担。据 WHO 报告显示，由于铅污染造成的 IQ 降低以及心血管疾病的增加，在全球疾病负担中占 0.9%，排在所有因素的第 16 位，而且大部分铅污染集中于发展中国家（Fewtrell et al.，2004）。

高血铅（>60μg/dL）易对人体造成急性毒性，包括胃肠道症状、嗜睡和易怒、脑病和死亡；低浓度铅的毒性多体现在慢性毒性上，而并无明显的临床症状。然而，当人类长期暴露在低浓度的铅污染的环境中，容易对人体的血红素、神经系统、血压、心脏血管、肾等造成长期的累积影响。目前，评价铅污染常用的指标为其对儿童智力发育所造成的损失。

从全球尺度来讲，美国是铅防治工作做得很好的国家之一。美国的铅防治工作开展于 1970～1999 年，为美国政府在公共健康方面的成就之一。早在 20 世纪 70 年代，针对儿童血铅含量过高，美国开展了无铅汽油运动。从 1976～1980 年间，血铅浓度均值下降到 10μg/dL 以下，下降幅度为 39%。血铅标准也日趋严格：从 20 世纪 60 年代的 60μg/dL 到 1973 年的 40μg/dL 以及 1991 年的 10μg/dL（Gilbert and Weiss，2006）。由国际健康与营养体检调查（National Health and Nutrition Examination Surveys，NHANES）所提供的数据表明：1999～2000 年，1～5 岁的儿童中仅有 2.2%的儿童血铅浓度超过 10μg/dL，儿童中血铅浓度的均值为 2.2μg/dL（CDC，2005）。而在东南亚地区，日本的铅污染也得到了较好的控制。静冈县的血铅调查显示：儿童中血铅浓度的几何均值仅为 1.4μg/dL，几何标准差为 1.6，超标率小于 0.01%。在欧洲，血铅浓度相对而言偏高：在城市地区，其血铅均值为 2.8～6.2μg/dL，农村为 4.5～14.9μg/dL，其伤残寿命调整年（disability adjusted life years，DALY）率为 0.937%，占整个疾病负担的 4.4%。

2004～2006 年，中国卫生部与世界卫生组织合作，在中国各大城市开展了中国部分城市儿童铅中毒防治项目。监测报告显示，2004 年 15 个城市儿童的平均血铅水平为 5.952μg/dL；2005 年为 5.781μg/dL；2006 年为 5.666μg/dL。每年略有下降。然而，血铅中毒率仍然高达 10%～20%。2009 年以来，我国爆发了多起血铅中毒事件。在陕西凤翔，中毒率高达惊人的 84.13%，而血铅浓度超过 20μg/dL 的比例甚至达到了 22.7%。在湖南嘉禾县，有 250 名儿童血铅超标。血铅事件的频繁发生，折射出我国当前环境铅污染的严重性。

人体铅都来源于外界暴露，主要涉及大气、土壤和食物暴露等多种途径。在该章节主要介绍 0～6 岁儿童通过多种途径暴露铅后的血铅浓度的计算过程。在该暴露量计算中采用了 PBPK 模型，计算化学物质在人体吸收、代谢、排泄过程，实现从外暴露预测人体血铅浓度的暴露评价手法。该手段成为目前化学物质多途径累积暴露研究中的一个重要研究方向。

血铅的暴露模型（U. S. EPA，1994b）可分为三个部分。①外暴露评价：实际上就是用蒙特卡罗加和方法计算各种暴露途径的铅外暴露量。②从各途径的铅摄入量或者外暴露量计算人体总吸收量。③用 PBPK 模型计算体内铅浓度（图 2-25）。

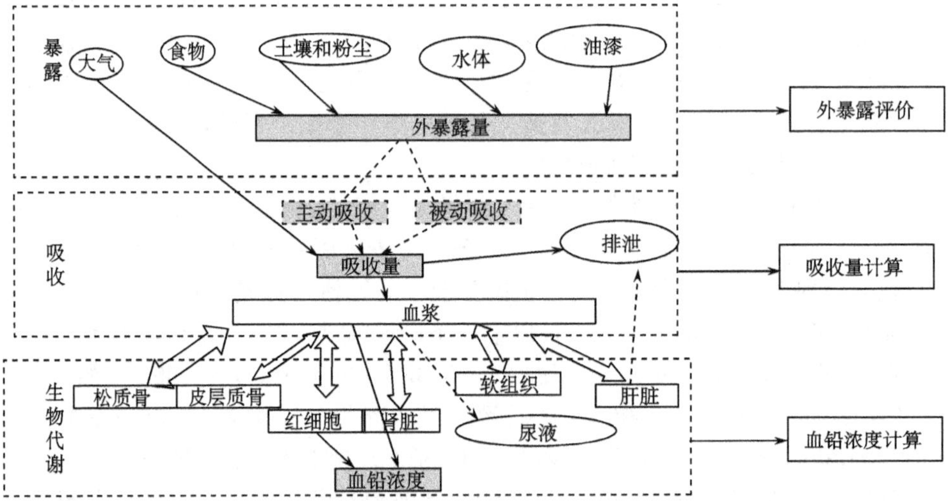

图 2-25　铅的暴露模型

在本小节的计算中，暴露量用 E 表示，吸收量用 S 表示。

2.6.1　外暴露评价

在铅暴露吸收过程中，可以考虑 5 个暴露途径：大气、水、土壤、食物、油漆。大气是由肺部吸入的，所以其吸收量和其他途径的吸收量计算方式不同（图 2-25）；吸收量是暴露量的表现因子，也可以说是体内铅积蓄的源头。从人群水平上进行考虑，各途径的暴露吸收量计算分别如下。

1）对于大气暴露

大气吸收量计算如下：

$$E_a = C_a \cdot U_a \tag{2-66}$$

式中，E_a 为由空气暴露的铅暴露量；C_a 为空气中铅浓度；U_a 为大气吸收量；在 2.2.2 节中我们阐述了呼吸量和体重之间关系以及各参量的分布状况。对于 0～6 岁儿童而言，其居住环境必须考虑室内和室外的区别。考虑此因素，C_a 的计算表达式如式（2-67）所示：

$$C_a = \frac{C_{oa} \cdot T_o + \partial \cdot C_{oa} \cdot (24 - T_o)}{24} \tag{2-67}$$

式中，C_{oa}为室外空气铅浓度；T_o 为幼儿室外活动时间，分布如表 2-19 所示；∂ 为室内空气铅浓度和室外空气铅浓度的比值，默认为 30%；24 为一天 24 小时。

表 2-19　0～6 岁儿童室外活动时间

年龄/岁	0	1	2	3	4	5	6
室外活动时间/h	1	2	3	4	4	4	4

2）其他暴露途径

（1）土壤暴露。本暴露途径包括土壤与粉尘暴露，默认两者浓度相同。不同于大气暴露是经呼吸道暴露。土壤、食物等暴露途径为经口暴露。

土壤暴露量计算公式如下：

$$E_s = C_s \times U_s \tag{2-68}$$

式中，E_s 为土壤及粉尘铅暴露量；C_s 为土壤铅浓度；U_s 为土壤及粉尘摄入量，分布如表 2-20 所示（对数正态分布）。

表 2-20　0～6 岁儿童土壤吸收量（单位：g）（内藤航等，2006）

年龄	0		1		2		3		4		5		6	
分布	*G*	*M*	*G*	*M*	*G*	*M*	*G*	*M*	*G*	*M*	*G*	*M*	*G*	*M*
参数	0.096	1.28	0.106	1.23	0.106	1.23	0.106	1.23	0.090	1.16	0.088	1.14	0.087	1.14

注：*G* 和 *M* 分别为对数正态分布之几何均值及几何标准差。

（2）饮用水暴露。饮用水暴露量计算如下：

$$E_w = C_w \times U_w \tag{2-69}$$

式中，E_w 为水铅暴露量；C_w 为饮用水铅浓度；U_w 为水摄入量，分布如表 2-21 所示（三角分布）。

表 2-21　0～6 岁儿童水吸收量（单位：L）（Goodrum et al.，1996）

年龄/岁	0			1～6		
分布参数	最小值	算术均值	最大值	最小值	算术均值	最大值
	0	0.24	1	0.19	0.6	1.9

（3）油漆暴露。对于油漆暴露，目前国内研究较少。其暴露量计算如下：

$$E_p = C_p \times U_p \tag{2-70}$$

式中，E_p 为油漆铅暴露量；C_p 为油漆铅浓度；U_p 为油漆吸收量，分布如表 2-22所示（对数正态分布）（Goodrum et al.，1996）。

表 2-22　0～6 岁儿童油漆吸收量（单位：g）

年龄/岁	0		1		2		3		4		5		6	
分布参数	*G*	*M*	*G*	*M*	*G*	*M*	*G*	*M*	*G*	*M*	*G*	*M*	*G*	*M*
	0.039	2.03	0.062	2.23	0.062	2.23	0.062	2.23	0.046	2.10	0.088	2.05	0.039	2.03

注：*G* 和 *M* 分别为对数正态分布之几何均值及几何标准差。

（4）食物铅暴露。食物铅暴露量计算公式如下：

$$E_d = \sum_{i=1}^{n} C_{d_i} \times U_{d_i} \tag{2-71}$$

式中，E_d 为食物铅暴露量；$i=1，2，\cdots，n$，代表各种食物；C_{d_i} 为各种食物中的铅浓度；U_{d_i} 为各种食物的摄入量，具体可见附录Ⅴ。

对于食物摄入量，一般认为其呈现对数正态分布。然而，在我国的膳食研究中，没有学者具体研究中国食物摄入量的分布状况。文献中已经报道了日本膳食摄入量的人群分布，其几何标准差为 1.5。

此外，由于食物类型众多，如果考虑全部的食物，工作量巨大。在已有的文献研究中，谷物铅和蔬菜铅占了大部分的食物铅的摄入比例，其贡献率为 76%左右，因此可以仅考虑谷物铅和蔬菜铅。

2.6.2　吸收量计算

在此过程中，我们需要将所有暴露途径分为两类：第一类为大气暴露，即经呼吸暴露；第二类为经口暴露。不同于呼吸暴露，经口暴露途径的吸收分为主动吸收和被动吸收两个过程。而在其计算中，首先必须计算其总经口暴露量。为了与暴露量相区别开，吸收量均用 S 开头表示。在总进口暴露量计算完成后，计算各途径的吸收量。

1）大气暴露

大气的吸收量与大气的暴露量存在线性关系如下：

$$S_{\mathrm{a}} = f_{\mathrm{a}} \cdot E_{\mathrm{a}} \tag{2-72}$$

式中，S_{a} 为大气吸收量；f_{a} 为吸收因子，默认为 32%。

2）其他途径

对于主动吸收过程，铅吸收量计算公式如下：

$$S_{\mathrm{I}} = \sum_{i=1}^{4} E_i \cdot f_i \tag{2-73}$$

式中，S_{I} 为主动吸收途径铅的吸收量；E_I 为各途径铅的暴露量，包括露土壤、水、油漆以及食物铅暴露；f_i 为主动吸收因子（表 2-23）。

表 2-23 各暴露途径主动吸收因子

暴露途径	土壤	水	油漆	食物
主动吸收因子	0.06	0.1	0.02	0.1

对于被动吸收途径，各途径暴露吸收途径中的铅吸收量计算公式如下：

$$S_{\mathrm{P}} = \sum_{i=1}^{4} \frac{4 \cdot E_i f_i}{1 + (\sum_{i=1}^{4} 5E_i f_i)/\mathrm{satintake}} \tag{2-74}$$

式中，S_{P} 为被动吸收途径铅吸收量；satintake 为生理常数，与年龄有关。satintake 的计算公式如下：

$$m = \frac{8.375}{1 + \exp[-(t - 3.8)/3.6]} + \frac{17.261}{1 + \exp[-(t - 48.76)/20.63]} \tag{2-75}$$

$$\mathrm{satintake} = 100(m/12.3) \tag{2-76}$$

式中，m 为体重；t 为月份，取值为 1～84 整数。“12.3”表示第 24 个月的体重。这样，经口暴露的吸收量计算公式为 $S_{\mathrm{oral}} = S_{\mathrm{I}} + S_{\mathrm{P}}$。考虑到呼吸途径，总的暴露量计算为 $S = S_{\mathrm{oral}} + S_{\mathrm{a}}$。

在实际的计算中，为了体现人群水平，一般用蒙特卡罗的随机数（见第 5 章）进行处理。例如，考虑 10 000 次随机采样，各个途径的吸收量都按照其分布形式进行模拟，这样就能得到 10 000 次各途径的吸收量及总吸收量，对这 10 000个值进行统计分析，就可以得到各途径的铅吸收量、贡献率以及铅总体吸收量的统计特征等。

2.6.3 血铅浓度的计算

在完成铅的吸收量计算后，就可以通过药代过程计算血铅浓度。药代过程主要是指生物体吸收铅之后，在人体各个器官内，如血浆外液、红细胞、肝脏、肾脏、骨组织、排泄系统间的循环和排泄，然后达到稳定的过程。这个过程的计算，具体公式推导可见 EPA 提供的支持文件（U. S. EPA，1994b）。血铅浓度是指血浆浓度和红细胞中的铅浓度之和。铅在人体中，最稳定的状态是存在于骨骼中的铅，半衰期可以达到十几年甚至是几十年。

EPA 已经开发了 IEUPK 模型，可以实现从每个环境暴露途径的介质浓度水平，到人体的吸收和体内分布的整个暴露计算（U. S. EPA，1994b）。但是目前的模型忽视了模型参数的不确定性，为了将此模型应用到人群水平，就需要根据包括上述方法在内的相关公式进行程序编译。

2.7 汞的健康风险评价

汞广泛存在于岩石圈、水圈、大气圈和生物圈，主要以金属汞、无机汞盐、有机汞三种形式存在，目前世界各地食物中汞的浓度正呈现出上升的趋势。由于汞能损害人的中枢神经系统，特别对婴儿神经发育的影响，全球对汞的关注度也在日益提高。

在汞的所有形态中，以甲基汞的毒性最引人注目。甲基汞的健康危害因为其神经毒性，特别是因为水俣病而出名。1956～1960 年，人口只有 121 人的日本熊本县水俣镇附近的小村庄，发生了 22 个婴儿出生前中毒，46 人死亡的事件。到 2001 年 3 月为止，熊本水俣病患者数为 2265 人，而新泻水俣病的患者数为 690 人。导致大面积中毒事件的主要原因是由于位于水俣镇的氮气公司将含有甲基汞的乙醛生产工艺废水排放到附近的水俣湾，当地人食用富集了大量甲基汞的鱼类而导致甲基汞中毒。从症状的严重性到被害规模的大小，水俣病的公害可以称得上是世上之最。除了水俣镇发生的神经毒性以外，1965 年在新泻县阿贺野川下游也发现了水俣病患者。以水俣镇为中心发生的水俣病称为“熊本水俣病”，而在阿贺野川下游发现的水俣病称为“新泻水俣病”。日本政府对被认定的水俣病患者进行了经济补偿，并对“医学上很难判断是水俣病”，但是甲基汞的暴露量较高，而且被确认具有四肢末梢感觉障碍的人，以支付一次性津贴的方式做了追加补偿。接受一次性津贴的对象，熊本和鹿儿岛共为 10 353 人，新泻为 799 人，从这些数据可以发现甲基汞公害之大，而且除了这些具有明显问题的患者之外，还有许多病情较轻的患者。

甲基汞对成人的影响主要体现在手、脚和嘴巴周围的感觉异常、构音障碍、运动失调、耳聋甚至死亡，这些症状称为甲基汞中毒症。20 世纪 50 年代在伊拉克和巴基斯坦等国家发生过由于食用了甲基汞或者乙基汞处理过的面粉和小麦，导致了大面积的汞中毒事件。从伊拉克的甲基汞中毒事故中获得的流行病调查结果中，获得了很好的成人甲基汞中毒症的剂量-效应关系（体内浓度和发病率之间呈直线关系）。其中，影响终点以感觉异常最为灵敏，阈值为体内甲基汞 25mg，其次是运动失调为 55mg，而构音障碍、耳聋和死亡的阈值分别为 90mg、170mg 和 200mg。图 2-26 为从伊拉克事件获得不同毒性终点的剂量-效应关系（Baker et al.，1973）。

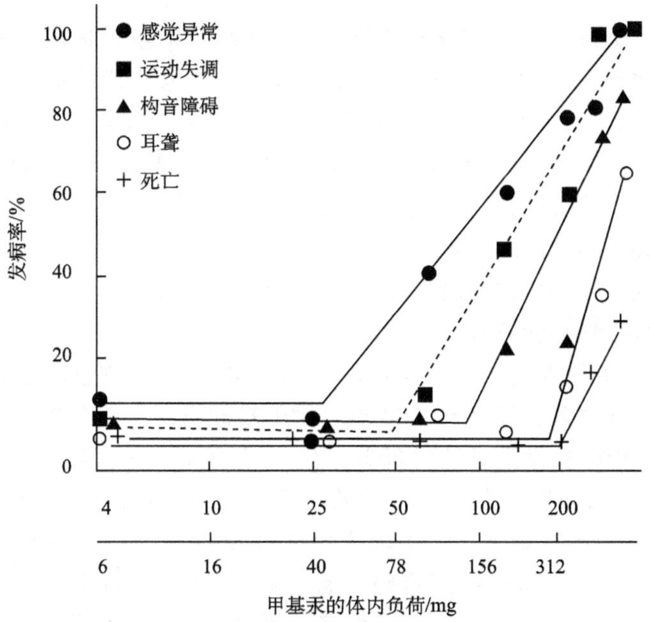

图 2-26　不同毒性终点的甲基汞剂量-效应关系（Baker et al.，1973）
上下两个剂量是从血液浓度计算获得的体内负荷；上面横坐标负荷为用指数方程计算获得，而下面横坐标负荷则根据直线关系（血液浓度和摄入量）计算获得。详细计算过程参见文献（Baker et al.，1973）

在通常情况下，由于许多污染物质最终会进入水体，鱼类等水生生物很容易受环境污染的影响，因此食鱼较多的人群就会暴露较高浓度的甲基汞。日本人一天摄取鱼类的量接近 100g（美国人的鱼类摄取量为 15～20g，而鱼类摄入量相对较高的韩国也仅是日本人的 1/4），因此日本人的体内甲基汞更容易受水质污染的影响。在日本，经常能够听到有人说，尽可能少吃鱼类，特别是怀孕的妇女，日本政府对他们每天摄入的鱼量有一个建议值。也正因为如此，有一个普遍的认识就是鱼类是人类暴露甲基汞的主要来源。但是通过食鱼途径摄入的甲基汞量通常情况下不会引起典型水俣病，而是通过甲基汞的母子传递，在非常低的摄入量情况下，新生儿也会暴露甲基汞，从而出现神经症状。

早在 1995 年，美国 EPA 根据 1971 年伊拉克中毒事件得到的毒性数据，建议将甲基汞的安全水平降低到 0.1μg/(kg · d)。该值低于其他联邦机构所定的安全值，如低于美国 FDA 标准的 5 倍。如此低的安全值设定，遭到了当时工业界和其他一些联邦机构的反对，其主要理由是：在一个针对塞舌尔的 700 个 5 岁半儿童（其母亲食用含汞鱼）的神经发育毒性调查中，并没有发现健康危害（Davidson et al.，1998）。但是美国采用了凡尔赛岛前瞻性队列研究的研究结果（Grandjean et al.，1992；Grandjean et al.，1997）。到了 2000 年 7 月美国学术会议（NRC）在 *Science* 上发文支持美国 EPA 在制定甲基汞标准时采用凡尔赛岛的毒性结果（Kaiser，2000）。另外，新西兰的数据也支持了甲基汞在低剂量下的神经毒性（U.S. EPA，2001）。也就是意味着 NRC 为了防止甲基汞对胎儿神经的影响，支持将甲基汞的容许摄入量标准降低为 0.1μg/(kg · d)。如果按照这个标准执行，许多国家的居民基本上就不能食用鱼类了。但鱼类中的长链不饱和脂肪酸是婴儿神经发育不可缺少的（Egeland and Middaugh，1997）。而我国最近又涉及了土壤污染导致的粮食中高浓度汞残留（沈路路等，2009），因此该标准实际上会影响到粮食问题。

中国是世界上最大的汞排放国，2000 年汞的人为排放量已达到 604.7t，占世界（2190t）的 28%。1995～2003 年，汞的排放量以 2.9%的年均增长率增长。到了 2003 年，排放总量已经达到 696t。在 2003 年的人为排放源清单中，金属冶炼排放占 46%，煤炭燃烧占 37%，水泥生产占 5%，直接来自汞矿开采占 4%。煤炭是汞排放的重要来源之一，中国 2003 年的煤炭总消耗量为 1531Mt，占世界的 28%，而到 2020 年这个数据将翻一番达到 3037Mt。我国含汞农药、化肥对农业生态系统产生危害，蔬菜和一些农产品受到汞污染。从汞的环境排放量到不同环境介质中的浓度水平，我国汞浓度水平处于较高水平，如贵阳地区的空气中汞含量、北京市采暖期空气中汞浓度普遍较高，相应地这些地区居民头发中汞含量超过安全阈值的概率较高。据 2003 年松花江沿岸一个城镇的调查，居民头发中汞含量超过 10mg/kg（存在甲基汞中毒的风险）的占 2%以上。

由于我国被认为是汞排放量较高的国家，我国居民汞摄入量是否会超过这一标准是我们值得关注的问题。我国居民究竟处于多大的汞风险，我们该如何对汞污染进行环境管理？下面主要从胎儿神经影响作为评价终点，以评价我国汞儿童健康风险为例，介绍健康风险评价中的概率风险评价方法。

2.7.1 汞的毒性评价：流行病调查数据

和其他化学物质的风险评价过程相似，首先需要收集评价终点相关的流行病调查数据或者动物毒性数据。对于汞对胎儿的健康影响而言，20 世纪在凡尔赛岛（Faroe Islands）、塞舌尔（Seychelles）和新西兰（New Zealand）有三次大规模的关于儿童智力影响的流行病调查。不同国家或者组织基本上都采用了这三套数据中的一套或者其中两套用于基准计算，我们将简单地介绍一下凡尔赛岛和塞舌尔的研究，因为大多数国家的基准都参考这两个流行病调查数据。

1）塞舌尔的长期研究（Davidson et al.，1998；Shamlaye et al.，1995；Myers et al.，2003）

美国纽约州罗彻斯特大学（Rochester University）的研究小组，在 20 世纪 70 年代研究伊拉克甲基汞的人类健康影响时，感觉到胎儿即使在低浓度汞暴露下也会产生健康影响。因此，此研究小组在世界各地寻找食鱼多的人群。考虑到塞舌尔是食用鱼类多的群体，又是岛国，人口流动比较少，教育水平比较高等原因，研究小组于 1980 年初开始了一项流行病调查。1989～1990 年的一年中，首都维多利亚（Victoria）的马埃岛（Mahe Island）上出生的 779 对母子登记，婴儿从出生开始跟踪到 5.5 岁（66 个月），期间 8.7%的人没有参加，实际参加人数为 711 名。对每个不同年龄阶段，检查认知能力、语言表现能力、理解能力、读书能力、计算能力、视空间能力。暴露指标为母亲发汞水平。在这个研究中，根据对象儿童出生时母亲的发汞浓度分成 5 组：3μg/g 以下（平均为 2.0μg/g）；3～6μg/g（平均为 15.3μg/g）；6～9μg/g（平均为 7.4μg/g）；9～12μg/g（平均为 10.3μg/g）；12～26.7μg/g（平均为 15.3μg/g），比较各组的发育影响指标。所有组之间都没有发现有显著性差异。美国有害物质/疾病登记局（ATSDR）认为美国人食用鱼的体内汞浓度和塞舌尔人（0.004～0.75μg/g）相似，因此，利用了塞舌尔儿童发育研究结果推测了无毒性浓度，实际上就是最大浓度组的 15.3μg/g。

2）凡尔赛岛前瞻性队列研究（cohort study）（Grandjean et al.，1992；Grandjean et al.，1997；Katsuyuki et al.，2004）

伊拉克、塞舌尔和新西兰等地的流行病调查中均采用了怀孕期母亲发汞浓度作为内暴露指标。而在凡尔赛岛的研究中，除了发汞浓度以外，同时测定了脐带中汞浓度水平。1986 年 3 月 1 日至 1987 年 12 月末的 21 个月内出生在凡尔赛岛的 1023 组登记母子（占该时期出生总数的 75.1%）脐带血中汞浓度的中间值为 24.2（0.5～351）μg/L，而母亲发汞浓度的中间值为 4.5（0.2～39.1）μg/g（10μg/g 以上的有 130 名）。在研究中发现，发汞浓度和脐带血浓度之间呈现相关关系（r=0.78）。7 岁和 14 岁时检查神经发育，发现胎儿期的汞暴露和几种神经行为学、神经心理学终点之间具有统计学意义上的相关性。在最终调查中，有一名病死，因此最终人数为 1022 名。1993～1994 年的 4～6 月，研究人员在塞舌尔和丹麦（Copenhagen，Odense 大学），对 7 岁儿童进行健康检查，出生队列1022名中923名参加（缺席率为9.7%）。7岁儿童的发汞浓度的几何平均浓度、25%和75%分位数分别为0.60μg/g、0.34μg/g、1.24μg/g。记忆力、注意力和语言能力随着甲基汞暴露的增加而增加。根据儿童的脐带血汞浓度分成未满15μg/L、15～30μg/L、30～50μg/L、50μg/L以上四个组，发现加利福尼亚言语学习测验（California verbal learning test，CVLT）、持续作业测验（continuous performance test，CPT）成绩和脐带血汞浓度之间有很好的剂量-效应关系。

食用鲸鱼是凡尔赛岛居民的主要汞暴露源（20世纪90年代后期鲸鱼平均汞浓度为3.3μg/g，其中一半为甲基汞）。由于摄入鲸鱼鱼肉和脂肪，而脂肪中含有较高浓度的PCB，因此也同时研究了PCB对儿童智力发育的影响。由于不是所有脐带血样品量足够分析PCB，通过分析样品量足够的50名孩子的脐带血中PCB的浓度，以及同时测定的脐带组织中PCB浓度有非常好的相关性（$r=0.90$）。在持续作业测验，波士顿命名测试（Boston naming test）和言语学习测验测试中，7岁儿童的神经心理/行动能力检查成绩和PCB浓度存在显著关系。PCB和汞暴露量作为变量进行多元化回归分析，PCB和这些检查成绩没有显著性差异，但是对于汞浓度水平，即使考虑PCB的影响，也与持续作业测验（反应时间）成绩呈显著关系。

根据凡尔赛岛的流行病数据，以母亲发汞浓度或者脐带血汞浓度作为剂量，进行了BMD解析。在美国国立科学神经心理学测试中，计算了和脐带血汞浓度存在统计学意义上相关的5个影响终点的BMD（benchmark dose）和BMDL（benchmark dose lower confidence limit）。美国国家研究委员会（National Research Council，NRC）总结了各个终点的BMD和BMDL（表2-24）。研究中发现，用CPT影响终点作为终点脐带血汞浓度的BMD和BMDL最低。该检查分成两年实施，第一年的结果和第二年的结果各不相同，因此采用了调查更为严密的第一年的数据（Grandjean et al.，1997；Budtz-Jørgensen，2000）。美国国家研究委员会调查委员会考虑到上述问题，选择了BMD和BMDL第二低的Boston naming test测试结果（NRC，2000）。在这个调查中，脐带血浓度比发汞更加适用于胎儿的剂量-效应关系解析。然而，在塞舌尔的流行病调查中，采用了母亲发汞浓度作为暴露指标。为了充分利用有限的流行病调查结果于风险评价中，研究人员采用了这两个调查中均有的发汞浓度作为暴露指标。以孕妇发汞浓度作为暴露指标，Boston naming test作为影响终点时的BMD和BMDL最低，分别为15ppm和10ppm。BMD的95%置信区间下限BMDL（10ppm）作为发汞浓度的安全值。

表 2-24　凡尔赛岛前瞻性队列研究中不同影响终点的 BMD 计算

影响终点	脐带血汞浓度/ppb		母亲发汞浓度/ppm	
	BMD	BMDL	BMD	BMDL
运动功能：二指轻敲测验（finger tapping test）	140	79	20	12
持续作业测验反应时间（CPT reaction time）	72	46	17	10
视觉空间：儿童班达完形测验（Bender gestalt test）	242	104	28	15
言语：波士顿命名测试（Boston naming test）	85	58	15	10
言语记忆：言语学习测验（verbal learning test）	246	103	27	14

注：CPT ：continuous performance test；BMD ：benchmark dose；BMDL：benchmark dose 的 95%置信下限值；假定非暴露组中也会出现 5%的异常反应，在此基础上诱导 5%的风险（BMR＝0.05）的暴露量；1ppb＝10^{-9}；1ppm＝10^{-6}。

上述两个研究有如下区别：

（1）凡尔赛岛的人群主要是分散性食用含高浓度汞的鲸鱼，塞舌尔的人群则主要频繁地摄取含低浓度汞的鱼类；

（2）神经发育的影响指标不同：凡尔赛岛研究的影响调查中采用功能区域的特异性检查；塞舌尔采用一种综合检查；

（3）凡尔赛岛的人群暴露 PCB，但是塞舌尔 PCB 暴露量较低；

（4）人种：凡尔赛岛是白种人，塞舌尔是非洲人。

2.7.2　风险评价方法和日容许摄入量的设定

1）日本的汞风险评价及其日容许摄入量的设定

日本风险评价工作中，食品安全委员会（FSC Japan）认为日本人的暴露形式（包括 PCB 暴露）和塞舌尔的情况比较类似。但同时也不能忽视显示剂量-效应关系的凡尔赛岛的研究结果，因此采用了如下办法：凡尔赛岛研究中神经行为终点之一的 Boston naming test 的母亲发汞浓度的 BMDL（10mg/kg）和塞舌尔儿童发育研究中的最高浓度的最低值 12mg/kg 的平均值（从安全性考虑），也即 11mg/kg。

即使是最准确的实验调查，不确定性也是不可避免的，在健康风险评价中，必须要考虑不确定性。通常的风险评价中，毒性数据主要是通过动物实验结果外推获得的，动物和人的种差外推不确定系数为 10，个差不确定系数为 10，从 LOAEL 推测 NOAEL 时，不确定系数也为 10，这样综合起来的不确定系数为 1000。除此以外，根据实验调查的可靠性、影响的重要性，分别采取不大于 10 的不确定系数。在汞的流行病调查研究中，是针对处于最敏感期的胎儿暴露，采用各种检测方法研究了最敏感的中枢神经系统的影响。调查对象数接近 700 作为人类健康研究，这个数目已经足够大了。虽然凡尔赛岛和塞舌尔之间，存在着民族、文化和自然环境的较大差异，但是这两个区域的研究得到的 BMDL 和 NOAEL 比较接近，具有可比性的母亲发汞浓度分别为 10mg/kg 和 12mg/kg，BMDL 非常接近 NOAEL，可以认为不确定性比较小。由于是基于流行病调查数据，因此不需要考虑种差不确定性；也没有必要考虑从 LOAEL 外推到 NOAEL 的不确定系数。但是考虑到个体差异性，有必要考虑以下几个不确定性系数。

（1）发汞浓度外推到血汞浓度时，采用了发汞浓度：血汞浓度之比为 250 的外推关系。该比值被 JECFA 推荐使用。但是，实际上人群中该比值的平均值为 140～370，个体数据为 137～585。因此，采用 250 从发汞浓度外推血汞浓度、推测平均值的变动范围有可能是实际血汞浓度的 0.68（250/370）～1.79 倍（250/140）；个体值为 0.43（250/585）～1.82 倍（250/137）；因此在发汞外推到血汞的过程中，取不确定系数为 2。

（2）代谢数据也同样存在着不确定性。文献报道的半衰期来自于志愿者摄入放射线甲基汞的实验。全身为 70d，血液相为 50d，排泄系数为 0.014（Miettinen et al.，1971）。实际上摄入鱼后求得的排泄系数也几乎相同，为 0.0099～0.0165（Sherlock et al.，1984）。从伊拉克的中毒事件中观测到的发汞浓度变化，显示出两个峰值，低值平均为 65d（排泄系数为 0.0107），高值平均为 119d（排泄系数为 0.0058），目前为止所报道的数据中最高值为 189d（Al-Shahristani and Shihab，1974）。这些结果表明对汞的代谢存在很大的个体差异，综合考虑代谢能力的个体差异，取其不确定系数为 2。综上所述，总不确定系数取为 2×2=4。

由于流行病调查中，测定发汞或者血汞时，没有同时测定经口摄入暴露量，因此采用代谢模型从血汞浓度或者发汞浓度外推相对应的经口摄入暴露量。JECFA、EPA 和日本等都采用了单相模型，仅对体重做了一定的调整。计算中 JECFA 采用了孕妇体重为 65kg，日本采用了本国孕妇后期平均值，即为 60kg。

在两套关于甲基汞的流行病调查中，都有发汞浓度，因此选择了发汞浓度作为剂量。WHO 报道了发汞浓度和血汞浓度之间的比值为 140～370，取其平均值 250 倍（WHO，1990）。根据这一比值，从头发浓度可以计算得到血汞浓度为

$$C(\mu\text{g/L}) = \frac{1}{R}H \tag{2-77}$$

式中，H 为发汞浓度；R 为换算系数（默认为 250）。以发汞浓度表示，无影响作用浓度为 11mg/kg，血液中的无影响作用浓度可以用下式计算：

$$C(\mu\text{g/L}) = \frac{1}{250} \times 11\text{mg/kg} = 44\mu\text{g/kg} \tag{2-78}$$

用单相模型（one-compartment model），将血液甲基汞浓度转化成为成人，

如孕妇的日摄入量。单相模型就是将人体整体看作一个“箱子”（compartment），描述化学物质（有害物质、药物）在体内的动态模型。该模型可以简单地用式（2-79）表示。

$$d[\mathrm{mg/(kg\ BW \cdot d)}] = \frac{C \times b \times V}{W \times A \times f} \tag{2-79}$$

式中，d 为单位体重日摄入量；C 为血液中甲基汞浓度；V 为女性的血液量，为 5.4L（0.09×体重），体重为 60kg；b 为排泄速度常数（d^{-1}）$=0.693/T=0.014$；T 为体内半衰期，为 49.5（d）；A 为甲基汞的吸收率（为 0.95）占总摄入汞的比率；f 为被吸收甲基汞分配到血液中的比率，等于 0.05；W 为体重（BW），即 60kg。

数据根据 IRIS 报告整理而成。

将浓度 C=0.044mg/kg≈0.044mg/L 代入方程，可以计算得到成人的无影响摄入量为 1.167μg/(kg BW · d)［按式（2-80）计算］

$$d[\mathrm{mg/(kg\ BW \cdot d)}] = \frac{0.044 \times 0.693/49.5 \times 5.4}{60 \times 0.95 \times 0.05}\mathrm{mg/(kg\ BW \cdot d)}$$

$$= 1.167\mu\mathrm{g/(kg\ BW \cdot d)} \tag{2-80}$$

根据甲基汞的无影响摄取量 1.167μg/(kg BW · d)，用式（2-81）计算得到人体的日容许摄取量（TDI）为 0.29μg/(kg BW · d)。

$$\mathrm{TDI} = d/\mathrm{UF} \tag{2-81}$$

式中，UF 为不确定系数（uncertainty factor），取 4。

2）美国 EPA 的汞风险评价及其日容许摄入量的设定

美国 EPA 主要采用了凡尔赛岛的流行病调查数据。2001 年美国 EPA 根据凡尔赛岛的调查结果，从发育神经生理学缺陷的角度，重新评估了汞的风险。以 7 岁儿童的神经生理学影响作为评价终点，母亲脐带血汞浓度 46～79μg/kg 作为 BMDL。采用上述单相模型［式（2-79）］，计算得到无影响日摄入量为 0.857 ～ 1.472μg/(kg BW · d)。在这个计算中，体重为 67kg，血液量 V 为 5L，吸收率为 0.059。

目前不同组织采用的不确定系数各不相同。美国 EPA 的不确定系数主要考虑了美国人和凡尔赛岛人之间的差异，也即种差，取不确定系数为 3.2；人和人之间的代谢差异，也即个差，取不确定系数为 3.2。由公式 $\mathrm{UF}=\mathrm{UF}_{\text{代谢个差}} \cdot \mathrm{UF}_{\text{种差}}$ 计算获得综合不确定系数为 10。由于凡尔赛岛的研究中，暴露剂量既有脐带血汞浓度，又有发汞浓度，因此没有考虑从发汞外推到血汞的外推不确定系数。这样，日容许摄入量为 0.0857 ～ 0.1472μg/(kg BW · d)，取两者的平均值，日容许摄入量为 0.1μg/(kg BW · d)，低于日本的日容许摄入量。

3）FAO/WHO 联合食品添加剂专家委员会（JECFA）的汞风险评价及其日容许摄入量的设定

与日本食品安全委员会（FSC Japan）相同，FAO/WHO 联合食品添加剂专家委员会也采用了上述两个地区的流行病调查结果，但是 BMDL 采用了别的方法，结果对两个地区的计算结果分别为 12mg/kg 和 15.3mg/kg，这样两者的平均值为 13.65ppm，实际上取 14ppm。采用上述单相模型［式（2-79）］，计算得到日容许摄入量为 1.485mg/(kg BW · d)。在这个计算中，体重取 65kg，血液量为 0.09×65=5.85（L）；吸收比率为 0.05（不同于上述的 0.059）。

在不确定性方面，考虑人和人之间的代谢能力的差异性，取不确定系数为 3.2，取从发汞外推到血汞的外推不确定系数为 2，按式 $UF = UF_{代谢个差} \cdot UF_{(头发外推血液)}$ 得到综合不确定系数为 3.2×2=6.4。这样，日容许摄入量为 0.23μg/(kg BW · d)。

4）有毒物质与疾病登记局（The Agency for Toxic Substances and Disease Registry，ATSDR）的汞风险评价及其日容许摄入量的设定

ATSDR 认为塞舌尔的人群摄入鱼的汞浓度（0.004～0.75μg/g）和美国人相似，所以采用了塞舌尔的流行病调查数据。采用了塞舌尔研究中的最高暴露剂量组的平均值，也即发汞浓度 15.3μg/g 作为无影响作用浓度（NOAEL）。采用上述单相模型［式（2-79）］，计算得到无影响日摄入量为 0.001 263mg/(kg BW · d)。在这个计算中，体重取 60kg，血液量为 4.2L；吸收比率为 0.05。考虑不同人之间的代谢能力的差异性，取不确定系数 3；考虑到凡尔赛岛检出了微弱的健康影响，因此取 1.5 的不确定系数，其综合不确定系数为 3×1.5=4.5。这样，日容许摄入量为 0.28μg/(kg BW · d)。

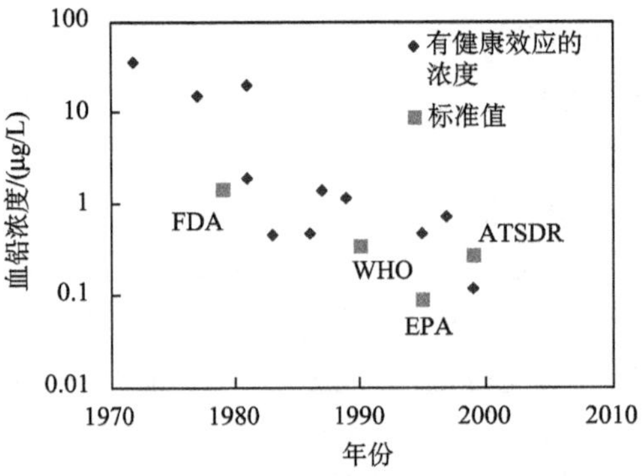

图 2-27 甲基汞阈值变化历史

总之，由于不同国家所选用的流行病调查数据和不确定系数不相同，最终日容许摄入量也各不相同（表 2-25）。图 2-27（PSR，2009）表示了国际组织对甲基汞阈值的历史变迁，从 20 世纪 80 年代的美国 FDA 到 90 年代的 EPA，甲基汞标准值相差接近 10 倍。

表 2-25　不同国家（机构）甲基汞日容许摄入量及其所用的参数

参数		JECFA	日本	USEPA	ATSDR
无影响头发中汞浓度		14	11	12	15.3
无影响摄入量/[μg/(kg BW·d)]		1.485	1.167	1.000	1.263
不确定系数	代谢能力个差	3.2	2	3.16	3
	其他	2*	2*	3.16**	1.5
日可耐摄入量[μg/(kg BW·d)]		0.23	0.29	0.1	0.28

*从头发外推血液；**种差；JECFA：FAO/WHO 联合食品添加剂专家委员会。

2.7.3　食用鱼等的甲基汞标准

在制定鱼类中甲基汞基准时，除了上述日容许摄入量以外，食用鱼摄取量是一个关键数据。例如，日本和美国的鱼类日容许摄取量差别很大：美国是 0.1μg/(kg BW·d)，而日本是 0.29μg/(kg BW·d)。按体重 60kg 计算，则美国的日容许摄取量为 0.006mg/(人·d)。而美国人均食鱼量为 0.0175kg/人。

$$\frac{0.006\text{mg/(人·d)}}{0.0175\text{kg/(人·d)}} = 0.34\text{mg/kg} \approx 0.3\text{mg/kg} \tag{2-82}$$

因此，不同地区，特别是鱼类的饮食习惯差异大的地区，在计算时要区别考虑。关于我国人均鱼类摄入量，并未查到确切数据，因此根据“世界三大膳食结构模式的比较”中，东方人的鱼类食物摄取量（27.5 g/d）进行计算，得到鱼中甲基汞的基准应该为 0.22mg（甲基汞）/kg（鱼）。

$$\frac{0.006\text{mg/(人·d)}}{0.0275\text{kg/(人·d)}} = 0.22\text{mg/kg} \tag{2-83}$$

此外，美国疾病控制中心的数据显示，人体内摄入的总汞量中约 85%为甲基汞。在实际监测鱼类中汞含量时，测量总汞量显然更为方便，因此可以推算得到鱼类中汞的总含量基准为

$$\frac{0.22\text{mg/kg}}{85\%} = 0.26\text{mg/kg} \tag{2-84}$$

根据鱼类与水体的富集系数，可以制定水体总汞、甲基汞的水质标准。一般认为，水体中无机汞的富集系数在 800 左右（中西準子等，2004b）。但是甲基汞的富集系数则比无机汞高几个数量级，并且与水体甲基汞浓度有一定的关系。感兴趣的读者可以查阅相关文献。

2.7.4　中国的汞的风险计算

1）相对风险计算

通过查阅相关文献，整理获得如表 2-26 所示的中国居民发汞浓度水平。考

虑到发汞浓度呈对数正态分布，而收集到的数据往往是算术平均值和算术标准差，因此，将数据进行几何平均值和几何标准差的换算，详细公式请见式(2-36)。

表 2-26　算术均值到几何均值的数据转换表格

数据范围	样本数	算术平均值 M/(mg/kg)	算术标准差 SD /(mg/kg)	几何平均值 GM/(mg/kg)	几何标准差 GSD/(mg/kg)
全国	5372	1.22	0.34	1.18	2.31
全国	451	0.77	0.59	0.61	1.97
长春市	140	0.432	0.949	0.18	3.77
宁波市	262	1.176	0.615	1.04	1.64
汞矿	28	0.84	0.31	0.79	1.43
	45	0.91	0.30	0.86	1.38

汞健康风险的一个重要的评价方法之一就是以人群中超过安全阈值的概率作为评估风险大小的方法。如果参考美国的发汞安全阈值（发汞浓度为 1ppm），利用表 2-26 中的全国数据，中国人发汞浓度超过 1.0mg/kg 的概率分别为 57.84%和 23.30%，也就是我国不同地区将有近一半的人甲基汞的暴露超过安全值，意味着这些孕妇体内的甲基汞有可能影响到胎儿的发育。

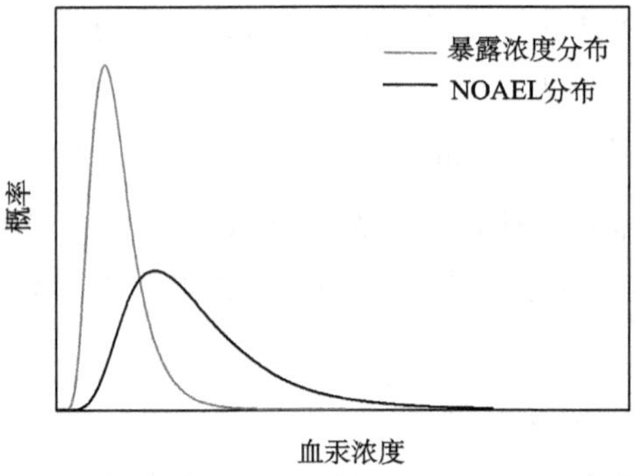

图 2-28　血汞分布、敏感性分布示意图

另一种方法是由日本学者（中西準子等，2004a）提出的，该方法综合考虑了人群的不同暴露差异（分布）和个体敏感性的概率方法。在该方法中，主要通过个体敏感性对数正态分布代替了以往方法中的不确定系数的方法。在环境汞暴露水平下，由于个体之间存在暴露量、代谢水平、敏感性差异，人群血汞浓度和人的敏感性往往呈现对数正态分布，如图 2-28 所示。在 2.3.2 节中，我们介绍了其最终的计算公式

$$\text{Risk} = F\left(\frac{\mu_1 - \mu_2}{\sqrt{\sigma_1^2 + \sigma_2^2}}\right)$$

式中，F 为标准正态分布（0，1）的累积概率密度函数，根据附录Ⅳ的分布表，就可以计算获得风险，也即人群暴露超过 NOAEL 的概率。

利用已经发表的我国各地人群的汞暴露（发汞、血汞）数据（表 2-27），用以上方法计算这些地方的风险（沈路路等，2009）。我国沿海地区居民的发汞浓度高于内陆地区，其中香港和舟山地区居民发汞浓度分别达到了 1.99mg/kg 和 1.38mg/kg。而在内陆的松原市，由于位于受到汞污染的第二松花江流域，居民的发汞浓度达到了 1.8mg/kg；贵州万山汞矿区附近居民发汞浓度达到了 5.22mg/kg（三个村庄的平均值）。我国的贵州、香港、舟山和松原等地区的居民平均发汞浓度已经远远超过 EPA 推荐的安全值（1mg/kg）。

表 2-27　不同地区的居民发汞浓度

地区		发汞浓度算术平均值/(mg/kg)	发汞分布/(mg/kg)	血汞浓度水平/(μg/L)	血汞分布 GSD
泸州		0.104			
无锡		0.452			
长春		0.448*	0.092～10.463*	1.79	3.73
香港		1.99		5.58	1.60
宁波		1.176*	0.217～5.792*	4.70	1.64
舟山		1.38		6.32	1.66
沿海城市	厦门 舟山 宁波 上海 大连	0.94	0.03～8.70*	3.76	1.66
松原	总体	1.82*	0.03～116.634*	7.28	4.15
	五家站地区	3.44*	0.16～199*	13.76	6.22
贵州	汞矿区 1	10.74	2.1～58.5*	42.96	2.41
	汞矿区 2	2.75	0.6～6.5*	8.68	1.67
	汞矿区 3	2.17	1.0～9.7*	11.00	2.30
	对照区	0.75	0.32～1.72*	3.00	1.12

* 为文献原始数据。

表 2-27 中，因未报道泸州、无锡和长春汞暴露浓度分布类型，假定其呈现正态分布；贵州对照区发汞浓度符合正态分布，其他地区均报道了汞浓度水平符合对数正态分布。沿海城市由于缺乏几何标准差，考虑到沿海城市与舟山地区的地理相似性，因此采用了舟山地区的血汞分布的几何标准差 1.66。舟山和香港地区分别有发汞和血汞数据，而其他地区只有发汞数据。只有发汞数据的地区根据 WHO 推荐的发汞和血汞的比例 250 进行转换得到血汞的浓度分布。

高浓度汞暴露可以严重扰乱人体的正常神经功能，在 20 世纪 60 年代，日本九州熊本县水俣镇的居民由于食用受到汞污染的海产品导致严重健康影响，也

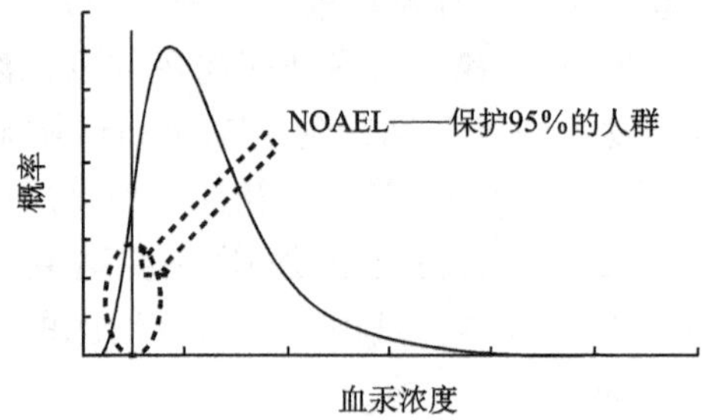

图 2-29 人体血汞无影响作用浓度（NOAEL）的分布图

即水俣病，到 1989 年报道有 2217 名水俣病患者。与高浓度污染导致的水俣病相反，由于人的血脑屏障要到出生后 1 年才发育完全，在血脑屏障完全形成之前，甲基汞很容易穿过该屏障，在较低的浓度下就能影响婴儿的神经发育。近年来，汞的健康影响主要体现在儿童智力影响上。目前有三次大规模的关于儿童智力影响的流行病调查：20 世纪在凡尔赛岛、塞舌尔和新西兰。对凡尔赛岛的 Boston 命名测验数据进行了统计分析，得出了人体血汞无影响作用浓度 NOAEL（$BMD_{0.5}$，95%的置信区间的下限）为 58μg/kg（图 2-29）。也就是说对于敏感性分布，定义其为对数正态分布，人群的无影响浓度可以保护 99.5%的人群，那么根据对数正态分布的累积概率的计算公式：

$$NOAEL = GM/GSD^{2.6} \tag{2-85}$$

式（2-85）的来历可以参考第 5 章。式中，GM 为敏感性分布的几何平均值；GSD 为敏感性分布的几何标准差。Nordberg 等分析伊拉克甲基汞中毒事件的甲基汞的毒性数据后，得出人群敏感性分布的 GSD 为 2.7（Nordberg and Strangert，1976），这样可以计算得到汞的 NOAEL 的几何平均值 GM 为 0.765mg/L。而在对数正态分布的概率密度函数中，$\sigma=\ln$（GSD），$\mu=\ln$（GM），这样就能确定人体敏感性的分布函数

$$p(x)=\frac{1}{\sqrt{2\pi}x\sigma}e^{\frac{-(\ln(x)-\mu)^2}{2\sigma^2}} \tag{2-86}$$

在敏感性分布中，$\mu=-0.268$，$\sigma=0.993$。结合表 2-27 中的汞暴露数据，计算得到中国一些城市的汞健康风险（表 2-28）。

表 2-28 不同地区居民的汞暴露风险

地区		风险	地区		风险
舟山		4.89×10^{-6}	宁波		1.23×10^{-6}
香港		2.31×10^{-6}	沿海城市		5.19×10^{-7}
松原	总体	1.30×10^{-4}	贵州	汞矿区 1	6.87×10^{-3}
	五家站地区	3.11×10^{-3}		汞矿区 3	6.83×10^{-5}
长春		1.32×10^{-5}		对照区	0.60×10^{-7}

大部分城市（如厦门）的汞暴露导致的神经毒性的风险都小于 10^{-5}，但是在松原五家站地区、贵州万山汞矿区附近，风险值分别高达 2.58×10^{-3} 和 6.87×10^{-3}。分析暴露数据，可以发现造成不同地区风险值不同的原因主要是，在受到汞污染的地区（如贵州汞矿区、第二松花江流域的松原市和长春），发汞的分布范围比较宽，为 0.03～116.634ppm，几何标准差 GSD 为 1.67～6.22；而在其他地区（如沿海城市）的发汞分布范围较窄，为 0.03～8.70ppm，几何标准差为 1.12～1.66，远低于污染地区（表 2-27）。

在沿海地区（如舟山、香港）和江河流域（如松花江流域），水产品的摄入是人体甲基汞暴露的最主要途径。统计显示，1999 年香港地区居民的食鱼量在世界排第六位。在对儿童的发汞浓度调查中还发现，发汞浓度和每周食鱼次数显著相关：每周食鱼三次以上的儿童发汞浓度为 2.7ppm，食鱼 1～3 次浓度为 1.5ppm，不食鱼的儿童发汞浓度为 1.2ppm。在舟山地区的调查发现，该地区渔民占人口的比例非常高，市场鱼价也低于其他地区。同时，舟山地区的饮食风俗也非常独特，鱼片非常普及，居民食鱼量非常高。而在松原地区，当地居民 97%的汞暴露都来自水产品的摄入。为了降低这些地区的风险，应该考虑儿童特别是孕妇的鱼类摄入量。

贵州是我国汞矿的主要产地，汞矿储量居全国第一，有 600 多年的开采历史，产汞量约占全国的 70%。中国土壤中汞的背景值为 0.065mg/kg，而贵阳土壤中的汞浓度全国最高，是背景浓度的 11 倍。在贵州地区的调查还发现，当地居民 73%的汞摄入来自稻米，接下来是蔬菜 18%，大气占到了 6%。为了降低贵州地区的汞风险，土壤中汞污染控制成为当地居民最有效的削减汞污染的途径。

由此可知，由于不同组织采用了不同的不确定系数，即使采用同样的风险评价方法，也会获得到不同的风险。更重要的是，这种方法虽然考虑了人群的不同暴露水平或者暴露差异，但是实际上对人和人之间的敏感性（代谢和致病）差异采用不确定系数的处理方式，最终导致过高或者过低评价汞的健康风险。

另外，利用血汞浓度和敏感性分布可以计算风险，反过来也可以用发汞浓度或者摄入量计算风险，结果一样，这是因为以下几个原因。

（1）当考虑用发汞浓度计算暴露量时，$\mu_{1发}=\mu_{1血}-\lg(k)$，其中，k 为含 Hg 浓度比；同样对敏感性分布，$\mu_{2发}=\mu_{2血}-\lg(k)$，这样 $\mu_{1血}-\mu_{2血}=\mu_{1发}-\mu_{2发}$，因此 $L(x)$ 还是服从 $N(\mu_1-\mu_2,\sqrt{\sigma_1^2+\sigma_2^2})$。

（2）当考虑用摄入量计算暴露量时，用血汞浓度计算风险时，其暴露量的标准差 σ_1 实际上由两部分组成，$\sigma_1^2=\sigma_{代谢}^2+\sigma_{摄入量}^2$；也即血汞浓度受到代谢和摄入量偏差的影响。敏感性差异则为 $\sigma_2^2=\sigma_{敏感性}^2$；当用摄入量进行风险评价时，即 $\sigma_1^2=\sigma_{摄入量}^2$；但是在敏感性差异方面就要考虑代谢差异，结果敏感性差异变为 $\sigma_2^2=$

$\sigma^2_{敏感性}+\sigma^2_{代谢}$；而对于 μ_1 和 μ_2 的处理，与第一种情况类似，所以 L（x）还是服从 N（$\mu_1-\mu_2$，$\sqrt{\sigma_1^2+\sigma_2^2}$）。

综上所述，无论是用血汞浓度、发汞浓度还是用摄入量计算风险评价，最后计算得到的风险值都可以用式（2-42）计算。但是摄入量分布、代谢能力、敏感性分布是重要参数。对于甲基汞的个差分布已有了许多研究。假定摄入量分布、代谢能力、敏感性的个体差异分布为对数正态分布，如有文献已经报道了摄入量的几何标准偏差为 1.5（Shirai，1988），代谢能为 1.4（Masuyama，1997），敏感性为 2.7（Nordberg，1976）。Masuyama 的数据根据日本的数据获得，IRIS 是根据塞舌尔的数据，而 Nordberg 则根据伊拉克甲基汞中毒事件的相关数据。

2）绝对风险计算

在 WHO 的 Environmental Burden of Disease Series 16 的报告中，全面系统地评价了汞的健康风险。这篇报告回顾了母亲发汞浓度与新生儿 IQ 降低的剂量-效应关系，其中主要引用了 Budtz-Jorgensen 等（2004）、Cohen 等（2005）和 Axelrad 等（2007）三人的研究报告。Axelrad 等研究报告主要采用基于 sophisticated Bayesian hierarchical 模型的 meta analysis，综合凡尔赛岛、新西兰和塞舌尔三个大型前瞻性流行病学组研究的数据，获得了母亲发汞浓度对胎儿神经发育影响的剂量-效应曲线，也即母亲发汞每增加 1μg/g，新生儿的 IQ 下降 0.18。因此 WHO 最后采用了 Axelread 等的结果。

我们计算相对风险的函数公式类似，我们智力下降的计算公式如下：

$$L=\int_0^{+\infty} f(x)G(x)\mathrm{d}x \tag{2-87}$$

式中，f（x）为中国人的发汞暴露浓度分布，同式（2-86）；参数 μ 和 σ 分别为 0.058 和 0.775；G（x）$=0.18x$ 为剂量-效应曲线；代入数据，利用梯形积分法计算，得到 $L=0.2576$ 点。

人群的智力分布服从于 N（100，15）。通常认为智商小于 70，这种疾病被称为智力发育迟缓（mild metal retardation，MMR），正常情况下，这种疾病的发生率为

$$F\ [\ (70-100)\ /15,\ 0,\ 1]\ =2.28\%$$

式中，F 为标准正态分布 N（0，1）的累积概率密度函数，计算得到我国人群的智力下降 0.2576 点，因此 MMR 的发生率上升为

$$F\ \{\ [70-\ (100-0.258)]\ /15,\ 0,\ 1\}\ =2.37\%$$

疾病发生上升为 0.09%，考虑到我国人群基数为 13 亿～14 亿，也就是此种疾病的发生率增加了 117 万～126 万。

同样，我国因此而减少的智力大于 130 的“天才”的比例大概为

F［(130－100－0.0258)/15，0，1］－F［(130－100)/15，0，1］＝0.09%

也就是我国减少的“天才”大概为 117 万～126 万。

思 考 题

（1）美国建议的容许汞摄入量标准的计算根据有哪些？

（2）致癌物质的毒性解析一定要采用无阈值毒性解析方法吗？决定各国二噁英安全基准差异的关键因素是什么？

（3）个体风险评价和人群暴露风险的最大区别在哪儿？举例计算人群暴露风险。

（4）从不确定系数值的历史演变展望风险评价的发展方向。

（5）体外遗传毒性测试方法在环境风险评价中的应用前景是什么？尝试分析发展该工作的意义和存在的问题。

（6）收集一些汞中毒的典型案例。

（7）扩展鱼类与水体标准制定的技术手段。

（8）血汞、发汞、摄入量等之间的联系。

（9）不确定性 10 与敏感性分布之间的区别和联系。

（10）重现中国汞风险的计算过程，并收集典型区域进行案例分析。

（11）案例汞中两种风险计算的区别与联系。

（12）从如下数据评价制造 B 物质 6 个月的作业人员的健康影响：假设有一个化学物质 B，能够获得 28 天反复经口投加大鼠毒性试验数据，对有 6 个月生产 B 物质经历的工人，该实验在 GLP 及指南实施，而且实验数据良好。尝试危害性评价。具体的实验数据：每组的雌雄大鼠各 10 只，暴露剂量分别为 0mg/kg、30mg/kg、100mg/kg、300mg/kg，28 天进行强制性经口投加，对于 0mg/kg、100mg/kg、300mg/kg 组，设有 14 天的恢复实验。实验结果：30mg/kg、100mg/kg 组，没有发现由于对象物质暴露而引起的任何健康变化；在 300mg/kg 组，体重增加量减少（雄），肝、脑、肾的相对质量增加，胸腺质量增加，形成胃溃疡并出血，前胃的可逆性变化；对于恢复组上述变化都消失，毒性影响是可逆性的。另外，有关 B 物质的急性毒性如下：经口大鼠的 LD_{50}＝1200mg/kg；呼吸：没有数据；经皮肤：大鼠的 LD_{50}＝1500mg/kg。

参 考 文 献

吉田喜久雄. 2001. 化学物質リスクの評価. 安全工学，40（2）：108-116.

李志博. 2003. 长春市汞的污染特征及其生态风险评价. 北京：中国科学院硕士学位论文.

内藤航，中西準子，小林憲弘. 2006. 詳細リスク評価書シリーズ 9 鉛. 东京：丸善株出版社.

蒲生昌志. 2002. 化学物質の健康リスヶ評価と不確实性. 科学，72：990-995.

蒲生昌志，岡敏弘，中西準子. 1996. 発がん物質への暴露がもたらす発がんリスクの損失余命による表現—生命表を用いた換算—. 環境科学会誌.

秦俊法. 2004. 中国居民的头发铅、镉、砷、汞正常值上限. 广东微量元素科学，11（4）：29-37.

日本国立医薬品食品衛生研究所，厚生省生活衛生局企画課生活化学安全対策室. 1998. 化学物質のリスクアセスメント—現状と問題点—. 東京：薬業日報社.

日本厚生省薬務審査化. 1997. 医薬品非臨床試験ガイドライン解説. 東京：薬業日報社.

日本化学工業協会. 化学物質総合安全環境センター. 1999. Chem PHESA 21 リスクアセスメント技術解説書.

申葆诚. 1984. 化学物的致癌危险性. 北京：科学出版社.

沈路路，胡建英，董兆敏等. 2009. 中国部分地区汞暴露对儿童健康风险评价. 中国环境科学，29 (12)：1323-1326.

宋玉玲. 2007. 宁波市 262 例居民发汞含量的调查. 职业与健康，23 (4)：282，283.

杨兰萍，黄一波，潘伟清等. 1996. 汞矿地区人发中甲基汞的气相色谱测定. 环境化学，15 (4)：365-369.

中西準子，蒲生昌志，岸本充生等. 2003. 環境リスクマネジメントハンドブック. 东京：朝倉書店：283.

中西準子，小林，内藤航. 2004b. 詳細リスク評価シリーズ：鉛. 东京：丸善株式会社.

中西準子，益永茂樹，松田裕之. 2004a. 演習 環境リスクを計算する. 东京：岩波書店.

朱舟，顾炜旻，安伟等. 2008. 基于 umu 遗传毒性效应的饮用水致癌风险评价的尝试. 生态毒理学报，3 (4)：363-369.

Al-Shahristani H，Shihab K M. 1974. Variation of biological halflife of methylmercury in man. Arch Environ Health，28：342-344.

Ames B N，Mccann J，Yamasaki E. 1975. Methods for detecting carcinogens and mutagens with Salmonella/mammalian microsome mutagenicity test. Mutation Research，31 (6)：347-363.

Andersen M E，Clewell H，Gargas M，et al. 1987. Physiologically based pharmacokinetics and risk assessment process from methylene chloride. Toxicol. Appl. Pharmacel，87：185-205.

Axelrad D A，Bellinger D C，Ryan L M，et al. 2007. Dose-response relationship of prenatal mercury exposure and IQ：an integrative analysis of epidemiologic data. Environ Health Perspect，115 (4)：609-615.

Baker F，Damluji S F，Amin-Zaki L，et al. 1973. Methylmercury poisoning in Iraq. Science，181：230-241.

Blancato J N，Power F W，Brown R N，et al. 2006-06-07. Estimating model (ERDEM) a physiologically-based pharmacokinetic and pharmacodynamic (PBPK/PD) model for assessing human exposure and risk，U. S. Environmental Protection Agency，EPA/600/R-06/061，http://www. epa. gov.

Briggs G G，Bromilow R H，Evans A A，et al. 1983. Relationships between lipophility and the distribution of non-isonised chemicals in barley shoots following uptake by the roots：Pestic. Sci. ，14：492-500.

Briggs G G，Bromilow R H，Evans A A. 1982. Relationships between Lipophility and root uptaked and translocation of non-ionised chemicals by barley. Pestic. Sci. ，13：495-504.

Budtz-Jorgensen E，Debes F，Weihe P，et al. 2004. Adverse Mercury Effects in 7 Year Old Children as Expressed as Loss in "IQ." Odense：University of Southern Denmark.

Budtz-JØrgensen E，Grandjean P，Keiding N，et al. 2000. Benchmark dose calculations of methylmercury-associated neurobehavioral deficits. Toxicological Letter，112，113：193-199.

Cohen J T，Bellinger D C，Shaywitz B A. 2005. A quantitative analysis of prenatal methylmercury exposure and cognitive development. Am J Prev Med，29 (4)：353-365.

Cotruvo J A，Vogt C D. 1990. Rationale for water quality standards and goals // Pontius F W. Water Quality and Treatment. New York：McGraw Hill，1-62.

Crump K S. 1984. A new method for determining allowable daily intakes. Fundamental and Applied Toxicology，4：845-871.

Crump K S . 1995. Calculation of benchmark doses from continuous data. Risk Analysis, 15: 79-89.

Davidson P W, Myers G J. , Cox C, et al. 1998. Effects of prenatal and postnatal methylmercury exposure from fish consumption on neurodevelopment: Outcomes at 66 months of age in the seychelles child development study. Journal of American Medical Association, 280: 701-707.

ECETOC. 2003. Derivation of assessment factors for human health risk assessment. Technical report No. 86. Belgium: ECETOC (European Centre for Ecotoxicology and Toxicology of chemicals).

ECETOC. 1994. ECETOC, Technical report 61, Environmental Exposure Assessment.

Egeland G M, Middaugh J P. 1997. Balancing fish consumption benefits with mercury exposure. Science, 12: 1904.

Emond C, Birnbaum L S, DeVito M J. 2004. Physiologically based pharmacokinetic model for developmental exposures to TCDD in the rat. Toxicological Sciences, 80: 115-133.

Environ Health Perspect. 1994. Physiologically based pharmacokinetics and cancer risk assessment. January; 102 (Suppl 1): 103-108.

FDA. 1977. Food and drug administration: chemical compounds in food producting animals, Criteria and procedures for evaluating assays for carcinogenic residues in edible products of animal. Fed. Reg. , 42 (35): 10412-10437.

Fewtrell L J, Pruss-Ustun A, Landrigan P, et al. 2004. Estimating the global burden of disease of mild mental retardation and cardiovascular diseases from environmental lead exposure. Environ Res. , 94 (2): 120-133.

Freireich E J. 1966. Quantitative comparison of tosicity of anticancer agents in mouse, rat, hamster, dog, monkey and man. Cancer Chemother. Rep. , 50: 219-244.

Gabrielsson J, Weiner D. 1997. Pharmacokinetic/Pharmaco-Dynamic Data Analysis: Concept and Application. Sweden: Swedish Pharmaceutical Press.

Gamo M, Oka T, Nakanish J. 1995. A method evaluating population risks from chemical exposure: a case study concerning prohibition of chlordane use in Japan. Regulatory Toxicology and Pharmacology, 21 (1): 151-157.

Gamo Masashi, Oka Tosihiro, Nakanishi Junko. 2003. Ranking the risk of 12 major environmental pollutants that occur in Japan. Chemosphere, 53 (4): 277-284.

Gilbert S G, Weiss B. 2006. A rationale for lowering the blood lead action level from 10 to 2 mu g/dL. Neurotoxicology, 27 (5Sp. Iss. SI): 693-701.

Gofman J W. 1990. Radiation-induced cancer from low-dose exposure: an independent analysis. Committee for nuclear responsibility.

Goodrum P E, Diamond G L, Hassett J M, et al. 1996. Monte Carlo modeling of childhood lead exposure: Development of a probabilistic methodology for use with the USEPA IEUBK model for lead in children. Hum. Ecol. Risk Assess. , 2 (4): 681-708.

Grandjean P, Weihe P, Jørgensen P J, et al. 1992. Impact of maternal seafood diet on fetal exposure to mercury, selenium, and lead. Archives of Environmental Health, 47: 185-195.

Grandjean P, Weihe P, White R F, et al. 1997. Cognitive deficit in 7-year-old children with prenatal exposure to methylmercury. Neuro- toxicology & Teratology, 19: 417-428.

Haggard H W. 1924. The absorption, distribution, and elimination of ethylether. J. Biol. Chem. , 59: 753.

Haruyuki Higashino, Koji Kitabayashi, Osayuki Yokoyama, et al. 2000. Development of the fate model for chemical substances : Development of the model to estimate long-term average atmospheric concentrations [in Japanese]. Journal of Japan Society for Atmospheric Environment, 35 (4): 215-228.

ICH. 1996. Internatinal conference on harmonization of technical requirements for reqistration of pharmaceuticals for human use: quality, Residual solvents draft, 6. 0. Brussels: ICH.

ISO (International Standardization Organisation). 1997. Water quality-determination of the genotoxicity of water and waste water using the umu-test . ISO/CD13829, DIN, Berlin, Germany.

Jarosińska D, Biesiada M, Muszynska-Graca M. 2006. Environmental burden of disease due to lead in urban children from Silesia. Poland Science of the Total Environment, 367: 71-79.

Jitsunari F, Asakawa F, Nakajima T, et al. 1989. Determination of 3, 5, 6-trichloro-2-pyridino levels in the urine of termite control using chlorpyrifos. Acta Med. Okayama, 43: 299-306.

Kaiser J. 2000. Mercury report backs strict rules. Science, 289: 371, 372.

Kammen D M, Hassenzahl D M. 2001. Shuold we risk it? Exploring environmental, health, and technological problem solving. Princeton University Press. 153-198.

Katsuyuki Murata, Miwako Dakeishi, Toyoto Iwata. 2004. A lesson from the Faroese birth cohort study. Jpn. J. Environ. Sci. , 17 (3): 169-180.

Kedderis L B, Mills J J, Andersen M E, et al. 1993. A physiologically based pharmacokinetic model for 2, 3, 7, 8-tetrabromodibenzo-p-dioxin (TBDD) in the rat: Tissue distribution and CYP1A induction. Toxicol. Appl. Pharmacol, 121: 87-98.

Keenan R E, Wenning R J, Parsons A H, et al. 1978. using 1990 Criteria: Implications for the risk assessment of 2, 3, 7, 8-TCDD, using the linearized multistage model, Dioxin' 90 conference, Bayreuth, PRG, June 6, 1990.

Keenan R E, Wenning R J, Parsons A H, et al. 1990. A re-evaluation of the tumor histopathology of Kociba et al. (1978) using 1990 criteria: implications for the risk assessment of 2, 3, 7, 8-TCDD using the linearized multistage model. Abstract Submitted to Doxin'90 Conference.

Kimbell, Kimbell J, Subramanian R P, et al. 2001. Use of computational Fluid dynamics models for dosimetry of inhaled gases in the Nasal Passages. Inhal. Toxicol. , 13: 325-334.

Kimmel C A, Gaylor D W. 1988. Issues in qualitative and quantitative risk analysis for developmental toxicology. Risk Analysis, 8 (1): 15-20.

King F G, Dedrick R L, Collins J M, et al. 1983. Physiological model for the pharmacokinetics of 2, 3, 7, 8-tetra-chloro dibenzofuran in several species. Toxicology and Applied Pharmacology , 67: 390-400.

Kleiber M. 1932. Body size and metabolism. Hilgardia, 6: 315-353.

Kociba R J, Keyes D G, Beyer J E, et al. 1978. Results of a two-year chronic toxicity and oncogenicity study of 2, 3, 7, 8-tetrachlorodibeazo-p-dioxin. Toxicol Appl. Pharmacol. , 46 (2): 279-303.

Kohn M C , Lucier G W, Clark G C, et al. 1993. A mechanistic model of effects of dioxin on gene expression in the rat liver. Toxicol. Appl. Pharmacol. , 120: 138-154.

Lehman A J, Fitzhugn O G. 1954. 100-Fold margin of safety. Assoc. Food Drug Officce U. S. Q. Bull. , 18: 33-54.

Leo P, Suter II Glenn W, Traas T P. 2002. Species Sensitivity Distributions in Ecotoxicology. Lewis Publishers.

Leung H W, Ku R H, Paustenbach D J, et al. 1988. A physiologically based pharmacokinetic model for 2,

3, 7, 8-tetrachlorodibenzo-p-dioxin in C57Bl/6 J and DBA/2 J mice. Toxicol. Lett., 42: 15-28.

Leung H W, Paustenbach D J, Murray F J, et al. 1990. A physiological pharmacokinetic description of the tissue distribution and enzyme-inducing properties of 2, 3, 7, 8-tetrachlorodibenzo-p-dioxin in the rat. Toxicol. Appl. Pharmacol, 103: 399-410.

Lowrance W. 1976. Of Acceptable Risk. Los Altos: William Kaufmann, Inc.

Marntel N, Bryan W R. 1961. Safety testing of carcinogenic agents. J. Natl. Cancer Inst. , 27: 455-470.

Masuyama M. 1977. Individual variability of ages of onset of intractable diseases and incubation period infectious disease. Rep Stat Appl Res, 24: 200-206.

Miettinen J K, Rahola T, Hatula K, et al. 1971. Elimination of Hg-methylmercury in man. Ann. Clin. Res., 3: 116-122.

Myers G J, Davidson PW, Cox C, et al. 2003. Prenatal methylmercury exposure from ocean fish consumption in the Seychelles Child Development Study. Lancet, 361: 1686-1692.

Nordberg G F, Strangert P. 1976, Estimation of a dose-response curve for long-term exposure to methylmercuric compounds in human beings taking into account variability of critical organ concentration and biological half-time // Nordberg G. F. Effects and Dose-Response Relationships of Toxic Metals. Amsterdam: Elsevier Scientific Publishing Company: 273-282.

NRC. 2000. Toxicological Effects of Methylmercury. Washington, DC: National Academy Press.

NRC. 1983. National Research Council, Science and judgemeng in risk assessment. Washington, D C: National Academy Press.

Oda Y, Nakamura S, Oki I, et al. 1985. Evaluation of the new system (umu-test) for the detection of environmental mutagens and carcinogens. Mutation Research, 147 (5): 219-229.

Osamu Wada, Nobutaka Kurihara, Gao Qiang. 1995. Risk assessment: present and Future. Jpn. J. Toxicol. Environ. Health, 41: 256-273.

PSR. 2009-08-05. Out of harm's way: preventing toxic threats to child development. http://www.psr.org/chapters/oregon/assets/pdfs/powerpoints/in-harms-way-maye.pdf.

Quillardet P, Huisman O, d' Ari R, et al. 1982. SOS chromotest- a direct assay of induction of an SOS function in Escherichia coli K12 to measure genotoxicity. Proc. Natl. Acad. Sci. USA, 79 (19): 5971-5975.

Ramsey J C, Andersen M E, 1984. Physiological model for the inhalation pharmacokinetics of inhaled styrene monomer in rats and humans. Toxicol. Appl. Pharmacol. , 73: 159-175.

Renwick A G. 1995. Subdivision of uncertainty factors to allow for toxicokinetics and toxicodynamics. Human and Ecological Risk Assessment, 5: 1035-1050.

Shamlaye C, Marsh D O, Myers G J, et al. 1995. The Seychelles Child Development Study on neurodevelopmental outcomes in children following in utero exposure to methylmercury from a maternal fish diet: background and demographics. Neurotoxicology, 16: 597-616.

Sherlock J, Hislop J, Newton D, et al. 1984. Elevation of mercury in human blood from controlled chronic ingestion of methylmercury in fish. Human Toxicol, 3: 117-131.

Shirai F. 1988. Studies on the relationship between the characteristics of daily food consumption and the concentration of mercury in urine. Nippon Eiseigaku Zasshi, 43 (4): 923-933.

Steidler N E, Reade P C. 1984. Experimental induction of oral squamous cell carcinomas in mice with 4-nitroquinolone-1-oxide. Oral Surg, 57 (5): 524-531.

Teorell T. 1937. Kenetics of distribtution of substances administered to the body, Arch. Int. Pharmacodyn. Ther. , 57：205-240.

Tuey D B, Mattews D H. 1980. Use of a physiological compartmental model for the rat to describe the pharmacokinetics of several chlorinated biphenyls in the mouse. Drug Metabolism and Disposition, 8：397-403.

U. S. EPA (U. S. Environmental Protection Agency). 1986. Guideline for cancinogen risk assessment. Federal Register, 51：33792-34003.

U. S. EPA (U. S. Environmental Protection Agency). 1993. USEPA, EPA/600/R-93/046PRZM-2, A model fro predicting pesticide fate in the Crop root and Unsaturated solil zones, users manual for release 2. 0.

U. S. EPA (U. S. Environmental Protection Agency). 1994a. Methods for derivation of inhalation reference cncentrations and application of inhalation dosimetry, EPA/600/8-90/C66F, 1994.

U. S. EPA (U. S. Environmental Protection Agency). 1994b. Technical support document：parameters and equations used in the integrated exposure uptake biokinetic model for lead in children (v0. 99d), EPA 540/R-94/040. Research Triangle Park, NC：U. S. Environmental Protection Agency, Available：http://www. epa. gov/superfund/lead/products/tsd. pdf [accessed 12 December 2009].

U. S. EPA (U. S. Environmental Protection Agency). 1995. The use of the benchmark dose approach in health risk assessment. Office of Research and Development, Washington, DC：EPA/630/R-94/007, February.

U. S. EPA (U. S. Environmental Protection Agency). 1996. Proposed guedeline for cancinogen risk assessment. Federal Register, 61：17960-18011.

U. S. EPA (U. S. Environmental Protection Agency). 2000. Human health risk assessment, chlorpyrifos, USEPA, Office of Pesticide Programs.

U. S. EPA (U. S. Environmental Protection Agency). 2001. IRIS methylmercury; USEPA (1995), Mercury study report to congress, Office of research and development, Washington, DC, External review draft, EPA/600/P-94/002Ab.

U. S. EPA (U. S. Environmental Protection Agency). 2002. Determination of the appropriate FQPA safety factors in tolerance assessment, USEPA, Office of Pesticide Program.

U. S. EPA (U. S. Environmental Protection Agency). 2007-06-01. Exposure factors handbook. http://www. epa. gov/ncea/efh/pdfs/efh-chapter07. pdf.

U. S. EPA (U. S. Environmental Protection Agency). 2010-03-01. Reference Dose (RfD)：Description and Use in Health risk assessments, Background document1A, IRIS Database. http://www. epa. gov/iris/rfd. htm.

U. S. Centers for Disease Control and Prevention (CDC). 2005. Preventing Lead Poisoning in Young Children. Available：http：//wonder. cdc. gov/wonder/prevguid/p0000029/p0000029. asp.

van Leeuwen C J, Bro-rasmussen F, Feitel T C J, et al. 1996. Risk assessment and management of new and existing chemicals. Environ. Toxicol. Pharmacol. , 2 (4)：243-299

van Leeuwen C J, Hermens J L M. 2000. Risk Assessment of Chemicals：An Introduction. Netherl ands Kluwer Academic publishers.

Watanabe K, Bios F, Zeise L. 1992. Interspeecies extrapolation：A reexamination of acute toxicity data. Risk Analysis, 12 (2)：301-310.

WHO. 1990. Environmental Health Criteria 101：Methylmercury. Geneva：World Health Organization.

WHO. 1993. guideline for drinking water quality. 1.

WHO. 1995. WHO 飲料水水質ガイドライン第 2 版. 真柄泰基、水質問題が研究会訳、日本水道協会.

WHO. 2008-01-10. World Health Organization：Guideline for drinking water quality. International programme on chemical safety. http://www. who. int/water-sanitation _ health/doo/gol w93 rev/en.

Wilson R，Crouch E A. 1987. Risk assessment and comparisons：an introduction，Science，236（4799）：267-270.

第 3 章　环境生态风险评价

3.1　化学物质的生态风险评价方法的研究进展

化学物质的生态风险评价是伴随着健康风险评价而发展起来的，为了规范风险评价过程，各国政府和国际机构相继发表了风险评价指南。从 20 世纪 70 年代中期开始，各国政府将化学物质对生态系统的影响反映到了化学物质管理法规中(Suter Ⅱ，1993；Caims et al.，1978)。在早期阶段，化学物质管理是通过测试和比较化学物质对藻类、蚤和鱼类的急性毒性实验数据，以获得各被测化学物质的半数致死浓度（LC_{50}），再根据实验结果，决定是否禁止或者限制高毒性化学物质的使用。到了 20 世纪 80 年代后期，OECD 和其他各国都逐步改变了上述方法，开始强调慢性毒性测试。测试方法主要是根据生物个体健康水平上的慢性毒性实验，获得化学物质对生物的无影响浓度（NOEC）或者最小无影响浓度(LOEC)，并考虑不确定系数，确定保护 95%的生物物种安全对应的化学物质浓度或者预测无影响浓度，最后决定评价和管理化学物质的目标值（OECD，1992；Posthuma et al.，2001）。

美国 EPA 20 世纪 80 年代中期就提出了生态风险评价的概念，类似于健康风险评价方法，以保护生物为目标，其评价方法主要是商值法，即暴露量和阈值之比。80 年代后期，美国国家研究委员会（United States National Research Council，USNRC）推动构建生态风险评价的概念性框架，1992 年美国 EPA 完成了生态风险评价的报告书，从此迅速推动了风险评价的快速发展，美国 EPA 于 1998 年制定了《生态风险评价指南》（U. S. EPA，1998），并应用于化学物质的审查，以及法规和环境基准的制定，所采用的风险评价方法为商值法和物种敏感性方法。美国的生态风险评价比较强调现场研究，如对区域垃圾焚烧进行风险评价需要针对所在周围 50km 以内的生态系统的影响进行详细评价，对象化学物质涉及二噁英、PAH、PCB、农药、硝基芳香族物质等 600 多种（U. S. EPA，1999b)。与美国强调的详细评价不同，EU 重视化学物质的筛选，其化学物质管理的基本思想主要体现在《排放指令技术指南》中（EC，1996)，简单地说就是根据藻类、蚤和鱼类三个毒性实验数据，并结合评价系数（AF）计算安全值的方法。所采用的 AF 值通常为 1000，是目前最严格的方法。2003 年，EU 也对环境生态影响部分进行了修改，开始强调以概率作为终点的风险评价手法。1973 年，日本设立了“化学物质审查、制造管理法，即化审法”，该法规主要强调化学物质的健康影响，就生态影响仅要求提供化学物质的环境分解性和富集性。

1994 年，在环境基本规划中提出了包括生态系统影响的风险评价，1998 年，日本环境厅制订了生态风险评价框架，实际上采用了 OECD 的做法（日本环境厅，2000）。2003 年 6 月，日本修改了“化审法”，追加了对环境生态系统的影响评价，从而使风险评价进入了日本化学品管理，2005 年，日本环境厅根据 *Epeorus latifolium* 的慢性毒性实验数据，设定了基于生态风险评价的锌的河流标准值为 30μg/L，该标准低于美国的淡水标准（65μg/L），高于英国的 8μg/L。锌是人体所必需的元素，饮用水中锌的水质标准高达 1000μg/L，因此该环境水体标准的设定必然会影响工业排放标准（现有标准为 5mg/L）。

3.2　生态风险评价的终点

目前各国在法规制定中所采用的方法，基本上根据生物个体水平上的毒性实验数据除以 10～1000 的评价系数算出预测无影响浓度（PNEC）的比，该评价方法为政策部门管理化学物质提供了一个相对比较科学的依据。但是由于这些方法是基于生物个体健康水平上的，因此和生态系统的直接关联性较弱。早在 1986 年，Barnthouse 和 Suter 强调了评价化学物质对生物种群影响的重要性，并提出了以种群内禀增长率作为风险评价终点（Barnthouse，1986）。1995 年，日本横滨国立大学的中西提出了以种群灭绝概率作为评价终点的基本思想框架，在更高科学层次上，为风险评价在环境管理上的应用提升了很大的一步，而且以相同的尺度评价化学物质，为与捕捞引起的生态影响相比较提供了方法学基础。

化学物质从使用到排放到环境后，将在不同的层次上影响生态环境中的生物，而且这种影响是根据如图 3-1 所示的一个过程传播的。化学物质在低剂量长期暴露或者高剂量暴露下，对生态系统的影响将首先体现在分子、细胞和组织器官水平上，累积到一定程度以后，逐步传播到高层次阶段。例如，生物体受一些特定环境内分泌干扰物质的暴露后，雄性鱼体内会合成雌性鱼体特有的卵黄蛋白原。鱼类长期暴露于内分泌干扰物质中，卵黄蛋白原就会在雄性鱼血液中累积，到一定程度以后，会发生肝脂肪等病变现象。上述组织器官上的异常影响将会进一步累积传播，影响生物个体的生存、生长和繁殖。这些发生在生物体个体水平上的化学物质的影响累积到一定程度以后，最终将会影响到更高层次的生态系统，如种群水平上。

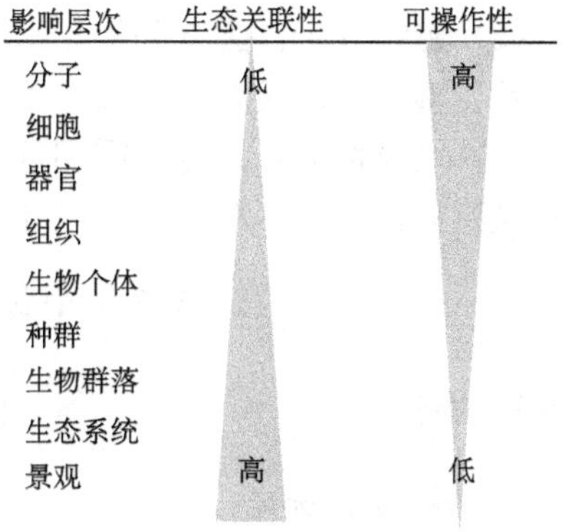

图 3-1　生态系统遭受污染胁迫演变、生态关联性及评价难易度

1992年，美国EPA将生态风险评价定义为：评估生物暴露于化学物质后发生的生态危害性的可能性的一个过程。由于没有明确定义生态风险评价的终点，由图3-1可知，根据所评价的生态风险评价终点的种类，生态风险评价基本上可以分为个体生态风险评价、种群水平上的生态风险评价、生物群落生态风险评价、生态系统风险评价和景观生态风险评价。这些不同的生态风险评价终点都有不同的优缺点。如图3-1所示，上述各种生态风险评价方法所能代表的生态关联性有很大的不同，景观生态风险评价和生态系统的关联性最强，而分子、细胞、组织等的生物标记物上的风险评价和生态的关联性最弱。另外，与生态系统关联性强的生态评价方法，由于无法获取必要的、可信赖的实验或者野外数据，往往缺乏可操作性；相反处于较低层次的生物标记物等毒性数据则比较容易在实验室和野外实验中获得，而且其数据的可靠性也强。目前发表在各种文献和报告中的毒性数据主要是关于个体水平的，如死亡率、繁殖率、处于繁殖的年龄、发育、行为和生理学上的响应。因此，目前典型的风险评价主要是停留在个体水平上的生态风险评价，而忽视了较高生态层次的生态系统影响，或者仅是化学物质对种群的危害性的定性描述。许多作者和美国EPA都详细阐述了生态风险评价过程的框架和技术指南。目前的许多风险评价主要包括了以下四大部分。

（1）问题的提出：利用化学物质的物理特性，研究化学物质在各种环境介质中的分布及研究范围内存在的生物，如动植物。确定化学物质暴露途径和风险评价的问题和目的。

（2）危害分析：确定和化学物质接触的生物种类、接触方法（摄取还是皮肤接触）、暴露量大小和频率。

（3）影响分析：建立分析化学物质对生物体的潜在影响，如暴露和效应之间的关系、毒性阈值或者毒性效应关系的方法。

（4）风险特征：结合暴露和危害分析的结果，评价生物危害性的发生概率；分析风险评价中的不确定性，阐述各种风险的生态学意义。

3.3 个体水平上的风险评价

3.3.1 毒性评价

1. 毒性测试方法

1）概述

每个实验如果没有实验方法的规定，由于不同的生物种群、实验时间的长短、观测指标的多样性等因素的影响，根据实验者的不同所获得的数据就会有所差异，因此，花费巨大的人力、物力获得的毒性数据就会由于缺乏统一的标准而不能通用，从而导致资源的浪费。此外，如果不能比较不同物质之间的毒性大小，也会影响化学物质的国际流通。鉴于上述理由，国际上制定了标准实验方法，只要符合实验测试过程，这些数据就可以相互比较。OECD 制定了如表 3-1 和表 3-2 所示的毒性测试方法。OECD 方法中的毒性实验方法涉及水生食物链中重要的初级生产者藻类、一次消费者蚤、高级消费者鱼类和鸟类、陆地生产者高等植物、消费者蚯蚓、高级消费者鸟类。但是，这些实验方法实际上也不能代表实际的生态系统。

表 3-1　OECD 的生态影响实验方法（水生生物）

No	类型	简写	期间	观测项目	毒性值
201*	藻类	A	72～96h	增殖阻碍	A-EC_{50}（短期） A-NOEC（长期）
202	水蚤	D	48h	阻碍游泳	D-EC_{50}（短期）
203	鱼类	F	96h	死亡	F-LC_{50}（短期）
204	鱼类	F	14～21d	死亡，行动，体长，体重	F-NOEC（短期）
210	鱼类初期生命阶段毒性实验	F	自由摄食为止	死亡，孵化，体长，体重	F-NOEC（长期）
211	水蚤繁殖毒性实验	D	21d	产子，繁殖	D-NOEC（长期）
212	鱼类胚胎/幼鱼短期毒性实验	F	从鱼卵发育到幼鱼过程	孵化，生长	F-NOEC（长期）
215	幼鱼生长实验				

* 有长期实验和短期实验；第一列为 OECD 实验方法的编码。

表 3-2　OECD 的生态影响实验方法（陆地生物）

No	类型	简写	期间	观测项目	毒性值
205	鸟类	B	5+3d	死亡，症状，行为，体重	B-LC_{50}（短期）
206	鸟类	B	成鸟	死亡，体重，摄取量，病理观测	B-NOEC（长期）
		B	小鸟：14d	幼鸟的生存能力，孵化率等	B-NOEC（长期）
207	蚯蚓	E	48～72h（滤纸） 7～14d（土壤）	死亡	LC_{50}（短期） LC_{50}（短期）
407	哺乳动物	M	28d	死亡，一般状态，体重，血液，尿，生化学等	M-NOEC（短期）

续表

No	类型	简写	期间	观测项目	毒性值
208	陆生植物	P	发芽 14d	发芽，生长	P-NOEC（长期）
209	活性污泥呼吸阻碍实验				
213	蜜蜂急性经口毒性实验				
214	蜜蜂急性接触毒性实验				
216	土壤微生物			氮交换实验	
217	土壤微生物			碳交换实验	

化学物质初期筛选实验要求能够监测出不同种类的毒性。OECD、EU、EPA 都采用了不同生物种群的测试实验。例如，OECD 要求鱼类和蚤的急性毒性与藻类生长抑制毒性，作为商品化的化学物质进入市场前必须提供的最小毒性数据，也即所谓的进入市场最小数据集（minimum pre-marketing set of data，MPD）。这主要出于以下考虑：化学物质在环境中的归趋过程中，水起到了很重要的作用；水生生物的细胞膜比较薄，容易受到化学物质的影响，灵敏度高；容易饲养，容易获得中间差异的毒性数据；对于土壤而言，相当于没有考虑化学物质被吸附的情况下的最大毒性。当然，对于一些容易直接污染土壤的物质，如杀草剂等的评价，需要用到特定的实验动物。

EU 根据化学物质的生产量的高低，制定了决定所要求提交的毒性数据类型（表 3-3）。

表 3-3　根据生产产量决定所要求测试的毒性测试类型（EC，1992）

生产量/(t/a)	0.1～1	>1	10～100	>100	>1000
总生产量/t	不到 5.0	5 以上	500 以上	5000 以下	5000 以上
生物分解性	●	●	●	●	●
蚤急性毒性	○				
MPD		●	●	●	●
追加试验Ⅰ			○	●	●
追加试验Ⅱ					○

注：●：必做；○：选做；追加实验Ⅰ：蚤 21d 毒性实验，高等植物实验，蚯蚓实验，鱼类毒性实验，生物富集性实验（1 种，最好是鱼类实验），生物分解性数据不充分的情况；追加实验Ⅱ：富集性，分解性，迁移性，吸收解吸，鱼类毒性实验，鸟类毒性实验，多种生物的毒性数据；生产量（t/a）：一个公司的申请量；总生产量：多家公司的申请量。

美国 EPA 于 1986 年制定了关于保护水生生物的基准方面的指南，要求 8 种生物的急性毒性：①鲑科鱼类；②鲑科以外的鱼类；③脊椎动物和原索动物中①和②以外的科的鱼类；④蚤等游泳甲壳类；⑤虾等甲壳类；⑥蜉蝣等昆虫类；⑦节肢动物门或者脊索动物以外的轮形动物门、环节动物门、软体动物门等；⑧第⑥项以外的昆虫类或者以上几点没有提及过的生物。另外，还要求 3 种生物的慢性毒性，其中有两种无脊椎动物和一种鱼类，三种生物中应至少包含淡水和海水生物。

OECD 测试指南中的藻类生长抑制实验中，测定生长率，计算与对照组相比，生物生长受到抑制 50%的影响浓度，也即 EC_{50}。蚤游泳抑制毒性实验中，计算无抑制浓度和半数游泳抑制的 EC_{50} 值。OECD 指南规定，如有 15s 不能游泳，就认为是游泳受到抑制。鱼类的急性毒性实验中，则计算半致死浓度。

鱼类的亚慢性毒性实验的毒性终点，除了致死以外还包括游泳异常、外部刺激反应、外部变化、食欲低下、体重变化。作为慢性影响评价实施的蚤繁殖实验，暴露 21d 后，观测繁殖行为，估算与对照组相比没有发生影响的浓度，或者产子代数减少 50%的浓度。

鱼类初期生活阶段毒性实验中，至少从受精卵开始一直暴露到鱼类自由摄入为止，计算最小影响浓度和无影响浓度。观测终点是指除了致死以外，还需要观测鱼类的健康状况、孵化率、成长、异常行动等。

鱼类急性影响评价还包括化学物质回避实验，该实验主要研究鱼类出现回避时的化学物质浓度水平。

2）标准实验方法获得的毒性数据的问题点

为了避免不同的实验方法导致毒性数据的不可比等问题，各个国家的管理部门都制订了相应的毒性测试标准方法。根据实验获得的数据，化学物质的毒性大小经常用 EC_{50}（effect concentration，50%）、LC_{50}（lethal concentration，50%）、NOEC（no observed effect concentration）表示。其值越大，毒性越高。通常将危害率 5%对应的浓度（NOEC）作为长期毒性指标。长期毒性通常是指生物种即使终生暴露也不会产生影响的浓度。OECD 将长期实验定义为“至少要涵盖实验动物的生命史中最关键阶段，而最理想的是完全涵盖整个生命史”的慢性毒性实验。

从生态影响的角度上考虑问题，由于生态系统的多样性，上述毒性指标会存在许多不确定性。就 EC_{50} 而言，PROBIT 模型求得的 EC_{50} 表示了实验动物的平均敏感性，该值没有反映不同个体之间的敏感性差异。例如，两个物质，即使它们的 EC_{50} 相同，它们的 EC_{10} 也不一定相同。这是因为剂量-效应曲线通常是呈 S 形的（logistic/probit 回归模型经常用于无影响作用浓度的计算），但是有时也会呈现不同形

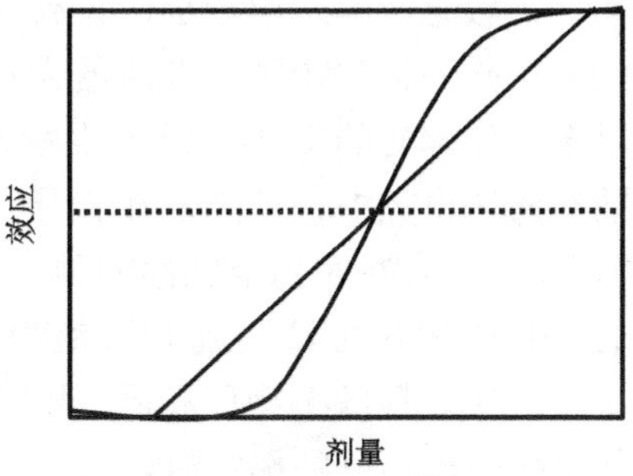

图 3-2　相似的 EC_{50}，不同的剂量-效应曲线形状图

状的曲线。如图 3-2 所示，即使有相同的 EC_{50} 值，但是在一种化学物质的剂量-效应曲线上，只要暴露浓度稍微变小，就会对生物产生影响，而另一种物质的生物效应受浓度变化的影响相对较小。

其次，我们的标准实验方法，从实验动物种类到暴露阶段都有很明确的规定，但是每种生物受化学物质影响的敏感性则因生物所处的生命史阶段的不同而不同。例如，就鱼类而言，从鱼卵发育到胚胎阶段的敏感性比较低，而从仔鱼到初期幼鱼阶段的敏感性最高，之后敏感性变小。日本学者（若林、中西準子等，2003）以青鳉鱼为模型动物，比较了它们孵化后三个月之内不同成长发育阶段的敏感性。比较暴露苯酚和壬基酚 96h 后的 LC_{50} 发现，最大值和最小值相差 3 倍。但是 *p*-氯化苯胺和 2,4-二硝基苯酚相差大约为 10 倍。有机磷农药的甲基毒死蜱对于虹鳟的仔鱼和幼鱼的 LC_{50} 的最大值和最小值相差高达 70 倍。8 种农药的鲤鱼急性毒性实验结果表明，暴露时期选择从眼睛形成期的鱼卵到体长 5cm 为止分成 7 个阶段，8 种农药都在胚胎时期显示出最低毒性。而农药硫丹在不同的成长阶段显示出不同的毒性，最大毒性和最小毒性之间的比值高达 1000 倍以上。在不同的生长阶段，化学物质对生物的毒性强度不同，因此仅用一个阶段的急性毒性数据评价一个化学物质的毒性是不合适的，需要进行不同阶段的毒性实验，甚至是多代暴露实验。

另外，化学物质审查法规中，根据化学物质的生产量的不同，所要求提交的毒性数据种类各不相同，最大的不同点体现在急性毒性和长期慢性毒性实验的选择上。例如，对于低产量物质（通常＜100t），化学物质审查法规中只要求提交 MPD 实验要求的急性毒性数据，但是不同的物质在急性毒性和慢性毒性上体现不同的特色；鱼类实验中，氰化物和表面活性剂的直链烷基苯磺酸盐（LAS）等物质的长期毒性和短期毒性相似，两者之比大概为 10 以内，但是 DDT 等的比值为 100 以上，最大的甲基汞则相差 1000 以上。就实验动物种类而言，如果实验鱼类中有青鳉鱼和斑马鱼，化学物质对不同鱼种的敏感性是不同的。通常同一科的物种，敏感性的差异较小，大约在几倍之内，但是不同科鱼类之间的敏感性相差较大。同一化学物质，毒性最大鱼种和毒性最小鱼种之间有时候会相差 1000 倍以上，如苯酚的 149 种以上生物的 LC_{50} 的最小值和最大值之比大约为 1500。相同纲的昆虫类中，最小毒性和最大毒性之比大约为 1000，但是鱼类种间则仅相差 30 倍。有些农药敏感性的种差非常大。例如，有机磷农药的二嗪磷对一种蚊的 48h 或 96h 的 EC_{50} 或 LC_{50} 值为 0.03μg/L，一种轮虫对该农药最不敏感，为 23 740μg/L，最敏感物种和最不敏感物种相差 100 万倍。因此，评价一个化学物质的水生生态系统的影响时，仅用一种生物的毒性实验结果评价一个化学物质的毒性是很不合适的。从安全的角度考虑，应该考虑采用敏感性高的生物进行毒性测试。1983 年，就有学者提出了藻类、甲壳类和鱼类是敏感性较高的毒性测试组合。因此，从一个或者一套实验数据推测某一个化学物质的无影响作用浓度时，应该考虑上述不确定性。

除了突发性事故，许多情况下水生生物暴露化学物质是一个低剂量长期暴露的过程。因此，为了进行化学物质的风险评价，需要从慢性毒性实验计算无影响作用浓度。但是由于考虑到慢性毒性实验费用高和时间长的缺点，许多情况下仅测定急性毒性。比较文献中已经发表的 65 个化学物质的慢性和急性毒性数据，计算化学物质的 48～96h 的 LC_{50} 和长期慢性无影响作用浓度的比（观测终点为孵化、生长、产卵等），发现许多化学物质的急性毒性较慢性毒性高 10 倍到几十倍，但是甲基汞和农药十氯酮（开蓬）高达 1000 倍。因此，从急性毒性实验数据外推到长期毒性时，需要考虑上述诸多不确定性（中西準子等，2003）。

2. PNEC 的计算

1）从 MPD 数据预测 PNEC 值

将实验室获得的单个生物种的毒性数据应用到生态系统风险评价中，有一个基本原则：这些数据在建立环境安全浓度时，提供一个合适的有用的信息。通常，实验室的测试终点主要包括存活率、生长和繁殖，但是评价终点则往往是群落和生态系统。为了弥补实验测定和预测终点之间的差距，往往采用外推方法。在外推过程中，假定实验室的数据能够用于保护单一生物种的种群，单个生物种的保护就意味着能够保护种群，甚至群落和生态系统，尽管我们没有许多生态系统中的其他生物的毒性数据。目前常用的两个外推方法包括评价系数外推方法和种敏感性分布方法（SSD）。评价系数外推方法常用于结构活性关系（QSAR）预测的毒性数据、急性毒性数据或者有限的慢性数据（1～7 个慢性毒性数据）；而种敏感性分布方法则应用到大样本毒性数据。评价系数试图说明种间外推、不同阶段毒性数据外推（如 QSAR、急性毒性、慢性毒性和模型生态系统），一般为 1～1000，对 QSAR 预测的毒性，所用的评价系数会更大。

首先，我们需要收集评价所需要的毒性数据，但是针对某一个化学物质，我们能够得到的毒性数据种类各不相同。从可用性而言，有基于 QSAR 预测的毒性数据、短期急性实验数据、复数生物种的毒性数据、长期毒性实验数据和基于野生生物调查得到的毒性数据。美国《有害物质法规》（TSCA）是 1976 年议会通过的工业化学品限制法。该法律没有要求申请时要提交生态毒性数据，因此经常用到（QSAR）模型。

风险评价是一个多阶段评价的过程，根据能够获得的毒性数据和暴露量，采用不同层次的风险评价。OECD 针对高产量（high production volume，HPV）化学物质的风险评价采用了如图 3-3 的技术路线（OECD，1995a）。如果我们能够获得比 SIDS 数据更加具有生态意义的野外数据，或者 5 种以上生物种的多生物慢性毒性数据，那么就按照综合风险评价或者详细评价方法进行生态风险评价，计算 PNEC 值；如果具有 SIDS，那么就进行初期评价计算 PNEC。也就是说，化学物质的生态风险评价由根据 SIDS 数据的初期阶段的评价和采用长期毒性数据进行的详细评价组成，而综合评价阶段则是基于野外数据或原位生物群落。如果没有上述数据，那么可以用 QSAR 推测毒性数据，并预测 PNEC。根据这样一个化学物质的评价程序，采用不同的风险评价方式，将会得到不同的风险值。往往初期风险评价方法采用了急性毒性数据，因此从预防原则出发，采用了比较大的不确定系数，导致计算获得的 PNEC 比详细风险评价和综合风险评价获得的 PNEC 小。

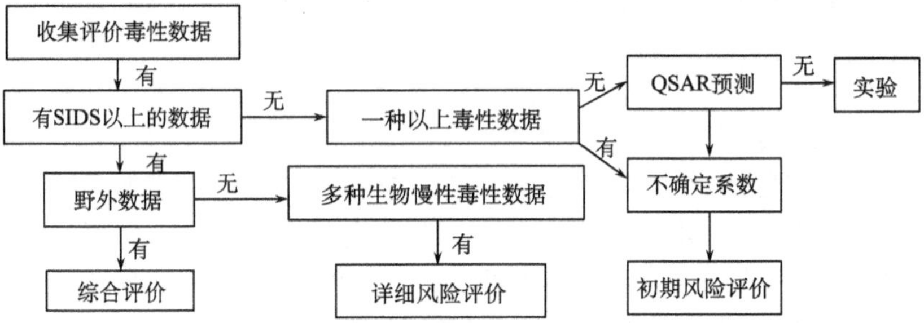

图 3-3　为了获取预测无影响作用浓度（PNEC）的毒性数据的取舍（OECD，1995b）

SIDS：screening information data set；QSAR：quantative structure activity relationship

美国 EPA 的风险评价和 OECD 也比较类似。首先收集文献数据或者用 QSAR 预测模型预测获得毒性数据之后，根据需要，追加急性毒性实验后，进行第一阶段的评估，然后通过追加急性毒性实验、长期毒性实验和野外实验，实施 4 个阶段的风险评价（Zeenab and Gilford，1993）。

如上所述，由于实验方法和标准方法本身存在的缺陷，从有限的实验数据计算 PNEC 时，需要考虑评价系数。美国 EPA 在计算农药评价系数时，采用了如下计算模型（U. S. EPA，1986）：

$$\lg LC_k = \lg LC_{50} + \frac{\text{Probit}(k) - 5}{b} \tag{3-1}$$

式中，k 为管理目标发生率；b 为斜率；5 为 LC_{50} 时的 Probit 值。斜率 b 的平均值为 4.5，$LC_{50}=100$mg/L；$k=0.1$，Probit（k）$=1.91$，这时 $\lg LC_{0.1}=2+(1.91-5)/4.5=1.31$，$\lg LC_{0.1}=20.4$。所以 $LC_{50}/LC_{0.1}=100/20.4=5$，即从 LC_{50} 外推到死亡率 0.1%以内的 $LC_{0.1}$，考虑 5 的不确定系数就可以了。但是，实际上这种做法不能推广到其他物质，采用统一的标准方法难于计算合理的评价系数，美国 EPA 最终也没有采用该方法。考虑到 MPD 是我们最容易获得的毒性数据，OECD、欧盟和美国等都设定了评价系数（表 3-4）。如果只有一个急性毒性数据时，OECD 和美国 EPA 都将评价系数（AF）值设定为 1000。MPD 的鱼、蚤和藻的三套数据中如果各有一个急性毒性数据，OECD、欧盟和美国 EPA 取 AF 值分别为 100、1000、100。只有鱼类或者蚤的长期毒性数据，或者鱼类、蚤和藻中有两个长期毒性数据时，OECD 和美国 EPA 都没有设定 AF 值，但是欧盟将其分别设为 100 和 50。鱼类、蚤、藻中有至少各一个长期毒性数据时，OECD、欧盟和美国 EPA 将 AF 值都定为 10。如果有野外实验或者模拟生态系统的数据，美国 EPA 将 AF 值设定为 1，而欧盟则为“根据情况而定”。另外，存在多个数据时，则往往取值小的毒性数据用于 PNEC 的预测。

表 3-4　计算 PNEC 时所采用的不确定系数（花井荘補，2003）

数据	OECD（1992）	EU（2003）*	美国 EPA
1 个急性毒性	1000	—	1000
MPD** 中至少各一个急性毒性	100	1000	100
鱼类或者蚤的长期毒性数据	—	100	—
鱼类、蚤、藻中两个长期毒性数据	—	50	
鱼类、蚤、藻中至少各一个长期毒性数据	10	10	10
野外实验或者模拟生态系统的数据		根据情况而定	1
生物种敏感性分布法		1～5 根据情况而定	
现场数据或者模型生态系统的数据		根据情况而定	

* 欧洲技术导则（TGD：technical guidance document）；** MPD：进入市场前的最小安全性评价数据，包括鱼类、蚤的急性毒性和藻类生长阻碍实验。

日本在化学物质的管理方面的法律有《关于化学物质审查及制造等的法规》，内容涉及化学物质在环境中的分解性、富集性和人类健康影响评价。该法律制定于 20 世纪 70 年代，30 年后的 2003 年 6 月做了修改，并增加了生态系统的环境影响评价。日本环境省的环境风险初期评价中也采用了根据不同毒性数据的 AF 值，从能够收集的毒性数据中提取毒性最大的毒性值，并对此赋予如表 3-5 所示的 AF 值。

表 3-5　日本环境省计算 PNEC 时所采用的不确定系数（花井荘輔，2003）

数据	AF 系数
藻类、甲壳类和鱼类中，有 1～2 生物种的急性毒性数据	1000
藻类、甲壳类和鱼类中都有急性毒性	100
藻类、甲壳类和鱼类中，有 1～2 生物种的慢性毒性数据	100
鱼类、蚤、藻中都有长期慢性毒性数据	10

注：即使只有 2 生物种的慢性毒性数据，如果确认有最敏感物种的数据，则从 1000 改成 100。

上述毒性数据中，如果拥有 MPD 毒性数据，化学物质的浓缩性并不是一个重要的指标，但是对于毒性数据不全的化学物质，则要求考虑对象物质的生物浓缩性。当生物富集系数小于 500 时，则认为是浓缩性物质；当辛醇水分配系数 $\lg P_{ow}>3$ 时，认为是高浓缩性物质，推荐这类物质做体内富集性实验；对于 $\lg P_{ow}>3$，而且 $EC_{50}<10mg/L$，则强力推荐体内富集性实验；对于 BCF>500 的物质，为高浓缩性。根据表 3-6 所示的浓缩性大小，计算相应的 PNEC 值。

表 3-6 从短期急性毒性（LC_{50}，EC_{50}）计算 PNEC 所用的 AF 和取值（Nabholz，1991；European Union，1995）

数据	低浓缩性	高浓缩性	计算 PNEC 的原始数据值
没有任何 ADF 值	5000	5000	0.001mg/L
仅有 A	1000	2000	藻类 EC_{50} 和鱼类 LC_{50} =0.001mg/L 的最小值
D、F 中 1 个	1000	2000	F 或者 D
A、D、F 中 2 个	500	1000	Min（A，D，F-EC_{50}）
A、D、F	100	100	Min（A，D，F-EC_{50}）

注：根据其浓缩性的不同，取不同的 AF 值。

2）富集性物质的 PNEC 预测

（1）简单外推

图 3-4 是从 MPD 数据外推 NOAEL 的整个流程图。上面描述仅考虑了化学物质和单个生物之间相互作用导致的毒性测试和危害性评估。但是具有较高的生物富集，甚至呈现食物链放大效应的化学物质会导致高营养层次生物，如水生和陆生鸟类及哺乳动物富集高浓度的化学物质，最终致毒。在欧盟的生态风险评价体系中，将这一过程称为二次致毒。评价这些高生物富集性化学物质的风险时，应该考虑化学物质的这一特性。已有科学家开发了估算食鱼性、食蚯蚓鸟类和哺乳动物的 NOEC（van Leeuwen and Hermens，2000）。由于很难获得野生哺乳动物和鸟类的毒性数据，所以采用了实验哺乳动物的亚慢性毒性，通过从其被捕食动物的无影响作用浓度（$NOAEL_{diet}$）外推计算鸟类和哺乳动物的无影响作用浓度，如式（3-2）所示。

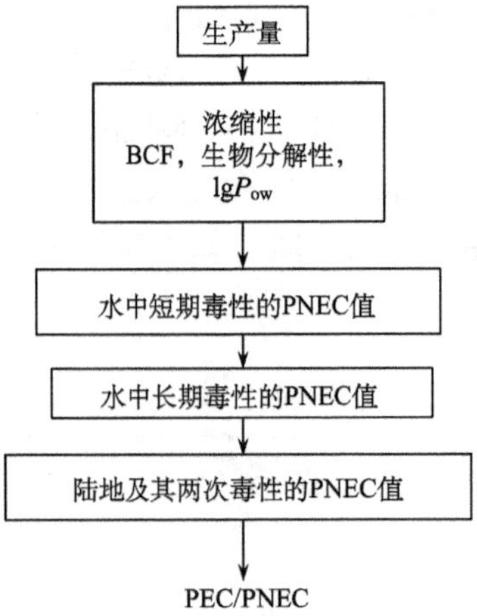

图 3-4 PEC/PNEC 计算过程

$$\mathrm{NOAEL_{diet}} = \mathrm{NOAEL}/F \tag{3-2}$$

式中，$\mathrm{NOAEL_{diet}}$为被捕食动物的无影响作用浓度（mg/kg）；NOAEL 为实验哺乳动物的慢性或者亚慢性毒性的无影响作用浓度［mg/(kg BW · d)］；F 为消费率［$\mathrm{kg_{被食}}$/(kg BW · d)］，或者为表 3-7 中的动物和人的转换系数。

表 3-7　食物中浓度（mg/kg，实验饲料）和人体浓度之间的相互关系（van Leeuwen and Hermens，2000）

动物	动物体重/kg	食物消费/(g/d)	动物/(mg/kg) 和人/［mg/(kg BW · d)］的转换系数
小鼠	0.02	3	0.15
大鼠（年青）	0.10	10	0.10
大鼠（老）	0.40	20	0.05
天竺鼠	0.75	30	0.04
兔	2.0	60	0.03
狗	10.0	25	0.025

实验室暴露实验，往往属于单生物物种的单化学物质暴露过程和野外环境的多介质暴露途径，特别是多种生物共存下的食物链传递过程相距甚远。因此考虑生物富集性物质的无影响作用浓度时，应该建立从单一暴露介质外推复杂生态环境下的暴露评价，才能获得一个合理的富集系数（见 3.4 节）。

（2）考虑食物链放大系数的 PNEC 预测

除了化学物质对生物体和种群的化学影响的直接测试以外，所有的欧洲指令和法规都考虑把生物浓缩性（直接从介质，如水中摄入化学物质）和生物放大性（从生物摄入化学物质）作为可能的长期效应或者食物链过程中的二次中毒。对于植物保护剂和杀虫剂这些容易生物降解的物质，生物浓缩因子（鱼）≤1000；不容易生物降解的、BCF≤100 的物质，都满足生物富集的条件。在 REACH 法规中，如果 BCF≥2000，则满足生物富集的基准（B）。有关兽药的法规要求，仅提到：如果 BCF>1000，则要寻求管理指南。如果满足这些条件，则要求实施详细的食物链模型或者提交微宇宙实验（实际上考虑了生物放大）。在食物链的选择上，至少需要考虑三个阶层的食物链（藻类、食藻无脊椎动物和食无脊椎动物的鱼类）。因为生物富集在其他有关化学物质的指令里是一个重要的评价指标，食物链模型也因此被推荐用于化学物质的风险评价。

化学物质的生物富集和放大性是化学物质生态风险评价的重要参数之一。它主要是指化学物质会不断地被生物组织吸收，并在生物体内持续累积，特别是这些物质的浓度会沿着食物网营养层次升高呈现显著增大的现象，这样在高等生物体内会出现很高的浓度，从而会影响高等生物的健康。在海洋生态系统中，生物的食物来源比陆地生物复杂，海洋中的多种浮游植物被小型浮游动物捕食，或被低等无脊椎生物捕食。污染物进入到低等生物体内，然后浮游动物或无脊椎生物被鱼类捕食后，污染物进一步富集，最后污染物在鸟或哺乳动物体内大量累积。

已经发现有许多物质能够在食物链中得到放大，如有机氯农药的滴滴涕（DDT）、有机锡中的三苯基锡和一些工业产品，如多氯联苯（PCB）和多溴联苯醚（PBDE）（HU et al.，2005；Wan et al.，2005，2008）。尽管环境中的某些污染物含量很低，对底栖生物的影响可能较小，但是随着污染物在食物链上的逐级放大，最终可能达到一个相当高的浓度，导致在高营养层次生物体内出现毒性效应。典型的例子就是 DDT 导致鸟蛋蛋壳变薄，从而导致 20 世纪 70 年代鸟类种群的减少。另一个例子就是三苯基锡，该物质的使用量远低于三丁基锡，因此在底栖生物，如螺类的雄性化过程中，三丁基锡起到了关键性作用，但是三苯基锡呈现食物链放大效应，随着营养层次的升高其浓度也出现升高的现象，在高营养层次鱼类体内富集的三苯基锡最后通过母子传递影响繁殖和子代发育，最终可能影响种群繁衍（HU et al.，2005，2009）。因此对这些高生物富集性物质的风险评价应该以保护高营养层次生物种个体甚至种群为目标。如果没有高营养层次的毒性数据，可以考虑从食物网的低营养层次的毒性数据推算，其 NOAEL 可以用式（3-3）计算。

$$NOAEL_{diet} = NOAEL \times BMF \tag{3-3}$$

式中，NOAEL 为拟保护的高营养层次的目标生物的无影响作用浓度；$NOAEL_{diet}$为同一食物网中的低营养层次中被捕食生物的无影响作用浓度；BMF（biomagnificatioin factor）为化学物质通过食物链放大过程最终从低营养层次放大到高营养层次的生物放大系数。

评价 BMF 值，首先要区分几个重要相关概念。生物体通过食物、呼吸和接触等方式吸收污染物，污染物进入生物体内经过各种生理过程，最终在体内累积。根据所吸收途径的不同，产生了几个重要参数，如生物浓缩、生物富集和生物放大，图 3-5 表示了这三个概念的关系。

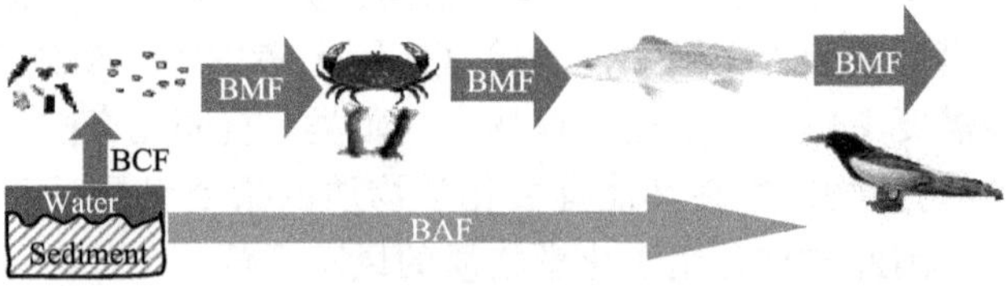

图 3-5 生物浓缩、生物富集和生物放大之间的关系

（1）BCF：生物浓缩性。对于水生生物，污染物能从水中直接进入生物体内，生物体内的污染物浓度和水中浓度的比值即为化学物质的生物浓缩系数。由

于野生生物摄入化学物质的途径不仅是水，还有食物等，因此该值只有在实验室内才能控制生物仅通过水富集污染物。

$$BCF = C_{organism}/C_{water} \tag{3-4}$$

式中，$C_{organism}$ 和 C_{water} 分别为化学物质在目标生物中和水中的浓度。1971 年，Hamelink 等首次定量研究了污染物的生物浓缩性，他们以氯代有机化合物为对象物质，发现介质间的分配很可能是导致物质生物浓缩的主要原因。在 Hamelink 等的启发下，1974 年 Neely 等（Neely et al.，1974）通过鱼类暴露实验，获得了一系列有机污染物的 BCF 值，并发现 BCF 值与物质的辛醇-水分配系数（$\lg K_{ow}$）有着很好的线性关系

$$\lg BCF = 0.542\lg K_{ow} + 0.124 \tag{3-5}$$

之后，Veith 等（1979）和 Mackay（1982）依次对上述回归关系进行了调整，这些研究代表了化学物质生物富集的一个简单形式，但是要将上述关系应用于其他化学物质还需要注意不同化学物质的差异。Bintein 等（Bintein et al.，1993）于 1993 年提出了非线性关系，即当 $\lg K_{ow}$ 大于 6 时，化学物质的 BCF 值会呈下降趋势，其原因归于随着 $\lg K_{ow}$ 的增高，化学物质的生物可利用性降低。1999 年 Meylan 等（1999）给出了更为完善的基于 $\lg K_{ow}$ 的 BCF 值预测公式，其中包括离子化物质和非离子化物质在不同的 $\lg K_{ow}$ 区域的 BCF 值（表 3-8）。

表 3-8　Meylan 等（1999）的生物浓缩性模型式（Meylan et al.，1999）

化学物质	$\lg K_{ow}$	lgBCF
非离子化物质	<1	0.5
	1～7	$0.77\lg K_{ow} - 0.7 + \sum F_i$
	7～10.5	$-1.37\lg K_{ow} + 14.4 + \sum F_i$ **
	>10.5	0.5
离子化物质*	<5	0.5
	5～6	0.75
	6～7	1.75
	7～9	1.00
	>9	0.5

* 包括羧酸类物质、含硫酸根物质、盐和含氮类物质，并且碳链超过 11 个碳原子不能应用式（3-5）；

** F_i 为通过物质结构算出的系数。

（2）BAF：生物富集性系数。生物富集性“bioaccumulative”是化学物质的浓度随着食物网中的营养层次升高而升高的性质。但是该系数的计算式和 BCF

相似，所不同的是通常从实际环境中捕捞鱼类并采集水样，通过分析自然水体中鱼和水样中的化学物质的浓度，根据式（3-4）计算，即为 BAF。当然也可以在实验中模拟野外环境计算 BAF，但是由于现实环境中生物之间的关系非常复杂，给实验室的模拟带来了较大的困难，目前使用的大量化学物质中，只有很少一部分物质有生物富集系数。例如，加拿大国内物质列表中只有 4%的物质具有生物富集和放大系数的实测值。对于这些没有实验数据的物质，不可能对其进行一一测定，据估算测定 1240 种物质的环境行为和毒性需要 82 年的时间，每种物质大约花费 12 万美元，并且动物暴露实验会受到动物保护等组织的反对（Weisbrod et al.，2007）。因此，许多情况生物富集系数停留在定性描述，如化学物质的 BCF>5000 或者 $K_{ow}>10^5$ 时，则认为该物质是生物富集的。也有利用外推方法，即基于已有物质的数据，对未知物质的生物富集和放大性进行评价。BCF 的预测模型比较多，而 BAF 的预测模型就相对较少了。在加拿大，采用 Gobas-Arnot BAF 模型预测 BAF（Arnot and Gobas，2003）。美国环境保护局（U. S. EPA）规定，对于没有实测 BCF 和 BAF 的物质，使用 SRC BCFWIN 模型进行预测（U. S. EPA，2003a）。并且，美国环境保护局对于制定化学物质水质标准的生物富集性评价有一套不同等级的方法，按优先级排列依次为：①直接检测 BAF 值；②通过沉积物生物富集系数（BSAF）估计 BAF 值；③通过 BCF 或食物网增加值估算 BAF，其中食物网增加值利用 Gobas 食物网模型估算（U. S. EPA，2000a）；④通过食物网增加值或 $\lg K_{ow}$ 估算 BAF。

（3）BMF：生物放大系数。虽然 BAF 反映了食物链放大的过程，但是对于水生生物，由于水和生物体之间的物质交换贡献非常大，BAF 数值大小更大程度地反映了水和生物之间的关系。BAF 中除了 BCF 以外，还有一个主要的部分是通过食物摄入增加的，这部分主要反映了化学物质在生物和生物之间的物质交换。描述两种生物之间物质交换的关系称为 BMF。

$$\mathrm{BMF} = C_{\mathrm{organism}}/C_{\mathrm{diet}} \tag{3-6}$$

式中，C_{organism}和 C_{diet}分别为化学物质在目标生物中和食物中的浓度。由于 BMF 包含了除通过呼吸途径富集水体中的化学物质之外，还可以通过食物途径摄入化学物质。因此，BAF 实际上在 BCF 的基础上，包含了食物链放大导致的化学物质被富集的那部分化学物质的增加量，因此 BCF、BAF 和 BMF 实际上也可以用式（3-7）表示

$$\mathrm{BAF} = \mathrm{BMF} \times \mathrm{BCF} \tag{3-7}$$

式中，BMF 为生物放大系数，实际上就是高营养层次和低营养层次生物中化学物质的浓度之比。假定藻类等浮游植物是实际生态系统中营养层次最低的生物，那么知道了 BAF 和 BCF，就可以求得 BMF。

3）种群敏感性分析：从多种长期毒性数据外推 PNEC 种群敏感性分布（species sensitivity distribution，SSD）

如上所述，从实验室获得的单个物种的毒性数据为化学物质的环境基准制订提供了非常有用的信息。根据一些实验室获得的毒性数据，结合表 3-4、表 3-5 和表 3-6 的评价系数，将单个生物的毒性数据外推到环境安全值，这个风险评价过程属于第一层次的风险评价，通常称为初步风险评价。考虑到化学物质对生物的危害存在敏感性的问题，基于单个生物种的毒性数据的环境安全值，不一定能够保护生态系统中众多的其他生物的安全。当然，如果我们能够确信我们所用的实验动物是生态系统中最敏感的生物种，那么另当别论。美国、欧洲在制订标准时已经开始采用 SSD 方法代替“评价系数”方法。所谓物种敏感性分布法（SSD）就是利用某一个化学物质对不同物种的生态毒理实验数据，假设中心极限定理成立，计算以某一百分位（如 5 百分位）浓度或其置信下限为生态基准值，即以保护某一百分位的生物为目标的基准浓度。SSD 已经正式被纳入到美国 EPA 生态风险评价框架体系中（U. S. EPA，1998）。

如果能够获得多种典型生物种的长期慢性毒性数据，也可以采用统计外推模型（statistical extrapolation models）外推保护实际环境中所有物种的安全值。目前从单个生物种的毒性数据外推到 PNEC 已有多种方法。这些方法的一个共同点，就是从多种生物毒性数据外推一个对生态系统而言安全的浓度值，即物种敏感性分布解析方法（species sensitivity distribution）。这种做法实际上就是用几种代表性生物种对化学物质的敏感性代替生态系统中所有物种对化学物质的敏感性，因为我们无法获得真实环境中各种生物的毒性，试图用这种分布的方法涵盖自然界存在的所有生物种的敏感性。这些方法的主要不同点在于所假定的生物种敏感性分布不同。Aldenberg 和 Slob（1993）假定种敏感性分布呈现 logistic 分布，Wagner 和 Lokke（1990）采用对数正态分布，而 Stephan 等（1985）采用对数三角分布。上述方法建议至少需要 5 种不同代表性生物的慢性毒性数据。

该方法虽然没有形成统一的标准，但是许多国家的环境管理都采用该方法，不过不同的国家对物种数的要求各不相同。例如，荷兰要求 4 种以上的生物（De Bruijin et al.，1999），OECD 要求 5 种生物（1995b），而美国 EPA 则要求 8 种生物的毒性数据（Stephan et al.，1985）。通常需要的毒性数据往往是以生物的存活、成长、发育和繁殖为终点的生物影响浓度。如果能够获得多种生物种的长期毒性数据（NOEC），将 NOEC 作为横坐标，被影响的生物种的比率（%）作为纵坐标，假定 NOEC 值呈对数 logistic 分布或者对数正态分布。以正态分布为例，可以得到如图 3-6 所示的保护 95%物种为前提的外推 NOEC，也即 HC_5 的化学物质的生物种的敏感性分布示意图。由于敏感性分布需要从不同物种的 NOEC 值进行外推，因此存在外推过程带来的不确定系数。这个 5%是经验值，实际上是一个理念：自然界是非常恒久的，生态系统能够承受微弱的暂时的影响，没有必要在任何时候任何地点保持所有生物种不受到环境的影响，保护好生态系统中 95%的物种，也就是保护好了整个生态系统。当然，在这个 5%的生物种中应该排除病危物种以及经济或者学术价值高的物种。

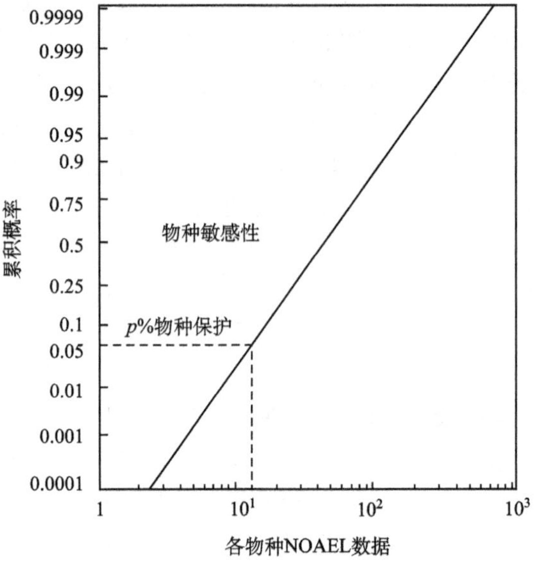

图 3-6　化学物质的生物种的敏感性分布图

在外推计算 HC_5 时，需要检验分布是否符合对数 logistic 或者正态分布，其分布的对称性可以用 Kolmogorov-Smirnov 进行检验。有些物质，如农药、靶生物和非靶生物的作用模式可能不一样，因此可能出现两个分布。如果在没有先验分布可以选择的情况下，就可以考虑用拟合度（goodness of the fit）去比较这两者的分布。具体可查阅第 5 章拟合度的内容。

荷兰则提出了一个在群落中 p%的生物受到危害时所对应的浓度 HC_p 的方法（a harzard concentration for p% of the species in a community）。假定化学物质的生物种的敏感性服从 logistic 或者正态分布，5%的生物种受到影响时所对应的无影响作用浓度作为环境基准的基础。考虑到计算的不确定性，进一步提出了 HC_p 的置信区间。荷兰由于没有法律约束的环境基准，因此采用了 logistic 模型，现在采用了对数模型，并考虑置信区间为 HC_5 的 50%置信区间的下限；并用 Kolmogorov-Smirnov 鉴定毒性数据的分布的适合度的有意义值 1%。假定生物种的敏感性服从对数正态分布，那么 HC_p 可以按照式（3-8）计算

$$\lg(HC_p) = \mu_p - K_m \times \sigma_m \tag{3-8}$$

式中，HC_p 为 p%的种受到影响时的浓度；μ_p 为 m 种无影响浓度的对数平均值；K_m 为由生物种数和置信区间决定的外推常数（表 3-9）；σ_m 为 m 种的无影响作用浓度的几何偏差。

表 3-9　HC_5 计算式中的常数 K_m

m	置信值			
	对数 logistic 模型		对数正态分布	
	95%	50%	95%	50%
4	5.49	1.92	5.14	2.35
5	4.47	1.85	4.21	2.13
6	3.93	1.81	3.71	2.02
7	3.59	1.78	3.4	1.94
8	3.37	1.76	3.19	1.9
9	3.19	1.75	3.03	1.86
10	3.06	1.73	2.91	1.83
11	2.96	1.72	2.82	1.81
12	2.87	1.72	2.74	1.8
13	2.8	1.71	2.67	1.78
14	2.74	1.7	2.61	1.77
15	2.68	1.7	2.57	1.76
20	2.49	1.68	2.4	1.73
30	2.28	1.66	2.22	1.7
50	2.1	1.65	2.07	1.68
100	1.95	1.64	1.93	1.66
500	1.76	1.63	1.76	1.65
∞	1.62	1.62	1.65	1.65

Stephan 等推荐了计算最终慢性毒性值（final chronic value，FCV）的方法。假定化学物质的物种敏感性服从三角分布，该分布的 5%所对应的浓度作为安全浓度。该计算要求最好来自如表 3-10 所示的 8 种不同动物家族的生物种的毒性数据（Stephan et al.，1985）。计算每个生物种的最高容许浓度 MATV（几何平均慢性毒性值或者 NPEC 和 LOEC 的几何平均值）。计算同一种生物的毒性数据的几何平均值（geometric mean chronic value，GMCV），将最小的 GMCV 设为 1，最大的设为 N，其他的按从大到小的顺序分别设为 2～（$N-1$），该值通常称为 R（1～N）。从 GMCV 的累计分布，利用和累积概率 0.05 最近的 4 个数据，可以计算保证 95%的物种不受影响的浓度，也即 FCV。

$$FCV = \exp\left\{S(\sqrt{0.05}) + \frac{\sum(\ln GMCV) - S\sum(\sqrt{P})}{4}\right\}$$

$$S^2 = \frac{\sum[(\ln GMCV)^2] - \left[\sum(\ln GMCV)\right]^2/4}{\sum(P) - \left[\sum(\sqrt{P})\right]^2/4} \tag{3-9}$$

$$P = R/(N+1)$$

式中，GMCV 为种的平均慢性毒性；S 为 ln(GMCV) 的标准偏差；P 为每个 GMCV 的累计概率；N 为 GMCV 的总数。

表 3-10　计算 FCV 值所需要的信息（Stephan et al.，1985）

1. 硬骨鱼类中的鲑科
2. 硬骨鱼类（Osteichthyes）中的最好是商业或者娱乐意义的温水种，如浅蓝色食用大太阳鱼、斑点叉尾鮰等
3. 脊索动物门（可能是硬骨鱼类或者两栖动物）
4. 浮游甲壳纲动物（水蚤类之动物、桡脚类动物）
5. 底栖甲壳纲动物（如介形亚纲动物、等脚类的动物、片脚类动物、小龙虾等）
6. 昆虫［如蜉蝣、蜻蜓、豆娘（一种蜻蜓）、石蝇、石蚕蛾、蚊子、摇蚊等］
7. 除了节肢动物门或者脊索动物门的门类动物（如轮形动物门、环节动物门、软体动物门等）
8. 昆虫或者上面没有出现过的生物种

上面介绍了从物种敏感性分布外推计算保护生态系统为目标的环境安全基准的不同方法，那么不同的方法计算出来的结果是否一样呢？van Leeuwen 比较了几个方法分别计算溴化钠、乐果和五氯酚钠（PCP）的 HC_5 和 FCV 值，结果发现不同方法计算出来的结果非常接近。而且也发现 SSD 方法计算获得的无影响作用浓度（HC_5）和基于现场研究推导获得的 NOEC 值非常接近。但是由于现场数据比较少，SSD 方法的合理性需要进一步验证（van Leeuwen et al.，2000）。利用数据计算 HC_p 的非参数方法，可以参考第 5 章中的统计推断章节。

除了上述文献做法以外，也可以通过回归方法进行计算（Giddings et al.，2005）。将化学物质对不同物种的毒性，根据其毒性从大到小进行排序，然后计算其对应的标绘点或者百分位数等级（plotting position）。美国毒理化学学会（SETAC）建议使用威布尔（Weibull）百分位数等级（SETAC，1994）。也就是假定了每个数据点为 $n+1$ 个数据中的两个数据点边界，则得到式（3-10）。

$$p_n = \frac{i}{N+1} \tag{3-10}$$

式中，i 为所排序的序号；N 为总的样本数。

利用 Excel 中的 NORMSINV 函数将 plotting position 标准化成正态累积分

布，然后进行线性回归：将影响浓度的对数（EC_{50}、LC_{50}或 NOEL 等）作为自变量（横坐标），而将标准化后的生物种的概率作为因变量（纵坐标），可以得到 NORMSINV（p）和浓度的对数之间线性关系的斜率和截距，可以计算 SSD 分布的 10%所对应的 EC_{50}或者 NOEL，用计算得到的值，可以比较不同化学物质的危害性大小，或者用作化学物质安全基准的计算。

表 3-11 表示了用 Excel 计算 SSD 回归的一个案例。我们假设此数据服从对数正态分布（关于如何利用 Excel 去检验数据的正态分布以及对数正态分布，请查阅第 5 章内容）。图 3-7 的原理是 probability-probability plot，即两个正态分布的概率-概率在一条直线上。具体做法如下：Excel 文件的 A 列为某一化学物质对不同物种的慢性毒性数据（无影响作用浓度 NOEL），按照从小到大的顺序排列在 B 列。计算每个毒性数据所对应的 Weibull 百分位等级 [p=i/(N+1)]，并列入 C 列。假设不同物种的慢性数据呈现对数正态分布，并假设分布的均值为 5，而标准偏差为 1（这两个值可以任意设定），将 C 列中的 Weibull 百分位等级转换成逆累积概率点，输入到 D 列。然后对逆累积概率点和不同物种慢性毒性数据的对数值作回归，横坐标为 NOEL 的对数，可以得到如图 3-7 的直线。利用图中直线，可以估算不同物种毒性数据对数正态分布的均值和标准差为 3.096 和 1.098（表 3-11 倒数两三行）。根据上述对数正态分布的参数就可以计算目标百分数的物种不受影响所对应的暴露剂量（表 3-11），该值可以用于相关安全基准的制定。所获得的安全基准和环境暴露浓度相比算出风险的商值，或者与暴露浓度分布相结合计算风险（超过安全基准）的发生概率，这部分内容将在 3.3.2 节重点介绍。另外，为了图 3-6 的图示效果，用上述毒性数据的对数正态分布参数，绘制了如图 3-8 所示的物种敏感性分布的累积概率图。

表 3-11　用 Excel 方法计算 SSD 回归的示范图

A	B	C*	D
不同物种的 NOAEL	从小到大排序	$p=i/(1+N)$ p（%）×100	假设的正态分布 N（5，1）逆累积概率点*
5.0	1	5.9	3.4
6.0	2	11.8	3.8
7.0	3	17.6	4.1
8.0	4	23.5	4.3
13.0	5	29.4	4.5
18.0	6	35.3	4.6
19.0	7	41.2	4.8
20.0	8	47.1	4.9

续表

A	B	C*	D
不同物种的 NOAEL	从小到大排序	$p=i/(1+N)$ p（%）×100	假设的正态分布 N（5，1）逆累积概率点*
23.0	9	52.9	5.1
26.0	10	58.8	5.2
30.0	11	64.7	5.4
38.0	12	70.6	5.5
50.0	13	76.5	5.7
65.0	14	82.4	5.9
95.0	15	88.2	6.2
110.0	16	94.1	6.6
* Webull plotting 逆累积概率点的计算。式：NORMINV［(C/100)，5，1］			
回归曲线斜率（k）			0.911
截距（b）			2.176
原数据取对数后的正态分布均值（$5-b)/k$ 此中 5 为假设分布 N（5，1）中的均值			3.096
原数据（取对数后）正态分布标准差（$1/k$）此中 1 为假设分布 N（5，1）中的标准差			1.098
p%目标物种环境基准			＝norminv（p%，3.096，1.098）

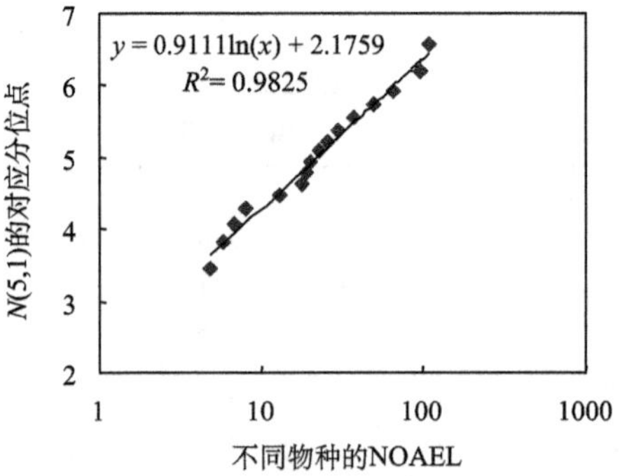

图 3-7　物种敏感性分布参数计算图

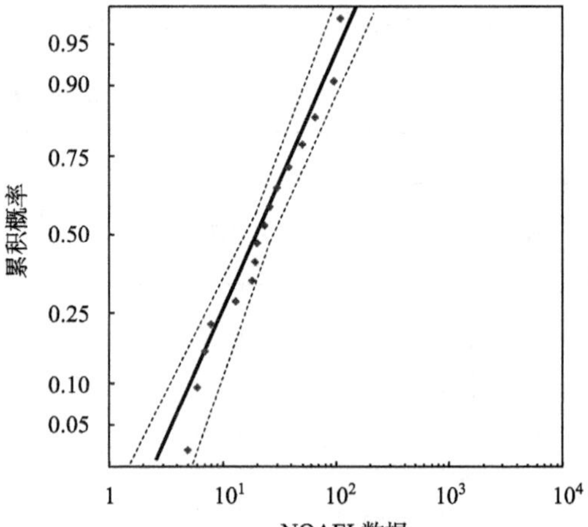

图 3-8　物种敏感性累积分布图

probability-probability 图（对数正态分布）

在上述方法中，计算百分位值的方法除了 Weibull 百分位数等级方法以外，Aldenberg 等（2002）则采用了 Hazen 百分位数等级：假定每个数据点表示了 n 个数据中的一个数据的中间点，则按照式（3-11）计算百分位数等级。

$$p_n = \frac{i-0.5}{N} \tag{3-11}$$

不过这两种方法计算获得的物种敏感性分布是非常接近的，但是在分布的两端，也即低概率值和高概率值部分的分布相差相对较大。Giddings 等在对阿特拉津的生态风险评价中比较了这两种方法。结果保护 90％物种所对应的浓度值，Hazen 得到的结果比 Weibull 方法的值略大。由于所采用的方法不同，导致了一定的不确定性。

实际上，无论是式（3-10）还是式（3-11），都是式（3-12）的特殊情况。

$$p_n = \frac{i-a}{N+1-2a} \tag{3-12}$$

式中，a 的取值为［0，0.5］。而式（3-10）和式（3-11）分别是 a 的极端情况。

上述计算方法也可以称为对数正态 SSD 方法。但是，不是所有的情况都会呈现对数正态分布，有些情况下是其他更加合适的分布。因此可以用商业软件中的不同分布模型，根据数据选择最合适的分布。例如，Crystal Ball（decisioneering）中有 11 种分布模型［对数正态、威布尔、贝塔模型（beta）、伽玛（gamma）、极值（extreme value）、逻辑斯蒂方程、指数函数、帕累托模型（Pareto）、正态分布模型、三角分布模型和均一分布模型］，但是样本数至少需要 16 个。与上述两种 SSD 方法相比，由于对数正态 SSD 方法基于所有物种毒性数据的关系，甚至可以外推，因此在后续风险计算中有其特殊的便利。

SSD 方法就是从不同生物种的无影响作用浓度的对数分布，计算暴露 95％或者 90％的物种处于安全时的浓度，SSD 方法与传统的评价系数方法相比有一定的优点。由于传统的 PNEC 方法通常是将最敏感的 NOEC 或者 LC_{50} 值除以人为设定的评价系数进行计算，虽然结果可能是非常保守的，但是计算结果是一个单值，没有不确定性。而 SSD 融合了多物种的毒性数据，可以定量表述不确定性。而且，SSD 可以告知哪些物种受到化学物质的影响最大，所要保护的目标非常明确，并可以进一步计算环境保护的成本和效益。但是，SSD 方法存在许多生物学和统计学上的假定：①毒性数据的分布是按事先选择好了的分布，如对数 logistic、对数正态和对数三角进行计算模拟的；②假定实验室的物种敏感性接近自然界的物种敏感性；③物种的选择是随机的，或者至少代表一个生态系统；④90％或者 95％的物种被保护就暗示能够保护生态结构和生态系统。由于这些假设缺乏验证，其合理性受到了一定的质疑，实际上这种争论一直就没有停止过。最主要的一个争论点在于，一些学者认为单一物种的毒性数据不能可靠地说明生态系统水平上的过程，因此不能预测生态系统的响应。认为这种作法合理的学者则努力尝试比较SSD方法和模拟生态系统获得的结果，从而认可SSD方法的合理性（Versteeg et al.，1999）。他们收集了11种化学物质包括重金属（镉、铜和锌）、农药（阿特拉津、林丹）、表面活性剂（十二线性烷基苯磺酸、十二三甲基铵）和其他一些有机化学物质（苯酚）及无机化学物质（氨和氯气）的实验室慢性毒性数据，并和自然生态系统（如微宇宙、模型生态系统和现场）实验数据进行比较，发现SSD用来预测生态系统更为保守。SSD方法目前已经应用到一些化学物质，如北美的阿特拉津（Solomon，1996）、Chesapeaker湾中铜和铬的生态风险评价（Hall et al.，1998）。

3.3.2 风险计算

与健康风险评价类似，生态风险评价就是由于化学物质的暴露，可能发生在生态系统中的危害性程度的一种评价，或者就是风险大小的量化。这一过程主要包括了三大部分：①影响评价，也就是决定化学物质的预测无影响浓度（PNEC）；②暴露评价，即预测环境暴露浓度或者每天的总摄取量；③风险计算。北美化学物质的生态风险评价指南、美国EPA组织的农药风险评价方法的生态委员会（ECOFRAM，1999），都提倡多阶段风险评价。最低层次的风险评价方法是利用保守假定和最小的数据证明足够安全，而且没有必要做进一步的风险评价，这一层次的风险评价往往采用商值方法。高层次风险评价是利用特定的数据和复杂的分析工具对风险进行更加具体的与最关心的问题进行评价，通常采用概率计算方法。概率计算就是根据暴露浓度的分布和单一物种（敏感物种）的剂量-效应关系，或者实验室研究中测定的不同生物种的毒性数据的分布，然后可以计算化学物质暴露导致的死亡率等危害发生概率。在生态风险评价中通常绘制超过概率和影响大小的曲线，也即“风险曲线”或者“联合概率曲线”。在北美阿特拉津的地表水生态风险评价就是采用了四个阶段的评价（Giddings et al.，2005）。在用商值法和概率法计算得到风险较高时，进一步采用了物种敏感性分布分析方法和基本微宇宙的群落风险解析（图3-9）。

1. 商值法

在许多国际规范中，风险值经常用如下公式进行量化：

$$HQ=PEC/PNEC$$

式中，HQ为风险商值（hazard quotient）；PEC为预测环境浓度；PNEC为预测无影响浓度。根据欧共体的风险评价技术指南，当HQ>1时，认为在目前的污染水平下，有可能产生环境风险，有必要进行长期监视，并通过仔细分析风险评价的各个环节改善预测性；当0.1<HQ<1时，虽然处于安全水平，但是需

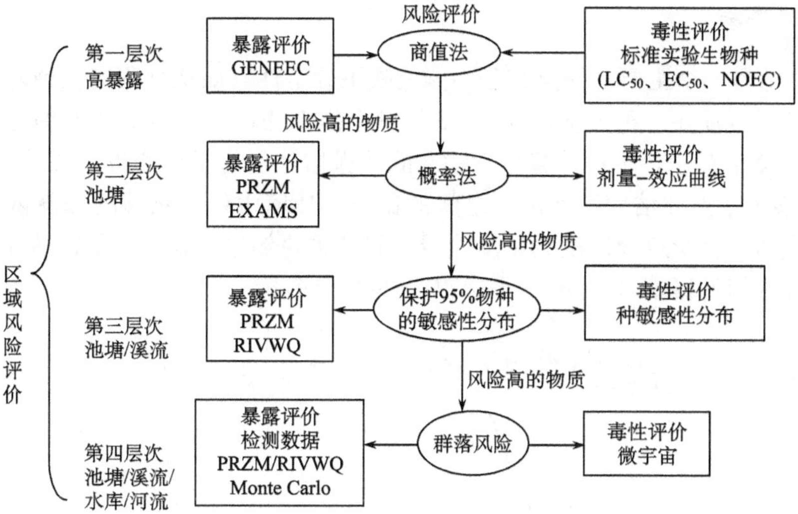

图 3-9　北美地表水中阿特拉津的多阶段风险评价

GENEEC：(GEN) EIC (E) STIMATED (E) NVIRONMENTAL (C) ONCENTRATION MODEL (http://www.epa.gov/oppefed1/models/water/geneec2_users_manual.htm)；PRZM 和 EXAMS 参见第 2 章暴露评价；RIVWQ：溪流农药模型（http://www.waterborne_euv.com/modeling/index.html.）

要长期观测对象物质的环境动态，避免高风险的发生；当 HQ<0.1 时，被认为是安全的，没有必要对对象物质实施管理措施。风险商值法的优点在于简单、直观、可操作性强。能让风险评价者很快地判断出对象物质的风险高低。这种方法在新化学登记中起到了很好的筛选作用。当然不同类型的物质，HQ 的判断标准也有不同。例如，欧盟在化学物质的管理方面有一些比较细节的规定。

但是由于 HQ 值并非风险的绝对值，即使当 HQ>1 时，我们也无法判断化学物质风险的真正大小；相反，当 HQ<1 时，认为风险较小或者就认为是零风险，这也是不合适的。我们只知道当 HQ 增加时，化学物质导致的生态危害性的发生概率也增加了，但是风险管理者不能设定一个具体的数字目标值，如将 HQ 从 100 削减到 10，因此难以制定削减风险的具体办法。另外，在风险评价过程中，被评价的终点的不同也会影响 HQ 值。例如，以死亡率为评价终点获得的 HQ 值和以繁殖率为终点的 HQ 风险评价值有时会有很大的不同；以急性毒性和慢性毒性作为终点获得的 HQ 同样不一样。而且，当这两个评价终点的结果相互矛盾时，很难解释造成这一结果的真正原因。

2. 概率法

HQ的另一个主要的缺点在于不能反映不确定性（如从被测实验种外推到另一生物种时，存在一种不确定性）。采用发生概率法，可以将一些不确定性反映到单点 HQ 估算中，也即计算化学物质的暴露估计值超过预测毒性数值的概率。图 3-10 表示了点评估和不确定性之间的比较，环境中化学物质的暴露浓度和该化学物质对生物半致死浓度的密度曲线之间的重叠部分，表示了暴露估计值超过预测毒性数值的概率（USEPA，1998），也即风险。

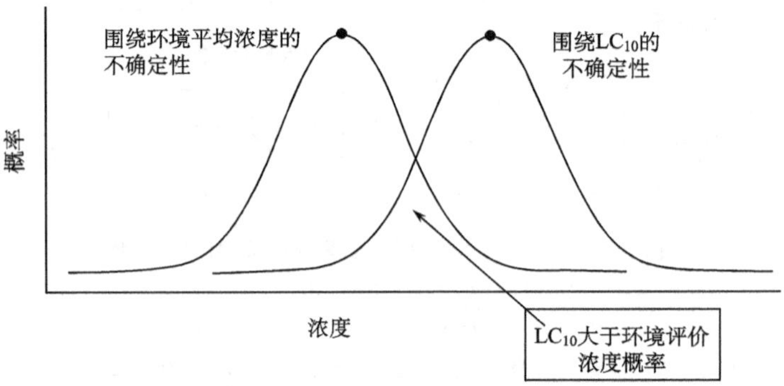

图 3-10　概率风险评估技术的概念（USEPA，1998）

此外，剂量-效应曲线通常是呈 S 形的，但是有时也会呈现不同形状的曲线。因此，即使具有相同的 EC_{50} 值，但是在一种化学物质的剂量-效应曲线上，只要暴露浓度稍微变小，就对生物没有影响，可是稍微变大，所有的生物就灭绝了；而另一种物质的生物效应受浓度的影响非常小。由于 EC_{50} 值相同，如用 HQ 方法评价风险，就会得出结论：两种物质的毒性强度虽然不同，但是具有等同的生态风险值。因此如果有剂量-效应曲线的实验数据，风险评估能够估算不同暴露水平下的风险（图 3-11）（USEPA，1998）。

目前欧盟的办法基本上是商值法（Quotient 法），而美国环境保护局开始从现行的基于商值法的点估算的做法，逐步采用“考虑剂量-效应相关的评价”、“考虑暴露和影响的变化幅度的评价”的风险评价方法。

3. 物种敏感性分布

基于物种敏感性分布（SSD）的概率方法在生态风险评价中已经得到了广泛应用。假定化学物质的敏感性分布和暴露浓度分布都属于对数正态分布，将化学物质敏感性的累积概率分布图和暴露浓度的累计概率图投射到一个坐标系中（图 3-12），计算保护 90％物种所对应的化学物质的浓度，然后从暴露的累积概

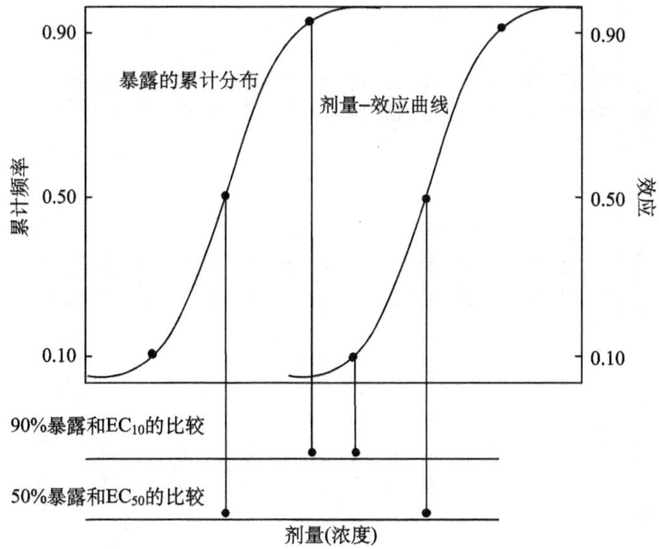

图 3-11　风险评估技术：剂量-效应曲线对暴露累积分布（USEPA，1998）

率图中进一步计算暴露浓度超过上述浓度值的概率，如低于 10%，则认为风险较小。从图 3-12 中其实可以计算获得特定暴露条件下任意百分数的物种受到影响的概率。具体计算步骤如表 3-12 所示。

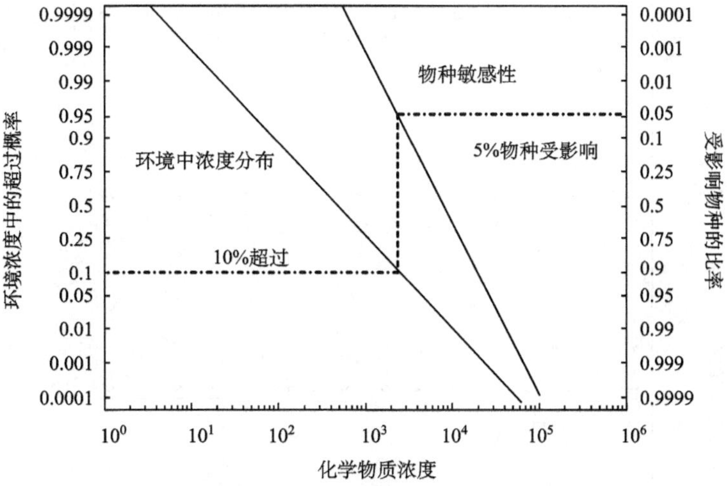

图 3-12　风险评估技术
剂量-效应曲线对暴露累积分布

表 3-12　用 Excel 方法计算基于 SSD 的风险曲线示范表格

A	B	C	D	E	F	G	I
不同环境浓度	从小到大排序	$p=i/(1+N)$	假设正态分布 N（5，1）		暴露浓度下受影响	100-F	100-D
			逆累积概率点	累积分布概率*	物种百分数%**	超过概率[a]	超过概率[b]
3.0	1	5.9	3.4	6.41	3.50	93.59	94.12
3.2	2	11.8	3.8	7.13	3.94	92.87	88.24
4.6	3	17.6	4.1	12.80	7.54	87.20	82.35
7.3	4	23.5	4.3	24.46	15.75	75.54	76.47
8.7	5	29.4	4.5	29.91	19.91	70.09	70.59
13.2	6	35.3	4.6	44.31	31.85	55.69	64.71
15.9	7	41.2	4.8	51.43	38.30	48.57	58.82
19.1	8	47.1	4.9	58.06	44.64	41.94	52.94
19.9	9	52.9	5.1	59.69	46.26	40.31	47.06
20.1	10	58.8	5.2	60.04	46.60	39.96	41.18
23.6	11	64.7	5.4	65.64	52.35	34.36	35.29
27.2	12	70.6	5.5	70.43	57.51	29.57	29.41
39.3	13	76.5	5.7	81.07	69.97	18.93	23.53
39.6	14	82.4	5.9	81.27	70.22	18.73	17.65
42.5	15	88.2	6.2	83.01	72.43	16.99	11.76
48.8	16	94.1	6.6	86.07	76.45	13.93	5.88
				暴露浓度	物种敏感性		
			均值	2.73	3.096		
			标准差	1.07	1.098		

a 以拟合累计分布概率计算；b 从概率值外推的累积概率计算。

* NORMDIST [ln (A)，2.73，1.07] *100。

** NORMDIST [ln (A)，3.096，1.098] *100。

环境暴露数据如表 3-12 第一列所示。随后采用和“种群敏感性分析：从多种长期毒性数据外推 PNEC 种敏感性分布”（species sensitivity distribution，SSD）相同的方法，可以计算如 E 列所示的环境暴露数据的累积分布概率。采用表 3-11 的种敏感性分布函数，可以计算如 F 列所示的各环境暴露浓度下受影响的物种百分数（%）。G 列、I 列分别是用不同计算方法获得超过当前环境浓度的概率。用 F 列数据分别和 G 列、I 列数据作图，得到图 3-13。

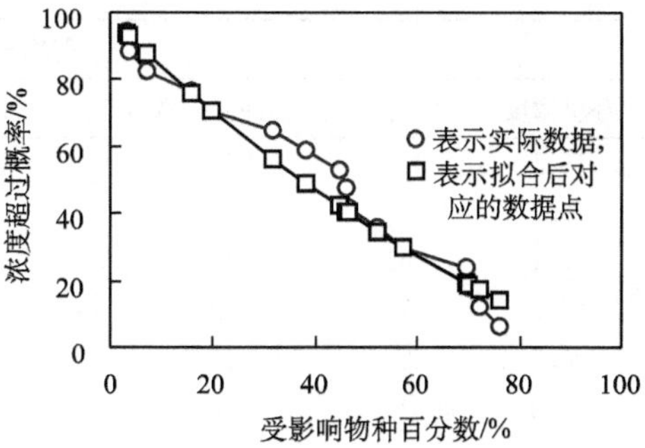

图 3-13　SSD 方法计算结果

以超过概率为纵坐标，以受影响物种的百分数为横坐标作图，所得曲线下的面积（area under curve，AUC）代表某一化学物质在其环境浓度下物种受到的风险大小，AUC 大则风险高，反之则低。通常可以用积分法或梯形法求得，AUC 没有单位。以梯形方法为例可以按照式（3-13）计算。

$$AUC = \sum_{1}^{10}(H_i - H_{i-1}) \times (E_i + E_{i-1}) \times 0.5 \qquad (3\text{-}13)$$

式中，H_i 为第 i 个受影响的生物种的百分数；E_i 为超过第 i 点的受影响生物种的超过概率。AUC 的值为 0～1，称其为平均风险，常以百分数表示（Giddings et al.，2005）。

AUC 的具体计算步骤如表 3-13 所示。第一列为用于分析的环境浓度，第三列为受影响的物种百分数，第四列和第五列为超过受影响百分数的概率，具体数据和表 3-12 中的 F 列、G 列、H 列相同。用式（3-13）计算得到 AUC，分别列入 E 列和 F 列。从这个计算中得到，在如表 3-13 所示的环境暴露下，其平均风险为 48.29%和 51.02%，两种计算方法得到的结果相差无几。

表 3-13　用 Excel 方法计算基于 SSD 的风险曲线示范表格

		暴露浓度下受影响				
环境浓度	序列	物种百分数%	超过概率[a]	超过概率[b]	AUC[aa]	AUC[bb]
3.0	1	3.50	93.59	94.12	0.000	0.000
3.2	2	3.9	92.9	88.2	0.004	0.004
4.6	3	7.5	87.2	82.4	0.032	0.031
7.3	4	15.7	75.5	76.5	0.067	0.065
8.7	5	19.9	70.1	70.6	0.031	0.031
13.2	6	31.9	55.7	64.7	0.075	0.081
15.9	7	38.3	48.6	58.8	0.033	0.040

续表

暴露浓度下受影响						
环境浓度	序列	物种百分数%	超过概率[a]	超过概率[b]	AUC[aa]	AUC[bb]
19.1	8	44.6	41.9	52.9	0.029	0.035
19.9	9	46.3	40.3	47.1	0.007	0.008
20.1	10	46.6	40.0	41.2	0.001	0.001
23.6	11	52.3	34.4	35.3	0.021	0.022
27.2	12	57.5	29.6	29.4	0.017	0.017
39.3	13	70.0	18.9	23.5	0.030	0.033
39.6	14	70.2	18.7	17.6	0.000	0.000
42.5	15	72.4	17.0	11.8	0.004	0.003
48.8	16	76.5	13.9	5.9	0.006	0.004
风险（即上述数据求和）					0.358	0.375

a 以拟合累计分布概率计算；b 从概率值外推的累积概率计算；aa $(B_7-B_6)\times(C_6+C_7)/2$；bb $(B_7-B_6)\times(D_6+D_7)/2$。

4. 生态风险评价的终点

如上所述，由于物种敏感性分布充分利用了生态系统中不同物种的毒性影响，因此从概念上具有保护生态系统的优点，这一点从与微宇宙实验结果的比较上得到了一定的印证，而且容易进行包括不确定性在内的统计计算，在欧美的实际环境管理中得到了很好的应用。

虽然物种敏感性具备上述许多优点，而且在一开始考虑该方法的主要出发点之一就是保护生态系统，但是实际上该方法将每个被分析生物种从生态系统中单独剥离出来，忽视了在实际生态系统中物种之间存在的相互作用，如生物种之间捕食和被捕食、生物种之间的竞争关系。另外，该方法认为被分析的物种同等重要，因而忽视了对不同生物种所拥有的社会价值、维持生态学功能上的重要性、物种的稀有性考虑。例如，受化学物质污染影响的物种有5%或者10%，但是该方法并没有提供针对这些敏感物种的风险评价方法。另外，物种敏感性分布来自实验室的毒性数据，没有考虑实际环境中的暴露和毒性，生态学意义较小。特别是根据物种敏感性分布用于环境基准浓度的计算时，常利用慢性毒性值，而实际上实验室获得的毒性数据和真正意义上的低剂量长期暴露下的慢性毒性数据相距甚远（Hu et al.，2009）。生态系统的主要构成要素有生产者、消费者、分解者三大类，为生态系统的能量和物质循环起到各自的作用。不同营养层次的生物种之间存在获取食物的竞争，不同营养层次的生物之间又存在着捕食和被捕食的关系，因此可能对其他种群存在间接影响。为了充分考虑生态系统物种间相互作用的生态风险评价，这些影响可以在微宇宙或半现场分析中获得。但是采用野外大规模的实验和调查非常费时、费力，也许能够评价几种物质的风险，但是不可能对许多物质都进行评价。因此生态模型，如种群模型在生态风险评价中的应用值得期待。到目前为止，生态模型很少在相关化学品管理指南中被提及，但是作为高层次风险评价的可能工具已经在欧盟的水生毒理指南文件中（Dir91/414）明确提出。由于种群水平上影响的脆弱性、顺应性和恢复性，种群和生态系统模型在化学物质，如农药的风险评价中具有应用潜力。另外，种群水平、生态系统水平上的影响可以换算成栖息地损失的方式进行计算，这样化学物质风险导致的间接栖息地损失可以和工程建设导致的直接栖息地损失进行风险大小比较。另外，考虑到间接影响的可能性，必须要考虑食物链中不同生物的富集性，生态评价将会得益于生态模型的使用。生态风险评价中最有可能使用种群模型和生态系统模型等多种生态数学模型。

生态系统模型方面的研究已经有了许多综述（Barnthouse and Suter Ⅱ，1986；Emlen，1989；Barnthouse，1992）。应用比较广的模型有综合水生生态系统模型（Comprehensive Aquatic Systems Model，CASM）（Bartell et al.，1999）和美国 EPA 协助开发的 AQUATOX（U. S. EPA，2000b）。CASM 模型设计了比较容易使用的人机界面，从生态风险评价理念而言，该方法具有优势，但是由于方法本身所使用的参数较多，所用参数稍微变动就有可能给计算结果带来非常大的变化，为了获得系统稳定性，计算参数的设定成了非常大的困难。因此，虽然该系统从开发到现在已经有了 20 多年的历史，但是其在化学物质的生态风险评价中的应用依然非常有限。日本经济产业省产业技术综合研究所化学物质风险管理研究中心的内滕航等将该模型进行了改良，建立了日本诹访湖生态系统风险评价模型（CASM _ SUWA）。该方法包括了低营养层次到高营养层次的共 15 种生物，这些生物种之间存在捕食和被捕食或者相互竞争的关系。该模型在生物能学（Bioenergetics）基础上，考虑捕食和被捕食关系，计算各种物种的生物量日变化，用微分方程表示日生物量的变化，不同生物种的差异取决于每种生物固有的生长速率和呼吸速率等生理参数、水温、日照量和营养盐浓度（氮、磷）等环境因子。捕食和被捕食关系中，饵料的摄入速率和摄入量呈正比。将环境暴露浓度和急性毒性数据（剂量-效应关系）作为变量，计算化学物质暴露下的不同物种的生物量，并与无暴露下的生物量进行比较，并以两者的增减率作为风险评价的指标。目前该方法应用到了 LAS 等物质对诹访湖生态系统的风险评价。通过对阴离子表面活性剂直链烷基苯磺酸盐（LAS）的风险评价，得到的基准值低于其他方法获得的 NOEC 值（如以种群生物量减少 20%作为终点），这可能是由于该方法不仅考虑了对某一种群的直接影响，同时考虑了通过食物链过程受到的间接影响（Naito et al.，2002）。用 CASM-SUWA 生态系统模型计算除草剂阿特拉津、LAS、铜离子、苯酚、五氯苯酚、毒死蜱等减少 50%杂食性鱼类生物量的浓度水平，并与急性毒性进行比较，得到如表 3-14 所示的间接影响系数，阿特拉津、毒死蜱和二嗪磷的间接系数较大。在用评价系数外推 PNEC 时，从 LC_{50} 外推到 NOAEL 的安全系数（AF）通常取 100。为了进一步比较，计算 $BR_{50}/LC_{50}\times100$（AF）并列入表 3-14，就可以发现，用安全系数外推获得的毒死蜱和二嗪磷的无影响作用浓度远高于基于生态系统模型获得的安全值，这一结果意味着，对于一些物质进行环境管理，应该充分考虑种间作用（Naito et al.，2003）。

表 3-14 化学物质相关参数

化学物质	BR_{50}（生物量减少 50%的浓度）	LC_{50}	间接影响系数 BR_{50}/LC_{50}	间接影响系数×100
直链烷基苯磺酸盐	0.4	4.7	8.50×10^{-2}	8.5
脂肪醇聚氧乙烯醚	0.5	1.14	4.40×10^{-1}	44
邻苯二甲酸酯	0.5	6.18	8.10×10^{-2}	8.1
苯酚	6.5	33	2.00×10^{-1}	20
铜	0.003 5	0.168	2.10×10^{-2}	2.1
五氯酚	0.05	0.204	2.50×10^{-1}	25
阿特拉津	0.04	15	2.70×10^{-3}	0.27
西草净	0.075	4.1	1.80×10^{-2}	1.8
毒死蜱	0.000 1	0.195	5.10×10^{-4}	0.051
二嗪磷	0.000 15	8.58	1.70×10^{-5}	0.001 7

除了生态系统模型，目前已经有许多种群生态模型应用到多种化学物质的生态风险评价和环境基准的计算中，这部分内容将在 3.3.3 节做重点介绍。

3.3.3 案例分析：SSD 在壬基酚水质基准中的应用和风险评价

金芬对壬基酚聚氧乙烯醚（NPEO）及其代谢产物壬基酚的来源、生产量和毒性等作了非常好的综述（金芬，2006）。壬基酚聚氧乙烯醚（NPEO）是一种重要的、广泛使用的非离子表面活性剂，它们的使用途径决定了这些物质主要通过废水处理厂排放到水环境中。早在 1952 年就已经开始生产 NPEO，它素有“工业味精”之称，几乎渗透到了工业领域的各个角落。由于 NPEO 具有广泛的亲水亲油平衡（HLB）值、优良的抗硬水性和耐酸碱性、优良的乳化性、润湿性、分散性、渗透性等，常用作民用洗涤剂和工业清洗剂中的主要活性组分、农药用乳化剂、造纸行业用树脂分散剂和洗涤剂、高分子乳液聚合乳化剂和稳定剂、塑料及橡胶中抗静电剂、水泥分散剂、皮革工业用脱脂剂、金属切削乳化剂、石油钻井泥浆分散剂、原油乳化降黏剂及高浓度电解液中的洗涤剂和润湿剂等。NPEO 在环境中易降解为毒性更大的壬基酚（NP），除了水环境中 NPEO 的生物降解来源之外，NP 本身是合成非离子表面活性剂 NPEO 的原料，是烷基酚中的最大宗产品。根据欧洲委员会 1997 年的报告，1997 年欧洲 NP 的产量为 7.35 万 t，出口量为 3500t，进口量为 8500t，总消费量为 7.85 万 t，其中用于生产 NPEO 的约 4.7 万 t，约占总消耗量的 60%，约 2.9 万 t（37%）用于塑料、树脂和稳定剂工业。在日本，2000 年 NP 的产量约为 1.65 万 t。在美国，1998 年 NP 的产量为 10.4 万 t，而且对 NP 的需求量以每年 2%的速度递增。近 10 年来，NP 在我国的生产得到了飞速的发展，目前生产厂家近 10 家，总生产能力约为 6 万 t/a。生产厂家主要有甘肃兰州炼油化工总厂三叶公司（生产能力为 3000t/a）、江苏常州化工二厂（生产能力为 5000t/a）、黑龙江石油化工厂（生产能力为 12 000t/a）和辽宁大连石油添加剂厂（生产能力为 3000t/a）等，我国近几年的生产量如表 3-15 所示。我国 NP 的消费相对集中，主要用于生产表面活性剂，少量用于制造润滑油添加剂及其他方面。2000 年我国 NP 的消费量约为 2 万 t/a，其消费构成为：合成洗涤剂占 70%，农药乳化剂占 7%，电子占 7%，纺织占 5%，建材占 2%，皮革占 2.5%，造纸占 1%，石油破乳剂占 1%，润滑油添加剂占 3%，其他占 1.5%。表面活性剂是 NP 需求增长的主要动力，2006 年国内需求量约为 5.5 万 t，未来几年国内年均增长率约为 8%。

表 3-15　壬基酚在我国的生产量（单位：t/a）

年份	生产量	进口量	出口量
1995	1 200	14 300	420
1996	4 600	11 000	300
1997	7 400	10 600	80
1998	7 000	11 100	30
1999	8 000	10 600	50
2000	15 000	5 700	22
2001	16 000	8 311	21

壬基酚聚氧乙烯醚和壬基酚的毒性与危害。英国 Lea 河中出现的鱼雌雄同体现象可能与河水中的 NP 有关，Sumpter 和 Jobling 测定了虹鳟鱼体内的卵黄蛋白原浓度和污水处理厂下游河水中的 NP 浓度，怀疑纺织厂用作羊毛清洗剂的 NP 是引起雌雄同体现象的一个原因（Jobling and Sumpter，1993）。目前野外观察和实验室研究结果都表明，NP 对野生生物的繁殖发育、个体健康以及种群安全都存在一定的影响。体外受体实验已经表明，NP 可以竞争结合雌激素受体，而显示雌激素效应。鱼类的生理结构（通过鳃在水中呼吸）决定了其更容易受到水中污染物的影响，因此，鱼类对 NP 的作用比较敏感。大量的研究已经表明，

NP 能够在雄性和幼年鱼类体内诱导合成雌性鱼类特有的卵黄蛋白原，并影响性别分化，导致雌雄同体现象。Jennifer 等（2002）对鱼（*Rivulus marmoratus*）进行 NP 暴露实验，在 150μg/L 和 300μg/L 的暴露浓度下，60d 后出现精巢发育不全和卵子发生障碍等现象，Schwaiger 等（2002）将产卵前 4 个月的虹鳟鱼暴露于与环境浓度相当的 1μg/L 和 10μg/L 的 NP 水溶液中，虹鳟鱼孵化率降低，而且后代出现了个别的雌雄同体现象。

美国 EPA 在 2005 年的水质标准中，对淡水生物和海水生物的急性毒性有了比较详细的描述和总结（U. S. EPA，2006）。对于淡水生物，暴露实验选择了 20 种生物（代表了 15 属）进行急性毒性实验，发现片脚类生物（*Hyalella azteca*）和蜗牛（*Physella virgata*）的种平均急性毒性值（species mean acute values，SMAV）分别为 55. 72μg/L 和 774μg/L，并发现对 NP 最敏感的生物是片脚类生物，而对 NP 最不敏感的生物是无脊椎动物；对两栖类生物（*Bufo boreas*）蝌蚪进行 96h 暴露实验，LC_{50} 为 120μg/L，该两栖类生物蝌蚪为第二敏感类生物；而鱼类对 NP 的敏感程度为中等。对海洋生物急性毒性实验，选择了 8 种无脊椎动物和 3 种鱼类，SMAV 值范围为 17（比目鱼，*Pleuronectes americanus*）～209. 8μg/L（红鲈，*Cyprinodon variegates*）。

美国 EPA 制定的 2005 年的水质标准对 NP 对淡水生物和海水生物的慢性毒性也进行了详细的描述和总结（U. S. EPA，2006）。在淡水生物的慢性毒性实验中，选择了 5 种淡水生物，两种鱼和 3 种无脊椎生物，结果发现在 202μg/L 的浓度下这些生物发生了显著的生殖损伤，而在 337μg/L 浓度下出现了存活率的降低。对胖头鲤鱼（*Pimephales promelas*）的慢性毒性实验结果表明，当 NP 的浓度小于 7. 4μg/L 时，该鱼种的存活率没有显著变化（86. 7%），NOEC 和 LOEC 值分别为 7. 4μg/L 和 14μg/L。根据计算，NP 对胖头鲤鱼的慢性毒性浓度为 10. 18μg/L。对于海洋生物，暴露实验选择了糠虾，在第一个 28d 的暴露实验中，根据暴露结果计算 NP 对糠虾的慢性毒性浓度为 5. 112μg/L，其中对性别的影响不显著，但对于糠虾的体长影响显著，在 6. 7μg/L 浓度下，糠虾的体长明显低于 3. 9μg/L 浓度暴露组和对照组的体长。

鉴于 NPEO 及其代谢产物在环境中的普遍存在性（如河流、海洋、地下水、饮用水、污水、沉积物、土壤、大气、生物等）以及对水生生物的类雌激素效应，很多国家提出了一系列控制污染的对策。例如，奥斯陆和巴黎委员会（OSPAR）达成一致意见，从 1995 年起逐渐停止 NPEO 在家庭洗涤剂产品中的应用，从 2000 年起停止其在工业洗涤剂中的应用。

在 1998 年 5 月出版的《环境内分泌干扰物的战略规划》（*Strategic Programs on Environmental Endocrine Disrupter*，SPPED'98）中，日本环境省列出了 67 种疑似具有内分泌干扰效应的物质。从那时起，日本环境省就开展了全国的野外调查。1999 年 10 月，日本环境内分泌物质顾问委员会召开会议，基于野外调查的数据和研究论文，将 4 种物质（三丁基锡、壬基酚、辛基酚和邻苯二甲酸二丁酯）列为需要优先进行风险评价的物质。随后在 1999 年 12 月的部长级会议上，决定从 2000 年起在 3 年内对 40 多种疑似具有内分泌干扰效应的物质进行风险评价。在 2000 年 7 月、10 月和 2001 年 3 月的会议上讨论了包括三丁基锡、壬基酚、辛基酚和邻苯二甲酸二丁酯等 12 种物质的健康风险和生态风险的筛选。

欧盟于 2003 年 7 月通过了一项指令（2003/53/EC），该指令限制在欧洲市场销售和使用 NPEO 和 NP。除了已被国家授权准予使用 NPEO 作为处方的杀虫剂和除生物剂以外，其余用量不能超过 0.1%（质量分数）。受限制的产品和行业主要包括工业和专业的洗涤剂（备有洗涤液再循环或焚化系统的除外）、家用洗涤剂、纺织品和皮革加工业（不排放到废水或在排放前经特殊处理而完全处理了有机物的除外）、农用乳头消毒液的乳化剂、金属加工（备有洗涤液再循环或焚化系统的除外）、纸浆和造纸加工、化妆品、其他个人护理品（杀精剂除外）和杀虫剂及除生物剂的处方等。从 2005 年 1 月 17 日起，该指令在欧洲各成员国开始生效，各成员国相应的需要制定法律和规章来保障该指令的实施生效。而对于出口欧洲的纺织品和服装上的 APEO 的限量也已经有了明确界定，不能超过 30ppm。

在加拿大，考虑到对水生生物的不利影响，环境水质标准规定在淡水中不能超过 1.0μg/L NP TEQ，在海水中不能超过 0.7 NP TEQ（TEQ：毒性当量，包含了不同毒性水平的 NP、NPEO 和 NPEC）。并且加拿大环保局（Canadian Environmental Protection Agency，CEPA）提出了风险管理的目标：到 2009 年，NP 在纺织加工业的使用量减少 97%～100%，而对于含有 NP 的产品（肥皂、洗涤剂和清洁剂等），NP 的使用量每两年减少 50%。

NPE 仍在美国和澳大利亚等一些国家使用，有一些发展中国家仍在扩大生产。我国洗涤行业新的国家标准（GB13171—1997）提出，在洗衣粉中禁止烷基酚的使用，而在工业洗涤剂领域和其他工业领域至今并无禁令。在澳大利亚没有限制法规，而在美国，关于 NP 的使用还没有相关的联邦法令，只有北卡罗来纳州有限用的地方法规（孙胜龙，2005）。美国食品和药品管理局（FDA）也没有限制在与食品直接接触的产品中不能含有 NPEO。2005 年 12 月美国 EPA 制定的水质标准中规定在淡水环境中 NP 浓度不能超过 28μg/L（每小时监测一次，发生概率每三年不能超过一次）或不能超过 6.6μg/L（每四天监测一次，发生概率每三年不能超过一次）；在海水环境中，壬基酚的浓度不能超过 7.0μg/L（每小时监测一次，发生概率每三年不能超过一次）或不能超过 1.7μg/L（每四天监测一次，发生概率每三年不能超过一次）。

Charles Staples 收集了 NP 的所有毒性数据，获得了 90 个慢性毒性数据（chroni values，ChV）（Staples et al.，2004）。ChV 为无影响作用浓度和最低影响作用浓度的几何均值。

$$ChV = \sqrt{NOAEL \times LOAEL} \qquad (3\text{-}14)$$

Charles Staples 最终选择了以致死、生长和繁殖作为评价终点的毒性数据。在同一物种有多个毒性数据的情况下，则计算其平均 ChV 值及其标准偏差。最后获得了 16 种生物种（表 3-16）的 ChV 值，分布在 5～3500μg/L 的范围之内，用于生物种的敏感性分析。根据表中所列的毒性数据，用式（3-8）和式（3-9）分别计算了三种方法的安全值。具体的计算相关参数如表 3-9 所示。用对数 Logistic 分布和对数正态分布，计算得到 HC_5 值分别为 4.18μg/L 和 4.09μg/L，两值非常接近（表 3-17）。但是这个基准值和美国的基准（draft USEPA criteria）5.9μg/L 有一定的差距，表示目前美国 EPA 的建议基准值并不能保护 95% 的物种，可保护的物种数低于 90%。由于表 3-9 仅给出了保护 95%物种的 HC_5 的计算常数，为了计算其他保护目标值所对应的安全值，也可以根据 Stephen 的方法，假定表 3-16 所示的毒性数据呈对数三角分布，进而得到保护 95%所对应的 NP 环境基准值 FCV 为 5.7（表 3-18）。

表 3-16　NP 的不同物种的毒性数据（ChV，μg/L）

	不同物种	生物种		慢性毒性数据
1	枝角目动物	Cladoceran	*Ceriodaphnia dubia*	276.0
2	大鳍鳞鳃太阳鱼	Bluegill sunfish	*Lepomis macrochirus*	86.6
3	水蚤	Water flea	*D. galeata*	59.2
4	底栖大型无脊椎生物	Benthic macroinvertebrates		41.8
5	贻贝、蚌类	Mussel	*Mytilus edulis*	31.7
6	桡脚类的动物	Copepod	*Tisbe buttagliai*	28.5
7	大西洋鲑	Atlantic salmon	*Salmo salar*	20.0
8	日本鲭江鱼	Japanese Medaka	*Oryzias latipes*	19.9
9	虹鳟鱼	Rainbow trout	*O. mykiss*	17.9
10	比目鱼	Flounder	*Platichthys flesus*	13.3
11	浮游动物群落	Zooplankton community		10.7
12	大鳞大马哈鱼	Chinook salmon	*Oncorhynchus tshawytscha*	10.0
13	糠虾	Mysid shrimp	*Mysidopsis bahia*	7.8
14	黑头呆鱼	Fathead minnow	*Pimephales promelas*	7.4
15	非洲爪蛙	African clawed frog	*Xenopus laevis*	6.3
16	蚊	Midge	*Chironomus tentans*	56.0

表 3-17　HC_5 计算值及其相关参数

概率	NOEC 对数平均值	m=毒性数据数	K_m 外推常数	几何标准偏差	HC_5
50%（W&L）	1.376	16	1.68	0.45	4.18
95%（W&L）	1.376	16	2.57	0.45	1.66
50%（A&S）	1.376	16	1.7	0.45	4.09
95%（A&S）	1.376	16	2.68	0.45	1.49

注：W&L 假定对数正态分布，而 A&S 假定对数 Logistic 分布。

表 3-18　FCV 计算过程及其计算值

R	GMCV	lnGMCV	$(\text{lnGMCV})^2$	$P=R/(n+1)$	$\sqrt{P}$
1	6.3	1.84	3.4	1/17	0.243
2	7.4	1.92	3.67	2/17	0.343
3	7.8	2.08	4.32	3/17	0.42
4	10.0	2.30	5.30	4/17	0.485
Sum		8.14	16.69	0.588	1.491

由此可知，根据不同的分布假定，计算获得的基准值会有一些差异，由于这些本身就是推荐方法，也无法再用实验方法进行验证，最终的环境基准制定就需要综合各个方面的因素。当然，我们以 NP 为例，发现了三种方法之间的计算值有比较大的区别，但是 van Leeuwen 用溴化钠、乐果、五氯酚的 11 种物种的毒性数据计算，发现上述三种方法的计算结果非常接近（van Leeuwen and Hermens，2000）。

$$S=\sqrt{\frac{16.69-(8.14)^2/4}{0.5882-1.491^2/4}}=1.964 \tag{3-15}$$

$$\text{lnFCV}=1.963\sqrt{0.05}+1.303=5.7 \tag{3-16}$$

对数正态回归方法计算保护 95%物种的无影响作用浓度：根据表 3-16 所示的壬基酚的毒性数据的大小，按从小到大排序，并对排序的结果标出序号 n，并求出表中总样本数是 N。假设在生态系统中，表中各物种对壬基酚的敏感性分布是均匀的，因此我们可以求出毒理学数据在生态系统中分布的百分比例（percentage）（表 3-7）。

$$\text{percentage}_n=\frac{n}{N+1}\times 100\% \tag{3-17}$$

将上述数据进行如 3.3 节的处理，得到不同物种 NP 的 ChV 对数正态分布参数［数据取对后服从 N（3.17，1.21)］，图形如图 3-14 所示。

如图 3-14 和图 3-15 所示，就可以计算以保护 90%或 95%物种为目标的无影响作用浓度分别为 8.66μg/L 和 5.58μg/L，和上述 FCV 计算的 95%的无影响作用浓度（5.7μg/L）比较接近。

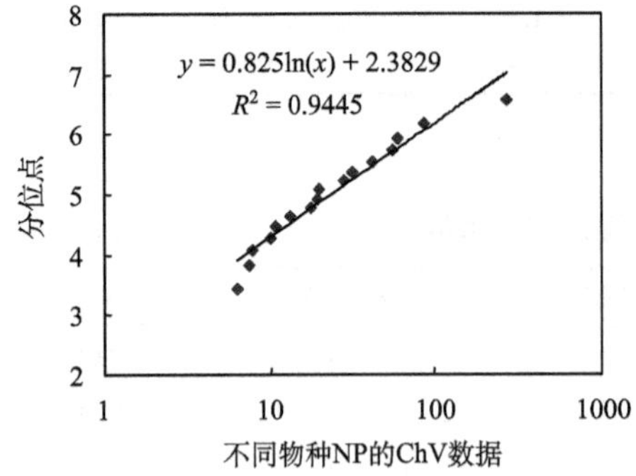

图 3-14　不同物种 NP 的 ChV 对数正态分布参数计算示意图

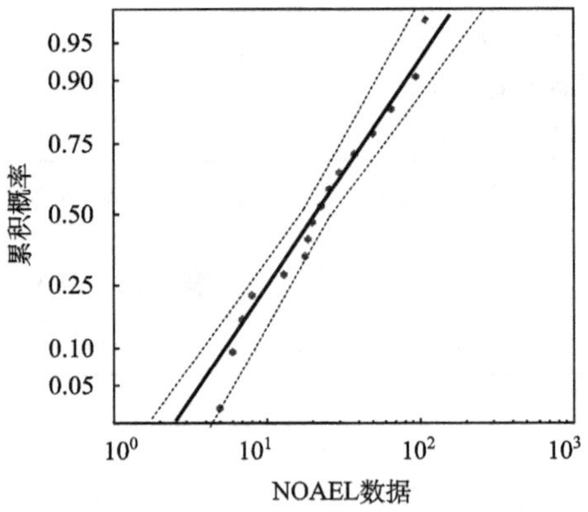

图 3-15　NP 毒性数据的累积概率分布 Probability-Probability（对数正态分布）

3.4　种群风险评价

到目前为止的环境管理中，大部分生态风险评价的对象和方法都是基于个体水平毒性，即以个体尺度上的响应参数作为评价终点（死亡率、产卵量、繁殖率、体长、体重等）。但是，1981 年，Walton 等发现水蚤（crustacea，ladocera）96h 的硫酸暴露下，对生物个体的死亡并没有显著影响，却导致了种群的萎缩（Walton et al.，1981）。1994 年，在 Bechmann 等评价海洋桡脚类的动物（tisbe furcat）暴露于铜所产生的慢性毒性时，也发现了同样的现象（Bechmann，1994）。这从实验的角度说明传统的个体水平为评价终点的安全阈值不一定能够保护生物种群的安全。Forbes 等比较了污染胁迫下种群内禀增长率、个体水平上的繁殖率和成活率指标的关系，认为种群指标比个体指标更适合评价生态风险（Walthall and Stark，1997）。事实上，由于多代毒性累积、种内和种间竞争、生物种群中不同年龄阶段对化学物质敏感程度不同及不同年龄的个体对种群繁殖的贡献存在差异（U. S. EPA，1976），慢性毒性对种群的影响程度可能要比个体水平更为严重。因此，有必要对具有明显慢性毒性的化学物质进行种群生态风险评价。

早在 20 世纪 80 年代，生物种群水平上的风险评价已经开始应用于野生鱼类和动物管理部门，当时的主要目的在于研究捕捞、栖息环境的变迁、疾病等因素对种群延续所产生的不利影响。1986 年，Barnthouse 等开始研究化学物质的胁迫对鱼类种群的影响（Barnthouse and Suter II，1986）。从种群的角度讲，大部分生物经历了短暂的生命之后很快就会死亡，只有极少数生物能够完成其最大的繁殖力和最长的存活时间。生物在连续的出生和死亡中繁衍，因此，仅研究个体的损伤和死亡对于研究物种的繁衍没有太大的意义，而种群的萎缩或者灭绝对生态和人类来说损失更大，因此生态风险评价和管理更应该关心种群的延续，而不仅仅是个体的存亡。最新的研究表明，在自然状态下内禀增长率比较低的物种种群，如鸟类、哺乳动物等，因为受到环境影响之后种群数量恢复所需时间较长，所以环境中的化学物质对这些物种种群的影响比个体水平更大（Stark et al.，2004）。

另外，由于一些持久性有机物的食物链放大作用，越是处于生态系统顶端的肉食性动物越能富集这些物质，使这些食鱼性鸟类处在较高的暴露水平而易受到更大的损害。例如，在中国的太湖沉积物中，DDT 的浓度并不是很高（3.27ng/g 干重），如果根据蚤类（amphipod）的 DDT 毒性判断，该地区处于较低的生态风险（袁旭音等，2003），但是栖息在这些地区的夜鹭鸟蛋中却发现了高浓度的 DDT 残留及其明显低于其他地区的幼鸟的孵化率（Dong et al.，2002；Zhang et al.，2003）。因此，由于食物链的作用食鱼性鸟类的种群要比其他物种的种群更容易受到化学物质的影响，需要根据化学物质的性质，选择合适的对象生物作为风险评价的生物种。

事实上，世界上发达国家的政府部门早在 20 世纪 90 年代初，已经开始着手研究种群水平上的风险评价。美国 EPA 分别在 1992 年和 1998 年的风险评价指南中将种群风险评价列为生态风险评价的方法之一，在 2003 年，将以保护食鱼性水鸟的种群为目标的生态风险评价的水质标准修改列入了今后的多年研究计划（U. S. EPA，2003b）。日本在最近几年也展开了种群水平上风险评价的研究，如日本产业经济省综合研究所风险评价中心，作为政府的研究机构，在国际上率先发布了多氯联苯（PCB）、壬基酚聚氧乙烯醚（NP）和锌（Zn）等化学物质在种群水平上的风险评价（Lin et al.，2005；Lin and Meng，2009）。和其他风险评价一样，种群生态风险评价过程涉及评价终点的选择、暴露评价、危害性评价和风险定量几个部分。

3.4.1　种群风险评价终点（指标）

与个体水平上的风险相比，种群风险与生态的关系更加密切（Shane，1994）。美国国家研究委员会（National Research Council，NRC）的生态毒理学方法评估委员会早在 1981 年就强调毒性影响评价不应仅停留在个体水平上，而应该考虑化学物质对种群、群落乃至生态系统的影响（Council，1981）。尽管如此，在众多的文献报道中还是以个体水平的风险评价为主，很多报道仅停留在急性毒性死亡率和短期的个体繁殖率方面。虽然这些毒性数据从一定程度上反映了化学物质对种群乃至生态系统的影响，但是仍然不能代替种群水平上的风险评价。这是因为化学物质可能改变生物的年龄结构，如内分泌干扰物质虽然不会导致生物死亡，但是会影响雌雄比率等参数，从而影响整个生态系统的平衡。尽管从种群上进行评价已经成为生态风险评价的共识，但是由于种群是不同相互作用的个体组合起来的有机整体而并非个体水平简单累加，因而导致对种群进行毒性评价的难度加大。

近年来，生态毒理学家正在试图将生物的个体毒性数据和种群水平之间建立一种联系。而这些种群水平上的新的指标体系将会提供以下一些有别于以往方法的优点：①评价结果不受评价终点的影响，更不会因为评价终点的不同而发生相互矛盾的结果；②生态系统的保护应该从保护生态系统本身的功能和构造出发，并便于风险交流；③能够用与工程开发和捕捞等人类活动造成的生态影响相同的尺度，评价化学物质引起的生态影响，便于它们之间的比较。另外，新的指标还必须满足评价终点的定义：评价终点是指实际希望保护的生态系统的重要性质，用生态系统中的对象和对象所具备的可以推算的性质及能够测定的性质表现出来的特点（Suter Ⅱ，1993；U. S. EPA，1999a；Pastorok et al.，2002）。

满足上述评价终点定义的种群水平上的终点有：①种群生物量；②种群内禀增长率（或种群增长率）；③种群灭绝时间。这三者之间及其与其他参数之间的关系如图 3-16 所示，其中种群数量可以基于种群的时间序列和种群内禀增长率来预测；而种群内禀增长率相对比较独立，可以分别通过种群的时间序列和种群的生命表来计算；种群的灭绝时间则是更为综合的参数，需要种群的数量、种群内禀增长率以及种群的环境容量和波动幅度共同来决定。

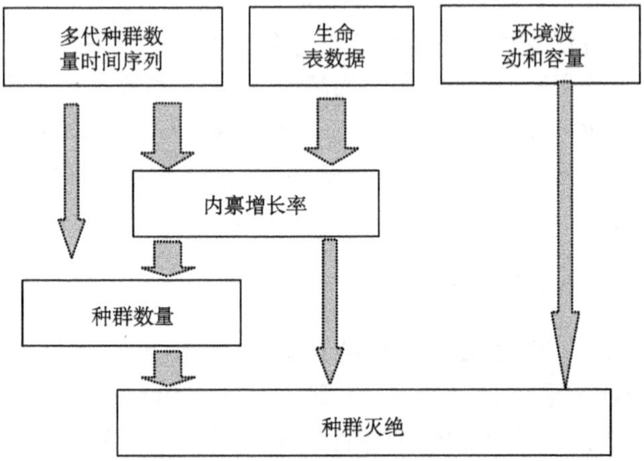

图 3-16　常用的种群评价终点之间的关系

种群生物量这个指标在种群评价中主要用于世代时间较短的、繁殖很快的生物种群（如细菌、水蚤等），而对世代较长的生物种（如狗、老鼠等）或者无法从野外观测直接获得，往往需要根据其他生物学参数，通过理论生态学模型外推得到。在实际种群风险评价中，种群数量是野外调查和实验观测中最直接的种群参数。但是，种群生物量这一指标容易受外界因素的影响且波动较大，不能很好反映种群繁衍的内在关键因素。而内禀增长率（或者种群增长率）恰恰能够弥补种群生物量的不足，这个指标直接控制着种群繁衍的趋势，是目前在种群风险评价中最为常用的指标。Walthall 和 Stark（1997）采用烟碱暴露下节肢类动物（acyrthosiphon pisum）种群数量的时间序列，并计算了该种群的内禀增长率（Walthall and Stark，1997）。Forbes 等对在 20 多种化学物质暴露下的 8 种生物的种群内禀增长率和相应的个体水平毒性参数进行比较，表明内禀增长率因为能够综合个体水平上的很多指标之间的相互作用，是一个更能反映生态影响的评价终点（Valery et al.，1999）。然而作为种群水平上的指标，仅对种群的增长趋势作出预测较难引起公众的共鸣，对于公众和管理者来说更需要一个更加综合的、容易被理解的参数，因此种群的灭绝时间成为一个被广泛关注的指标。在生态学领域，对种群的灭绝概率预测评价已经有了比较广泛的研究，但是在化学物质风险评价中的应用相对较少。以日本横滨国立大学的中西先生为首席科学家的“基于环境影响和效用的比较风险评价的化学物质管理原则”项目中，涉及化学物质的生态风险评价部分，采用了种群灭绝概率这一评价终点，已经成功地将这一手法应用到 DDT 对美国纽约州长岛的银鸥生态风险评价中（Nakamaru et al.，2002）。在这一研究中，假定没有受到化学物质等影响，自然生态系统中的生物在进化过程中也会自然灭绝。将生物种群数目 X 随时间的变化表示成内在自然增加率（r_s）、环境容量（K）和环境变化（σ_e）这三个参数的概率微分方程式，并在上述方程式中增加了化学物质的影响因子 δ，将上述方程式改为在化学物质影响下的个体数 X 随时间的变化。这样只要知道自然状态下的 r_s（0）及化学物质影响下的 r_s'、K 和 σ_e 就能计算获得无化学物质污染情况下的种群绝灭时间的对数 $\lg T$（0）和有化学物质污染下的种群灭绝时间的对数 $\lg T'$。T（0）则为在自然状态下的生物灭绝等待时间，T' 则为生物受到化学物质的暴露后，物种不会马上灭绝，而是会造成生物种群量的降低，从而缩短种群灭绝的等待时间。$\Delta\lg T$［$\lg T$（0）$-\lg T'$］则为由于化学物质暴露而加速种群灭绝的时间。$\Delta\lg T$ 还可以换算为容量风险值 $\Delta K/K(0)$，由于种群灭绝等待时间这一指标容易被公众理解和关注，因此如果能够获得环境容量（K）、环境变动系数值（σ_e）和暴露化学物质时的内在自然增加率（r），种群灭绝等待时间就是一个比较理想的风险评价指标。然而，为了获得生物群体的容量 K、σ_e 等有关种群动态的研究信息，需要基于野生生物种群和栖息环境方面的背景调查，由于往往缺乏这些数据，从而在很大程度上限制了该风险评价终点的广泛应用。

表 3-19 比较了种群生物量变化、种群内禀增长率和灭绝概率在社会关联性、生物学上的关联性、可操作性、预测的可行性和对化学物质的感受性方面的差异(Pastorok et al.，2002)。社会关联性是和人类社会关系或者资源管理层面关联更为紧密的一个指标，如果一旦种群萎缩或者灭绝，已经灭绝的生物很难再复生，这样的生态问题往往容易引起公众的普遍关心；生物学上的关联性是指与其他生物之间的密切程度；可操作性是指计算这个指标所需的基础数据获得的容易程度；预测可行性是指对于预测种群未来变化的预测能力大小；对化学物质的敏感性是指这个指标对化学物质的敏感程度。

表 3-19　三种种群水平上的风险评价终点的定性比较

考虑因素	灭绝概率	种群增长率（λ）	生物量变化
社会的关联性	强	中	差
生物学上的关联性	强	强	中
可操作性	中	好	中
预测的可行性	高	高	中
对化学物质的感受性	高	高	中

综合上述三种种群水平上的评价指标可知，因为种群内禀增长率反映了种群延续能力，决定了种群数量的变化和种群平均灭绝时间，在估算过程中容易操作，所以在实际风险评价中已经有了比较广泛的应用。

3.4.2　种群增长率计算

内禀增长率是指在种群年龄结构稳定、有充足的食物与空间、同种其他个体的密度适宜、环境中没有天敌的条件下，种群的最大瞬时增长率，这个指标反映了在特定状态下生物种群的最大增长能力（Andrewartha and Birch，1954）。计算种群内禀增长率的方法主要有三种，包括 Logistic 模型、欧拉方程和矩阵模型。其中 Logistic 模型主要以种群数量的时间序列采用非线性拟合计算得到；欧拉方程以不同年龄的存活率为基础通过数值迭代计算；矩阵模型是以不同生命表为基础采用矩阵运算得到。至于选择何种模型，主要根据实际能够收集的数据而定。如果能够获得多代共存的自然种群数量的时间序列，而且该时间序列反映种群的快速增长期和平稳期，那么可以采用 Logistic 模型估算内禀增长率。Murata 等（2003）基于日本东京不忍池（Shinobazu）在 1945～1995 年的普通鸬鹚数量变化的生态学基础数据，采用 Logistic 模型成功地估算了鸬鹚在日本东京湾的内禀增长率（Murata et al.，2003）。但是，事实上通过野外长时间的观测，能够收集到多年的种群动态的时序并不是一件容易的事情。有时候我们能够获得生物种群所有年龄段数量的存活率数据，并且是单性繁殖或者雌性主导整个繁殖过程(即雌性负责子代繁育)，那么就可以利用欧拉方程计算内禀增长率（Daniels and Allan，1981；Bechmann，1994)。与 Logistic 模型相比，欧拉方程的问题主要在于没有考虑种群的环境容量。Gentile（1983）基于汞和镍重金属离子暴露下糠虾（mysidopsis bahia）生活史数据，采用欧拉方程计算了相应的种群内禀增长率。在无法获得不同年龄段的存活率，而只能获得相邻两个时间点的种群年龄结构，或者只能获得全部年龄段的数量时，估算出种群不同年龄的生物存活概率，据此可以建立种群转移矩阵，估算种群的内禀增长率。与欧拉方程相比，矩阵模型更容易采用个体参数进行外推，所需要数据相对较少，所以得到了广泛应用。Kuhn 等利用 28d 壬基酚暴露下的 Americamysis bahia 生命表，采用矩阵模型计算了不同暴露浓度下的种群增长率，并建立了壬基酚浓度-种群增长率曲线(或者剂量-效应关系)，获得了影响种群萎缩的阈值。

计算种群内禀增长率需要了解种群的繁衍过程，种群的繁殖通常有 r 对策和 K 对策。其中 r 对策的生物生育力强、早熟、个体小、寿命短且繁殖多而小的后代。在环境条件较好时就会以其高增长率 r 迅速恢复种群，使物种得以生存。典型的 r 对策种类一般为一年生植物、小型动物（如鼠、兔和昆虫等)。K 对策生物则适应于相对稳定的环境，一旦种群受损很难恢复甚至可能灭绝。由于种群数量基本保持在环境容量 K 水平上、竞争较激烈、成年个体大、发育慢、生殖迟缓、产崽少但多次生殖、寿命长、存活率高。典型的 K 对策种类有大象、虎、大熊猫、鲸等大型哺乳动物以及红松等树木。

对于 r 对策的生物而言，由于其生命史短，在较短的时间内可以实现多代共存繁殖，因此可以在较短的时间内观测其种群的数量变化的特点，分别采用指数模型或者逻辑斯蒂模型进行模拟。如果环境容量没有限制，那么生物将呈指数增长，如式（3-18）所示。

$$\frac{\mathrm{d}}{\mathrm{d}t}N(t) = rN(t) \tag{3-18}$$

式中，N 为种群在时间 t 的数量。在实际的自然界中，资源并不是无限的，因此生物个体之间的竞争，将会影响个体的繁殖，导致种群增长率的降低，这种现象被称作密度约束。描述密度约束下的生物增长过程的一般模型是 Logistic 种群增长模型，这个模型也被称为 Verhulst-Pearl 模型。此模型是 1838 年由 Verhulst 首次发表在生物书籍中，而后由 Pearl 推广到数学生物领域里。许多生态方面的书籍都有这一模型的介绍。Logistic 模型的公式如下。

$$\mathrm{d}N/\mathrm{d}t = rN(1-N/K) \tag{3-19}$$

式中，K 为容量（实际能够达到的种群大小）。随着种群的生物个体数接近环境容量 K，种群的增长率将会降低。

K 对策的生物由于其生活史较长，进行室内实验和野外观测都很困难。仅从繁殖过程而言，单年生的生物繁殖模式仅是多年生生物繁殖模式的一种特殊情况，下面以鱼类种群的繁殖过程（图 3-17）来说明生物的繁殖过程。假定这种鱼繁殖的最大年限为 4 年，繁殖过程中从 2 龄开始至 4 龄结束，雌性的卵完成受精过程的数量为 n_0，完全孵化存活到 1 龄的比例为 p_{01}、数量为 n_1，因此 $p_{01}=n_1/n_0$，1 龄存活到 2 龄的比例为 p_{12}、数量为 n_2，以此类推，直至最大繁殖年龄 4 龄，因此对于年龄超过 4 龄仍然可以繁殖的比例设为 p_{44}。

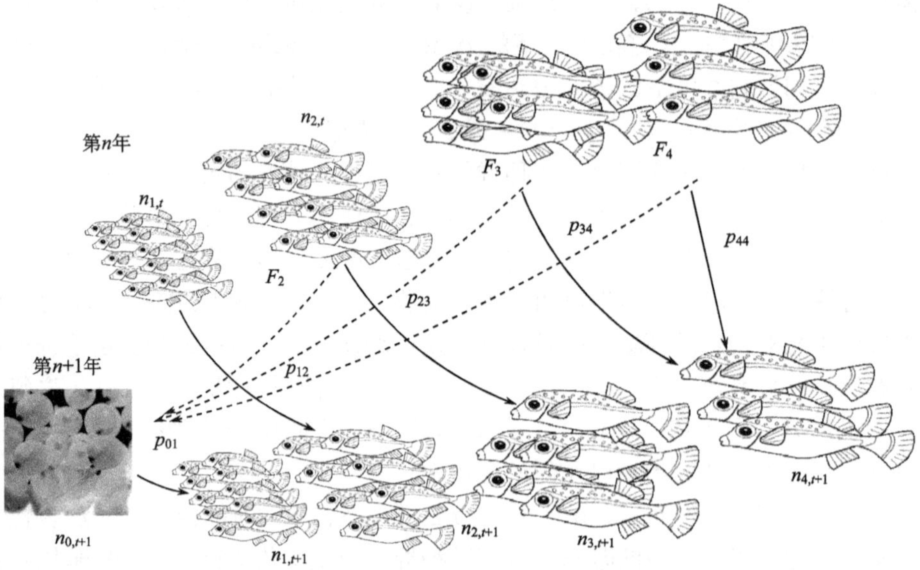

图 3-17　鱼类种群繁衍动态示意图

$n_{i,t}$：鱼在第 i 龄的种群在时间 t 数量；p_{ij}：种群从第 i 龄到第 j 龄的存活率；p_{44}：指到第 4 龄后每年总的存活率；F_i：指的是第 i 龄产的受精卵量

因此不同年龄的鱼在第 $t+1$ 年的数量可以根据第 t 年数量来计算。

受精卵量（n_0）：$n_{0,t+1}=n_{1,t}{}^*{}_0+n_{2,t}{}^*F_2+n_{3,t}{}^*F_3+n_{4,t}{}^*F_4$

第 1 龄组数量：$n_{1,t+1}=n_{0,t}{}^*p_{01}+n_{1,t}{}^*0+n_{2,t}{}^*0+n_{3,t}{}^*0+n_{4,t}{}^*0$

第 2 龄组数量：$n_{2,t+1}=n_{0,t}{}^*0+n_{1,t}{}^*p_{12}+n_{2,t}{}^*0+n_{3,t}{}^*0+n_{4,t}{}^*0$

第 3 龄组数量：$n_{3,t+1}=n_{0,t}{}^*0+n_{1,t}{}^*0+n_{2,t}{}^*p_{23}+n_{3,t}{}^*0+n_{4,t}{}^*0$

第 4 龄组数量：$n_{4,t+1}=n_{0,t}{}^*0+n_{1,t}{}^*0+n_{2,t}{}^*0+n_{3,t}{}^*p_{34}+n_{4,t}{}^*p_{44}$

以上方程可以采用矩阵的方式表示为

$$\begin{bmatrix} n_{0,t+1} \\ n_{1,t+1} \\ n_{2,t+1} \\ n_{3,t+1} \\ n_{4,t+1} \end{bmatrix} = \begin{bmatrix} 0 & F_1 & F_1 & F_1 & F_1 \\ p_{01} & 0 & 0 & 0 & 0 \\ 0 & p_{12} & 0 & 0 & 0 \\ 0 & 0 & p_{23} & 0 & 0 \\ 0 & 0 & 0 & p_{34} & p_{44} \end{bmatrix} \times \begin{bmatrix} n_{0,t} \\ n_{1,t} \\ n_{2,t} \\ n_{3,t} \\ n_{4,t} \end{bmatrix} \tag{3-20}$$

还可以简写为

$$N_{t+1} = AN_t \tag{3-21}$$

式中，矩阵 A 即种群矩阵，也即常说的 Leslie matrix 矩阵（Caswell，2001）。通常在种群稳定情况下矩阵 A 为恒定常数矩阵，其最大特征值作为种群增长率，其自然对数即为种群的内禀增长率。种群增长率可以通过直接取自然对数求得内禀自然增长率 r。

$$r = \ln(\lambda) \tag{3-22}$$

矩阵在实际使用过程中，需要对种群划分年龄或者阶段。自 1950 年以来，矩阵模型在渔业资源管理中起到了非常重要的作用。整个模型的构建主要依赖两个参数：存活率和繁殖率。在许多种群中，不同的年龄或者阶段，其存活率和繁殖率是很不相同的，化学物质对于不同的年龄或者阶段的生物的影响也不一样。这两个关键参数是连接个体和种群之间的桥梁，可以将个体水平上的暴露实验通过这两个参数外推到种群水平上。式（3-20）中左右矢量分别为种群在 t 和 $t-1$ 时间的种群数量，N（t）和 N（$t-1$）是每个年龄段生物量的矢量（N_0，…，N_k），展开繁殖函数 F，即得到式（3-20）中矩阵的第一行，其他行是存活率函数。

$$A = \begin{vmatrix} 0 & s_1 f_2 & s_2 f_3 & \cdots & s_{k-1} f_{k-1} & s_k f_k \\ p_{0,1} & 0 & 0 & \cdots & 0 & 0 \\ 0 & p_{1,2} & 0 & \cdots & 0 & 0 \\ 0 & 0 & p_{2,3} & \cdots & 0 & 0 \\ 0 & 0 & 0 & \cdots & p_{k,k-1} & 0 \end{vmatrix} \tag{3-23}$$

式中，k 为最高年龄；p_k 为 k 年龄的雌性生物生存率；s_k 为不同年龄的产卵量；f_k 为 k 年龄的平均孵化率。

计算上述矩阵 A 的特征值，则最大特征值为种群增长率 λ。以上模型都是基于雌性繁殖为主导的繁殖过程，没有考虑参加繁殖的两种性别之间的相互作用。但是这种相互作用却不容忽视，除了发现具有内分泌干扰活性的物质在环境介质中普遍存在之外，内分泌干扰物质的污染导致的野生动物的雌雄同体或性比偏移的生态危害性也相继被报道。Gibbs 等在英国的东部海岸发现了腹足类（dog-whelk）的雌雄同体和种群的区域性灭绝（Gibbs et al.，1988）。施华宏等在1999～2004年对我国海域的腹足类（*C. brunneus* and *C. asianus*）的畸变进行了详细调查，发现我国海域的腹足类发生了大面积雌雄同体（Shi et al.，2004）。在发现腹足类动物雌雄同体的同时，关于鱼类的雌性同体和性比偏移也相继被报道。北京大学胡建英等发现，在北京排污河中的雄性鲫鱼体内发现了雌鱼所特有的卵黄蛋白原（Hu et al.，2003）。该研究组在2002～2004年对我国渤海污染进行调查，发现在不同海域的梭鱼种群出现高比例的雌雄同体（Hu et al.，2005a）。另外，危起伟等发现了我国珍稀动物中华鲟的种群性比偏移（雄性减少）和雌雄同体（Wei et al.，1997）。研究证明，雌雄同体和性比偏移都会影响生物个体的繁殖能力，从而加速物种群的灭绝，减少渔业资源量。

事实上在自然界中，两性繁殖的物种普遍存在，而在两性繁殖中，繁殖过程并非完全由雌性主导，而是取决于雌雄的共同作用。Boukal and Berec（2002）在理论上证明了性比偏移往往导致动物找到配偶的概率降低，在繁殖期一部分生物由于无法找到配偶而导致其无法完成交配（Boukal and Berec，2002）。Galliard等从行为学的角度证明了蜥蜴种群中雄性性比增多能够加速种群的灭绝（Galliard et al.，2005）。Kiflawi证实了珊瑚礁鱼（coral reef）的雄性数量减少降低了受精率（Kiflawi，1999）。Jensen（2000）采用两性模型通过猎杀雄性或者雌性导致性比差异下，预测了白尾鹿种群数量的变化。传统的两性矩阵模型已经很好地应用到一些生物种的种群数量变化的预测中，但是由于两性模型的计算过程存在种群繁殖率对性比的反馈，只有采用迭代计算收敛方法获得的数值求解，而无法采用代数方法直接求解（Caswell and Weeks，1986）。因此，如果在单性种群矩阵中增加雄性的存活率，并且引入一个性比参数的繁殖函数（F），就能构建表达雌性和雄性之间的相互作用的两性矩阵模型。

$$\begin{vmatrix} N_{0,t+1} \\ N_{f_1,t+1} \\ \cdots \\ N_{f_i,t+1} \\ N_{m_1,t+1} \\ \cdots \\ N_{m_i,t+1} \end{vmatrix} = \begin{vmatrix} 0 & F_2 & \cdots & F_{i-1} & 0 & 0 & 0 \\ p_{f_1,1} & 0 & \cdots & 0 & 0 & 0 & 0 \\ \cdots & \cdots & \cdots & \cdots & \cdots & \cdots & \cdots \\ 0 & 0 & \cdots & p_{f_i,i-1} & 0 & 0 & 0 \\ p_{m_1,1} & 0 & 0 & 0 & 0 & 0 & 0 \\ \cdots & \cdots & \cdots & \cdots & \cdots & \cdots & \cdots \\ 0 & 0 & 0 & 0 & 0 & p_{m_i,i-1} & \end{vmatrix} \times \begin{vmatrix} N_{0,t} \\ N_{f_1,t} \\ \cdots \\ N_{f_i,t} \\ N_{m_1,t} \\ \cdots \\ N_{m_i,t} \end{vmatrix} \quad (3\text{-}24)$$

式中，$N_{0,t}$为受精卵的数量；$N_{f_i,t}$为雌性在i龄时的数量；$N_{m_i,t}$为雄性在i龄时的数量；$p_{f_i,j}$为雌性从年龄i到年龄j的存活率；$p_{m_i,j}$为雄性从年龄i到年龄j

的存活率；F_i 为第 i 龄雌性产生的卵中受精卵的个数。矩阵中第一行从第一行到第 $i-1$ 列即种群的繁殖函数。

$$F_i = \varphi_{f_i} \frac{k_i \delta}{\alpha + (1-\alpha)\delta} \tag{3-25}$$

式中，φ_{f_i} 为第 i 龄雌性繁殖概率；α 为精子的受精效率；δ 为性比。式（3-25）中的繁殖函数是基于体外受精的繁殖函数；对于更多的繁殖函数可以参阅 Caswell 所著的 *Matrix Population Models*（Caswell，2001）。体外受精一般发生在水体环境，因此成功率的影响因素较多，其中主要包括精子质量和数量、环境因素和卵子的属性（McEdward，1995）。在精子质量稳定的情况下，水体环境的湍流和精子扩散空间很大导致水体中的精子密度成为影响卵受精的主要因素。Vogel 在 1982 年提出基于精子运动速率、温度、精子密度等微观因素计算受精率的体外受精动力学方法（Vogel et al.，1982）。Kiflawi（1999）提出了和 Vogel 的方法等效的体外受精动力方程，该方程较 Vogel 方程更简洁，容易进行数学推导。尽管基于微观尺度的受精函数更能真实地反映生物的受精过程，但是在微观尺度上的动力学参数非常难以获得。式（3-23）是基于微观机制外推到宏观种群尺度上的参数而得到的种群繁殖函数，所采用的参数都是种群宏观参数，在实际研究过程中更容易获得，更具有实际意义（An et al.，2009）。

除了采用种群矩阵方法计算种群增长率外，欧拉方程也是一种常用的计算内禀自然增加率的方法。与种群矩阵方法类似，欧拉方程是根据实验获得的新生个体在不同年龄的生存率及产卵数制作生命表。如果种群年龄结构的分布达到稳定状态，那么内禀自然增加率可以根据式（3-26）计算。

$$1 = \sum_{x=0}^{\infty} e^{-rx} l_x m_x \tag{3-26}$$

式中，l_x 为不同年龄的生存率（到 x 年龄为止的生存率）；m_x 为不同年龄生物的产卵数；x 为年龄。由于这个方程解析非常困难，只能用数学迭代法才可以求 r 值。为了获得模型所需要的年龄参数，需要非常庞大的实验工作。然而在矩阵方法和欧拉方程方法中的繁殖参数都基本相同，但是存活参数可以通过如下的关系进行相互转换。

$$l_x = \prod_{i=1}^{x} p_{i-1,i} \tag{3-27}$$

由于矩阵方法简单易行，欧拉方程的使用越来越少。

3.4.3　参数的获取方法

无论是矩阵方法还是欧拉方程方法，最重要、最困难的工作是获得众多的种群参数，即和种群繁殖密切相关的个体存活率、繁殖率、性比、参加繁殖概率、孵化率等。

1. 存活率估算

生命表法：存活率（或死亡率）是进行种群风险评价的关键参数。单位时间内（通常以年为单位）种群中死亡个体数与总数之比称为死亡率（death rate，mortality）。与之相对应，单位时间内种群中存活个体数与总数之比称为存活率。生物个体的死亡数和年龄有关，若将某一生物种群的生命周期分为若干年龄阶段，分别求出每个年龄阶段的生存个体数，再按年龄百分比便可画出该生物的生存曲线（survivorship curve）。除了存活率外，生命表是描述种群动态生长死亡过程的常用工具，它最初应用于人口统计学，目前也用于动植物种群动态研究。通常生命表分为动态生命表和静态生命表。动态生命表通常又称同组生命表（cohort life table），通过连续观察一组同一时期出生的生物从出生到全部死亡，不同年份存活下来的数量编制而成。对于野外生物动态生命表通常需要结合标记重捕技术，由于该方法要追踪生物从生到死的整个过程，对于长寿命生物种要拿到整个生命周期的参数难度较大。与动态生命表不同，静态生命表是调查某个种群在特定时间内的年龄结构（即不同年龄段种群数量）而编制的生命表，它又称为特定时间生命表（time-specific life table）或垂直生命表（vertical life table）。静态生命表的编制需要一次大量采集生物，以便样品能够代表整个种群的构成，但是不同生境的种群之间的出生率和死亡率也不尽相同。以调查渤海梭鱼存活率为例，一般研究方法是通过调查渤海梭鱼的不同年龄段的数量来构建种群静态生命表。有文献记录以来梭鱼个体最大存活寿命为 15 年，每年在渤海湾的各个海港调查梭鱼从 1～15 龄的种群的数量，分别记为N_i（$i=1$，…，15），则该种群第 i 年的存活率为 $l_i=N_i/N_{i+1}$。在实际调查过程中，由于受捕获技术和法律的影响，如我国的《水产资源繁殖保护条例》中第九条对网眼的尺寸作出了要求，以及第十条对捕捞区域进行了严格限制，因此无法获得幼龄鱼的真实种群数量。有时调查获得小于 1 龄的幼鱼的数量低于 2 龄的数量，按照上面的方法计算 1 龄存活率发现该年龄段的存活率大于 1，这种错误主要因为有大部分 1 龄的幼鱼漏捕。因此，若出现这种问题需要一个约束条件，然后采用牛顿迭代方法获得 1 龄幼鱼的存活率。如果出现 1 龄的存活率无法获得，可以通过基于小种群的时间序列采用 Logistic 方法的自然条件下的种群内禀增长率作为约束条件，在 0～1 赋一初始值后采用牛顿迭代方法计算获得 1 龄的存活率。具体方法可参考相关文献（An et al.，2009）。

2. 繁殖率估算

繁殖是种群延续和生物进化过程中最关键的一个环节。自然界孕育生物，并在进化过程中出现了性别。理论上，一种生物可能出现多种性别，如一种黏液霉菌就有 13 种“性别”。但这些多性别的物种在目前的自然界中很稀有，大多数物种都只有雌性和雄性两种性别。为什么性别一般只有雌性和雄性两种呢？早在 1958 年，对现代达尔文主义的创立有重大贡献的生物学家罗纳德·费舍尔在他的著作《自然选择的遗传学理论》中就明确提出了这个问题，但是这个问题在此后 40 多年的时间内都没有得到一个公认的答案。单性繁殖也叫做孤雌生殖，是通过分裂而完成，单性繁殖通常只有一个性别。例如，细菌就是通过最简单的自我复制（一个变成两个，两个变成四个，以此类推）的方式进行繁殖。通过无性繁殖而产生的个体，都是完全相同的“复制品”。但是又有些两性繁殖的生物也存在孤雌生殖。例如，蚜虫，其在条件合适时，采用单性繁殖可以在短时间内获得大量的子代，一旦条件恶化不适合单性繁殖则采用两性繁殖。对于完全采用两性繁殖的物种，繁殖后代就必须要与同种的异性个体进行交配。然而性对于生物体本身并不是一件好事：对于雄性来说，它们需要花费大量的时间和精力去寻找和讨好配偶，或为求偶而战，弄得伤痕累累甚至有时候会危及生命，如果不付出这样的代价基因就无法传递下去；对于雌性来说，费了很大功夫来筛选求偶者，结果它们的基因只能有一半传给子代，更麻烦的是来自雄性的另一半基因未必就很优良，万一上当受骗被孬种所勾引，后代的基因就被杂化，那就亏大了，令人惊奇的是自然界中雌性上当受骗的事情却非常普遍。如果雌性采用单亲无性生殖，其基因就能百分之百地传下去。但是为什么目前存在的几百万种动植物中绝大多数都采用有性生殖？雌性为什么愿意付出这“50%”的代价？性在生物进化上究竟有哪些优点？目前比较流行的观点认为，有性繁殖带来了基因重组，基因重组能够产生无穷无尽的变异，而丰富的变异更有能力接受环境变迁的挑战。如同参加彩票抽奖，单性繁殖只是买了一张彩票，然后把它复印了许多次，复印再多也无法增加中奖概率，而有性繁殖却是买了很多不同号码的彩票，中奖的概率显然将会大大提高。因此在环境波动的自然条件下，自然界只会选择适应环境的生物存活下来，因此，单性繁殖可能在其中的一次环境变迁中获得了优势，但是由于变异有限，在亿万年沧海桑田的变迁中，有性繁殖的生物逐渐显示出变异的优势，即能适应变迁的环境。

通常情况下两性繁殖的个体在数量上大体相当，因此，某个体只能有一半的机会遇到异性个体，所以生物在繁殖过程中寻找异性个体就将耗费很多的时间和精力。由于可能出现机会上的差异，在寻偶的过程会出现同种胁迫，因此出现个体冗余，部分个体将无法获得交配的机会。对于有些生物存在成熟期的差异，如鱼类会在不同的年龄出现成熟差异，通常只有成熟的个体才会参加繁殖，甚至有些鱼类并非每年都参加繁殖，因此估算生物可能参加交配的概率是非常重要的。繁殖率（F）可以用式（3-23）来表达，其中 φ_{fi} 常采用式（3-28）来计算。

$$\omega_f = \frac{S_i}{N_i} \tag{3-28}$$

即每年在不同年龄中参加繁殖的个数（S_i）除以该年龄种群的总数（N_i），i 代表不同的年龄（An et al.，2006）。雌性每年的产卵数目（k）可以通过野外实测数据获得，研究表明产卵力的大小往往和个体大小密切相关，特别是对于鱼类而言，体长越长，产卵力越大。Naddafi 等建立了伊朗的 Anzali 和 Gomishan 湿地中鲤科鱼类（rutilus rutilus caspicus）的长度和产卵力之间的线性关系（Naddafi et al.，2005）。式（3-25）中的 α 与受精效率和繁殖行为有关，体内受精繁殖方式相当稳定，如哺乳动物和鸟类等，所以 α 通常取 1；但是对于鱼类体外受精的动物则受很多因素的影响，因此需要野外的实测数据来估算。

式（3-25）中的性别比例（δ）定义为繁殖群体中雄性个体在繁殖种群的比例（An et al.，2009），该参数的大小对种群配偶关系及繁殖潜力具有很大的影响。然而在实际种群繁衍过程中，并非所有的个体都参加繁殖，因此参加繁殖过程的性比对种群的后代个体总量的影响最为重要，特别是对体外繁殖物种。性比的估算依赖于不同年龄段成熟个体参加种群繁殖的概率。以梭鱼的繁殖种群为例，种群中个体寿命最大为 15 龄，不同年龄的雄性和雌性个体参加繁殖的概率分别为 φ_{mi} 和 φ_{fi}，该年龄段雄性个体和雌性个体数分别为 n_m 和 n_{fi}。因此在繁殖群体中的种群性比（δ）通过式（3-29）估算。

$$\delta = \frac{\sum_{i=2}^{18} \varphi_{mi} n_{mi}}{\sum_{i=2}^{18} \varphi_{mi} n_{mi} + \sum_{i=2}^{18} \varphi_{fi} n_{fi}} \tag{3-29}$$

3.4.4　种群危害评价

种群由不同年龄段的个体所组成。在实验室并不能完全模拟野外环境，因此很少有生物能够在实验条件下完成整个生命周期。对实验条件要求比较简单的生物通常生命周期短（r 对策生物），在实验条件下就能够完成整个生命周期，因此通常采用实验室污染物暴露下生物完成整个生命史，如水蚤、美国糠虾以及青鳉鱼等，然后观测在不同的暴露浓度下的种群数量动态变化，进而计算种群其他参数特征；对于生活史较长，而且在实验室条件下难以进行繁殖的物种（K 对策生物），在种群水平危害评价过程中，只能选择该物种的某个阶段，如孵化率、存活率进行暴露评价，然后采用理论生态学模型的方法外推到种群响应，计算种群内禀增长率或者种群灭绝概率进行风险评价（图 3-18）（Suter Ⅱ，1993；Pausenbach，2002）。

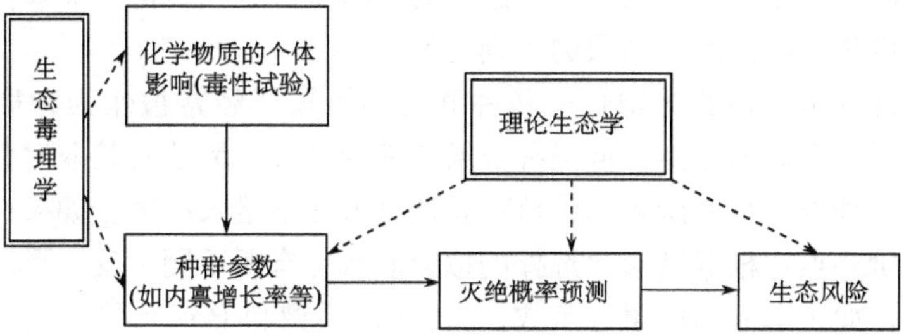

图 3-18　生态风险评价中的生态毒理和理论生态学

1. 剂量-效应关系建立

进行种群危害性评价的关键步骤是建立在环境胁迫程度差异情况下的种群响应变化。通常采用生态毒理学方法，评价个体水平上的毒性效应。例如，式（3-20）通过毒理学实验，研究不同的暴露浓度对于矩阵中存活参数 p_k 的影响，进而构建浓度剂量-效应关系，即 $p_k=g_k(c)$；有时候繁殖率也经常作为个体评价终点，建立繁殖率与污染暴露程度之间的剂量关系，即 $F_k=h_k(c)$，同样也可以代入式（3-20），并在此基础上，进一步建立不同暴露浓度下种群内禀增长率的剂量-效应曲线。通常采用拟合方法，常用的拟合函数有幂函数、多项式和韦氏函数等。对 12 种无脊椎动物的暴露剂量（C）-种群内禀增长率（r）关系分析中，Tanaka 和 Nakanishi（2001）比较了这些模型，认为幂函数的拟合效果比较理想。

$$r(c)=r_0\left[1-\left(\frac{C}{\alpha}\right)^{\beta}\right] \tag{3-30}$$

式中，r_0、α 和 β 为拟合参数；r_0 为无污染暴露时的种群内禀增长率；α 为 $r=0$ 时的浓度值；β 为曲线变化参数；r 为种群内禀增长率；C 为污染物的浓度值。

值得注意的是，虽然种群内禀增长率是一个表征种群延续能力的特征量，是一个好的评价指标。但是种群的内禀增长率是一个状态变量，是表征种群在污染条件下的延续能力，只能间接表达污染可能导致的危害。因此，可以采用更直接的变量——种群内禀增长率的损失作为衡量种群危害的特征值，即采用在自然状态下的种群内禀增长率（r_0）减去污染状态下的种群内禀增长率（r）得到的差（Δr）表示。

$$\Delta r(C)=r_0-r(c)=r_0-r_0\left[1-\left(\frac{C}{\alpha}\right)^{\beta}\right]=r_0\left(\frac{C}{\alpha}\right)^{\beta} \tag{3-31}$$

采用种群内禀增长率的损失还有一个优点是降低了结果的不确定性。计算种群内禀增长率的其他基础参数值的波动范围往往较大，从而增加种群内禀增长率的计算结果的不确定性。采用不同状态下的差值是一个相对值，能够使基础参数的波动相互抵消从而减小了结果的不确定性。

值得注意的是，种群的增长率和种群内禀增长率经常被作为种群评价的终点，虽然二者存在对数变换，但当种群增长率为 0 时，无法对其取对数，因此从数学的角度，种群增长率所表达的范围要比种群内禀增长率大。如果选择种群增长率作为评价终点，根据其形状选择的拟合函数也有所不同，反 S 形的模型都可以用来拟合，如正态分布的累计函数、Logistic 模型和 Probit 的共轭形式。曲线拟合具体方法请参阅第 5 章风险评价的常用数学方法。

2. 不同曲线的最优化选择

对于同一组数据可以采用不同的函数或者模型来拟合，这就产生一个问题，在多种模型都可以采用的情况下，如何才能选择一个相对最优的模型。模型是风险评价中常用的工具，它是对现实问题的抽象，因此往往只能反映问题的某一个侧面。我们碰到一组具体的数据，往往可以采用不同的模型，如 3.3 节中对污染暴露下建立污染暴露和种群增长之间的拟合关系时，既可以采用以内禀自然增长率为评价终点的幂函数方程，也可以采用以种群增长率为终点的正态分布累计函数，这几个模型都有各自的意义，其拟合度（goodness of fitting）有所差别。另外，值得注意的是，如果纯粹从拟合度的角度来看，增加模型的参数就能增加拟合度，然而我们会面临另外一个问题：参数的增加意味着控制模型的因素增加，这些因素在模型中各自的不确定性和敏感性将会出现线性或指数式的叠加，最终导致模型的稳定性变差。因此，一个好的模型将会在模型的参数个数和拟合度之间进行平衡。

Akaike（1973）最早建立了关于参数的个数与最大拟合度之间关系的衡量基准（Akaike，1973），即“Akaike's Information Criterion（AIC）”，如式(3-32）所示。

$$\mathrm{AIC} = n\lg(\sigma^2) + 2K \tag{3-32}$$

式中，n 为观测值的数量；K 为模型中自由参数的个数；σ 为标准残差，可以通过式（3-33）计算。

$$\sigma^2 = \frac{\sum \varepsilon_i^2}{n} \tag{3-33}$$

式中，ε_i 为选择模型在第 i 个实测点上的残差。

通常 AIC 值越低，在考虑适当的参数情况下拟合度越好。但是，AIC 只能评估出模型的相对优劣，单独的一个模型则无法进行比较。因此在 AIC 的基础上，模型选择基准提供了一个更方便的尺度来直接判断模型是否可以被采用

(Newman，1995)。MSC 的计算式如式 (3-34) 所示。

$$\mathrm{MSC} = \ln \frac{\sum_{i=1}^{n} we_i (x_i - \bar{x})^2}{\sum_{i=1}^{n} we_i (x_i - \tilde{x}_i)^2} - \frac{2d}{n} \tag{3-34}$$

式中，x_i 为第 i 个观测数据；$\tilde{x}_i$ 为第 i 个预测数据；$\bar{x}$ 为观测值的平均值；n 为观测值的总数；d 为参数的总个数；we_i 为各个观测值本身的权重，如果数据点设置均匀，通常默认为 1；如果研究者更关注实验数据密集区，则通常会用 w_i 来调整数据的权重，增强拟合的有效性。通常 MSC 值越高，拟合度越好。但是，MSC 值最好在 2～6 模型才能采用，如果低于 2 通常认为拟合度相对较差而不宜采用，高于 6 则通常认为过度拟合而不宜采用。

3.4.5　案例分析 I

1. 太湖夜鹭在 DDT 暴露下的种群剂量-效应关系

食鱼性鸟类种群毒性评估，到目前为止还不可能直接进行毒性测试，所以食鱼性水鸟种群水平危害评价通常采用将个体水平的毒性数据（如年龄、繁殖率、死亡率等）结合水鸟的生活史进行外推，计算种群水平上的风险。下面以夜鹭在 DDT 暴露下的种群风险为例，阐述污染剂量-种群效应关系。

夜鹭（nycticorax nycticorax）在我国属二级保护动物，是全世界广泛分布的夜行鹭科鸟类，分布范围包括美洲、非洲、欧洲以及日本、印度、东南亚等地。春夏之际常见于我国华东、华中及华南等地，近年来在华北地区也常见。冬季迁徙至中国南方沿海及海南岛（Cisis，2001）。捕食于稻田、草地及水渠两旁，食物包括蛙类、小鱼、虾等水生动物。由于夜鹭在我国属于分布广、觅食范围宽的食鱼性水鸟，因此可以作为湿地环境污染的一种指示生物。目前发现的夜鹭寿命最长的是 21 龄，1 龄每年的存活率大约是 0.39，1 龄以上的存活率为 0.69。夜鹭每年繁殖一次，繁殖期为 4～6 月，孵化期为 24～26d。大部分夜鹭在 4 龄开始配对，只有很少部分在 2 龄或者 3 龄开始配对。到目前为止仍然没有关于夜鹭停止繁殖的记录，但是有短尾鸥和银鸥的繁殖力并不随年龄的变化而变化的报道。因此，假设夜鹭的繁殖可以持续到最大年龄，太湖地区的 2 龄雌性平均产卵数为 3 个，3 龄为 3.28，3 龄以上为 3.78（Zhang et al.，2003），2 龄、3 龄和 3 龄以上成年夜鹭的配对成功率分别为 0.422、0.566 和 0.955（An et al.，2006）。夜鹭的生命史参数如表 3-20 所示。

表 3-20　夜鹭生命史参数

年龄	1 龄	2 龄	3 龄	≥4 龄	来源
每年成活率（p_i）	0.39	0.69	0.69	0.69	（Roger et al., 1982）
产卵量（n_i）	0	3	3.28	3.78	（Zhang et al., 2003）
配对概率（m_i）	0	0.422	0.566	0.955	（An et al., 2006）

计算种群的内禀增长率可以采用种群矩阵方程，以此来描述夜鹭种群的延续过程，如式（3-35）所示。

$$\mathbf{N}_{t+1} = A \times \mathbf{N}_t \tag{3-35}$$

式中，$\mathbf{N}_t$ 和 $\mathbf{N}_{t+1}$ 为夜鹭在时间 t 和 $t+1$ 时的年龄矢量；A 为年龄转移矩阵。式（3-35）可以扩展为下式。

$$\begin{vmatrix} N_{\text{egg},t+1} \\ N_{1,t+1} \\ N_{2,t+1} \\ N_{3,t+1} \\ N_{4,t+1} \\ N_{5,t+1} \\ \cdots \\ N_{21,t+1} \end{vmatrix} = \begin{vmatrix} 0 & F_1 & F_2 & F_3 & F_4 & F_5 & \cdots & F_{21} \\ P_1 & 0 & 0 & 0 & 0 & 0 & \cdots & 0 \\ 0 & P_2 & 0 & 0 & 0 & 0 & \cdots & 0 \\ 0 & 0 & P_3 & 0 & 0 & 0 & \cdots & 0 \\ 0 & 0 & 0 & P_4 & 0 & 0 & \cdots & 0 \\ 0 & 0 & 0 & 0 & P_5 & 0 & \cdots & 0 \\ \cdots & \cdots & \cdots & \cdots & \cdots & \cdots & \cdots & \cdots \\ 0 & 0 & 0 & 0 & 0 & 0 & \cdots & 0 \end{vmatrix} \times \begin{vmatrix} N_{\text{egg},t} \\ N_{1,t} \\ N_{2,t} \\ N_{3,t} \\ N_{4,t} \\ N_{5,t} \\ \cdots \\ N_{21,t} \end{vmatrix}$$

式中，$N_{i,t+1}$ 为 i 年龄的夜鹭在 $t+1$ 时的个体数目；P_i 为 i 年龄夜鹭的存活率；F_i 为 i 年龄的雌性个体所生产的雌性后代的数目，F_i 根据式（3-36）估算。

$$F_i = \begin{cases} 0 & i = 1 \\ \delta \times n_2 \times \sigma_{\text{young}} \times m_2 & i = 2 \\ \delta \times n_3 \times \sigma_{\text{young}} \times m_3 & i = 3 \\ \delta \times n_{\geqslant 4} \times \sigma_{\text{young}} \times m_{\geqslant 4} & i = 4 \end{cases} \tag{3-36}$$

式中，δ 为每次新生的幼鸟中雌雄幼鸟的比例；n_i 为雌性年龄为 i 的个体产卵数；σ 为在自然状态下幼鸟的存活率，默认为 0.95（Zhu et al., 2000）。种群的内禀增长率通过计算矩阵 A 的最大特征值，再取自然对数获得，其中矩阵最大特征值所对应的特征向量即种群年龄结构稳定分布（Caswell，2001）。

2. 污染暴露下夜鹭种群内禀增长率的计算

夜鹭是对 DDE 类物质比较敏感的物种。Findholt 和 Trost（1979）发现，美国 Idaho 地区的夜鹭蛋中 DDE 的浓度为 500ng/g 湿重时，幼鸟的存活率下降了

10%（Findholt and Trost，1979）。Henny 等在美国的 Intermountain West 同样也观察到了 DDE 暴露下夜鹭幼鸟的繁殖率的下降（Henny et al.，1984）。根据文献报道 DDE 导致夜鹭幼鸟的繁殖率的变化如表 3-21 所示。

表 3-21　DDE 暴露下幼鸟的存活率和内禀自然增长率

鸟蛋内浓度/(ng/g ww)	幼鸟存活率的损失/%	内禀增长率（r）	文献
0	0	0.012	(Findholt and Torst，1979)
500	10	−0.005	
6 000	41	−0.071	
8 000	28	−0.041	
500	0	0.012	(Henny et al.，1984)
2 500	14	−0.013	
6 000	18	−0.020	
10 000	25	−0.035	
14 000	29	−0.043	
20 500	29	−0.043	
37 500	41	−0.071	

从表 3-21 所示的夜鹭毒性数据，可以拟合得到蛋内 DDE 浓度-幼鸟的存活率公式。

$$\varphi_{young} = 7.7081C_e - 42.68 \quad R^2 = 0.72 \quad n = 11 \tag{3-37}$$

根据太湖地区夜鹭鸟蛋中 DDE 的浓度暴露，采用式（3-33）预测幼鸟的存活率的平均值为 11.32%，变化范围为 0～24.16%。野外观察到太湖地区夜鹭幼鸟的存活率为 76.4%，即相对于对照地区 95%，太湖地区幼鸟存活率的损失为 18.6%。根据式（3-33）和表 3-21 中的数据计算不同浓度下幼鸟的存活率，采用式（3-31）可以计算种群的内禀增长率（表 3-21）。

进行危害性评价最传统的方式是确定各种影响阈值，包括无影响作用浓度（NOEC）、最低有影响作用浓度（LOEC）、基准浓度（benchmark dose）和半致死浓度等，然后计算暴露超过阈值的累计概率。但是这种方法只能用于衡量某种危害发生的概率的大小，无法反映出浓度的增加所导致危害程度大小的变化。随着风险评估的要求提高，需要外推在不同浓度暴露下种群的响应，因此需要构建污染物剂量-效应曲线。种群水平上同样如此，对夜鹭种群在 DDT 暴露条件下的剂量-效应曲线拟合幂函数，基于表 3-21 中第一列中鸟蛋内 DDT 残留浓度数据和第三列中的种群内禀增长率数据，考虑到进行暴露评估时鸟蛋内残留浓度呈对数正态分布，其表达式采用了对数的形式，因此在进行拟合时也需要保持一致而取对数，拟合方法采用 Matlab 软件中非线性最小二乘法（函数 nlinfit），进行拟合得到的浓度-效应曲线如式（3-38）所示。

$$r[\ln(C_{egg})] = 0.0158 \times \left[1 - \left(\frac{\ln(C_{egg})}{5.96}\right)^{2.93}\right] \tag{3-38}$$

公式的模拟曲线如图 3-19 所示。

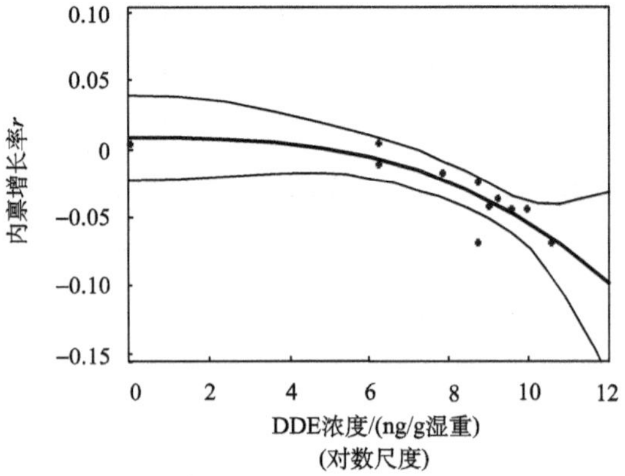

图 3-19　夜鹭蛋内 DDE 浓度-内禀增长率曲线

* 表示数据点；粗线表示曲线；细线表示 95%置信边界

建立暴露浓度下种群的危害响应曲线，基于幂函数的参数可以从式（3-38）中获得，从而获得夜鹭鸟蛋内的浓度-种群内禀增长率的损失式。

$$\Delta r[\ln(C_{egg})] = 0.0158 \times \left[\frac{\ln(C_{egg})}{5.96}\right]^{2.93} \tag{3-39}$$

3.4.6　在环境基准制定方面的应用

环境基准是指人或其他生物对环境中污染物不会产生危害响应的最高浓度（或剂量）。按照环境介质可分为大气质量基准、水质量基准和土壤质量基准等；按保护对象可以分为环境卫生基准、水生生物基准、植物基准等。以往的环境基准都是根据模型动物对污染的毒性响应情况下制定的标准。个体水平上的安全基准，仅是建立在单个个体对污染物质的毒性的无响应浓度水平；而种群水平上的毒性是将不同年龄的生物在复杂的种群繁殖行为下的种群增长作为评价终点，其中存在不同年龄段的个体对毒性的响应，还包括繁殖本身对种群的响应。由于物种在个体和种群水平的相应机制存在很大的差别，因此即使个体上是安全的，也不一定保证种群安全。自从 20 世纪 80 年代初在英国 River Lee 地区发现鱼类雌雄同体以来，内分泌干扰物质的污染越来越引起人们的关注。野外调查和实验室毒理学实验证明，壬基酚（NP）是具有雌激素活性的内分泌干扰物质。关于 NP 的毒性，USEPA 和 EU 都在个体水平上做了系统的毒性评价，给出了在个体水平上的预测无影响作用浓度。例如，NP 对美国糠虾（Americamysis bahia）暴露 28d 后体长影响的 NOEC 和 LOEC 分别为 319μg/L 和 617μg/L（Ward, 1991）。下面将以美国糠虾为例阐述种群水平上响应在环境基准制定方面应用。

美国糠虾多代暴露 NP 下引起种群增长率（λ）和内禀增长率（r）的变化（表 3-22）。常用的方法是采用浓度（C）-种群响应（r 或者 λ）拟合曲线来确定能够保证种群持续增长时的临界浓度（$r=0$ 或者 $\lambda=1$）所对应的 95%下限，作为种群安全暴露的基准浓度。针对这一套数据，我们可以采用不同的模型建立剂量-效应关系。常用两种类型的方法［式（3-27）和式（3-36）］，可能得到的安全暴露浓度也不尽相同，因此将采用模型选择基准（MSC）来选择具有最优拟合度的拟合方法来确定种群水平上的安全暴露基准浓度，从而能够在相当大的程度上降低结果的不确定性。

表 3-22　NP 多代暴露下 Americamysis bahia 种群增长率和内禀增长率

浓度/(ng/L)	对照 1	对照 2	5.79	7.56	10.88	15.75	21.44	33.19	106
λ	1.03	1.03	1	0.99	0.98	0.99	0.97	0.95	0
r	0.03	0.03	0	−0.01	−0.02	−0.01	−0.03	−0.051	

表 3-22 中的种群增长率（λ）根据其数据范围和趋势形状，可以采用正态分布的累积函数［式（3-36）］进行拟合。

$$\lambda(C)=\lambda_0\psi\left[\frac{(\mathrm{EC}_x-C)}{\sigma}+Z_x\right] \tag{3-40}$$

式中，λ_0 为无污染暴露时的种群增长率；EC_x 为当 λ 从 λ_0 降低 x%时所对应的浓度值；σ 为浓度对数正态分布的方差；λ 为 NP 暴露下的种群增长率；C 为污染物的浓度值；ψ 为正态分布的累积函数；Z_x 为标准正态分布的方差。

内禀增长率的趋势和浓度之间通常采用幂函数的方法进行拟合。

$$r(C)=R_0\left[1-\left(\frac{C}{\alpha}\right)^{\beta}\right] \tag{3-41}$$

式（3-40）和式（3-41）中的参数采用 Matlab Ver 6.5 中非线性拟合（nlinfit）估算得到，如图 3-20 所示。

以上这两个模型都常用来拟合种群剂量-效应，为了选择最佳函数来计算种群安全剂量，并计算选择基准（MSC 值），本书中实验浓度之间间隔并非是均匀分布的，在对照组附近浓度设置比较密集，而随着浓度增加实验数据稀疏，因此

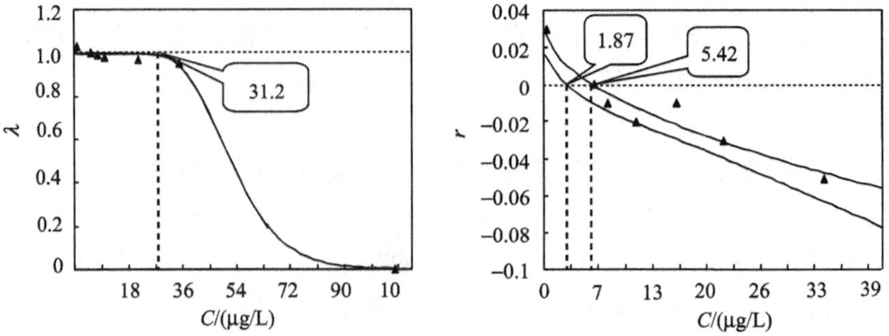

图 3-20　55d 多代暴露种群内禀增长率的函数拟合结果

w_i 选择 $1/x_i$ 来加强数据密集区的权重。计算得到的正态分布累积函数和幂函数的 MSC 分别为 1.97 和 4.73，可以明显看出幂函数的拟合效果比正态分布累积函数好。在计算美国糠虾种群水平上 NP 的安全基准时，可以从 C-r 拟合曲线获得，$r=0$ 所对应的浓度值为 5.42μg/L，该值为种群灭绝临界暴露浓度值，曲线的 95％置信区间的上限所对应的浓度作为基准浓度（1.87μg/L）。

美国糠虾是常用的无脊椎实验动物，被广泛运用于水质标准的制定中。NP 多代暴露实验对于美国糠虾的个体水平上的慢性繁殖毒性（每个雌性个体在繁殖时间段所产的个体平均数目）安全暴露浓度为 12μg/L（Materials，1995；Kuhn et al.，2001），远远高于种群水平上的安全暴露基准浓度。上述结果表明，风险评价的终点不同，所获得的环境基准浓度也有很大的不同，个体水平上的终点往往集中于个体对毒性的某一个侧面，而种群水平上的响应则是个体在不同侧面的响应叠合在一起，从而在更高尺度上产生综合响应。上面的结果同时也表明，NP 对个体水平上的安全基准浓度不一定就能保护种群水平上的安全。胡建英等关于我国长江等水体中壬基酚的环境调查数据表明，我国的长江等流域中的壬基酚的环境暴露浓度为 0.02～6.85μg/L，普遍高于种群水平上的基准浓度值（邵兵等，2002）。

3.4.7　暴露评价

1. 食物网模型

暴露评价是个体水平上风险评价中的一个重要环节，包括外暴露量和内暴露量评价。外暴露量往往是指生物通过环境介质，如水、皮肤、大气和食物的暴露途径，而摄取对象化学物质的总量；内暴露量则是指通过各种暴露途径摄取的化学物质进入生物体内后残留于不同组织器官内的浓度或者量。采用外暴露量评价还是内暴露量评价，取决于危害性评价中的剂量-效应关系中的“剂量”的类型。

剂量-效应中采用的剂量如果是外暴露量（如水中浓度或者沉积物浓度），那么暴露评价最终的输出结果也应该为外暴露量。例如，实验室进行水生生物毒理测试时，往往设定不同的水体浓度（Giesy et al.，2000；Casini et al.，2002），观测不同水体浓度下的毒性，因此水生生物的暴露危害的剂量往往是水体中的浓度。Daniels 等在研究狄氏剂对桡脚类动物（Eurytemora affinis）和枝角类动物（Daphina pulex）种群影响的敏感性分析时，建立了水中狄氏剂浓度和种群增长之间的效应关系（Daniels and Allan，1981）。例如，Munns 等（1997）评价 PCB 对野生鱼类（Fundulus heteroclius）种群影响时，剂量-效应分析就采用了沉积物中 PCB 的浓度。此外，如果毒性分析中的剂量-效应曲线采用了生物组织内的残留浓度，那么暴露评价的最后输出也应该是内暴露量。例如，评价污染物对鸟蛋的孵化率影响的剂量-效应关系时，往往采用鸟蛋内化学物质的残留浓度水平（Connell et al.，2003）。评价内暴露水平的最直接的方法是直接检测生物体内组织或器官中的残留浓度。Nakamaru 等（2002）评价 DDT 对银鸥种群风险评价时，银鸥鸟蛋内的暴露浓度就是通过水体中 DDT 残留浓度及其生物富集系数估算获得的（Nakamaru et al.，2002）。但在很多情况下由于野生动物保护法的限制和实际捕捉上的难度，往往无法直接获得生物体内的化学物质的残留浓度，需要模型外推（图 3-21）。持久性有机物质对生态的影响主要是由于生物的高富集性，最终导致高等生物，如鸟类体内的高残留，从而影响鸟类繁殖。目前科学家已经建立了几种鸟类体内和鸟蛋中持久性物质，如 DDT 和二噁英残留浓度和繁殖率之间的剂量-效应关系（Iseki et al.，2002；Connell et al.，2003），为该类物质的种群水平上的风险评价提供了重要的毒性数据。利用这些毒性数据，评价鸟类种群水平上的风险，还需要建立鸟蛋中该类物质的暴露量的评价模型。但是从环境管理者的角度，对于环境介质浓度的监管要比鸟蛋残留监控更有实际意义。因此如何通过模型方法将环境介质，如水体、沉积物等中对象物质的浓度外推到鸟蛋中对象物质的残留水平是鸟类种群暴露风险评价需要解决的问题

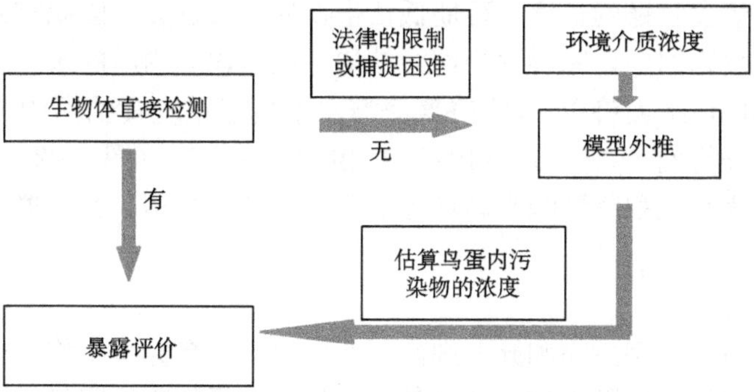

图 3-21　风险评价中暴露评价框架图

之一。Iseki 等（2002）为了评价日本东京地区鸬鹚鸟蛋中二噁英的暴露量度，采用了如下模型预测的方法：用富集系数从沉积物中二噁英浓度水平估算鱼体内二噁英的残留浓度，并进一步用稳态暴露模型和生理药理代谢模型（PBPK）估算从鱼体残留化学物质浓度到鸟蛋内的残留浓度（Iseki et al.，2002）。但是，因为鱼种的生态位决定其在食物链中的位置（Hu et al.，2005b），因此二噁英的鱼类富集系数和鱼种有很大关系。此外，由于鸟类间的食性差异也会导致不同鸟类之间的富集系数的差异（Dong et al.，2004）。富集系数虽然在应用上具有简单易用的特点，但是却无法表达上述差异性，而食物网模型提供了描述基于生态位差异的途径等。Thomman（1989）采用质量平衡原理建立了有机污染物在植物一植食性鱼类一一级肉食性鱼类一二级肉食性鱼类之间的富集系数的估算方法（Thomann，1989），这种方法后来成为美国 EPA 在制定水质和沉积物质量基准指南时所推荐的方法之一。Gobas（1993）在 Thomann（1989）的模型基础之上引入多介质模型，针对 63 种有机物在加拿大 Ontario 湖的水生生物体内富集过程构建了多介质模型并进行了验证，该模型涵盖了湖泊水生食物网的大部分，其中有大型藻类、浮游植物、浮游动物、底栖类、鱼类（Gobas，1993）。Arnot 等在 Gobas 的食物网模型的基础上，增加了非脂肪类物质对富集的影响，细化了鱼类吸收和排泄过程，从而提高了模型的预测精度（Arnot and Gobas，2004）。以往的食物网模型由浮游植物、浮游动物、底栖类、鱼类四大部分组成，但是忽略了微生物。最近的研究证实微食物网的存在（细菌和微型藻类）对海洋生态系统的稳定和发展起到重要的作用（李洪波等，2005），在食物链中的位置对于化学物质的食物链放大的影响不可忽视。Hudson 等（2005）检测了美国 Superior 湖中的异养型细菌中的 PCB 的浓度，发现 PCB 在细菌和水之间的富集系数（lg-BAF）为 6.7～7.3，要大于有机碳颗粒物和水体之间的分配系数（$\lg K_{oc}$：5.8～7.0）（Hudson et al.，2005）。事实上，微生物包括细菌和微型藻类，是大型浮游动物和植食性鱼类的主要食物，而在常规的食物网中却往往忽略了微生物的存在，这将会缩短食物链的长度，可能低估生物的放大系数。因此有必要将微生物网部分引入到食物网中，完善食物网的结构，提高化学物质的水生食物网模型的预测精度。因此，下面将以 DDT 在渤海湾水生生态系统食物网中的传递行为研究为例，采用食物网-生理药理（PBPK）相结合的方法（图 3-22），试图建立能够从环境介质水和沉积物预测水鸟鸟蛋中残留浓度的模型，为种群的暴露评价提供方法学基础。

1）微生物网

微生物网由自养型生物和异养细菌两部分组成。自养型生物主要包括自养型细菌和藻类。由于自养型生物不捕食其他生物，其污染物的富集主要是通过生物相和环境介质之间的相分配平衡。生物体的物质构成可以分为脂肪、蛋白质、有

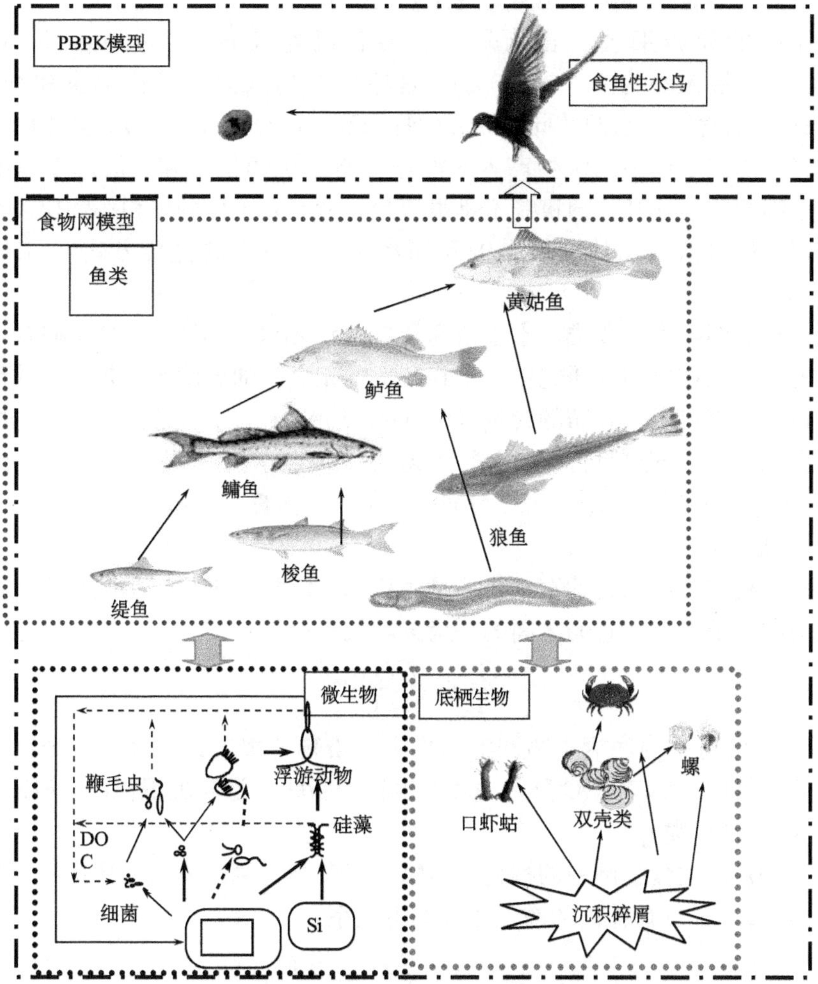

图 3-22　基于食物网-生理药理代谢模型示意图

整个模型可以分为两个子模型（1）食物网模型和（2）生理药理（PBPK）代谢模型。水生生态系统食物网模型是由微食物网和水生食物网构成的

机碳和水相。生物相和水相之间的平衡分配系数（K_{BW}）按照式（3-42）估算（Arnot and Gobas，2004）。

$$K_{BW} = k_1/k_2 = v_{LB}K_{ow} + v_{NB}\beta K_{ow} + v_{WB} \tag{3-42}$$

式中，k_1 为化学物质从水体进入生物体内的速率［L/(kg · d)］；k_2 为化学物质从生物体进入水体的速率［L/(kg · d)］；v_{LB} 为脂肪含量；v_{NB} 为非脂肪类物质（蛋白质和有机碳）含量；v_{WB} 为生物体含水量；β 为蛋白质和有机碳与水之间的分配系数和辛醇-水分配系数之间的比值，对于非离子物质值默认为 0.035。β 值的估计目前还不是很准确，还需要更深入的研究。

海洋中的异养细菌的食物是溶解的有机物（particular organic matter，POM），其直径大小为 0.2～1.0μm，是原生动物（主要是鞭毛虫和纤毛虫）（1～77μm）的食物，它们共同构成微生物循环（microbial loop）。多年的研究表明，异养浮游细菌作为二级生产者对海洋生态系统的稳定和发展起着重要的作用。由于细菌的消化和代谢机制不是很清楚，考虑到细菌的体积小和比表面积非常大，因此通常认为水体交换是细菌和水体之间分配的主要方式（Clayton et al.，1977）。

对于自养型生物（藻类、水生植物和自养型细菌），由于不存在捕食，仅存在相分配，所以在以前的研究中，水相和生物相之间的分配系数常忽略非脂类物质的存在，而直接考虑脂肪的含量（Gobas，1993）。Arnot 等考虑了非脂肪成分有机物在水相和生物相之间的分配所起的作用，本书采用了该方法，也即式（3-37）（即 $\beta=0.35$）（Arnot and Gobas，2004）估算分配系数 K_{PW}。

2）底栖生物

底栖生物体内污染物的富集往往是污染物在沉积物中的有机碳和生物体内的脂肪之间的分配平衡。它们之间的平衡分配关系如下：

$$\frac{C_B d_L}{L_B} = \frac{C_S d_{OC}}{OC} \tag{3-43}$$

式中，C_B和 C_S分别为底栖生物和沉积物中污染物的浓度；d_L 和 d_{OC}分别为脂肪和有机碳的密度；L_B 和 OC 分别为底栖生物中脂肪含量和沉积物中有机碳含量。

3）捕食性鱼类

污染物在水生食物网中的捕食型生物（以鱼类为例）体内的富集包括吸收和排泄（图 3-23）。在鱼体内的浓度存在如下关系：

$$C_B = \frac{k_1 C_W + k_D \sum p_i C_D}{k_2 + k_E + K_G + K_M} \tag{3-44}$$

$$k_1 = \frac{E_W G_V}{W_B} \tag{3-45}$$

鳃的吸收系数（E_W）可以用化学物质的辛醇-水分配系数（K_{ow}）估算：

$$E_W = (1.85 + 155/K_{OW})^{-1} \tag{3-46}$$

水体通过鱼鳃的量可以通过生物耗氧量和水体的含氧量（C_{OX}）来计算（Arnot and Gobas，2004）：

$$G_V = \frac{1400 W_B^{0.65}}{C_{OX}} \tag{3-47}$$

水体中含氧量往往是和温度（T）及氧气的饱和度（S）相关：

$$C_{OX} = (-0.24T + 14.04)S \tag{3-48}$$

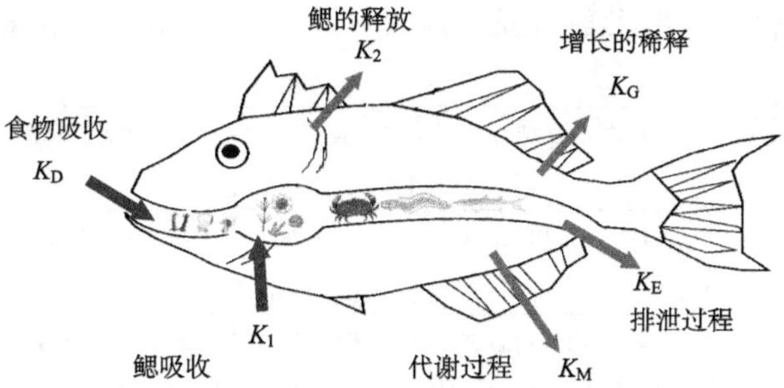

图 3-23　物质在鱼体内的富集过程

K_D：食物吸收速率；K_1：水体通过鳃吸收速率；K_2：鳃的释放速率；

K_G：增长稀释速率；K_M：代谢速率；K_E：排泄速率

鳃释放（K_2）和鳃吸收（K_1）依赖于它们之间的平衡系数 K_{BW}：

$$K_2 = \frac{K_1}{K_{BW}} \tag{3-49}$$

食物的吸收速率和化学物质的吸收效率（E_D）、进食速率（G_D）和体重（W_B）存在如下关系：

$$K_D = \frac{E_D G_D}{W_B} \tag{3-50}$$

化学物质的吸收效率（ED）在不同生物中变化比较大，是最难确定的参数之一，常用的公式为

$$E_D = \frac{1}{3.0 \times 10^{-7} K_{OW} + 2.0} \tag{3-51}$$

生物的进食速率（G_D）可以用式（3-52）估算。

$$G_D = 0.022 W_B^{0.85} e^{0.06T} \tag{3-52}$$

生物的排泄速率（K_E）为

$$K_E = \frac{G_F E_D K_{GB}}{W_B} \tag{3-53}$$

G_F 为生物的排泄速率，通常根据式（3-54）估算：

$$G_F = [(1-\varepsilon_L)v_{LD}] + (1-\varepsilon_N)v_{ND} + [(1-\varepsilon_W)v_{WD}]G_D \tag{3-54}$$

鱼类对脂肪和非脂肪类物质的吸收效率分别为 92%和 50%。无脊椎动物的吸收效率分别为 15%和 96%。

化学物质在生物肠道内和食物之间的分配如式（3-55）所示：

$$K_{GB} = \frac{v_{LG}K_{OW} + v_{NG}\beta K_{OW} + v_{WG}}{v_{LB}K_{OW} + v_{NB}\beta K_{OW} + v_{WB}} \tag{3-55}$$

式中，v_{LG}、v_{NG}、v_{WG}分别为食物在肠道中消化之后的排泄物的脂肪、非脂肪类

物质和水体的比例，这些参数可通过式（3-56）～式（3-58）估算：

$$v_{LG}=\frac{(1-\varepsilon_L)v_{LD}}{(1-\varepsilon_L)v_{LD}+(1-\varepsilon_N)v_{ND}+(1-\varepsilon_W)v_{WD}} \tag{3-56}$$

$$v_{LD}=\frac{(1-\varepsilon_N)v_{ND}}{(1-\varepsilon_L)v_{LD}+(1-\varepsilon_N)v_{ND}+(1-\varepsilon_W)v_{WD}} \tag{3-57}$$

$$v_{WG}=\frac{(1-\varepsilon_W)v_{WD}}{(1-\varepsilon_L)v_{LD}+(1-\varepsilon_N)v_{ND}+(1-\varepsilon_W)v_{WD}} \tag{3-58}$$

生物自身的生长稀释系数 K_G 取决于生物生长速率、温度和食物摄取量。本书中采用了 Thomann 提供的经验式（Thomann，1989）。

温度在 10℃时

$$K_G=0.0005W_B^{0.2} \tag{3-59}$$

生物体的代谢系数（K_M）取决于化学物质和生物体自身。考虑到这方面的数据特别匮乏，本书中持久性污染物的代谢系数假定为零。

2. 生理药理模型

生理药理模型（physiologically based pharmacokinetic model，PBPK）由吸收模型和体内分配代谢模型组成。吸收模型主要描述污染物从食物到体内血液的浓度；体内分配代谢模型主要描述污染物进入生物体之后在不同器官的分配过程。

假设野生生物消化食物后污染物首先存在于血液，并经过血液在体内的不同器官进行分配。将化学物质稳态的暴露模型和体内分配代谢模型相结合，可以得到鸟类的稳态吸收模型如下：

$$C_{egg}=\frac{C_f\times\alpha\times IR\times R_{egg}\times W_b}{K_M W_{egg}} \tag{3-60}$$

式中，C_f 为食物中的有机物的含量；K_M 为代谢系数；α 为吸收系数；IR 为进食速率；W_b 为生物体的平均质量；R_{egg} 为吸收的污染物在鸟蛋内的分配系数；W_{egg} 为鸟蛋的平均质量。

3. 实际分析测定

在进行暴露评价的过程中，由于仪器的发展和普及，直接检测环境中的浓度有时要比采用模型更容易获得。以众所周知的农药 DDT 为例，1873 年 Othmar Ziedler 被成功地合成，1940 年开始被用作杀虫剂，近些年甚至在遥远的两极和珠穆朗玛峰都发现了它的存在。由于其在环境中的代谢产物 DDE 能够导致鸟类的蛋壳变薄，因而导致鸟类种群的急剧下降。发达国家在 20 世纪 70 年代已经禁止其使用，但因其低廉的成本和持久的药性，目前在发展中国家仍然被使用。我国在 1950～1983 年的 DDT 使用量大约为 270 000t，大约占世界总量的 20%。

尽管在 20 世纪 80 年代初我国禁止 DDT 作为农药使用，但是仍然用于其他农药（三氯杀螨醇）的原料和船底杀虫剂（Qiu et al.，2004）。DDT 具有较高的亲脂性，特别是容易在食鱼性鸟类体内富集，其富集倍数最高可到几十万（U. S. EPA，1976），最近在我国食鱼性水鸟夜鹭（nycticorax nycticorax）蛋中发现了高浓度的 DDT 残留。太湖是我国平原地区五大淡水湖之一，位于长江下游地区（东经 119°53′45″～122°36′15″，北纬 30°55′42″～31°33′50″），湖面积约为 2134×105hm²，属亚热带海洋性气候，常年平均气温为 15.13～16.10℃，为鹭科鸟类提供了理想的栖息和繁殖场所（Zhang et al.，2003）。袁旭音等测试太湖地区沉积物中的 DDT 浓度（3.27ng/g 干重），基于虾类（Amphipod）的急性毒性判断该地区处于低生态风险（袁旭音等，2003），然而，最近在太湖周边地区栖息的夜鹭产的蛋内出现非常高的 DDE 残留，其浓度水平（平均为 1103ng/g 湿重，范围为 196～5837ng/g 湿重）（Dong et al.，2004a）表明太湖地区的夜鹭可能受到了该地区 DDT 污染的影响。近些年的研究发现，在我国夜鹭栖息的部分水域仍然被高浓度的 DDT 污染（图 3-24）（Ramsay and Karen，2000）。

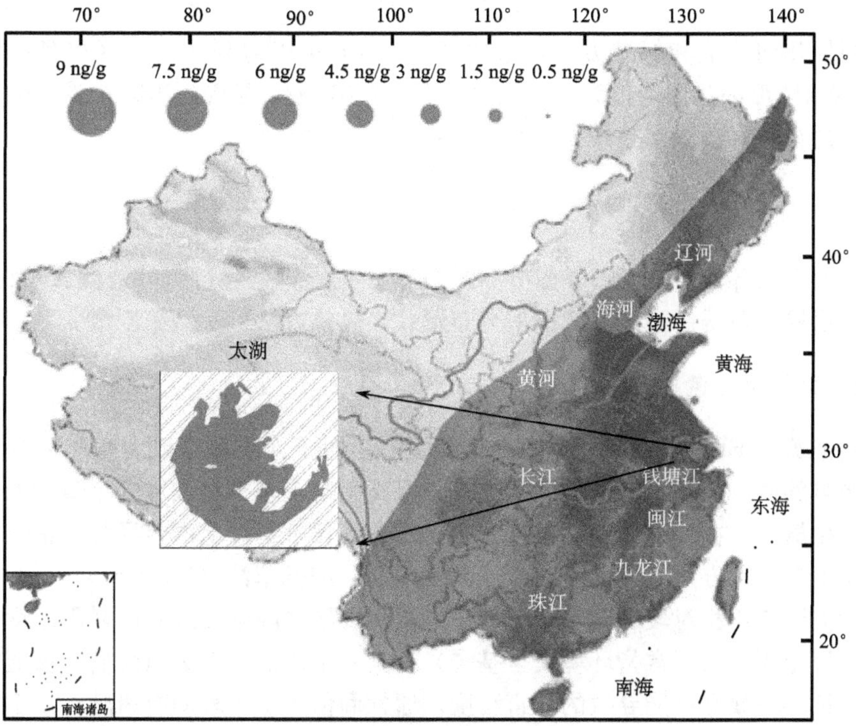

图 3-24　夜鹭在中国的栖息地分布图［右侧阴影部分（Cisis，2001）］和 DDT 在其主要水域沉积物中的污染现状（圆形的半径表示污染浓度水平）

DDT 的重要代谢产物 DDE 对鸟类的危害主要是导致鸟类的蛋壳变薄，从而导致幼鸟的孵化率下降（Fox，1977）。种群是个体的集合，种群的暴露只能以概率分布的形式存在。但是到目前为止，种群的生态风险评价往往忽略了个体之间的暴露差异，而是直接采用平均值代替暴露量。例如，Nakamaru 等（2002，2003）在计算 20 世纪 60 年代 DDT 对栖息在美国长岛的银鸥种群的容量减少的研究中就采用了鸟蛋内平均暴露浓度作为暴露评价的终点（Nakamaru et al.，2002，2003）。由于环境的多样性，污染在环境中不可能出现均匀分布，简单的平均值忽视了个体之间的暴露差异，因此采用污染概率分布的形式更能准确表征环境中污染物质的污染特征。

评价鸟类种群的危害通常评价内暴露量，即鸟蛋内 DDE 的残留浓度。文献已经报道太湖地区的夜鹭鸟蛋中的几何平均浓度（M）为 11 023ng/g 湿重，标准方差（σ）为 883.2，范围为 196～5837ng/g（Dong et al.，2004），但是，文献中并没有说明太湖夜鹭鸟蛋中 DDE 的分布。对数正态分布常用来描述化学物质的野外分布，因此，太湖地区夜鹭鸟蛋的暴露几何方差（S）可以根据式（3-61），通过几何平均值（M）和标准方差（σ）估算（Kenney，1951）。

$$\sigma^2 = e^{(\ln S)^2 + 2\ln M}(e^{(\ln S)^2} - 1) \tag{3-61}$$

根据几何均值和标准方差，采用式（3-61）可以得到太湖地区夜鹭鸟蛋内 DDE 残留浓度的几何均值为（自然对数 ln）7.01ng/g 湿重，几何方差为 0.606，其浓度的自然对数概率分布［$P(C_e)$］为

$$p[\ln(C_e)] = \frac{1}{\sqrt{2 \times 0.606\pi}} e^{-\left[\frac{(\ln(C_e)-7.01)^2}{2\times 0.606^2}\right]} \tag{3-62}$$

然而在大部分情况下，暴露分布的概率分布形式是通过野外监测大量样本，通过假设检验获得污染浓度的概率分布形式，具体方法可参阅第 5 章。

3.4.8 种群风险定量方法

根据美国 EPA 的定义，风险是指环境胁迫对于人类健康或者生态系统产生有害影响的概率。从更广泛的意义上讲，风险是对未来事物或者多个事物的期望或者发生概率。在种群风险定量过程中，考虑到评价终点上的差异外，常借用个体水平上的定量方法，如商值法（或者风险商）和概率法（Song et al.，2009）。风险商方法应用相对较为简单，该方法直接将环境暴露浓度或者内暴露浓度平均值除以设定阈值（通常指环境安全基准）得到一个比值，即为风险商，该值能够大致表征环境暴露可能导致的危害程度。通常商值大于 1 表明有风险；小于 1 则相对安全。然而这种方法面临的非常大的问题在于忽视了种群暴露水平的分布，由于不同概率分布的期望值不同于平均值，所以采用平均值可能会低估风险。因

此，概率法目前成为表征种群风险的有效方法，通常是采用计算超过阈值的累计概率来实现。但是累积概率可能碰到的一种情况是不同的暴露分布却具有相同的风险，如图 3-25 所示，图中两种系列分别代表生境内的种群的两种暴露概率，两种分布的累计概率分布在 14.5μg/L 的位置交叉，如果阈值恰好也在 14.5μg/L 的位置，那么就会导致同一物种在不同的暴露水平的生境内有相同的风险。

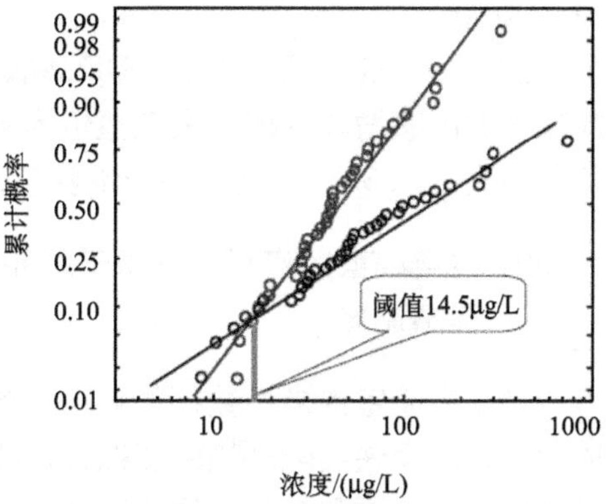

图 3-25　不同概率分布的累计风险

根据风险更广义的定义，污染暴露下种群发生危害的期望值则是一个更合适的种群风险定量方法。如果暴露分布为均匀分布或者正态分布，将污染的平均值直接代入剂量-效应关系即可得到种群受到污染胁迫下发生危害的期望值。因此，到目前为止的种群生态风险评价，其暴露量大部分采用了平均值。例如，Nakamaru 等（2002）计算了 DDT 在水体中的平均浓度导致的鸟类灭绝平均时间风险（Nakamaru et al.，2002）。由于野外污染暴露的概率分布差异很大，因此采用平均值来计算风险无法完整地反映污染物的暴露现状。基于这种思路，采用污染暴露下的种群危害的发生期望值来定量种群风险能很好解决暴露概率分布形状上的差异。然而表征种群的危害，直接采用种群内禀增长率并不合适，因为种群内禀增长率是一个状态量，不能直接表征危害大小，只有用种群内禀增长率的损失（Δr）表征种群危害比较合适。因此，在浓度暴露剂量-种群的内禀增长率的基础上，建立浓度暴露剂量（C_e）-种群内禀增长率的损失曲线［$\Delta r(C_e)$］对种群暴露水平的概率分布［$p(C_e)$］进行积分，则可以得到种群内禀增长率的损失期望，即种群风险。

$$\text{Risk} = \text{Exp}[\Delta r(C_e)] = \int_0^{+\infty} p(C_e)\Delta r(C_e)\mathrm{d}C_e \tag{3-63}$$

积分范围从 0 至无穷大，积分的方法可以采用 Matlab 中的数值积分（int），将暴露水平分布式和浓度-剂量效应关系式结合起来，得到如下太湖地区夜鹭种群在 DDT 暴露下的风险计算式：

$$\text{Risk} = \text{Exp}\{\Delta r[\ln(C_{\text{egg}})]\} = \int_0^{+\infty} \frac{1}{\sqrt{2\times 0.606\pi}} e^{-\left\{\frac{[\ln(C_{\text{egg}})-7.01]^2}{2\times 0.606^2}\right\}} 0.0158 \times \left[\frac{\ln(C_{\text{egg}})}{5.96}\right]^{2.93} \mathrm{d}\ln(C_{\text{egg}}) \tag{3-64}$$

采用数值积分得到太湖地区 DDE 导致该地区夜鹭种群内禀增长率的损失

为 0.0259。

该方法评价太湖地区的 DDE 暴露导致的夜鹭种群风险结果表明，该地区的夜鹭种群内禀增长率的损失期望值为 0.0259，相当于由于 DDE 污染，夜鹭种群每年损失了 2.59%，这是一个不容忽视的风险。

3.4.9 种群模型的应用——基于野外生物种群保护的水质和沉积物的化学物质基准制定

基于实验室内毒性数据的环境基准制定的数据通常是在单一实验室条件下完成的，很难反映实际环境的复杂性。实际环境中存在许多环境因素，而且这些因素之间存在协同和拮抗作用。因此，制定环境基准的最理想的方法是所有的毒性数据、富集系数等暴露参数都来自于野外观测结果。以渤海湾的野生燕鸥种群为保护对象，通过对野外水体、沉积物和鸟蛋污染水平评估及野生种群的风险评价，制定 DDE 的水质和沉积物基准，是一个非常典型的案例。

渤海由辽东湾、渤海湾、莱州湾和中部海域所组成，平均水深 18m，海岸线长 3784km，面积为 77 284km^2。冬季水温为 1.2℃，夏季水温高于 20℃。注入渤海的常年河流 40 余条，年径流量 500 多亿 m^3，年入海泥沙量 13 亿 t。三大水系（黄河水系、海河水系、辽河水系）入海河流在湾顶形成三大河口，是鱼、虾、蟹类的产卵场，三大滩涂浅海贝类的养殖场，鱼、虾、蟹类的越冬场。同时形成的三大湿地为众多生物提供了栖息地，其中天津地区的湿地是环渤海湿地中比较重要的湿地。

天津地区处于我国候鸟南北迁徙路线东线的中段偏北，该地区众多的大型水库、湖泊、原生沼泽、纵横交错的河流及入海口湿地可以为大量南北迁徙的水鸟提供停歇地。现存湿地包括北大港水库、团泊洼水库、七里海水库及尔王庄水库以及古海岸湿地等，面积约为 1717.8km^2。天津滨海平原是由海退而形成的陆地，独特的地理成因使湿地类型多样化，除发现了世界重点保护鸟类遗鸥外，同时还发现国家一类保护鸟类东方白鹳和白尾海雕，还有国家二类保护鸟类大天鹅、纵纹腹小鸮、长耳鸮、白鹞、雀鹰、红隼、灰背隼等，以及其他鸟类共计 100 余种。在国际湿地水禽研讨会上，据专家判断，天津湿地水禽已达一百种左右，占全国水鸟种类的 1/3，并已超过世界种群数量的 1%，天津在世界湿地生态等级上占有非常重要的地位。途经天津地区的候鸟数量达 103 种之多，其中包括许多珍稀濒危物种，因此对该地区迁徙水鸟进行风险评价具有重要意义，其周边环境质量直接关系到我国乃至亚太地区迁徙水鸟的生存（图 3-26）。

环渤海地区是我国北方经济最发达的地区，该地区的海洋产业发展非常迅速，海洋产业总产值由 1986 年的 64 亿元发展到 1998 年的 1104 亿元。紧临渤海湾京津塘地区是整个环渤海湾的主要经济区。以天津地区为例，2005 年海洋经

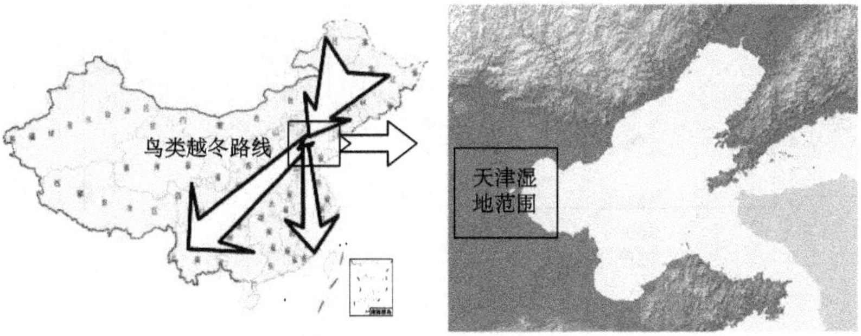

图 3-26　候鸟在我国的部分迁徙路线和在天津地区的滞留地

济总产值突破千亿元大关，海洋经济增加值约 500 亿元，占全市 GDP 的比重由 2002 年的 8.2%提升至 13.5%。未来 5 年，天津市海洋经济的年均增长速率将达到 20%，到 2010 年全市海洋经济增加值将达到目前的 2.4 倍，突破 1200 亿元，占全市生产总值的比重也将超过 17%。全境海岸线长度 153km，仅为全国海岸线总长度的 1/118，但海洋经济总量位居全国前列，约占全国的 1/15，每千米海岸线经济产出居全国第一。然而天津的海洋产业的增长主要来自于海水样养殖、海洋油气开发和海运的发展，这些都会直接或者间接地导致海洋污染，因此海岸线的经济产出居全国第一的同时，可能会导致排污强度居全国第一。

随着经济的发展，渤海湾的污染也日趋严重，20 世纪 90 年代的监测和评价结果表明，渤海湾海域水体中的主要污染物含量显著增加，渤海近岸海域的污染范围在迅速扩大。1992 年，渤海湾水环境遭受污染的面积不足 26%，1995 年后保持在 50%以上；水质劣于一类海水水质标准的区域已经扩展至距岸 10～30km 范围，近岸海域水质已远不能满足环境功能区的要求，目前渤海湾已经成为我国海洋污染的重灾区（国务院，2001）。

由于海洋污染的日趋严重，渤海湾很多鱼类产卵场、索饵场以及洄游通道被污染破坏和阻断，从而导致渔业资源的严重破坏，并日趋枯竭。我国最近提出了拯救渤海的《渤海碧海行动计划》以试图拯救渤海。在行动计划中列出了对各种污染物削减的目标，这些目标是以环境质量基准为基础，然而我国目前的环境质量标准是基于一些生物的急性毒性基础上的，忽视了污染物质对生物种群的影响，目前的环境标准存在一定的缺陷，即使行动计划完全实施，能否保护生物的种群资源仍是一个未知数。保护环境首先从合理的环境基准制定开始，下面将以 DDE 为例介绍制定基于保护野生鸟类种群为目标的持久性有机物质的环境基准方法，具体的流程如图 3-27 所示。

首先是建立生物种群的安全阈值。DDE 对鸟类的危害主要是导致鸟类的个体孵化率降低，通过种群矩阵模型外推到不同浓度下种群水平的毒性响应，采用

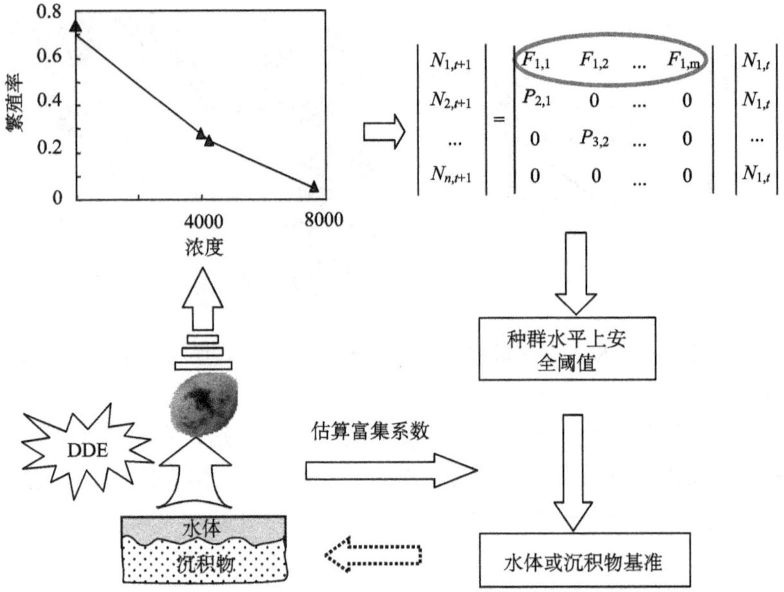

图 3-27　以保护食鱼性鸟类种群为目标的环境质量基准的制定流程

Benchmark 方法估算相应的无影响浓度，即种群安全阈值（BMCL）。然后再反演到海洋水体的安全质量基准（marine water quality criteria，MWQC）和沉积物中的安全基准（marine sediment quality criteria，MSQC），可以根据如下公式计算：

$$MWQC = \frac{BMCL}{BAF} \tag{3-65}$$

$$MSQC = \frac{BMCL}{BSAF} \tag{3-66}$$

式（3-65）和式（3-66）的计算原理是基于被保护对象安全阈值为目标，采用富集系数外推到环境介质中的满足安全的浓度，其中两个富集系数分别为水体到目标生物的富集系数 BAF 和沉积物到目标生物的富集系数 BSAF。因此，富集系数是影响环境基准的一个重要因素，化学物质的物理化学性质和生物本身的生态位的差异都会影响富集系数。估算富集系数主要有两种方法：一种是通过野外检测直接推导环境介质和生物体之间的富集系数；另一种方法是根据化学物质的物理化学性质及环境行为和生物的生态位，采用模型估算富集系数，如食物网的方法。

1. 普通燕鸥的安全阈值计算

计算质量基准首先要估算野生种群水平上的安全阈值，与 3.4.6 节估算实验室室内条件下 NP 对糠虾的繁殖毒性影响的方法有所不同。这种方法在环境比较单一没有环境容量限制的条件下应用比较合理，如果环境中存在其他环境因素对种群胁迫叠加影响，如直接导致种群萎缩的因素食物短缺、捕食和疾病等，那么采用当 $\lambda=1$（或 $r=0$）时对应的阈值浓度将无法保证种群安全。进而采用这种阈值进行风险评估将会低估风险（underestimation of risk）。因此需要更保守的方法来确定安全阈值，美国 EPA 所倡导的计算无影响作用浓度方法（benchmark）可以作为计算安全基准剂量或浓度的方法（U. S. EPA，2000c）。因此，以渤海地区普通燕鸥的种群作为保护对象时，要考虑到不同地区食物来源、捕食者、疾病等的差异性（Becker et al.，2001；Becker and Ludwigs，2004），借鉴 Benchmark 方法来制定海洋环境基准。

已知普通燕鸥的最大年龄为 26 龄（Nisbet and Cam，2002）。大约 90%的普通燕鸥繁殖年龄在 3～10 龄（Austin O. L. and Austin J. R.，1956），约 12%的雌性燕欧在 2 龄开始繁殖，77%的雌性燕鸥在 3～4 龄繁殖，5 龄或者 5 龄以上开始繁殖的燕鸥大约有 11%（Becker and Ludwigs，2004）。总体配对失败率大约为 3%（Nisbet，1973）。每窝的鸟蛋平均数量为 2.55～3，平均值为 2.77。有大约四篇文献报道了幼鸟的存活率范围在 57%～71%，平均为 64%（Palmer，1941；Witt，1970；Langham，1972；Lemmetynen，1973）。从羽化到亚成体的存活率大约为 47%；2～3 龄的存活率为 85%；3～4 龄的存活率大约为 90%，4 龄以上的存活率大约为 90%（Wendeln and Becker，1998；Becker et al.，2001）。Dicostanzo 报道了从羽化到 4 龄的总体存活率为 14.3%，成年燕鸥的每年存活率大约为 92%（Dicostanzo，1980）。因此，亚成体（1～4 龄）每年的存活率为 62%，成体的每年存活率大约为 92%（Dong et al.，2004）。从上面的文献中可以看出成体普通燕鸥的每年存活率变动不大，综合考虑以上因素，可以总结出普通燕鸥的生命表参数（表 3-23）。

表 3-23　普通燕鸥种群繁殖参数

参数	默认值	参数	默认值
2 龄配对率（ε_2）	0.12	雌性性分化率（σ）	0.5
3～4 龄配对率（$\varepsilon_{3,4}$）	0.77	1～2 龄亚成体存活率（$s_{1\sim2}$）	0.55
5 龄配对率（ε_5）	0.89	2～3 龄亚成体存活率（$s_{2\sim3}$）	0.74
5 龄以上龄配对率（ε>5）	1	3～4 龄亚成体存活率（$s_{3\sim4}$）	0.76
筑巢（θ_i）	0.97	4 龄成体存活率（s>4）	0.91
幼鸟存活率 1（δ_i）	0.71	每窝卵平均数（c_i）	2.77

采用年龄矩阵模型描述普通燕鸥种群的动态变化过程

$$\boldsymbol{N}_{t+1}=\boldsymbol{M}\times\boldsymbol{N}_t \tag{3-67}$$

式（3-67）可以扩展为

$$\begin{vmatrix} N_{\mathrm{egg},t+1} \\ N_{1,t+1} \\ N_{2,t+1} \\ N_{3,t+1} \\ N_{4,t+1} \\ N_{5,t+1} \\ \cdots \\ N_{25,t+1} \end{vmatrix} = \begin{vmatrix} 0 & 0.04 & 0.26 & 0.26 & 0.30 & 0.34 & \cdots & 0.34 \\ 0.55 & 0 & 0 & 0 & 0 & 0 & \cdots & 0 \\ 0 & 0.74 & 0 & 0 & 0 & 0 & \cdots & 0 \\ 0 & 0 & 0.76 & 0 & 0 & 0 & \cdots & 0 \\ 0 & 0 & 0 & 0.91 & 0 & 0 & \cdots & 0 \\ 0 & 0 & 0 & 0 & 0.91 & 0 & \cdots & 0 \\ \cdots & \cdots & \cdots & \cdots & \cdots & \cdots & \cdots & \cdots \\ 0 & 0 & 0 & 0 & 0 & 0 & \cdots & 0 \end{vmatrix} \times \begin{vmatrix} N_{\mathrm{egg},t} \\ N_{1,t} \\ N_{2,t} \\ N_{3,t} \\ N_{4,t} \\ N_{5,t} \\ \cdots \\ N_{25,t} \end{vmatrix}$$

式中，$N_{i,t}$是种群中年龄组i 在时间t 的个体数目；矩阵中第一行是年龄组i 雌性的个体所繁育雌性个体后代；其他行是年龄组i 个体的存活率。雌性每年产生的雌性幼体的数目可以按照式（3-68）估算（Servello，2000）

$$F_i = \psi_i \cdot \theta_i \cdot c_i \cdot \delta_i \cdot \sigma \tag{3-68}$$

式中，ψ_i 为繁殖概率；θ_i 为筑巢成功率；c_i 为每窝平均卵个数；δ_i 为幼鸟的存活率；σ 为幼鸟发育为雌性的比例。根据表 3-22 可以建立普通燕鸥的种群动态矩阵方程。采用通用数学软件（Matlab Ver6. 5）计算矩阵 $\boldsymbol{M}$ 的最大特征值，然后通过计算其自然对数得到内禀增长率 r。

DDT 的代谢产物种类较多，其中对鸟类产生危害最大是其代谢产物 DDE，占所代谢产物的 80%～95%（Connell et al.，2003；Dong et al.，2004）。1969 年，Swizer and Lewin 比较了栖息在美国 Alberta 的普通燕鸥的繁殖率和 DDE 暴露浓度之间的关系，发现在 Chip 湖的普通燕鸥蛋内 DDE 平均浓度为 7.57ng/g 湿重时，其孵化率为 24%，存活率为 5%（n=68）；次年在同一地点观测发现普通燕鸥蛋的平均浓度为 4.52ng/g 湿重，其孵化率为 42%，羽化率为 25%。Fox 于 1972 年 5 月 20 日至 8 月 20 日在加拿大的 Buffalo 湖对普通燕鸥栖息地进行了连续观测，发现了鸟蛋中 DDE 浓度为 3.98ng/g 湿重时的孵化率为 61%，存活率为 28%（Fox，1977）。Nisbet 于 1971 年发现在污染很轻的地区普通燕鸥的孵化率为 97%，存活率为 71%（Nisbet，1973）。表 3-24 总结了目前文献报道的普通燕鸥暴露于 DDE 下的幼鸟存活的数据。将表中的不同浓度下的存活率替换式（3-68）中的 δ_i幼鸟的存活率，可以计算得到矩阵中繁殖力的参数 F_i。然后，根据矩阵方程，计算出不同浓度暴露下的普通燕鸥的内禀增长率。

表 3-24　鸟蛋中 DDE 浓度和相应的幼鸟存活率及相应的种群内禀增长率（r）关系

物种	浓度/(ng/g 湿重)	存活率/%	r	样品数	参考文献
普通燕鸥	0	71	0.12	103	①
	3980	28	0.03	456	②
	4520	25	0.02	452	③
	7570	5	−0.06	68	④

注：①Nisbet，1973；②Fox，1977；③Switzer and Lewin，1973；④Switzer and Lewin，1971。

通常而言，无污染暴露时的内禀增长率最大，种群的内禀增长率随着污染物浓度增加而单调递减并无限递减下去。根据表 3-24 的数据，用数学软件（Matlab Ver. 6. 5）采用非线性拟合方法拟合参数 r_0、α、β（函数 nlinfit），拟合浓度-种群内禀增长率曲线如下：

$$r(\lg C_{\text{egg}}) = 0.09 \times \left[1 - \left(\frac{\lg C_{\text{egg}}}{3.65}\right)^{10.02}\right] \tag{3-69}$$

当 $\lg C_{\text{egg}} = 3.65$（$C_{\text{egg}} = 4467$ng/g 湿重）时，确定内禀增长率损失 10%所对应的内禀增长率为 0.08，此时所对应的鸟蛋内浓度为基准浓度（BMC：830ng/g 湿重），其 95%置信边界的下边界（BMCLB）为 663ng/g 湿重（图 3-28）。

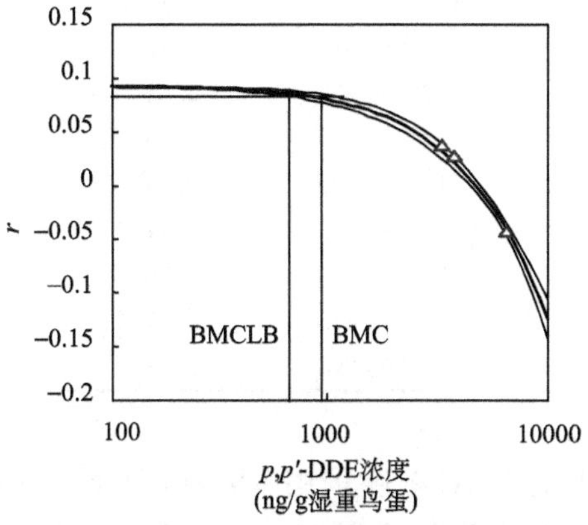

图 3-28　普通燕鸥蛋内 p，p'-DDE 浓度和种群内禀增长

虚线代表拟合曲线的 95%置信边界；△：代表野外毒性数据点；BMC（830ng/g wet weight）：种群内禀增长率下降 10%所对应的浓度及其 95%的置信边界（BMCLB：663ng/g wet weight）

2. 富集系数（水体 & 沉积物-鸟蛋）的确定

评价污染物的富集水平需要评价污染物在不同的介质和食物网中的行为。通

常采用两种方法计算污染物从水体和沉积物到食物网中的富集：①直接检测水体和对象生物体内残留的污染物暴露水平，然后获得富集系数；②采用模型外推的方法，单从目前掌握的资料而言前者的精度要好于后者。通过野外采样直接获得水体、沉积物和鸟蛋内的 DDT 的浓度暴露数据，根据这些数据估算富集系数，并采用蒙特卡罗重采样技术分析暴露分布的不确定性。选择富集系数的 95%置信边界的上边界估算水质基准和沉积物基准。2002 年北京大学测试了渤海湾海面采集的海水和沉积物样品，并检测了其中 DDE 浓度以及有机碳的含量（表 3-25）。

表 3-25　渤海湾地区水体和沉积物中的 DDE 浓度

采样点	北纬	东经	水体/(ng/L)	沉积物/(ng/g)	沉积物有机碳含量/ppm
1	39.183 300	117.933 300	0.22	0.26	6 518
2	39.166 600	117.850 000	0.86	0.10	6 831
3	39.133 300	117.966 600	1.61	0.00	4 717
4	39.100 000	117.850 000	2.34	0.88	5 740
5	39.083 300	117.766 000	1.84	0.59	5 802
6	39.066 600	117.916 600	0.92	0.60	6 706
7	39.016 600	117.783 300	1.14	1.83	5 333
8	38.998 890	117.881 610	2.12	0.72	6 358
9	38.999 840	117.999 270	0.52	0.67	5 858
10	38.979 010	117.744 350	0.25	0.45	10 016
11	38.916 600	117.833 300	0.75	0.70	5 588
12	38.748 460	117.883 080	0.91	0.30	4 955
13	38.751 830	118.000 430	0.50	0.46	5 651
14	38.500 260	117.882 640	1.57	0.32	3 736
15	38.501 400	117.998 890	2.31	0.22	2 337

对沉积物和水体中的 DDE 浓度采用 Matlab Ver. 6.5 中假设检验函数 ztest 进行概率分布分析，得到渤海湾海水中的 DDE 的浓度符合对数正态分布（图 3-29），其平均值和方差分别为 1.19ng/L 和 0.62ng/L。同样沉积物中的浓度也符合对数正态分布，其平均值和方差分别为 0.54ng/g 干重和 0.28ng/L（图 3-30）。鸟蛋浓度暴露的概率分布函数也可以拟合为正态分布，如用式（3-70）表示（图 3-31）。

$$p(\lg C_{\text{egg}}) = \frac{1}{\sqrt{2 \times 0.23\pi}} e^{-\left[\frac{(\lg C_{\text{egg}} - 1.64)^2}{2 \times 0.23^2}\right]} \tag{3-70}$$

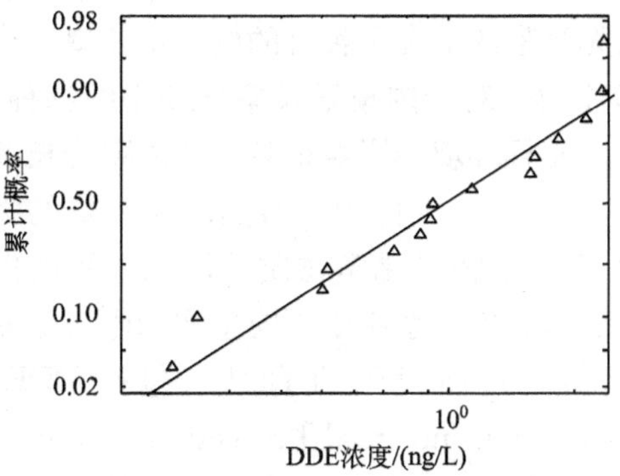

图 3-29　渤海海水中的 DDE 的浓度概率分布

Δ表示海水浓度点

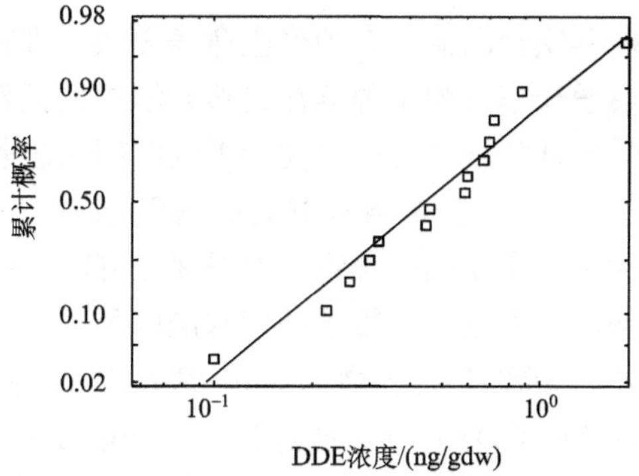

图 3-30　渤海湾沉积物中的浓度

□表示沉积物浓度点

3. 水质基准和沉积物基准值的确定

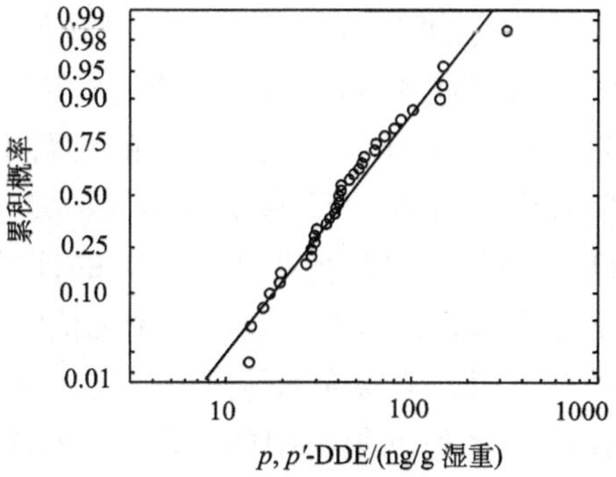

图 3-31　渤海地区普通燕鸥鸟蛋内 p,p'-DDE 累积概率分布标志

○表示实测浓度的累计概率

普通燕鸥鸟蛋内 DDE 的残留水平和水体或沉积物的比值即为富集系数(BAF)。

$$\mathrm{BAF}=\frac{[C_{\mathrm{egg}}]}{[C_{\mathrm{water}}]}\tag{3-71}$$

估算从沉积物到鸟蛋的富集系数(BSAF)公式

$$\mathrm{BSAF}=\frac{[C_{\mathrm{egg}}]}{[C_{\mathrm{sediment}}]}\tag{3-72}$$

式中，C_{egg}为鸟蛋中污染物的浓度；C_{water}为海水中污染物的浓度；C_{sediment}为沉积物中污染物的浓度。

利用式（3-72）估算水质和沉积物的环境基准。通常污染物在水体、沉积物和鸟蛋内的浓度呈一定的概率分布。基于这些概率分布采用 Monte-Carlo 方法进行不确定性分析。水质基准的中间值为 31.7ng/L，95％的置信范围为 4～48.1ng/L。如果以 95％的置信度来保护渤海湾普通燕鸥种群的安全情况下，渤海湾地区的水质基准应该是 4ng/L。按照同样的方法计算得到渤海湾地区的沉积物的基准应该是 1.9ng/g 干重。从上面的计算可知，影响海水和沉积物中化学物质的质量基准的因素主要包括安全阈值浓度和富集系数。首先需要估算种群安全阈值浓度。剂量-效应曲线是其中比较关键的因素，不同的物种对化学物质有着不同的敏感性，如 DDE 对鸟类繁殖率的影响存在明显的种差。目前已经观察到鸟蛋内最低影响浓度：夜鹭为 1μg/g 湿重，鹈鹕为 3μg/g 湿重，野鸭为 10μg/g

湿重（Heath et al.，1969；Blus，1984；Connell et al.，2003）。另外一个影响种群安全阈值的是种群生命表参数，即在无污染的情况下种群的内禀增长率。内禀增长率反映了种群在自然环境中的延续能力，对于内禀增长率比较小的物种，受到环境波动之后恢复所需的时间比较长，而且环境的影响很容易使内禀增长率小于 0，从而导致种群萎缩（Stark et al.，2004），因此内禀自然增长率低的物种更容易受到化学物质胁迫的影响。除了不同生物对化学物质的敏感性不同以外，富集系数是影响环境基准的另外一个因素。生态系统中不同生物的生态位差异，导致其化学物质的富集系数存在差异。目前我国的 DDT（包括 DDE、DDD、DDT）的水质标准为 50ng/L（State Environmental Protection Administration of China，1997），沉积物的质量标准是 4ng/g 干重（国家海洋局国家海洋环境监测中心，2002），远高于本书基于 Benchmark 方法估算的以保护普通燕鸥种群为目标的基准（图 4-10）。尽管我国禁止 DDT 作为农药使用已经有 20 多年，但是 DDT 还作为其他用途在使用（Qiu et al.，2004）。根据最近渤海湾面源海水调查的数据，DDT 的检出频率较高。如果海水中 DDT 浓度接近目前的国家标准 50ng/L，那么普通燕鸥种群面临萎缩的风险将超过 46%（图 3-32），说明我国现行的 DDT 标准很难保护普通燕鸥种群的安全。但是事实上，渤海湾的 DDT 污染水平远低于我国目前的标准。一个标准的制定是社会经济、控制技术等因素综合评价的产物。一个无法实现的标准将会失去现实意义，但是过于宽松的标准值，会误导国际舆论，让人感觉我国处于非常高的 DDT 污染状况。鉴于我国海水和沉积物中的 DDT 类物质的浓度处于比较低的水平，渤海湾地区的 DDT 对普通燕鸥种群的风险较低，而且随着 POP 条约的实施，将会进一步减少 DDT 的环境排放，因此可以说已经具备了修改 DDT 的海洋环境标准的各种条件了。

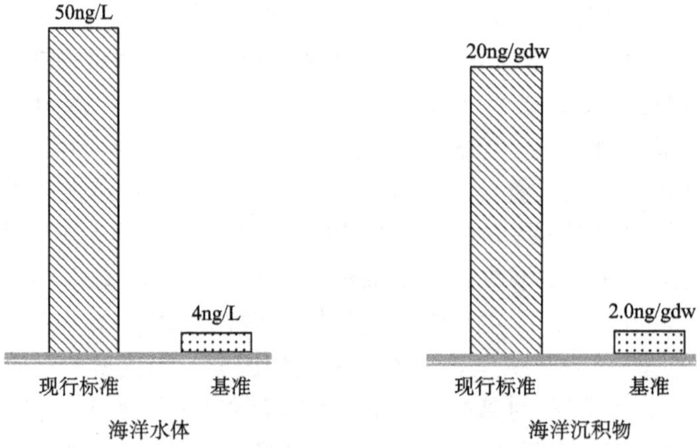

图 3-32　保护普通燕鸥种群的基准和我国现行标准相比较

4. 基于群落尺度下种群水平安全环境基准

生物群落（community）是生活在一定空间内多种生物种群的有规律的组合，种群之间存在复杂的营养级关系。群落中的种群之间相互关联和依存，一个种群出现变动会引起整个群落结构的调整。因此，群落的保护更具体地说应该是群落内种群的保护。经过前面的阐述我们知道在个体水平上的阈值只能反映个体生长繁殖过程的某一层面，无法反映整个种群的繁衍能力，因此基于个体水平上的群落物种敏感性分析（SSD）得出的阈值也同样只能反映群落安全的某一个层面，而无法反映群落的整体安全。由于群落与种群之间的关系更为直接，因此基于种群水平上安全阈值，采用SSD的方法来估算群落中95%的物种种群更有实际意义。Maashi Kamo等采用种群的内禀增长率作为评价终点，当计算在金属锌的暴露下海洋藻类（*Isochrisis galbana*）、绿藻（*Chroococus paris*）、纤毛虫（*Colpoda cuculus*）、水蚤（*Monia macrocopa*）及鱼类（*Pimephales promelas*、*Salvelinus fontinalis*）内禀增长率为0时所对应水体中锌的浓度分别为2.35mg/L、4.74mg/L、6.57mg/L、0.94mg/L、0.172mg/L和0.295mg/L，采用类似SSD方法计算获得保护物种95%的种群所对应的浓度（PHC_5）为0.107mg/L。但是基于个体水平上的无作用影响浓度计算的保护95%的物种对应的浓度为14.6μg/L（图3-33），左侧小点是在个体水平上的锌的危害性浓度（HC），细线是其累计概率曲线，计算得到的无作用影响浓度为14.6μg/L；右侧大的黑点是六种种群水平上的危害性浓度，其中粗实线是在种群水平上的累积概率曲线，得到对种群灭绝响应的无影响作用浓度为107μg/L，种群水平上的浓度要远高于个体水平上的浓度。日本环境厅将生态风险评价首次反映到了锌的环境标准制定中，通过采用一个物质的无影响作用浓度，将锌的标准改为30μg/L。

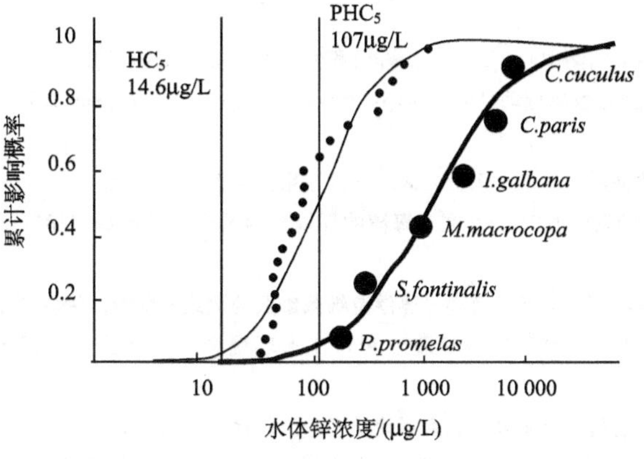

图3-33　采用物种敏感性分析（SSD）和种群敏感性分析（PSD）方法计算环境基准浓度

由于锌广泛存在于自然界中，其背景值较高，30μg/L 的标准会让许多地方超标。种群水平上的无影响作用浓度为 107μg/L，也许能从科学层面上提供一个在行政层面上更加具有执行力的管理目标。

3.4.10 展望

种群生态模型为化学物质的生态风险评价提供了一个重要的平台。虽然种群水平上的生态风险评价的研究报道还非常有限，目前 OECD 等国际机构还不可能像当年制定藻类、鱼类等生态毒性测试方法那样，对生态种群水平上的评价做一个全面的评估和标准方法的制定。但是期待种群水平上的生态风险评价在化学物质管理政策中的应用之路已经不会太远。对于被评价对象化学物质，如果具有整个生命史的生态毒性数据，就能够实现在种群水平上的生态风险评价。但是，实际上要获得整个生命史的毒性实验数据需要耗费大量的时间、劳力和费用。目前的数据仅限于对个别的生物种（如个体小的、生命周期短的）的毒性数据和极少数的优先控制物质，如壬基酚的毒性数据。因此，为了使种群水平上的风险评价成为一个可操作性的方法，毒性数据和生物生命表等基础数据仍然需要更多的积累。

思 考 题

（1）个体水平上的生态风险评价有哪些方法被广泛应用，这些方法分别在什么样的情况下使用？

（2）与个体水平风险评价相比，种群水平风险评价有哪些优势和不足之处？

（3）化学物质在不同的保护层次上（个体、种群、群落）进行风险评价得到的环境基准将有所不同，它们之间有哪些内在联系，制定环境标准时应该如何参考这些基准？

参 考 文 献

国家海洋局国家海洋环境监测中心. 2002. 海洋沉积物质量标准. GB 18668—2002.

国务院. 2001-12-17. 渤海碧海行动计划. http://www. zhb. gov. cn/eic/649364978884673536/index.shtml.

花井荘補. 2003. 化学物質のリスクアセスメント. 东京：丸善株式会社.

金芬. 2006. NPEOs 及其代谢产物 NP 在渤海湾的环境行为及食物链传递规律的研究. 中国科学院研究生院博士论文.

李洪波，肖天，赵三军，等. 2005. 海洋异养浮游细菌参数的测定和估算. 海洋科学，29 (2)：58-63.

邵兵，胡建英，杨敏. 2002. 重庆流域嘉陵江和长江水环境中壬基酚污染状况调查. 环境科学学报，22 (1)：12-16.

孙胜龙. 2005. 环境激素与人类未来. 北京：化学工业出版社：194，195.

袁旭音，王禹，陈骏，等. 2003. 太湖沉积物中有机氯农药的残留特征及风险评估. 环境科学，24 (1)：121-125.

中西準子，蒲生昌志，岸本充生等. 2003. 環境リスクマネジメントハンドブック. 东京：朝倉書店：283.

中西準子. 1995. 环境风险论. 东京：岩波书店.

Akaike H. 1973. Information theory and an extension of the maximum likelihood principle. *In*：Petrov B N，Csaki F. 2nd ed. Internat Symp on Information Theory，Akademia Kiado，Budapest.

Aldenberg T，Jaworska J S，Traas T P. 2002. Normal species sensitivity distributions and probabilistic ecological risk assessment//Posthuma I，Suter G W，Traas T P. Species Sensitivity Distributions in Ecotoxicology. Boca Raton (FL)：Lewis：49-102.

Aldenberg T，Slob W. 1993. Confidence limits for hazardous concentrations based on logistically distributed NOEC toxicity data. Ecotoxicol Environ，Saf，25：48-63.

An W，Hu J Y，Yao F，et al. 2006. A method of assessing eclogical risk to night hern，Nycticorax Nycitorax，population persistence from dichorodiphenyltrichloroethane exposure. Environ. Toxicol. Chem.，25 (1)：281-286.

An W，Hu J，Giesy J P，et al. 2009. Extinction risk of exploited wild roach (Rutilus rutilus) populations due to chemical feminization. Environ. Sci. Technol.，43 (20)：7895-7901.

Andrewartha H，Birch L. 1954. The Distribution and Abundance of Animals. Chicago，IL：The University of Chicago Press.

Arnot J A，Gobas F A P C. 2003. A generic QSAR for assessing the bioaccumulation potential of organic chemicals in aquatic food webs. QSAR Comb. Sci.，22：337-345.

Arnot J A，Gobas F A P C. 2004. A food web bioaccumulation model for organic chemicals in aquatic ecosystems. Environ. Toxicol. Chem.，23 (10)：2343-2355.

ASTM (American Society for Testing and Materials). 1995. Standard guide for conducting life-cycle toxicity with saltwater mysids. E1191-90. Philadelphia，PA.

Austin O L，Austin J R. 1956. Some Demographic aspects of the cape cod population of common tern (sterna hirundo). Bird-Banding，27 (2)：55，56.

Barnthouse L W，Suter II G W. 1986. User's Manual for ecological risk assessment，Oak Rudge National Laboratory，Oak Rudge，TN. ORNL-6251.

Barnthouse L W. 1992. The role of models in ecological risk assessment：a 1990s perspective. Environ Toxicol Chem，11：1951-1960.

Bartell S M，Lefebvre G，Kaminski G，et al. 1999. An ecosytem model for assessing ecological risks in Quebec rivers，lakes，and reservoirs. Ecol Modelling，124：43-67.

Bechmann R K. 1994. Use of life tables and LC50 tests to evaluate chronic and acute toxicity effects of copper on the marine copepod Tisbe furcata (Baird). Environ. Toxicol. Chem.，13：1509-1517.

Becker P H，Ludwigs J D. 2004. Sterna hirundo Common tern. BWP Update，6 (1，2)：91-137.

Becker P H，Wendeln H，Gonzale-Solis J. 2001. Population dynamics，recuitment，individual quality and reproductive strategies in Common Terns Sterna hirunda marked with transponders. Ardea，89：241-252.

Bintein S，Devillers J，Karcher W. 1993. Nonlinear dependence of fish bioconcentration on n-octanol/water partition coefficient. SAR QSAR Environmental Research，1：29-39.

Blus L J. 1984. DDE in birds' eggs：Comparison of two methods for estimating critical levels. Wilson Bull，96 (2)：268-276.

Boukal D, Berec L. 2002. Single-species Models of the Allee effect: Extinction boundaries sex ratios and mate encounters. J. theor. Biol., 218: 375-394.

Caims J, Jr Dickson K L, Maki A W. 1978. Estimating the hazard of chemical substances to aquatic life, STP 657, American Society for Testing and Materials, Philadelphia. PA19103.

Campbell K R, Bartell S M. 1998. Ecological models and ecological riskassessment. In: Newman M C, Strojan C L. Riskassessmen t: Logic and Measurement. Chelsea, MI: Ann Arbor Press: 69-100.

Casini S, Fossi M C, Mori G, et al. 2002. Vitellogenin induction in Cyprinus carpio treated with 17 beta-estradiol and 4-nonylphenol. Environmental Monitoring and Assessment, 75 (3): 235-239.

Caswell H, Weeks D. 1986. Two-sex models: chaos, extinction, and other dynamic consequences of sex. American Naturalist, 128: 707-735.

Caswell H. 2001. Matrix Population Models. Sunderland, Massachusetts: Sinauer Associates, Inc.

Cisis. 2001. 中国物种信息服务. http: //www. chinabiodiversity. com/search/detail. shtm? cspcode=020290020.

Clayton J R, Pavlou S P, Breiter N F. 1977. Polychlorinated biphenyls in coastal marine zooplankton. Environ. Sci. Technol., 18: 676-682.

Connell D, Fung C N, Minh T B, et al. 2003. Risk to breeding success of fish-eating Ardeids due to persistent organic contaminants in Hong Kong: evidence from organochlorine compounds in eggs. Water Research, 37: 459-467.

Council N R. 1981. Testing for Effects of Chemicals on Ecosystems. Washington, DC: National Academy Press.

Daniels R E, Allan J D. 1981. Life table evaluation of chronic exposure to a pesticide. Can. J. Fish. Aquat. Sci., 38: 485-494.

De Bruijin J, Crommentuijn T, van Leeuwn K, et al. 1999. Environmental risk limits in the Netherlands. RIVM Report 601640001. 3720BA Bilthoven.

Dicostanzo J. 1980. Population dynamicof a common tern. Journal of Field Ornithology, 51: 229-243.

Directive on the restriction of Nonylphenols (NP) & Nonylphenol Ethoxylate (NPEO)-2003/53/EC.

Dong Y H, Wang H, An Q, et al. 2004. Residues of organochlorinated pesticides in eggs of water birds from Tai Lake in China. Environmental Geochemistry and Health, 26 (2): 259-268.

Dong Y, An Q, Gong Z, et al. 2002. Bioindication of organochlorine pesticides by night heron in Taihu wetland ecosystem. Chin. J. A ppl. Ecol., 13 (2): 209-212.

EC. 1992. Council directive 92/93/EEC Amending for the seventh time Directive 67/548/EEC on the approximation of the laws, regulations and administrative provisions relating to the classification, packing and labeling of dangerous substances", Official Journal of European Communities, No. 1, 154A, 95-126.

EC. 1996. Technical guidance document in support of commission directive 93/67/EEC on risk assessment for new notified substances and commission regulation (EC) No1488/94 on risk assessment for existing substances, Part I, II, III, IV, ECSC-EC-ECEC, EC, 1996.

Ecological Committee on FIFRA Risk Assessment Methods (ECOFRAM). 1999. Report of the aquatic workgroup, Available from: US Environmental protection agency, Office of pesticide programs. http: //www. epa. gov/oppefed1/ecorisk/index. htm.

Emlen J M. 1989. Terrestrial population models for ecological riskassessment: a state-of-art review. Environ Toxicol Chem, 8: 831-842.

European Union. 1995. Technical guidance documents in support of the commission directive 93/67/EEC on risk assessment for new notified substances and the commission regulation, EC 1488/94 on risk assessment for existing substances. Environmental Chemicals Bureau, Ispra, Italy.

Findholt S, Trost C H. 1979. Organochlorine pollutants, eggshell thickness, and reproductive success of black-crowned Night Heron in Idaho. Col. Water, 8: 32-41.

Forbes V E, Peter C. 1999. Is the per capita rate of increase a good measure of population-level effects in ecotoxicology? Environ. Toxicol. Chem., 18 (7): 1544-1556.

Fox G A. 1977. Eggshell quality: its ecological and physiological significance in a DDE-contaminanted common tern population. Wilson Bull, 88 (3): 459-477.

Gentile J H, Gentile S M, Hoffman G. 1983. The effects of chronic mercury exposure on survial, reproduction and population dynamics of Mysidophsisbahia. Environ Toxicol Chem, 2: 61-68.

Gibbs P E, Pascoe P L, Burt G R. 1988. Sex change in the female dog-whelk, Nucella lapillus, induced by tributyltin from antifouling paints. Journal of the Marine Biological Association, 68: 715-731.

Giddings J M, Anderson T A, Hall L W, et al. 2005. Atrazine in North American Surface Waters (a probabilistic aquatic ecological risk assessment). Pensacoia, Florida: SETAC Press.

Giesy J P, Pierens S L, Snyder E M, et al. 2000. Effects of 4-nonylphenol on fecundity and biomarkers of estrogenicity in fathead minnows (Pimephales promelas). Environmental Toxicology and Chemistry, 19 (5): 1368-1377.

Gobas F A P C. 1993. A model for predicing the bioaccumulation of hydrophobic organic chemicals in aquatic food-webs: application to Lake Ontario. Ecological Modelling, 69: 1-17.

Hall L W, Scott M C, Killen W D. 1998. Ecological risk assessment of copper and cadmium in surface waters of Chesapeake bay watershed. Environmental Toxicology and Chemistry, 17: 1172-1189.

Hamelink J L, Waybrandt R C, Ball R C. 1971. Proposal: exchange equilibriums control the degree chlorinated hydrocarbons are biologically magnified in lentic environment. Transactions of the American Fisheries Society, 100: 207-214.

Heath R G, Spann J W, Kreitzer. 1969. Marked DDE impairment of mallard reproduction in controlled studies. Nature, 224: 47, 48.

Henny C J, Blus L J, Krynitsky A J, et al. 1984. Current impact of DDE on Black-crowned Night Heron in the Intermountain West. J. Wildl. Manage., 48: 1-13.

Hu J Y, An W, Zhang Z B, et al. 2005a. Occurrence of endocrine disrupting chemicals (EDCs) and the potential ecological impact in China. SETAC 26th Annual Meeting in North America, Baltimore, Maryland, USA, SETAC.

Hu J Y, Fen J, Wan Y, et al. 2005b. Trophodynamic behavior of 4-nonylphenol and nonylphenol polyethoxylate in a marine aquatic food web: comparison to DDTs. Environ. Sci. Technol., 39: 4801-4807.

Hu J Y, Jin F, Wan Y, et al. 2005c. Trophodynamic Behavior of 4-nonylphenol and nonylphenol polyethoxylate in a marine aquatic food web from Bohai Bay, North China: comparison to DDTs. Environmental Science and Technology, 24: 9339-9344.

Hu J Y, Zhang Z B, Wei Q W, et al. 2009. Malformations of the endangered Chinese sturgeon (Acipenser sinensis) and its causal agent. Proc Natl Acad Sci USA. (PNAS), 106 (23): 9339-9344.

Hu J Y, Zhen H J, Wan Y, et al. 2006. Trophic magnification of triphenyltin in a marine food web of bohai bay. North China: Comparison to Tributyltin, Environmental Science and Technology, 40: 3142-3147.

Hu J, An L, Sun X H, et al. 2003. Investigation of vitellogenin in wild crucian (Carassius auratus) Tianjin. China Environmeantal Science, 23 (3): 281-284.

Hudson M J, Swackamer D L, Cotner J B. 2005. Effect of microbe on contaminant transfer in the lake Superior food web. Environ. Sci. Technol., 39: 9500-9508.

Iseki N, Hayama S I, Masunaga S, et al. 2002. Dioxin and dioxin-like PCB exposure and their risk estimation: survival rate of common cormorant in Japan. Honcho, Kawaguchi, Saitama, CREST, Janpan Science and Technology Corporation. Saitama, Japan.

Jensen A L. 2000. Sex and age Structured matrix model applied to harvesting a white failed deer population. Ecological Modeling. 128: 245-249.

Jobling S, Sumpter J P. 1993. Detergent components in sewage effluent are weakly oestrogenic to fish: an in vitro study using rainbow trout (Oncorhynchus mykiss) hepatocytes. Aquatic Toxicology, 27: 361-372.

Kenney J F, Keeping E S. 1956. Mathematics of Statistics, Van Nostrand Princeton NJ.

Kiflawi M. 1999. I. Game allocation and fertilizaion success in coral reef fish. II. Using developmental instability to address questions in community and behavioral ecology. Philosophy Biology. Albuquerque, New Mexico, he university of New Mexico: 99.

Kuhn A, Munns W R J, Champlin D, et al. 2001. Evaluation of the efficacy of extrapolation population modeling to predict the dynamics of Americamysis bahia populations in the laboratory. Environ. Toxicol. and Chem., 20 (1): 213-221.

Langham N P E. 1972. Chick survival in Terns sterna spp. with particular reference to the common tern. Journal of Animal Ecology., 41: 385-395.

Le Galliard J F, Fitze P S, Ferriere R, et al. 2005. Sex ratio bias, male aggression, and population collapse in lizards. Proceedings of the National Academy of Sciences of the United States of America, 102 (50): 18231-18236.

Lemmetynen R. 1973. Feeding ecology of Sterna paradisaea Pontopp. and S. hirundo L. in the archipelago of southwestern finland. Annales Zoologia Fennici, 10: 507-525.

Lin B L, Meng Y. 2009. Extrapolation of available acute and chronic toxicity test data to population-level effects for ecological risk management of chemicals. Environ. Toxicol. Chem., 28 (7): 1557-1566.

Lin B L, Tokai A, Nakanishi J. 2005. Approaches for establishing predicted-no-effect concentrations for population-level ecological risk assessment in the context of chemical substances management. Environ. Sci. Technol., 39 (13): 4833-4840.

Mackay D. 1982. Correlation of bioconcentration factors. Environmental Science and Technology, 16: 274-278.

McEdward L. 1995. Ecology of Marine Invertebrate Larvae. Boca Raton, FL: CRC-Press.

Meylan W M, Howard P H, Boethling R S, et al. 1999. Improved method for estimating bioconcentration/bioaccumulation factor from octanol/water partition coefficient. Environmental Toxicology and Chemistry, 18 (4): 664-672.

Munns W R, Black D E, Gleason K, et al. 1997. Evoluation of the effects of dioxin and PCBs on fundulus heterolius poputations using a modeling approach. Environ Toxicol Chem，16 (5)：1074-1081.

Murata M，Iseki N，Masunaga S，et al. 2003. Estimation of effects of dioxins and dioxin-like PCBs on wildlife population-a case study on common cormorant. Chemosphere，53：337-345.

Nabholz J V. 1991. Environmental hazard and risk assessment under the United States Toxic Substances Control Act. Science Total Environ，109/110：649-665.

Naddafi R，Abdoli A，Hassanzdeh K，et al. 2005. Age，growth and reproduction of the Caspian roach (Rutilus rutilus caspicus) in the Anzali and Gomishan wetlands，North Iran. J. Appl. Ichthyol.，21：492-497.

Naito W，Miyamoto K I，Nakanishib，et al. 2003. Evaluation of an ecosystem model in ecological risk assessment of chemicals. Chemosphere，53：363-375.

Naito W，Miyamotob K I，Nakanishib，et al. 2002. Application of an ecosystem model for aquatic ecological risk assessment of chemicals for a Japanese lake. Water Research，36：1-14.

Nakamaru M，Iwasa Y，Nakaishi J. 2002. Extinction risk to herring gull populations from DDT exposure. Environ. Toxicol. Chem.，21 (1)：195-202.

Nakamaru M，Iwasa Y，Nakaishi J. 2003. Extinction risk to bird populations caused by DDT exposure. Chemosphere，53 (4)：377-387.

National Research Council (NRC). 1993. Issues in Risk Assessment. Washington：National Academy Press.

Neely B W，Branson D R，Blau G E. 1974. Partition coefficient to measure bioconcentration potential of organic chemicals in fish. Environmental Science and Technology，8：1113-1115.

Newman M C. 1995. Quantitative Methods in Aquatic Ecotoxicology. USA：Lewis Publisshers.

Nisbet I C T，Cam E. 2002. Common Tern，Sterna hirundo-The birds of North America. Philadelphia，PA：Smith-Edwards-Dunlap Company.

Nisbet I C T. 1973. Courtship-feeding，egg-size and breeding success in Common Terns. Nature，241：141，142.

OECD. 1992. Report of the OECD workshop on the extrapolation of laboratory aquatic toxicity data on the real environment. OECD Environmetn Monographs No. 59.

OECD. 1995a. Provisional guidance for initial hazard assessment of HPV chemicals with UFull SIDS-initial assessment of aquatic effects，OECD (paris)，92127/17. 07. 92，1992.；OECD，OECD environment monographs 92，guidance document for aquatic effects assessment. OECD/GD (95) 18，PECD (Paris).

OECD. 1995b. Guidance document for aquatic effects assessment，OECD Environment Monographs NO. 92.

Palmer R S. 1941. A behavior study of the common tern (sterna hirundo hirundol). Proc，Boston. Soc. Nat. Hist.，42：1-119.

Pastorok R A，Bartell S M，Ferson S，et al. 2002. Ecologcial Modeling in Risk Assessment：Chemical Effects on Populations，Ecosystems，and Landscapes. New York：Lewis Publishers.

Pausenbach D J. 2002. Human and Ecological Risk Assessment—Theory and Practice. New York：John wiley and Sons，Inc.

Posthuma L，Suter II G W，Traas T P. 2001. Species Sensitivity Distributions in Ecotoxicology. Boca Raton Florida，USA：CRR Press.

Qiu X, Zhu T, Li J, et al. 2004. Organochlorine pesticides in the air around the Taihu Lake, China. Environ. Sci. Technol., 38: 1368-1374.

Ramsay M J, Karen P. 2000. A Field Guide to the Birds of China. London, UK: Oxford University Press.

Roger B C, Klimekiweicz M K, Futcher A G. 1982. Longevity records of north American birds: Gaviidae through Alcidae. Jounal of Field Ornithology, 53 (2): 81-124.

Schwaiger J, Mallow V, Ferling H, et al. 2002. How estrogenic is nonylphenol? A transgenerational study using rainbow trout (Oncorhynchus-mykiss) as a test organism. Aquatic Toxicology, 59: 177-189.

Servello F A. 2000. Population research priorities for Black Terns developed from modeling analyses. Waterbirds, 23 (3): 440-448.

SETAC. 1994. Society of environmental toxicology and chemistry, pesticide risk and mitrigation, Final report of the aquatic risk assessment and mitigation dialog group, Pensacola (FL): SETAC foundation for environmental education Florida.

Shane B S. 1994. Introduction to ecotoxicology. In: Cockerham L G, Shane B S. Basic Environmental Toxicology. MI, USA: CRC, Ann Arbor.

Shi H H, Huang C J, Yu X J, et al 2004. Imposex and female reproductive failure of chicoreus brunneus and C. asianus. Journal of Tropical Oceanography, 23 (2): 82-88.

Solomon K R, Baker D B, Richards R P, et al. 1996. Ecological risk assessment of atrazine in north American surface waters. ETC, 15: 31-76.

Song B, Lei M, Chen D B, et al. 2009. Assessing the health risk of heavy metals in vegetables to the general population in Beijing, China. J. Environ. Sci. (China), 21 (12): 1702-1709.

Staples C, Mihaich E, Carbone J, et al. 2004. Weight of evidence analysis of the chronic ecotoxicity of nonylphenol ethoxylates. Nonylphenol Ether Carboxylates, and Nonylphenol, Human and Ecological Risk Assessment: An International Journal, 10 (6): 999-1017.

Stark J D, Banks J E, Vargas R. 2004. How risky is risk assessment: The role that life history strategies play in susceptibility of species to stress. Proceedings of the National Academy of Sciences of the United States of America, 101 (2): 732-736.

State Environmental Protection Administration of China (S E P A C). 1997. Sea water quality standard. GB 3097-1997 No. 115.

Stephan C E, Mount D I, Hansen D J, et al. 1985. Guidelines for deriving numerical national water quality criteria for the protection of aquatic organisms and their use. Report PB85-227049, U. S. Environmental Protection agency, Springfield, VA.

Suter II G W. 1993. Ecological Risk Assessment. Boca Raton: Lewis Publishers.

Switzer B, Lewin V. 1971. Shell thickness, DDE levels in eggs, and reproductive success in common terns (Sterna hirundo), in Alberta. Can. J. Zool., 49 (1): 69-73.

Switzer B, Lewin V. 1973. DDE and reproductive success in some Alberta common terns. Can. J. Zool., 51: 1081-1086.

Tanaka J N, Grizzle J M. 2002. Effects of nonylphenol on the gonadal differentiation of the hermaphroditic fish, Riulus marmoratu. Aquatic Toxicology, 57 (3): 117-125.

Tanaka Y, Nakanishi J. 2001. Model selection and parameterization of the concentration response functions for poputation-level effects. Environ Toxicol Chem, 20 (8): 1857-1865.

Thomann R V. 1989. Bioaccumulaltion model of organic chemical distribution in aquatic food chains. Environ. Sci. Technol., 23 (6): 699-707.

U. S. EPA. 1976. Quality criteria for water. EPA/PB-263 943. Washington, D. C.: office of water and hazardous materials. USEPA.

U. S. EPA. 1986. Standard evaluation procedure, Ecological risk assessment EPA 540/9-85-001, EPA, Washington, D. C.

U. S. EPA. 1992. Pramework for ecological risk assessment, EPA/630/R-92/001, EPA, Washington D C.

U. S. EPA. 1998. Guidelines for Ecological Risk Assessment, Notice., US. Environmental Protection Agency, Washington, D. C., Federal Register, 63 (93): 26846-26942.

U. S. EPA. 1999a. USEPA, Ecological Committee on FIFRA Risk Assessment Methods (ECOFRAM)-Terrestrial Workgroup Report: V. Risk Characterization. Washington, DC.

U. S. EPA. 1999b. USEPA, Screening level ecological risk assessment protocol for hazardous waste combustion facilities, Peer review draft.

U. S. EPA. 2000a. Methodology for deriving ambient water quality criteria for the protection of human health. EPA-822-B-00-004. Washington, DC: U. S. Environmental Protection Agency, Office of water.

U. S. EPA. 2000b. AQUATOX for Windows-A modular fate and effects model for aquatic exosystems, release 1, volume 1: User's Manual, EPA-823-R-00-06.

U. S. EPA. 2000c. Benchmark Dose Technical Guidance Document. EPA/630/R-00/001. Washington, DC.

U. S. EPA. 2003a. Pollution prevention (P2) manual. EPA 748-B-03-001. Washington, DC: U. S. Environmental Protection Agency, Office of Pollution Prevention and Toxics.

U. S. EPA. 2003b. Water Quality Research Program Multi-Year Plan. Office of Research and Development. USEPA. Washington, D. C: http: //www. epa. gov/osp/myp/wq. pdf.

U. S. EPA. 2006. Office of water office of science and technology Washington, Ambient Aquatic Life Water Quality Criteria-nonylphenol. http: //www. epa. gov/waterscience/criteria/aqlife. html

van Leeuwen C J, Hermens J L M. 2000. Risk Assessment of Chemicals: An Introduction. Dordrecht: Kluwer Academic Publishers.

Veith G D, Defoe D L, Bergstedt B V. 1979. Measuring and estimating the bioconcentration factor of chemicals in fish. Journal Fisheries Research Board of Canada, 36: 1040-1048.

Versteeg D J, Belanger S E, Carr G J. 1999. Understanding single-species and model ecosystem sensitivity: data-based cmparison. ETC, 18: 1329-1346.

Vogel H, Czihak G, Chang P, et al. 1982. Fertilization kinetics of sea urchin eggs. Math. Biosci., 58: 189-216.

Wagner C, Lokke H. 1990. Estimation of ecotoxicological protection levels from NOEC toxicity data. Water Research, 25: 1237-1242.

Walthall W K, Stark J D. 1997. Comparision of two population-level ecotoxicological endpoints: The intrinsic (rm) and instaneous (ri) rates of increase. Environ. Toxicol. Chem., 16 (5): 1068-1073.

Walton W E, Compton S M, Allan J D, et al. 1981. The effect of acid stress on survivorship and reproduction of Daphnia pulex (Crustacea: ladocera). Can. J. Zool., 60: 573-579.

Wan Y, Hu J Y, Yang M, et al. 2005. Mitsuaki Itoh, Characterization of trophic transfer for polychlorinated dibenzo-p-dioxins, dibenzofurans, non-and mono-ortho polychlorinated biphenyls in the marine food web of Bohai Bay, North China. Environmental Science and Technology, 39 (8): 2417-2425.

Wan Y, Hu J Y, Zhang K, et al. 2008. Trophodynamics of polybrominated diphenyl ethers in the marine food web of Bohai Bay, North China. Environmental Science and Technology, 42: 1078-1083.

Ward T J, Boeri R L. 1991. Chronic toxicity of nonylphenol to the mysid ("Mysidopsis bahia"). Report prepared for Chemical Manufactures Association by Resource Analysts. Study No 8977-CMA.

Wei Q W, Ke F E, Zhang J M, et al. 1997. Biology, fisheries, and conservation of sturgeons and paddlefish in China. Environ Biol Fishes, 48: 241-255.

Weisbrod A V, Burkhard L P, Arnot J, et al. 2007. Workgroup report: Review of fish bioaccumulation data bases used to identify persistent, bioaccumulative, toxic substances. Environmental Health Perspective, 115 (2): 255-261.

Wendeln H, Becker P H. 1998. Populations biologische Untersuchungenn an einer kolonie der FluBseeschwalbe Sterna hirundo. Vogelwelt, 119: 209-213.

Witt K. 1970. Bestandsentwicklung und Daten zur Brutbiologie der FluBseesch walbe (Sterna hirundo) am. Oberrhein Vogelwelt, 91: 24-28.

Zeenab M, Gilford J. 1993. Ecological hazard evaluation and risk assessment under EPA's Toxic control act (TSCA): an introduction, "environmental toxicology and risk assessment, ASTM STP1179//Landis W, Hughes J, Lewis M. 1993. American Society for Testing and Materials, Philadelphia. West Conshohocken, P A: 7-21.

Zhang Y, Zhao D Q, Ruan L Z, et al. 2003. Pairing age and reproductive success in black-crowned night herons at Tai lake, China. Zoological Research. 24 (1): 57-59.

Zhu X, Yang S D, Zou X P, et al. 2000. The breeding habits and growth of the nesting black-crowned night heron, Nycticorax nycticorax. Zoological Research, 21 (1): 58-64.

第 4 章　风险管理中的成本收益分析

风险评价和风险管理是环境政策决策过程的核心。当环境风险的大小超出允许范围时，环境管理者就需要制定相应的政策以降低风险。然而，降低风险的方案有很多种，从中作出抉择并非易事。例如，目前各国对有害化学品的监控管理主要针对致癌物质。然而，随着致癌物质被禁止使用，其替代物质的风险是否比原致癌物低？又如，一般认为再生纸的生产使用减少了树木的砍伐，对环境有益。但是树木生长利用太阳的光能，是可再生资源，而再生纸生产过程中多消耗的能源来源于煤炭石油这些不可再生资源并产生二氧化碳。对环境有益还是有害的判断变得不再简单。这些例子说明在禁止使用对环境有害的化学物质或生产工艺时，要考虑其替代方案使用了什么化学物质，使用了多少能源、自然资源及人力资源。在风险决策中，需要谨慎综合考虑这些问题，比较各自的优劣。忽略这些问题，常会出现一种有害物质的禁用而导致其他风险增加的情况。这种情况就涉及一个风险权衡（risk tradeoff）的问题。

此外，风险管理中必须要考虑环境问题的解决方案可能会对国民经济及人民生活水平产生较大的影响。例如，有人主张即使牺牲经济利益也应该采取环境对策，在这种情况下，考虑一个“限度”非常重要，要探讨环境对策的效率，发展经济与保护环境二者兼顾。二氧化碳排放会造成地球温暖化，相信即使主张牺牲经济利益也要保护环境的人，也不会赞成为了防止地球温暖化而彻底削减二氧化碳排放。经济落后必然无法保障人民的基本生活条件，无法保障医疗水平。

要解决这样复杂的环境问题，要作出正确的判断和决策，就需要科学的政策理论与决策工具支持。在对环境影响进行定量评价的基础上，解决复杂的环境问题。前者叫做环境风险评价，后者是环境风险管理的研究范畴。环境风险评价与环境风险管理的关系如图 4-1 所示。在风险管理中，第一步是基于环境污染现状的风险评价结果，制定风险削减对策的各种方案。在此基础上，进而针对各种风险削减方案进行风险评价和社会经济评价，从中选取最优方案。图 4-1 中并未列出风险评价的主要步骤，但是却单独提出了“发生源的确定”。因为在一般的风险评价过程中，“发生源的确定”并不是必不可少的；但是在进行有效的风险管理时，就必须了解发生源的状况——不了解污染的来源就无法对其进行有效的控制。

由上所述，风险管理就是依据环境风险评价的结果，采取相应的对策将风险降低至可接受的范围。风险管理中替代方案的经济评价方法主要有：成本效果分

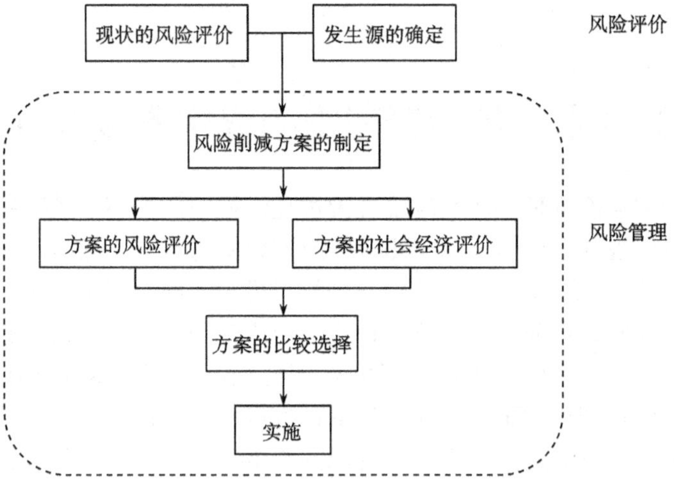

图 4-1　风险评价与风险管理（中西準子等，2003）

析（costs-effectiveness analysis，CEA）和成本收益分析（costs-benefits analysis，CBA）。本章主要介绍环境管理中的常用经济评价方法，由四小节组成，即风险管理中的零风险原则、成本效果分析、成本收益分析和案例分析。

4.1　零风险原则

化学物质的风险评价方法，依其毒性的差异（致癌毒性/非致癌毒性）而有所不同。一般认为，对于非致癌物质，存在一个安全阈值，即当人类对于某一化学物质的暴露量不超过该安全阈值时，不表现出对人类健康的负面影响；超出该阈值时，随着暴露量的增加，负面影响也随之增大。对于致癌化学品，则不存在这样一个阈值。只要暴露量不为零，就存在罹患癌症的可能性，并且致癌可能性随着暴露量的增加而增大。由此，提出“个人一生额外致癌风险”（individual excess lifetime cancer risk：以下简称致癌风险或致癌概率）的概念，用于描述目标风险水平。所谓个人一生额外致癌风险，即指人类一生暴露在一定浓度的某一化学物质环境中导致癌症发生的概率。例如，10^{-6}表示一生暴露在某一浓度下，有百万分之一的概率罹患癌症，即 100 万人中有 1 人患癌症的概率。

“零风险原则”要求化学物质暴露对人类的健康风险为零，并以此为依据确定环境标准中的环境浓度限量值。对于非致癌物质来讲，这一环境浓度限量值由相应的安全阈值确定；对于致癌物质来讲，零风险就意味着环境浓度为零，意味着零排放。然而，要实现致癌化学品的零排放，不但需要花费巨大的费用，而且，很多化学物质本身就存在于自然界中，实现零风险实际上非常困难，甚至是不可能的。因此，环境风险管理者必须回答的问题是：什么样的安全程度才算得上安全。

如前面所阐述的环境标准中的环境浓度限量值，是目标风险水平反推得到的。需要进一步采取控制措施的风险水平，叫做“不可忽视的风险”（significant risk）或者“不可接受的风险”（unacceptable risk）。相反，不需要进一步采取控制措施的风险水平，叫做“可以忽视的风险”（negligible risk）或者“不足以考虑的风险”（deminimis risk）。

1980 年，美国确定苯的职业暴露基准值的“苯的判决”中首次用到了以上概念。在这一“判决”中，美国劳动安全卫生局要求设定唯一的“不可忽视的风险”值，超过这一风险值就启动污染控制措施；在这一风险值以下则不采取任何措施。然而，该判决并没有详细说明“不可忽视的风险”是多大的风险水平。其报告中只指明：10^{-3}的致癌风险是不容忽视的；10^{-9}的致癌风险则可以忽略不予考虑。该判决的意义在于明确了以下两点：①“行政管理上的安全”，并不意味着没有风险，明确了“零风险原则”的放弃；②政府管理部门有义务实施定量的风险评价。此后，在美国环境、安全和健康等相关领域，开始了基于风险水平的风险管理。但是时至今日，对于多大的风险水平才是“不可忽视的风险”，一直没有统一的意见。

虽然从零风险的束缚中解放出来，但是依据预先设定的某一风险定值（10^{-5}或 10^{-6}）进行管理控制依旧过于简单，忽视了各种重要的要素。例如，有关风险水平自身，有必要考虑下面的要素：

（1）风险水平的推测伴随着不确定性，不确定性的程度有大有小；

（2）从社会全体来看，存在敏感性和暴露量的个体差异。

因此，风险不应为某一定值，而应是一个范围。而确定目标风险水平时，要进一步考虑：

（1）暴露人群的价值观和文化的差异；

（2）风险削减对策所需成本的差异。

考虑以上诸多要素，就不能只设定一个风险定值，而是要给出一个目标风险水平的范围。例如，美国污染土壤净化项目（superfund）就采用了这一方法。假定最大暴露水平的一生致癌风险是 10^{-4}，超过这一水平，对应地点自动启动净化处理；一生致癌风险在 10^{-6} 以下时，则不需要进行净化处理；一生致癌风险在 10^{-4}～10^{-6}时，要具体情况具体处理。实施净化对策时，风险管理者必须了解净化的必要性。这种定出上下限的风险管理方式，与英国曾经提议的“可以允许的风险”概念是相通的。如果风险较大，进入不能允许的风险范围；相反，如果风险较小，则进入允许的风险领域。那么，当风险水平在两者之间，就应遵从“ALARP”（as low as reasonably practicable）原则。也就是，在合理可行的条件下尽可能多地削减污染物，最大限度地降低风险。实现这一风险管理目标的工具之一，就是我们将从 4.2 节开始介绍的成本效果分析、成本收益分析这样的经济分析工具。

4.2 成本效果分析

4.2.1 概述

成本效果分析这一经济分析工具在环境风险管理中的作用，是通过比较各种风险削减方案的实现成本与风险削减效果，确定最优方案。下面分别介绍成本的评估、效果的评价及成本效果分析的相关概念及方法。

在环境风险管理的这一阶段，政策制定者不但要考虑用于风险削减的所有经济资源的价值，并要确定环境政策指令在设计、实施和执行时使用的所有资源。确定环境成本是一项重要的工作。政府在执行重要环境政策时，在科学研究、行政管理及人力资源方面的投入，企业为遵守环境规制在风险削减设施上及劳动力方面的投入都是十分巨大的，这种大规模的费用确认本身就是一项艰巨的任务。更为困难的是要确定的是经济成本，而不是简单的会计成本。

1. 成本的相关概念

在风险管理中，主要涉及的与环境成本相关的概念有如下三个。

1）显性环境成本

环境政策实施的显性成本包括公共部门支出的管理、监测及执行成本和经济各部门的遵守成本。显性成本及其组成较易估算，因为用于污染控制政策实施的大多数资源都可以在市场上进行交易。例如，使用土地、劳动力及资本这些经济资源所支付的地租、工资和利息。由于这些资源在公开的市场上进行交易，因此支出就可以由市场决定的投入要素价格确定。

成本主要分为两大类：①固定成本，即在短期内不易把握而且不依赖于生产水平的成本；②可变成本，其特征与固定成本相反。在环境政策执行和遵守过程中，这两类成本分别与会计学上的资本成本及运行成本相对应。资本成本是指用于建设中的工厂、设备、建筑的投资和为减少或消除污染发生对生产过程进行革新的支出。运行成本是指污染控制过程的运行及维护费用，包括材料、部件和配件、直接劳动力、燃料及研究开发上的支出。这两部分费用的主要差别在于与污染削减水平的相关性。与固定成本的经济学定义类似，资本成本的发生与污染削减量无关。例如，安装控制空气污染的过滤装置的支出，废水处理设施的建设支出，建垃圾填埋场的土地购买支出。相反地，对应于可变成本的经济学定义，运行成本与削减量直接相关。例如，污染排放监测支出及运行污染削减设施的人工费。

2）隐性环境成本

隐性成本是指对社会福利产生负面影响的任何非货币化效应。例如，禁止某种投入引起的产品种类减少的价值，寻找替代品的时间成本，环境控制措施可能带来的便利性的降低。虽然隐性成本非常重要，但是在实际中的确认及度量完全是另外一回事。实际上，大多数分析都无法完全了解隐性成本，许多环境成本因此被严重低估。

3）成本增量

在进行成本效果分析时，通常使用成本增量来评价风险削减方案实施前后成本的差异，即实施某项环境政策降低风险改善环境质量所需的成本。经济成本既包含显性成本，又包含隐性成本，因此经济成本比会计成本更能够准确地度量资源的利用。成本增量反映的应该是经济成本的变化，但是由于隐性成本很难度量，成本增量主要还是基于显性成本得出的。

2. 环境成本构成

改善环境质量降低环境风险时所利用的经济资源及其成本，即为相应环境政策的社会成本。从理论上来讲，一项政策实施的社会成本是为了使用资源而对社会的补偿性支出，以保持社会的效用水平不变。这一补偿包括源于一项规制的所有价格、收入和产出效应。例如，价格效应的一个实例是安装催化转换器等污染削减装置的成本所导致的机动车价格的上涨。收入效应指实际的收入变化，如增加纳税以支撑某项规制的支出对收入的影响。除了这些效应，还有隐性的或不能货币化的成本。例如，响应城市大气质量政策在出行时利用公共交通系统或合伙用车所带来的不便，或者寻找无毒替代产品的研究成本。表 4-1 按推算的难易程度列出了美国环境保护局确认的环境政策总社会成本的 5 个组成。

表 4-1　环境政策总社会成本构成（Callan and Thomas，2007）

费用构成	说明
实际资源遵守成本	直接费用，包括购买、安装、运行污染控制装置，改变生产过程或废弃产品再利用等社会成本的基本组成
政府规制成本	新规制的监测、管理和实施成本
社会福利损失	环境政策所致商品的价格上涨（或产出下降）导致的消费者或使用者剩余的减少
暂时性成本	规制所致的产量下降或重新分配资源的个别成本
间接成本	政策间接导致的对产品质量、革新及生产率的负面效应及市场效应，这些都会影响净生产者或消费者剩余

3. 环境成本分析方法

社会成本既包括显性成本，也包括隐性成本。虽然仅评估显性成本会低估真实的社会成本，但是由于隐性成本不易评估且可信度较低，目前的成本分析主要还是以显性成本为基础。

经济学家主要采用两种手段来评估增加的环境成本，即工程法与调查法。工程法基于实现一定污染削减量前提下成本最低的适用技术来评估风险削减成本。调查法直接从污染源获取信息，推测污染削减成本。

1）工程法

采用工程法的成本评估依赖于专家在污染物削减技术方面的知识。邀请工程师和科学家根据削减技术状况，确定排污者遵守政策法令所需的设备、劳动力和材料的组合。然后计算所有切实可行的削减设计的资本成本和运行成本。最后，从这些基于技术的设计中选择最低费用模型，并将其结果应用到所有受影响的排放源，估算总成本增量。

工程法从理论上来讲是合理的，但是也存在着问题。问题之一是由于价格变动、原材料的可获取性及将来的能源费用的非确定性，环境控制的提案难于实施。另外，大部分综合环境政策会影响到很多工业行业和公共设施。工程法需要对每个生产过程进行个别评估，否则就会造成平均化的弊端。即使对每个行业一一进行评估，企业之间的差异、市场的独特性仍然无法反映在这种一般化评估过程中。还有，由于该方法是基于最小削减费用的设计，因此它是假设所有企业的运营都具有成本效益性或技术效益性。这一假设会导致对实际成本的过低估算。

2）调查法

与工程法依赖于外部专家不同，调查法直接依据污染源提供的数据进行推算。调查法选择一些企业和公共设施询问现有的或规划的环境成本。与工程法相比，调查法是一种更直接的获得削减费用数据的方法。它存在的问题是：①它是基于一个假设，即污染源已被充分告知并提供合理的估算值；②存在固有的倾向性。污染源有提供夸大的数据给政府部门的动机，因为他们认为较高的成本会增加规制提案被否决的可能性。

尽管这两种方法截然不同，但是在实践中，一般是两种方法结合使用。首先，采用调查法了解适用技术及市场现状的信息，然后采用工程法评估所收集数据的货币价值。在实际操作中，管理者应该充分利用二者的优点，使潜在偏差最小化。

4.2.2　效果衡量指标

成本效果分析是风险管理的方法之一。针对政策的全部影响，采用成本和效果来进行综合评价，求得总成本和总效果的比值。这就要求效果之间具有可比性，用具有同类量纲的变量表示。环境风险管理措施的效果即为风险的降低，这就要求不同种类的风险之间具有可比性，采用相同的指标衡量，例如，健康风险中致癌风险与非致癌风险必须能够以统一的指标进行评价。“损失寿命”（loss of life expectancy，LLE）和“质量调整生存年限”（quality adjusted life-year，QALY）就是常用的指标。

1）损失寿命

损失寿命指的是人群平均寿命的缩短年限。不管是致癌风险效应，还是非致癌风险效应都会导致暴露人群寿命的缩短。这部分内容在前面的章节中已经有非常详细的介绍，这里不再重复。

2）质量调整生存年限

相同的生存年数，不健康的生存状态的价值要低于健康的生存状态。完全健康的生存状态的权重为 1 时，不完全健康的生存状态的权重则小于 1。以健康状态为权重调整后的生存年为质量调整生存年（QALY），权重则代表生活的质量（quality of life，QOL）。QOL 取 0～1 的值，QOL 值越接近于 1，表明生活质量越好；相反地，QOL 值越小，表明生活质量越差。

QOL 的确定方法依据其是基于个人的选择偏好还是政策决策者的判断而不同。基于个人的选择偏好的方法主要有基准博弈法（standard gamble，SG）、时间得失法（time trade-off，TTO）和得分尺度法（rating scale，RS）。

基准博弈法：假设针对现在的健康损害已经开发出一种治疗方法。采用此方法治疗，以 p 的概率恢复完全健康的状态；$1-p$ 的可能性造成死亡。p 值多大时你会选择接受治疗？被调查者所选定的 p 值即是现在的健康状态的 QOL。目前健康状态较好时，被调查者只有在恢复完全健康的概率很大，死亡的可能性很小时，选择治疗。相反，在被调查者健康状态较差时，才会在治愈可能性较小的情况下，冒较大的死亡风险去接受治疗。

时间得失法：现在的健康状态可以再生存 20 年。你愿意交换完全健康的生存状态再生存多少年？所得到的年数与 20 年的比值，即为现在生存状态的 QOL。

得分尺度法：给受试者一把像温度计刻度那样的尺子。最优的健康状态为 100，死亡为 0，让受试者直接在尺子上标出目前健康状态所处的位置。

研究 QOL 的文献很多，表 4-2 列出的是与有害化学物质健康影响相关的推算值。针对每一种有害化学物质，研究其对人类健康及日常生活的影响程度，得出恰当的 QOL 值，对有害化学物质风险管理措施的成本效果评价具有重要意义。

表 4-2　QOL 的估值（中西準子等，2003）

影响	QOL	参考文献
丘疹	0.89	Gold et al.，1998
焦虑	0.89	Tengs and Wallance，2000
焦虑	0.91	Fryback et al.，1993
抑郁症	0.83	Fryback et al.，1993
糖尿病	0.89	Tengs and Wallance，2000
糖尿病	0.76	Fryback et al.，1993
慢性肝炎	0.94	Tengs and Wallance，2000
不孕	0.93	Drummond et al.，1997

4.2.3　成本效果分析

在评价环境化学物质管理政策的成本及收益时，成本多数情况下可以通过市场交易价格来考察，计算比较容易；而收益是环境风险削减措施所带来的益处，一般很少能用市场价格来度量，很难定量评价。因此，可以考虑不对收益的货币价值进行评价，而对政策实施的物质效果进行定量评价，最后，将成本及收益的物质效果进行比较，计算出单位效果的成本，以此为指标进行成本效果分析。

如果可以将广范围的风险用统一的指标来衡量，就可以拓展成本效果分析的使用范围。不仅是健康风险，还包括生态风险和生活福利风险，如果能够用统一的指标来表示，基本上所有的环境政策都可以用成本效果分析来进行比较。但是，适用范围越广，需要考虑的前提条件就越多，越不容易被接受。

采用“损失寿命”指标作为健康风险的统一指标，可以对较广领域的环境化学物质削减政策通过成本效果分析进行评价。表 4-3 列出了一些分析事例。在这里，成本效果分析的评价指标，采用损失寿命减少（寿命延长）一年所需要的费用（cost per life-year saved，CPLYS）来表示。

表 4-3　成本效果分析的应用（中西準子等，2003）

事例	CPLYS/[万日元/(人·年)]
氢氧化钠制造中水银法的禁止	57 000
干电池的无汞化	2 200
汽油中甲苯含有率的规制	23 000
机动车氮氧化物法	8 600
垃圾燃烧设施的二噁英类规制（紧急对策）	790
垃圾燃烧设施的二噁英类规制（恒久对策）	15 000

从表 4-3 中可以看到，政策不同，CPLYS 的差异很大。因此，成本效果分析的用途之一，就是根据 CPLYS 的大小，来决定政策实施的优先度。CPLYS 小的政

策，应该优先实施，从而可以用最小的费用实现一定量的风险削减。反过来说，就是在已定费用的前提下，实现最大的风险削减，由此来增加政策的效率性。

Graham 和 Vaupel（1983）计算了美国不同领域 57 个死亡风险削减政策的单位风险削减成本（挽救一个生命的成本）。得出的结果是，对于 60%的风险削减政策，拯救一个生命的费用，比拯救一个生命的推定收益下限值 17 万美元要小；而对于 21%的政策，拯救一个生命的费用，比拯救一个生命的推定收益上限值 300 万美元要大。得出结论，在大多数情况下，以拯救一个生命的成本为指标作为政策间的横向比较，对政策的选择有充分的指导作用。

Graham 等（Tengs et al.，1995；Tengs and Graham，1996）随后针对更多的政策事例，计算了拯救一个生命的成本，并进一步算出通过各政策间成本的再分配，可以实现总成本不变的前提下，拯救更多的生命。主要结果是，为了避免 56 700 个死亡事件发生或延长 592 000 人一年的寿命，所采取的政策投入的总成本为 214 亿美元。如果将该总成本进行再分配，优先采用单位风险削减成本更低的政策，可以再多拯救 60 200 人的生命或再多延长 636 000 人一年的寿命。

成本效果分析的结果，还可以作为一种参照值，判断今后实行政策的相对效率性。例如，假设某种化学物质 A 的削减措施，其 CPLYS 值为 1000 万日元，与表 4-3 的结果进行比较，可以看出与到目前为止采取的控制措施相比，该措施不能说效率性不高。而且，目前二噁英永久对策的实施费用（CPLYS）为 1 亿 5000 万日元，与此相比，实施化学物质 A 的控制措施就没有犹豫不决的理由。

4.3　成本收益分析

4.3.1　概述

成本收益分析与成本效果分析的区别在于将风险削减效果也用货币的形式衡量。例如，地铁或轻轨线路的建成可以改善周边地区的交通拥堵现象，使得人们出行时间缩短，地面道路附近大气环境改善。这时与工程费用相对的是出行时间缩短的价值与大气环境改善的价值。在成本效果分析中，直接以所缩短的时间及大气中污染物浓度的降低为指标衡量该工程的实施效果；而在成本收益分析中，则要将缩短的时间与大气中污染物浓度降低的价值用与成本相同的货币的形式来衡量，从而可以与成本直接进行比较，判断收益减去成本之后的纯收益是否大于零。

为了评价环境政策的社会效益，决策者必须确认政策所带来的健康、生态和财产损毁的变化，也就是比较政策实施后的实际或预期的社会效益与现状基线值的差异。下面将分别介绍收益分析的相关概念、环境收益分类、收益评估过程、实施细则、收益评估方法及费用收益分析决策等内容。

1. 成本收益分析相关概念

成本收益分析中，主要涉及的概念包括消费者剩余与生产者剩余，使用价值和存在价值。

1）消费者剩余与生产者剩余

在经济学中，一个重要的目标是分析市场价格的变化对社会产生的收益和损失。供给和需求模型使用消费者剩余和生产者剩余的概念，提供了进行这种分析的必要信息。

(1) 消费者剩余。消费者剩余是指在市场上购买某种商品的消费者对于所购商品总量愿意支付的金额超过其实际支付的金额所产生的净收益。注意，消费者剩余取决于两个不同的价格概念——一个衡量支付意愿，另一个衡量实际支付。消费者为不同数量的某种商品所愿支付的一系列价格定义了需求曲线。每个需求价格都是消费的边际收益（MB）。相反，消费者实际必须支付的价格是由供给和需求决定的市场通行价格（P）。

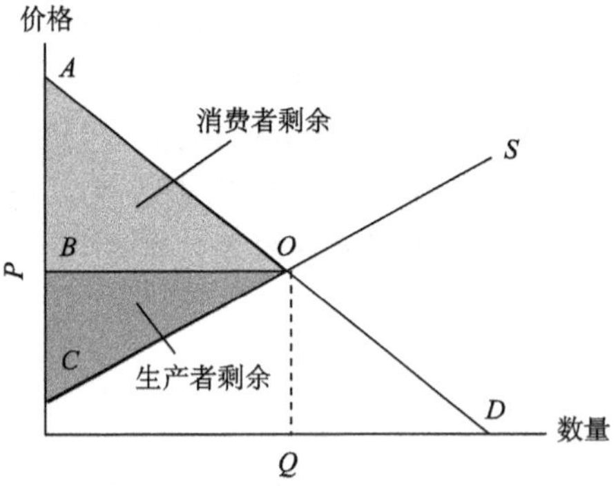

图 4-2 消费者剩余与生产者剩余

可以用图 4-2 来解释消费者剩余。图 4-2 中 D 为消费者需求曲线，S 为市场供给曲线。需求曲线与供给曲线的交点 O 就决定了该商品的市场均衡价格（P）。在均衡点以下的购买水平上，消费者在购买每一单位的商品时都得到了一个净收益，所以，将所有商品消费的这个净收益加和就得到了消费者剩余。也就是说，价格线以上需求曲线以下的三角形 OAB 的面积。

消费者剩余的大小与均衡价格和均衡数量有关，任何对市场均衡的干扰都将改变消费者剩余的大小。因为消费者剩余衡量的是消费者收益，所以消费者剩余值的任何变化都可以被用来评估相关联的消费者福利的增加或减少。

(2) 生产者剩余。对于市场供给方，相应的福利衡量方法是生产者剩余。生产者销售产品时可以获得市场价格（P）超过边际成本（MC）的净收益，将所有销售产品的净收益相加得到的总和即为生产者剩余。

通过对供给决策的分析，我们知道厂商的产品必须根据边际成本（MC）曲线定价，而且竞争性市场的供给曲线是所有厂商 MC 曲线的加和。市场价格是由市场供给与需求的交点决定的，所以在均衡点有 P=MC。但是在均衡点以下的任何产出水平上，MC 都低于 P。因此，厂商愿意以低于市场均衡价格的供给价格提供小于均衡数量的产品。厂商对每一个产出水平上的“愿意接受的”价格也就是他们的供给价格，这个价格由 MC 曲线表示。因此，在每个低于均衡点的产出水平上，厂商的净收益等于 *P*-MC。

与市场需求方相同，把在均衡水平以下销售的所有单位产品得到的净收益加和即为生产者剩余，也就是图中均衡价格以下供给曲线以上三角形 *OBC* 的面积。注意，生产者剩余的数量与消费者剩余的数量都是基于均衡价格和均衡数量得到的。因此，任何市场的波动都会改变生产者剩余值，所以可以用来评价相关联的厂商福利的增加或减少。

经济学家利用消费者剩余和生产者剩余的总和来衡量市场双方的收益，称为社会福利。也就是图中供给曲线以上需求曲线以下的三角形 *OAC* 的面积。

由于对环境质量水平的需求超过了免费供应的需求，因此环境质量（如水、空气）也成了稀缺商品。如果把环境质量作为一种商品，就可以利用度量社会福利的方法来评价环境质量改善的收益。

2）使用价值与存在价值

一般认为，社会通过两个方面的价值来源从环境质量中获得效用，即使用价值和存在价值。环境物品的社会总价值等于使用价值与存在价值之和。

（1）使用价值。使用价值是指从环境物品的使用中获得的效用或收益，或者说环境资源通过商品或服务的形式为人类提供的福利。使用价值又分为直接使用价值和间接使用价值。直接使用环境资源所提供的物品或服务而获得的效用，叫做直接使用价值。间接从环境资源所提供的支持生产和消费活动的各种功能中获得的效用，叫做间接使用价值。以湖泊为例，游泳与商业捕鱼都是通过与湖泊的直接接触，从自然资源的直接使用中获得效用，使用的是环境资源的直接使用价值；而享受湖泊的自然风景，其效用来源于湖泊的美学质量。这类活动对湖泊的使用不像游泳或捕鱼那么直接，湖泊带来的是间接使用价值。直接和间接使用价值都是环境质量社会总价值的组成要素。

（2）存在价值。存在价值是指从环境物品仅作为一种物品或服务的持续存在中获得的效用或收益。存在价值是环境资源的一种内在属性，与人们是否使用它没有关系。例如，虽然消费行为无法解释社会是如何对热带雨林、大峡谷及大熊猫等濒危动植物这类自然资源的价值进行评估，然而社会愿意支付费用保护这些资源。在这种情况下，社会可以从这些资源的存在和保护中获得收益。这种价值就叫做存在价值。

经济学家一直针对存在价值的动机开展研究，认为环境资源之所以具有存在价值，是因为人们具有馈赠动机、遗赠动机和同情动机。馈赠动机是指人们从环境资源带给他人的收益来评价资源的价值。遗赠动机则源于为子孙后代保护环境的义务和对自然资源内在价值的认知，使后代人能够享用资源的使用价值和存在价值。同情动机是指人类出于对其他物种的同情与关注，愿意支付费用保护这些生物，虽然它们可能没有任何使用价值。

2. 环境收益分类

环境收益通常分为若干类别，如人类健康的改善、美学价值、经济、休闲娱乐、财产及生态的改善。表 4-4 列出了人类健康、舒适度、生态健康和材料损毁 4 个主要的环境收益类型，并相应的给出了收益评估方法。其中主要收益评估方法将在后面予以详细说明。

表 4-4　收益类型及评价方法（U. S. EPA，2000a）

收益分类		服务	常用评估方法
人类健康	死亡风险	降低的 癌症死亡率 急性死亡率	防护行为法 内涵定价法 假想市场法
	致病风险	减少的 癌症 哮喘 恶心呕吐	防护行为法 疾病费用法 内涵定价法 假想市场法
舒适度		味道 气味 外观	防护行为法 内涵定价法 假想市场法
生态收益	市场收益：产品	供应 食物　市场 燃料　木材 纤维　毛皮	市场法
	非市场收益：娱乐机会与美学质量	供应 娱乐机会 如观赏、钓鱼、划船、游泳、徒步 景区景观	生产函数法 防护行为法 内涵定价法 旅行费用法 假想市场法
	间接收益：生态系统服务	调节气候　野生物种授粉 调节洪水　生物多样性，基因库 补给地表水　过滤水体 抑制沉积　增加土壤肥力 土壤保持　控制害虫 营养循环	生产函数法 防护行为法 假想市场法
	非使用收益：存在价值和遗传价值	无相关服务	假想市场法
材料损毁			防护行为法 市场法

1）人类健康

（1）死亡风险。一些环境政策的实施就是为了降低人类发生致死健康效应的风险，如癌症。未成年死亡风险的降低就是受政策影响人群福利的增加。降低的致死风险通常可以用“统计学生命”来度量。这一指标度量的是暴露人群的总风险。假设一项政策的实施会对 10 万人产生影响，对于每个人所能降低的未成年死亡风险为 10^{-4}。累加受影响人群的个人风险减少量，得出该项政策可以挽救 10 条统计学生命。不知道这 10 个人可能会是谁，因为每个人都面临一定的风险，但是这项政策预计会挽救受影响人群中 10 条生命。另外，降低的致死风险也可以用“统计学生命年限”，也就是生命延长程度来度量。这一度量方法不仅要考虑降低的未成年死亡概率，还要考虑风险降低人群的预期寿命。上述例子中如果 10 万人中每个人降低的未成年死亡风险为 10^{-4}，预期的寿命延长为 50 年，则可以挽救 10 条“统计学生命”，延长 500 个“统计学生命年限”。采用“统计学生命年限”指标度量死亡风险减少量可以提供政策的预期收益的更多信息，但是需要对特定年龄人群的风险进行推测。

（2）致病风险。这一收益分类是指非致死健康效应的风险降低，既包括头疼恶心等小病也包括癌症等严重疾病，但是这些疾病不会造成未成年死亡。致病效应通常要考虑其持续时间及严重程度。依据持续时间的长短可以分为急性效应与慢性效应。急性效应通常只能持续几天，而慢性效应持续时间更长，常会导致长期患病。严重性是指疾病所致受损害的程度，可以用“受限的活动天数”、“卧床天数”或“丧失的工作天数”来度量。严重程度还可以用健康状态指数来描述。健康状态指数可以将健康的多维信息结合用一个简单的数值或指数来表达。指标值的不同就反映了与疾病或症状相关联的“不效用”的相对差异。致病效应可以进一步以某一疾病的一系列症状来区分描述。致病效应通常可以用特定疾病的预期发病件数来度量。给定每个人所面临的风险及这一风险的暴露人群的人数，“统计学件数”的推定值可类似于上述“统计学生命”来定义。另外，致病效应还可以根据疾病的特定症状数及持续时间来描述。当可以获得对应的合适的经济价值的推定值时，这些“症状天数”可以用于收益分析。

2）舒适度

舒适度包含于与环境物品相关联的美学属性的改善中，包括味道、气味、外观及能见度。这类收益是由感觉所受影响及相应个人福利的变化决定的。这类收益的特点是基于感官体验而不是物质效应。尽管概念上可以区分，但美学收益常与其他种类的收益，如健康和休闲缠绕在一起。例如，一项政策在改善空气质量的同时可以提高能见度，降低大气污染物所致死亡风险。新的饮用水处理措施在降低健康风险的同时也会改善水的味道和气味。因此，很难独立地对美学质量的改善进行量化和评价。但是，舒适度的改善可能成为某项政策的总预期收益的重要组成部分。空气质量改善所带来的能见度的提高就是一个例子。

3）生态收益

生态系统为人类提供服务。例如，淡水湖可以提供休闲和划船的场所；湿地的服务在于它是鱼类和禽类的饲育场。虽然生态系统对人类有意义深远的影响，但是生态效益的定量评价由于种种原因遇到很大挑战。第一，自然系统具有内在的复杂性。它们所提供的很多服务以及是如何提供这些服务的，即使科学界也知之不多。第二，生态风险在可持续性、地理学范围及危害的可预测程度上存在着较大的差异。第三，许多收益不太容易进行货币化评价。对生态收益的确定与定量化较为复杂，下面主要介绍生态收益的类型及生态风险的定量化。

（1）确定生态收益类型。评价生态收益的第一个步骤是确定可能受到政策方案影响的生态系统服务。图 4-3 所示生态收益的分类不仅是一个概念工具，它还有助于确定合适的生态收益评价方法。

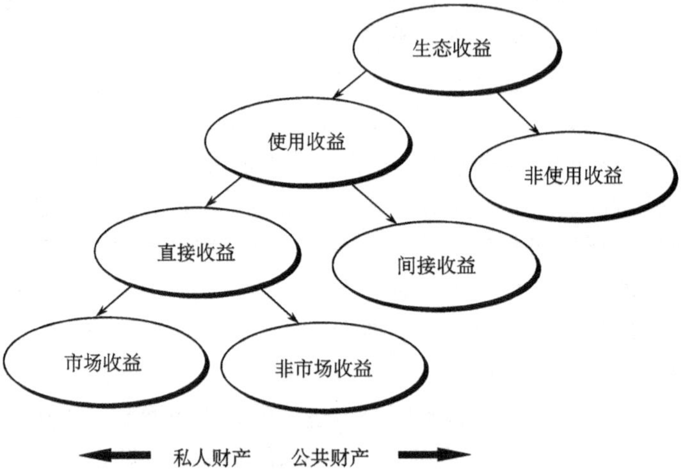

图 4-3　生态收益的分类（U. S. EPA，2000a）

市场收益。直接的市场收益是生态系统提供的最易确认的服务，通常与作为生产资料或最终消费品自由买卖的产品有关。虽然人工管理程度很高，农业仍然被认为可按生态过程进行预测。因此，农田或牧场增加的产量可提供巨大的市场收益。其他产品还包括商业鱼类与木材。当使用权受到限制或征收使用税金时，娱乐的机会也可以被看作直接的市场收益。

非市场收益。生态系统所提供的娱乐机会与美学质量也为人们所享用，虽然它们是非市场化的。非市场收益既包含消费性使用（如娱乐性垂钓和狩猎），又包含非消费性使用（如欣赏景色、观看野生动物、徒步旅行及划船）。这些服务通常是由公共的自然资产提供，具有公共物品的特性，即使用权没有也不能受到限制，消费不具有排他性。此外，与私有物品类似，存在消费的竞争性。因为他人的过度使用（如拥挤）会影响一个人对这些服务的享用。

间接收益。不能直接给人类提供物品或机会的生态系统服务也可能被赋予价值，因为它们提供了生态资源，维持了生命支持所需的生物或生化过程。这些非直接收益具有纯粹的公共属性，即服务的使用不具有排他性，无数的个人可共享收益而不会导致个人平均收益的减少。不同类型的生态系统可提供不同的间接收益。湿地可回灌地下水、减轻洪水泛滥及截留沉积物。森林可固碳、固沙、维持微气候。河口可保护幼鱼。陆地生态系统可提供自然授粉者的栖息地。所有的生态系统支持了生物多样性。

非使用收益。一些收益与个人或人类的直接使用没有关系。非使用价值，也叫做被动使用价值或存在价值，是指了解资源的存在状态得以改善的相关价值、给后代子孙的遗赠价值和他人享受资源的利他主义价值。

（2）生态风险的定量化。生态收益分析的第二步是评价每一个政策方案的物质效应，比较政策实施前后的生态系统服务。生态学家与环境生态毒理学家的任务是进行生态风险评价，评估特定胁迫因子的预期负面生态效应。生态风险评价的范围可以很窄，限于单一物种或种群（如化学物质暴露对一种濒危鸟类的影响）或者宽到包含整个生态系统。生态风险评价的结果通常包含效应的大小（风险商或种群变化）、持续时间、空间分布及恢复所需时间。有关生态评价的具体内容可以参考第 3 章。

4）材料毁损

材料毁损收益包括源于“材料”环境的服务流供给变化的福利影响。“材料”环境区别于上述讨论的自然环境，包含建成的或高度管理的物质系统。材料改善的收益评价类似于农业或林业等人工管理的生态系统，大多数收益来源于直接的市场效应或使用价值。例如，空气质量变化对建筑物、桥梁或道路等物质资源服务产生的影响，与空气质量变化对庄稼及商用林木储量的影响的处理方式相似。最一般的材料毁损包括大气污染导致的建筑物及其他财产的污损。

4.3.2　收益评估过程

评价一项政策方案的收益，通常采用的方法是对给定政策的主要效应分别进行评价，最后将各主要效应的收益相加，得到该项政策实施的总收益的推定值。对于一些案例，也可以采用假想市场法等方法评估人们对一项政策变化的复合效应的支付意愿，而不用对该项政策的每一个效应进行个别甄别及定量评价。这种复合效应收益的综合评价结果也可以作为各个效应分别评价得到的总收益的上限值。但是一般来讲，很难实现对污染削减的总收益进行一次性综合评估。

确定一项环境政策方案的各个可能效应，并对其收益进行一一评估，是收益评估通常采用的最基本方法。它主要包括三个步骤：①列出环境政策可能防止的效应的清单，确定潜在受影响的收益种类；②对重要的效应进行定量化；③对引起关注的效应的价值进行评估。下面我们对这三个步骤一一展开说明。

1. 确定潜在受影响的收益种类

（1）对各个政策选项的初步了解：了解各政策选项及其实施前后的排放水平的可能范围。

（2）研究污染物对健康、福利及环境的物质效应：了解污染物在环境中的迁移，包括进入大气、地表水、地下水、在土壤中的沉降及被动植物和人类吸收摄取。沿着这些途径，污染物会对自然资源产生有害影响（如影响地表水中的溶解氧含量、使庄稼减产等），并对人类健康产生直接或间接的影响（如由于直接呼吸或摄取受污染食物导致癌症发生）。

（3）考虑可能政策方案的实施所致效应的潜在变化：仅是规制水平不同的政策方案，其实施会对已确定的所有效应产生影响；而一项特殊政策方案的实施，则有可能导致部分效应的降低，而其他效应没有变化。

（4）依据下面三个标准评价哪些效应在收益分析中是重要的：①政策方案之间或者与基础状况比较时是否可观察到收益的变化；②该项收益是否在政策的总收益中占有很大的比重；③决策者是否需要该收益的信息，尽管该收益值很小。

该步骤的结果可以列表或用矩阵表示，描述污染物的效应、确定与之对应的收益类别及排序，以确定重要的需要进一步调查的效应。有些情况下，一些比较重要的影响的评价并不可行，或者因为科学数据不足，或者因为所需时间和资源与决策过程中该收益的重要程度不相称。这些都需要在给出收益分析结果时加以讨论。讨论应包括：①确定进行详细量化分析的收益类别所依据的标准；②非量化收益的可能大小；③决策过程中这些效应的重要程度。

2. 对重要的效应进行定量化评价

（1）与其他领域的专家密切合作：经济学家必须与其他领域的科学家，包括风险评价专家、生态学家及其他方面的专家密切合作。这些领域的科学家负责评价每一项政策方案的实施所致效应相对于基础状况的变化，包括污染物在环境中的迁移转化以及对人类、生态系统等潜在影响等方面。经济学家的主要任务是与上述专家及时沟通，保证其所提供的信息便于实施收益分析。经济学家也可以提出自己的见解、提供相关信息，这些都会对风险评价结果产生影响。

（2）使风险评价及经济评价终点相匹配：风险评价中定量化的评价终点必须与可实施经济评价的效应相匹配。

（3）对不能定量化的效应进行定性描述：当一些重要的物质效应不能定量评

价时，需要在提交效应分析结果时对其进行定性描述，并说明该效应无法包含在定量效应评价中对整体评价产生影响。

3. 评价效应的收益值

(1) 采用多种方法评价收益：方法间可以进行比较，但是需注意避免收益的重复计算。

(2) 描述评估值的来源及该来源的可信度：在收益分析中采用“收益转移法”时，应该清楚地说明所使用的每一个评估值的来源，并对这些来源进行可信度评价。“收益转移法”将在 4.3.4 节详细介绍。

实施原则

(1) 重点关注关键事项：集中资源与时间详细评价能够影响决策结果的收益。

(2) 与其他参与政策开发者密切合作：合作有助于保障成本和收益结果是可比的，而且基于一致的基础状况和政策假设。

(3) 考虑行为的变化对环境质量的影响：如渔业人口的增加会导致水产品商业价格的下降及消费者购买量的增加。商业渔业也会通过改变生产过程对污染水平的变化作出响应。实际应用时，不可能在分析中反映所有的这类响应，但是重要行为响应应该考虑到。

(4) 避免收益的重复计算：不同方法推测的收益有重叠时，简单的叠加会造成收益的过大评价，是不恰当的；同时还要注意政策产生的重要效应在收益分析中也不能被遗漏，否则会造成收益的过小评价。

(5) 明确说明不确定性及不可货币化效应：环境政策的收益评价常包含较大的不确定性。对于这些不确定性及不可量化或者可以量化但不能货币化的重要效应，要在提交收益分析结果时明确说明。

了解社会如何估价环境资源，对于确认一项政策提案的社会收益非常重要。这也有助于经济学家确定哪种估价方法在量化这些收益时更为有效。

4.3.3　收益评估方法

在本小节，我们将介绍计算收益的几种方法。

1. 市场法 (market method)

市场法用来评价可以作为市场上的商品直接进行交易的环境物品及服务的价值。例如，市场法可以用来考察二氧化硫排放量的降低对于酸雨所致树木和建筑物损坏的减缓效果、水质改善对商用渔业的影响。当环境物品为生产要素时应用市场法。环境物品质量或储量的变化会影响生产成本，而生产成本的变化进而会改变产品的价格及产出数量，影响其他的生产要素。这些市场响应又会影响消费者与生产者的决策和福利。消费者所面临的市场物品价格的变化及生产要素所有者收入上的变化，显示了消费者和生产者福利的信息。例如，环境改善的收益常可以理解为成本与价格降低、市场物品数量增加带来的消费者和生产者剩余的增加。

2. 假想市场法（contingent valuation method，CVM）

当市场信息难以获取或不可靠时，可以采用基于假想市场条件的替代推定方法。这些方法通常采用问卷调查来询问人们对某一环境政策所愿支付的费用（willingness to pay，WTP）。由于其结果依赖于或取决于所设计的假想市场，这种收益评估调查手段称为假想市场法（contingent valuation method，CVM），也被称为陈述选择偏好法（stated preference method，SPM）。假想市场的作用是为一系列调查问题提供一个背景。该方法的一个重要假设是：设计恰当的调查可以得出与真实状况下的回答相差无几的结果。从某种意义上讲，调查手段有助于解决公共物品的偏好非显性问题。

根据 CVM 的询问方式不同，又可以分为：①直接询问法；②支付卡片法；③二项选择法。

（1）直接询问法：直接向被调查者询问对于某项环境改善所愿支付的金额。对于未在市场流通的物品（这里指环境改善）询问价格，不易回答。

（2）支付卡片法：给回答者提示写有一连串金额的卡片，让回答者从中选择自己所愿支付的最大金额。优点是易回答；缺点是提示金额上限可能会暗示回答者高于提示金额的金额不大可能，产生选择范围的偏差。

（3）二项选择法：针对与日常的市场行为相近的选择，进行提问，即对于某种物品、服务和政策给出价格，询问回答者是否购买或使用。然后用离散选择模型进行分析。要得出统计学上适当的平均值，需要比较多的样本数。

在 CVM 中，精心设计问卷及问题，减少回答中的偏差非常重要。特别是，对于生活中不太熟悉的环境改善进行评价时，对于评价对象要提供各种各样的信息。例如，可以加入说明物品位置的地图，或者商品照片以及受商品供应影响的区域的照片。使回答者清楚地了解为什么而支付，支付后能得到什么样的好处。对评价对象理解有误或理解不充分，都会导致评价金额的偏差。因此，在实施大规模调查前，需要先在小范围内与被调查者进行沟通，或进行小规模的预调查，了解评价对象的提示方式、问卷内容、语言运用等是否恰当。

CVM 之所以得到研究者的青睐，是因为它适用于多种环境物品的评估，而且，它既可以评估存在价值，又可以评估使用价值。然而，这一方法是基于假想模型对实际市场进行推断，因此会产生基于调查的研究常会出现的偏差。例如，①信息偏差：被调查者对环境信息了解不充分导致的偏差；②起点偏差：调查问卷所建议的支付意愿出价起点的高低引起的回答范围的偏差；③支付方式偏差：因假设的支付方式不当所导致的偏差；④假想偏差：由于被调查者对假想市场问题的回答与真实市场的反映不一样，调查的假想性质导致与真实结果出现偏差；⑤策略性偏差：被调查者试图影响调查结果和实际决策过程，而在投标时故意说高或说低自己的真实支付意愿所导致的偏差。

CVM 在以下几个方面的环境收益评价中得到广泛应用：①“统计学生命的价值”的评估；②社会对于水质改善的支付意愿的评估（Smith and Desvousges，1986；Carson and Mitchell，1988）；③大气质量改善的增加收益的评估（Schulze and Brookshire，1983）；④生态收益的评估，如对濒危物种的保护。

对于一些环境提案而言，CVM 等直接评价方法可能并不可行。需要采用间接方法（也叫显示选好法，revealed preference method），通过调查与环境物品相关联的市场或条件作出推论，因为人们在相关联市场上的行为可以显现出环境改善的价值。主要方法有防护行为法、旅行费用法、内涵定价法和疾病费用法。

3. *防护行为法*（averting behavior method，ABM）

为了间接评价更加洁净的空气或水这样的非市场销售商品的支付意愿，防护行为法根据环境质量替代物品支出的变化进行评估。由于污染暴露产生的损害从负面影响了个人效用。因此，人们采取防护行为，通过购买物品或服务改善私人环境质量，如改善室内空气及私人饮用水供应。如果一些环境政策改善了整体环境质量，个人将减少这些替代品的支出。根据防护支出的减少，可以对政策带来的收益增量的个人支付意愿作出准确的间接评估。表 4-5 给出了一些常见例子，说明人们为减少污染对他们周边环境的影响所采取的行动。每个例子所采取的防护行为都包含一项在替代物品或服务上的支出。

表 4-5　污染产生的影响及人类经常采取的防护行为（Callan and Thomas，2007）

污染	影响	防护行为
空气污染	材料污损	清洁或重刷材料表面，使用保护套，迁居
	健康问题	安装空气清洁器或空调，勤做体检，购买药物治疗呼吸道疾患，迁居
水污染	材料污损	安装过滤系统，购买清洁用品及除锈剂，迁居
	健康问题	安装过滤系统，购买瓶装水，迁居
有害废弃物堆场	美学恶化	安装篱笆或种植灌木，迁居
	健康问题	检测供水系统的污染，安装空气过滤器或空调，迁居
噪声污染	健康问题	安装吸音隔板，购买药物帮助睡眠，迁居

ABM的局限性：①寻找能完全替代环境资源的物品的难度较大。有些物品能部分地替代环境资源，也能产生额外的非环境的属性。即一些防护支出产生的收益除了获得更清洁的环境外还有其他收益。例如，考虑一下用于空调系统上的防护支出。空调在减小空气污染健康风险的同时也提供了舒适的环境。因此，一项清洁空气政策所节省的支出不能全部归结为该政策增加的收益。②该方法假设人们对于环境污染的防护性支出是不受任何条件（如贫困和市场不完善等）限制的。这一假设在实际中并不一定总能满足。③防护支出并不一定是环境损害程度的恰当体现。有些人会忍受一定程度的污染及危害，直到他们认为有必要采取行动。此时，防护支出法对环境污染与损害的估值就会偏低。另外，防护支出法的评价结果还会受到人们的环保意识、防护意识的影响。

ABM被用来确认和评估政策所致环境质量改善的收益。例如，Bresnahan等（1997）确认了美国洛杉矶居民采用的减低城市烟雾影响的三个防护行为。也就是，减少户外活动时间，当空气质量不好时改变户外休闲活动内容，增加家庭空调的使用。与政策所致大气质量改善相关联的在任何一项活动上支出的变化都代表了增加的收益。Abrahams等（2000）采用ABM评估了美国佐治亚州居民与安全饮用水相关的年收益。研究者是通过调查居民在瓶装水及自来水过滤器上支出的变化完成这一评价的。

4. *旅行费用法*（travel cost method，TCM）

旅行费用法利用了自然资源质量与休闲应用价值之间的关系，评估环境收益。通过简单的观察，我们就能够发现湖泊、国家公园等环境资源的休闲应用需求会随着其质量的改善而提高。因此，随着环境质量的变化，需求函数会发生平移，所引起的消费者剩余的变化，就近似为相关的增加收益。

TCM法的缺陷是它评价的只是使用价值，而非存在价值，这就会产生偏差。另外，它只关注休闲应用，无法评估其带给资源的商业使用者的增加收益。还有，当休闲地点拥挤妨碍正常使用时，TCM就会产生过小评价的偏差。

由于其局限性，TCM通常用于评价休闲应用的环境资源质量改善的收益。例如，Mullen和Menz（1985）的一项研究采用TCM评价了酸雨对美国纽约Adirondack湖区的危害。还有研究使用TCM评价了将水体质量从可以通航改善为可以垂钓标准的收益（Vaughan and Russell，1982；Smith and Desvousges，1985；Smith et al.，1983）。但是不同学者的研究结果差异很大。评价结果不一致的原因是TCM具有地点敏感性。虽然区域间的人口统计变量可以控制，但是地点间的其他差异，如美学效果，是否与主要高速公路相连，其他休闲机会等很难量化和控制。因此，采用TCM确定水质改善的一般价值几乎是不可能的。

5. *内涵定价法*（hedonic price method，HPM）

该方法的理论基础是物品或服务的价值是根据其属性和特征确定的。这种对价值的认识表明，产品由于其属性而存在隐含或内涵价格，而这些价格可以根据产品的市场价格来决定。在环境经济学里，研究者采用这一技术评价某些商品的环境属性。内涵定价法在财产价值与劳动者工资上的应用可以用来评价环境改善的收益。下面就内涵资产定价法（hedonic property value method）及内涵工资法（hedonic wage method）做进一步说明。

(1) 内涵资产定价法（hedonic property value method）。房地产市场是适合内涵价格研究的典型案例。一处房产的价格是由其属性的内涵价值决定的。这些属性包括房地产本身的特性（如面积、房间数量、房间布局、朝向、楼层及建筑结构等），房地产所在地区的生活条件（如交通、商业网点、学校质量、医院、犯罪率高低等）及社区环境质量（如空气质量、噪声高低及绿化条件等）。任何一个属性的变化都会影响财产的价格。因此，在其他属性保持不变的前提下，环境质量的改善所引起的财产价值的增量可以用来估算相关联的收益增量。一旦环境质量的隐含价格确定了，就可以估计对环境质量的需求。反过来又可以用来估计政策所致环境质量改善引起的消费者剩余的变化。

内涵资产定价法的一个应用是估算废弃物处理设施的选点对周围房产价格的影响。Kohlhase（1991）的一项研究发现美国休斯敦地区的房产价格与房产至危险废物处理场的距离呈正相关。在一项有关美国麻省沃北恩（Woburn）地区单栋住宅的相似研究中，Kiel（1995）估算了废弃物处理场被宣布为超级基金处理地点时的边际收益。Kiel 和 Zabel（2001）依据相同城市房产价格的相关调查，推测了超级基金处理地点净化的收益。

(2) 内涵工资法（hedonic wage method）。工资的决定因素主要包含劳动者特征（如受教育程度、经验及年龄等）及工作特征（如致命伤害的风险）两方面。内涵工资法基于这样一个前提，即人们会在高工资与增加的死亡或伤害的职业风险之间进行权衡。也就是，在其他条件不变时，较高风险的工作应该付较高的工资。内涵工资法应用统计回归及劳动力市场数据，区分与高风险相关的工资增量。它可以评估致死风险的微小变化的价值，一些模型也可以评估致病或非致死风险的微小变化的价值。环境收益增量可以由这些风险减小量对应的价值推得。

实施内涵工资法的关键是要将职业健康风险相关的补偿从其他影响工资的工作特征中区分出来。实施内涵工资法的假设之一是劳动者对不同工作风险水平的认知符合实际的风险水平。另外，假设理想（perfect）劳动力市场的存在。劳动者可以自由地选择变换工作，工作信息及其工作的风险信息完备。以上假设条件不具备，分析结果就会产生偏差。

在欧美，内涵工资法应用很多，通常都能发现工资随着工作风险的加大而增高的现象。内涵工资法在日本则不太适用。Kniesner 和 Leeth（1991）在采用内涵工资法评价日本人的风险削减收益时发现，在日本的制造业风险差异带来的工资差几乎为零。在发展中国家更是如此，工人对于环境风险知之甚少，经常可以发现低工资与高风险的恶劣环境条件共存。因此，内涵工资法在发展中国家的适用性，仍然是不确定的。

HPM 的魅力在于它的高度直观性。它采用市场价格以合理的方式解决收益增量的货币化问题。其不足之处在于它要求相当复杂的经验模型及描述产品特征的大量数据，这些数据常无法获取或不完全。如果一个重要的产品属性缺失，就无法确定市场价格变化和环境质量变化之间的联系。

6. *疾病费用法*（cost of illness method）

疾病费用法经常被用来评价发病率变化的价值。该方法得到的不是支付意愿，而是某种疾病发生所致外部市场成本的变化。在典型的疾病费用法研究中需要评估的两类成本是直接费用（如诊断、治疗、康复及住院）和间接费用（包括劳动时间的丧失）。疾病费用法的理论基础主要是两个假设：①患病的直接费用反映治疗所用物品及服务的经济价值；②个人收入反映丧失劳动力的经济价值。

需要注意的是治病的费用度量的不是支付意愿。疾病费用法评估的仅是治病的费用，并没有包含疼痛和不适所致效用的降低或人们采取的预防疾病发生的防护行为的费用。疾病费用法的推定结果可以看作支付意愿法所得结果的下限值。值得注意的是疾病费用中包含了人们所做选择的费用。人们所作出的看病时间、频度及在家休养时间等的选择，会受到健康保险情况、疾病治愈情况及社会经济状况的影响。另外，治疗技术和方法在不断变化，会导致过高或过低的评估结果。另外，丧失劳动力的评估受到很多因素的影响，存在较大的非确定性。

7. *收益转移法*（benefit transfer method）

收益转移法是一种可以替代前述收益评价方法的可行方法。它的使用依赖于已开展研究中其他方法所提供的信息。收益转移法可以更确切地定义为“将非市场价值的已有估值应用到得出该值的原始研究之外的新研究案例中”。提供已有收益估值的案例通常叫做“研究案例”；而所考察的一项新的政策提案的案例叫做“政策案例”。

收益转移法能够节省对政策提案进行收益评估的时间及财政投入。但是，其评估的准确程度可能不如专为某项新的政策提案所做的专门研究。因此，在决策过程中需要关注是否有更准确的收益信息会改变决策。也有很多情况，收益转移可以提供充足的信息。例如，当收益的估值范围刚好落在所研究政策的实施费用上下时，更准确的收益信息一般也不会改变该政策方案有效性的结论。在确定是否采用收益转移法时需要考虑的因素包括：是否存在可用的高质量的相关研究；附加的原始研究可降低该收益估值的不确定性的程度。在收益转移法中，下述几个步骤必须认真实施：

（1）对政策案例进行充分描述：了解其特征及结果，包括受政策影响人群的信息。受影响人群的信息可以用来将个人（或家庭）的评价值转换成社会总体的收益推定值。

（2）确认相关的现存研究：通过文献搜索找到相关的现存研究。文献搜索应该包括搜索已经发表的文献、调查类文章的综述、数据库，并咨询相关研究者确认政府出版物、未发表的研究、进行中的工作及其他“灰色文献”。

（3）判定现存研究的质量与可用性：质量一般取决于所采用的方法；可用性的考察主要考虑现存研究与政策案例的可比性，即：①主要物品必须是等效的；②基线值与变化的程度应该相似；③受影响人群应该相似。

（4）收益推定值转移：有四种收益值的转移方法，即点推定法、收益函数、统合分析（meta-analysis）及贝叶斯技术。

（5）说明不确定性：收益转移法包含一些判断和假设。在分析的全过程中，研究者应该对所有的判断和假设，其对最终评价结果的潜在影响以及其他不确定性的来源进行清楚的描述。

4.3.4　主要收益的评估值

1. 人类健康

1）致死风险

风险管理中涉及的成本收益分析，需要对人类死亡风险回避的收益进行推算。环境政策所降低的未成年死亡风险，通常用所挽救的“统计学生命”的数量来表示。那么，这种风险削减的收益，则可以用“统计学生命的价值”（value of a statistical life，VSL）这一评价指标来衡量。VSL 可以用削减一定量的死亡风险所愿支付的费用除以死亡风险削减量来求得。“统计学生命的价值”指的不是一个人一条生命本身的实际价值，而是在分析收益使其便于与成本进行比较时所做的推算。

同为致死风险，其在受影响人群特征和风险特征方面仍然存在差异。例如，一些致死风险发生在年轻人身上，而另一些致死风险老年人才会经历；有些风险所致死亡发生在暴露后很短的时间内，而有些风险所致死亡要很多年后才显现。这些都会影响致死风险减少量的价值评估。理想的致死风险削减量的价值评估应该考虑这些人口统计学特征及风险特征，依据政策所能削减的风险种类，从受政策影响人群的选择偏好中获得收益估值。但是，对于每项政策相关的特定风险的收益一一进行个别评价，既耗时费用又很高。

因此，需要采用现有的 VSL 推定值，利用风险转移的方法推算致死风险削减的收益值。下面首先简单回顾一下相关的经济评价方法及其各方法所获得的 VSL 推定值，在此基础上重点说明实施风险转移方法时的注意事项。

估算致死风险收益的方法主要有三种。

(1) 内涵工资法：该方法比较成熟，有很多相关的高质量的研究案例（表 4-6）。它所推定的 VSL 值在 70 万～1600 万美元（1997 年美元价值）。工资风险方法曾在很多行业和国家实施。这些研究估算的 VSL 都是基于工作场所的死亡风险，主要为事故或其他直接原因造成的死亡。环境风险在很多方面与此类风险不同。

(2) 假想市场法：假想市场法的 VSL 推定结果列在表 4-6。列出的这些研究考虑的都不是环境原因造成的死亡风险，与工资风险分析相同，在用于风险转移时都存在风险场景的差异。

(3) 防护行为法：也叫做消费者市场研究。现有研究存在的问题在于其评价的是消费者为风险削减所采取行为的全部费用。这类研究不能区分与防护行为相关的非致死风险的减少量。

这三种方法中哪一种或其他某种方法更适合于环境规制分析，尚未达成明确的共识。但是，工资风险研究提供了大量 VSL 推定值的数据，可以广泛应用于致死风险削减的价值评估。在应用收益转移法进行评估时，VSL 值的范围和分布可以作为确定适合于某项特定政策的估值的出发点。

表 4-6　现有统计学生命价值的推定值

研究	方法	统计学生命价值/百万美元
Kniesner 和 Leeth（1991-U. S）	内涵工资法	0.7
Smith 和 Gilbert（1984）	内涵工资法	0.8
Dillingham（1985）	内涵工资法	1.1
Butler（1983）	内涵工资法	1.3
Miller 和 Guria（1991）	假想市场法	1.5
Moore 和 Viscusi（1988）	内涵工资法	3.0
Viscusi 等（1991）	假想市场法	3.3
Marin 和 Psacharopoulos（1982）	内涵工资法	3.4
Gegax 等（1985）	假想市场法	4.0
Kniesner 和 Leeth（1991-Australia）	内涵工资法	4.0
Gerking 等（1988）	假想市场法	4.1
Cousineau 等（1988）	内涵工资法	4.4
Jones-Lee（1989）	假想市场法	4.6
Dillingham（1985）	内涵工资法	4.7

续表

研究	方法	统计学生命价值/百万美元
Viscusi（1978，1979）	内涵工资法	5.0
R. S. Smith（1976）	内涵工资法	5.6
V. K. Smith（1983）	内涵工资法	5.7
Olson（1981）	内涵工资法	6.3
Viscusi（1981）	内涵工资法	7.9
R. S. Smith（1974）	内涵工资法	8.7
Moore 和 Viscusi（1988）	内涵工资法	8.8
Kniesner 和 Leeth（1991）	内涵工资法	9.2
Herzog 和 Schlottmann（1987）	内涵工资法	11.0
Leigh 和 Folsom（1984）	内涵工资法	11.7
Leigh（1987）	内涵工资法	12.6
Garen（1988）	内涵工资法	16.3

资料来源：U. S. EPA（1997）和 Viscusi（1992）转引自（U. S. EPA，2000a）。

如前所述，致死风险在受影响人群特征和风险特征方面存在着差异，在实施收益转移分析时需要考虑基础研究案例与政策案例中的这些差异因素，并对主要差异因素对政策案例评价结果的影响进行修正。具体差异因素如下所述。

（1）年龄（寿命）：很多学者试图阐明受影响人群的平均年龄差异或者经历效应时的平均年龄的差异对 VSL 推定值的影响。在致死风险削减案例中，一般认为年轻人的终身效用的期望收益要大于老年人。然而，有研究发现老年人对致死风险削减显示了更高的需求，因此每一个生存年的价值更高。另外，尽管数量很少，有经验研究与理论模型提示生命的价值在整个生命周期呈现倒“U”字形，平均年龄处为峰值。相关研究中采用的校正技术主要有：①统计学生命年限的价值评估；②依据风险发生年龄的致死风险削减价值评估。

（2）健康状况：个人的健康状况也会影响致死风险削减的支付意愿。这是一个与环境风险评估相关的影响因素，因为健康状况不好的人往往对环境原因的致死风险更敏感。健康状况是区别于年龄的影响因素，但又与年龄相关，因此在风险转移推定校正时必须同时考虑。有研究发现人们对于延长寿命的支付意愿会随着基础健康状况的下降而减小。

（3）风险特征：很多研究已经能够确认风险的 8 个方面的特征会影响人们对风险的认知：①自愿/非自愿；②普通的/灾难的；③滞后的/即刻的；④自然的/人为的；⑤老的/新的；⑥可控的/不可控的；⑦必要的/不必要的；⑧偶然的/持续的。风险在这些方面的不同，就会导致 VSL 转换的偏差。

（4）滞后时间：很多环境政策的目标是降低癌症等效应的风险，而最终因病死亡的出现会滞后于暴露时间。虽然减小暴露量的收益为相关健康评价终点风险的降低，暴露与效应出现之间的滞后时间会影响风险削减的价值评估。现有的VSL值是基于即刻致死风险的估值，并不太适合很多环境政策的收益分析。经济理论告诉我们滞后的健康效应风险削减的价值评估值要小于即刻显现健康效应的风险削减的价值估值。目前相关的校正研究还不太成熟，存在较大的不确定性或对数据的要求比较高，例如，需要详细的生命表及各年龄对应的VSL推定值数据。

（5）利他主义：现有VSL研究主要关注的是个人风险的权衡，有证据表明人们会为降低他人可能遭遇的风险支付费用。

以上介绍了致死风险收益的理论上的理想估值方法，并讨论了影响收益转移法中收益评估的一些因素。由于现有经济学文献的限制，目前默认的收益评估方法还是采用VSL值，但是要说明它的局限性。经济分析应该全面了解风险和受政策影响人群的本质特征。虽然一般只需对影响因素进行定性说明，但是在数据允许的情况下，还应该考虑针对不同案例的定量的灵敏度分析。目的是评价政策案例中与研究案例不同的关键属性对结果的影响。这些属性及其对风险削减价值的影响程度，依据收益转移案例的不同而不同，但是应该考虑上述特性（如年龄、健康状况、风险的性质及滞后时间）及利他主义的价值。

2）致病风险

致病风险评价，或者叫非致死健康效应评价，比致死风险评价涉及的影响要素还要多。首先，需要考虑多种不同的健康评价终点。这些评价终点的严重程度不同，包括可以从事其他活动的能力及疾病引起的不适或疼痛的程度。效应的持续时间也有很大不同，从短期效应到长期的衰弱。

评价致病风险的可用方法有以下几个。

（1）疾病费用法：疾病费用法是评价致病风险削减收益的直接方法。已经应用很多年，发展得比较成熟。不需要借助复杂的经济学理论，就可以容易地对直接费用和间接费用进行估算。与其他方法相比，该方法数据收集费用不高可能是针对特定政策的疾病费用评估具有可行性的原因。现存研究给出了多种疾病的推定值，涵盖了多种健康效应。美国环境保护局的《疾病费用手册》（*Cost of Illness Handbook*）收集了很多疾病的费用推定值。疾病费用推定值可以作为WTP推定值的下限。

（2）防护行为法：在致病风险评价案例中，防护行为法可以提供基于实际行为的支付意愿推定值。这些推定值可以涵盖所有的个人健康效应，包括共同采取防护行为时考虑其他家庭成员的收益。现有研究所采用的分析方法各不相同，有的研究评估特定的系列疾病的支付意愿；有的研究不是对事前的支付意愿进行评估，而是研究针对一个污染场景或事件的实际家庭支出。由于所采取的防范行为通常会避免一系列症状的出现，因此很难独立评价一项特定政策实施所避免的针对每一个健康效应的收益。该方法的盲目应用会导致重复评价或过大评价。

（3）假想市场法：假想市场法可以用于评价所有的个人疾病效应，包括疼痛及痛苦。这类方法是唯一能够得出考虑家庭成员之外的他人所获收益的货币价值的方法。区别于疾病费用法和防护行为法，这类方法可以用来评估与市场交易没有任何联系的疾病的风险值。值得关注的是要保证被调查者对于他们被要求评估的健康状况的变化能够有充分的了解。

很多关于致病风险推定值的参考文献可以提供有用的信息，但是这些信息并不能替代实施收益转移法时对原始研究的认真评价。Tolley 等（1994）和 Johansson（1995）等研究者在其论著中提供了很多关于非致死健康效应评估的参考文献，并讨论了使用这些文献值进行政策评价的相关注意事项。Desvousges 等（1998）对采用收益转换法分析空气质量改善收益的现存文献进行了评价。另外，美国环境保护局在其《非致癌评价手册》（*Handbook for Non-cancer Valuation Handbook*）中提供了多种疾病及生殖毒性效应的估值。我们无法获得所有的健康效应的 WTP 估值，作为另一个有用资源，美国环境保护局的《疾病费用手册》提供了多种癌症、生殖疾病、致残及其他疾病的疾病费用估值。现有的美国环境保护局的经济分析报告，如《大气洁净法的收益费用评估》利用了很多现有研究，获得一系列健康效应削减的估值。该报告还在估值的不确定性的量化评价方面进行了尝试。

应用收益转移法的一般注意事项已经在方法介绍时进行了说明，这里主要针对采用现有研究中的致病风险推定值时需要考虑的问题做进一步说明。

研究案例要与政策案例相匹配：判断研究案例数据的可用性，关键在于考察研究案例中所评价的健康效应是否与政策案例中受影响的健康效应相符。需要考虑研究案例中的一系列症状，即症状的严重程度、持续时间是否与政策案例相似。第二个关键点在于研究案例中的人群与政策案例中的受影响人群特征的相似性，包括人群的基础健康状况、人群的年龄及其他人口统计学特征。

另外，要对研究案例推定值的可信性及真实合理性进行考察。例如，如果避免急性可逆效应的收益推定值超过了避免长期慢性效应的收益推定值，急性效应的估值可能就太大了。针对同一效应，如果 WTP 值小于疾病费用值，那么 WTP 的估值就太小了，特别是该健康效应会导致疼痛或其他损伤时。

还有，因为避免致病效应的价值评估很难准确定量，所以可以采用多种评估方法的推定值，但是要说明每种方法的优势和局限性。采用疾病费用法的推定值可以看作是总估值的下限值，严重程度和持续时间相同的对应效应的 WTP 值可以与其进行比较。

说明不确定性及相关的注意事项：当致病效应的推定值只是总收益的一小部分，并且不会影响政策方案的选择时，可以对不确定性进行定性说明。当致病效应的推定值较大时，就需要对不确定性进行定量的灵敏度分析，并进一步收集相关数据。一些主要的不确定性来源如下所示。

(1) 事前与事后评估：环境污染一般不会确定地导致某种有害健康效应，而是加大有害健康效应出现的可能性或加重效应的严重程度。虽然假想市场法等可以事前预测风险变化的价值，很多研究提供的却是致病效应的事后回顾性估值。对于轻微的健康效应，事前事后评价的差别可能还不太明显；但是对于严重的健康效应，这一差别很大，事后评估会产生对一项政策收益的过小评价。

(2) 支付意愿的不完全性估值：健康保险的使用及薪金照付的病假使疾病的费用由个人负担转为他人负担。虽然这种费用转移可以在疾病费用研究中明确说明，但是它会导致假想市场法应用时支付意愿过低的问题，因为设想一些费用会由他人承担。

(3) 健康效应的出现时间：环境污染所导致的负面健康效应可能会即刻出现，也可能会有滞后。最近有研究表明人们会减少对将来风险削减的支付意愿；另一项独立研究发现人们对于可立即产生健康收益的政策的评价要高于在将来产生相同健康收益的政策。

2. 生态收益

评价生态收益时一般需要单独对每项生态收益进行估值，再对这些估值进行加和得到总收益，而不是对整个生态系统结构和功能的变化进行价值评估。近年来，基于整个生态系统及其蕴含能量的替代费用对生态系统的总价值进行评估的研究得到越来越多的重视。但是这类研究所采用的方法没有很好的经济学理论基础，尚不适用于政策分析。经济学家应用多种方法对生态状况改善的收益进行评估，主要方法及其应用时的注意事项如下所述：

(1) 市场法：作为商品的庄稼、林木和捕鱼量等变化的收益可以用各种市场模型来评价。

(2) 生产函数法：间接的非市场收益值在其对生产过程的贡献可以明白地用生产函数表达时是可以估算的。随着服务流的增加，福利增量可以由边际费用曲线的移动来反映。

(3) 防护行为法：替代费用法是一种防护行为法，它通过市场替代物品的购买行为推出间接非市场服务的价值。人们对生态系统服务的替代商品的支付意愿就反映了生态系统服务的价值。例如，水处理设施取代了湿地功能，设施的投资、运行及维护费用就是湿地水过滤服务的价值估值。只有证明人们愿意支付这些替代费用，也就是表现为自愿购买或支持公共项目时，这个方法才是切实可行的。在这种情况下，服务的价值至少等于替代费用。

(4) 内涵定价法：内涵资产模型可以将环境质量与房产价格之间的关系从房

屋面积、交通及治安状况等属性变量的效应中区分开来。该方法常被用来评价区域空气质量变化的收益、水质改善的收益及景观变化的生态及经济效果。

（5）旅行费用法：旅行费用法的基础是旅行费用及环境质量的权衡。它曾被用于水质改善的收益评估。很多研究采用随机效用模型评价水质改善带来的休闲垂钓的收益。旅行费用法还被用于森林管理、自然资源破坏的生态效应评价。

（6）假想市场法：是唯一可以对非使用收益进行估值的方法。例如，它可以用来评估人们对野生生物资源保护的感受和态度。人们会表达他们对国家公园能见度改善的支付意愿，不管他们是否计划去这些公园观光。

3. 降低的材料毁损

市场法是对材料毁损相关收益进行评估的主要方法。材料毁损包含了材料在数量和质量方面的变化。将环境质量的变化与材料所提供的服务联系起来可能会比较困难，因为我们对物理效应、一些效应的持续时间及这些服务的生产者和消费者的风险反应的了解有限。当评价可行时，一般需要将环境模型的输出与胁迫-反应函数及价格信息相结合，评估环境质量变化对材料服务的生产及消费的影响。实际应用时通常采用简化的经济模型将避免或减轻毁损效应的支出与环境污染程度联系起来。

4.3.5　成本收益分析

成本收益分析是将环境政策或环保项目所带来的对社会的总收益与总成本相比较，从而判断其是否对社会带来了所期望的结果。通常由总收益减去总成本后的净收益的正负来进行判断。成本收益分析是从效率性的角度对产生社会影响的政策措施的妥当性进行探讨，可以说是一种具有实践性的意识决策工具。在比较成本及收益前，需要对环境收益和成本的时间进行调整。

1. 环境收益和成本的时间调整

调整收益和成本在时间上的一致性对于任何成本-收益分析都非常关键。首先，任何环境政策或环保项目的成本及所获收益都与政策执行期间、项目建设周期及使用寿命有关。因此，收益和成本的发生时间不尽相同，环境政策的效果通常会延伸至将来。政策制定者对于一项政策提案的评价必须具有前瞻性，预测其在将来可能产生的影响。为了支持这种预测，成本和收益评估必须进行相应的调整以应对这样一个事实，即货币的价值是随时间变动的。两种围绕时间因素的修正是必要的。一种是现值的确定，另一种是通胀的修正。

1）现值的确定

在确定将来的成本和收益的现在价值时，涉及经济学领域经常用到的一个概念-机会成本。它的含义是：作出一项决策时所放弃的其他选择的最高价值代表了该项政策的全部成本，不管其是来源于生产、消费还是纯粹的金融交易。该项政策投资将来的价值应该等于其现值与机会成本之和，而机会成本由现值及收益率（回报率）决定。为了便于理解，请看下面的例子：

假设一个朋友今天想借 200 元钱，承诺一年后还清借款。那么，他一年后还回多少钱才能维持你的福利或效用水平（为了简单起见，这里不考虑通货膨胀)？从经济学上来讲，答案由金钱的机会成本决定，也就是其价值最高的应用方案。如果 200 元钱用来投资，回报率为 5%时，借款的机会成本为 10 元。那么，合理的还款额应该为 210 元（200＋200×0.05)。这一计算就将借款的现在价值转换为其将来价值。

将该一年期的价值转换用简单的数学式，可以表达为

$$FV = PV + r(PV) = PV(1 + r) \tag{4-1}$$

式中，FV 为将来的价值；PV 为现值；r 为收益率（回报率）。

式（4-1）显示，金钱将来的价值（FV）等于其现值（PV）加上机会成本[r（PV)]。如果将来的价值计算考虑多期（t）的情况，公式变为

$$FV = PV(1 + r)^t \tag{4-2}$$

式中，t=0，1，2，…，t 为期数。

将问题反过来考虑，一年后收回 210 元等于今天拥有 200 元 [210/(1＋0.05)]。这一转换过程叫做现值确定，因为它把将来价值贴现为现值。其数学表达式为

$$PV = FV[1/(1 + r)] \tag{4-3}$$

现在这个公式中 r 叫做贴现率，$1/(1+r)$ 叫做贴现系数。多期的情况，公式变为

$$PV = FV[1/(1 + r)^t] \tag{4-4}$$

式中，$1/(1+r)^t$ 为贴现系数。

贴现是对将来增加的环境收益及成本值进行修正的过程。贴现率是现值确定过程中的一个可变参数，其大小直接影响现值的确定，因此，贴现率的选择对于成本-收益分析极其重要。在环境政策决策过程中，贴现率直接影响哪个提案能够满足给定标准，哪个提案会被否决。因此，在现值分析文献中贴现率选择常成为争议的焦点之一。

在公共政策决策时贴现率的选择需要考虑很多因素，其中重要的一点是贴现率的选择应该反映投入公共物品供给的资金的社会机会成本。1992 年以来，美国政府一直执行一项政策，即其机构采用 7%的贴现率作为其成本-收益分析的基本案例。2003 年美国管理与预算办公室建议，在使用 7%贴现率的同时，采用 3%的贴现率来说明评价结果对贴现率的敏感性。但是，关于应该如何确定贴现

率还存在概念上的争议，至今尚未达成明确的一致意见。我国关于贴现率的应用还刚刚开始，通常认为可以采用银行的年储蓄利率为贴现率。环境成本收益分析中可暂定贴现率为 5%（陈喜红，2005）。

2）通货膨胀（紧缩）的修正

成本和收益的初步推定值还需要根据一般物价水平随时间的波动进行相应修正。这种调整叫做通货膨胀的修正。为了将现期的货币值根据下一期的预期通货膨胀进行调整，现在的实际值需要换算成下一期的名义值，通货膨胀率可以采用居民消费价格指数（CPI）来表示，计算公式为

$$\mathrm{NV} = \mathrm{RV}(1+p) \tag{4-5}$$

$$p = (\mathrm{CPI}' - \mathrm{CPI})/\mathrm{CPI} \tag{4-6}$$

式中，NV 为下一期的名义值；RV 为本期的实际值；p 为本期与下一期之间的通货膨胀率，可以由本期居民消费价格指数 CPI 与下一期的预期居民消费价格指数 CPI′求得。对于任何一期（t）的一般公式为

$$\mathrm{NV} = \mathrm{RV}(1+p)^t \tag{4-7}$$

把公式颠倒过来，将名义值换算为实际值，得到

$$\mathrm{RV} = \mathrm{NV}/(1+p)^t \tag{4-8}$$

这一换算过程有时叫做通货紧缩，用来评价经过通货膨胀时期产生的变化。

3）收益和成本的时间调整

经过时间调整后的收益和成本增量，分别叫做收益现值（PVB）和成本现值（PVC）。其实际值可由式（4-9）计算：

$$\mathrm{PVB} = \sum[b_t/(1+r_s)^t] \tag{4-9}$$

其中，

$$b_t = B_t/(1+p)^t \tag{4-10}$$

$$\mathrm{PVC} = \sum[c_t/(1+r_s)^t] \tag{4-11}$$

其中，

$$c_t = C_t/(1+p)^t \tag{4-12}$$

式中，r_s 为实际社会折现率；b_t 为实际收益增量；B_t 为名义收益增量；c_t 为实际成本增量；C_t 为名义成本增量。

2. 环境成本与收益的比较

成本收益分析的最后一步就是要比较经过时间调整的成本和收益增量，作出决策。在风险管理中，需要制定风险削减对策的各种方案。成本收益分析就是要对若干风险削减方案进行分析，从中确定最佳解决方案。它主要包含两个步骤：

(1) 从成本收益分析的角度考察每一个风险削减方案是否可行；

(2) 依据决策原则评价所有的可行方案，从中选出一个最佳方案。

1) 确定可行性

有两种检验可以判断风险削减方案的有效性，一种是求收益-成本比（PVB/PVC），并将结果与1进行比较。如果（PVB/PVC）＞1，备选方案可行；如果（PVB/PVC）≤1，则备选方案判断为不可行。另外，还可以求净收益现值（PVNB＝PVB－PVC），如果（PVB－PVC）＞0，选项判断为可行；否则为不可行。在以上两种检验方法中，可行性都意味着与政策提案相关的收益要大于成本。

虽然一项政策方案满足条件（PVB/PVC）＞1，就一定满足（PVB－PVC）＞0的要求，但是两者含义不同。收益-费用比（PVB/PVC）表示的是单位费用产生的收益；（PVB－PVC）表达的是收益超出费用的部分，是该政策方案带给社会的净收益。需要特别注意的是，虽然两种检验都可以用来考察每一个风险削减方案是否可行，但是，在第二步对若干可行的政策方案进行比较选择最佳方案时，只能采用净收益PVNB为指标。

问题的原因在于，有时会遇到一个效应既可视为成本的增加，也可视为收益的减少。例如，一项政策方案会导致失业率的上升，那么失业可以算作收益的减少也可以算作成本的增加。需要注意的是，算作收益的减少还是成本的增加不会影响净收益PVNB的值，但是收益-费用比（PVB/PVC）分子分母大小的变化，会导致其比值计算结果的不同。因此，采用收益费用比对可行的政策选项进行排序，其结果是不可靠的。

2) 最佳方案的决策依据

在实践中，从可行备选方案中确定最佳方案的决策，主要依据的经济学标准为配置效率与成本有效性。加上时间维度的考虑，得到下述的决策原则：

(1) 实现配置效率：使净收益现值（PVNB）最大化；

(2) 实现成本有效性：在实现某一设定收益目标的前提下，使成本现值（PVC）最小。

使净收益现值最大化的原则要求最佳方案的选择使得总收益最大限度地超出总成本，此时边际收益与边际成本相等，资源能够得到有效的配置。而成本现值最小化原则指导决策者在设定的收益目标下，从可行方案中选择成本最低的实施方案。两种决策原则中，成本现值最小化原则应用更广。因为环境立法常通过设定环境目标预先确定了可能获取的环境收益。也就是PVB是固定的，只有PVC是决策变量。

虽然成本-收益分析是可行的风险管理工具，但是它也存在缺陷。议论较多的主要有两点：一点是环境成本和收益的准确评价和货币化问题；另一点是其无法处理潜在的公平性问题。收益的货币化及隐性成本评价是主要难点，贴现率的选择影响收益和成本的现值计算，也是争议的焦点。另外，在成本收益分析中，决策的原则并没有考虑成本和收益如何在不同社会群体之间配置。一些消费者群体或经济部门得到的收益可能少于应该公平分得的份额；相似地，一些经济部门承担了不公平的成本负担。而且，在通常情况下，得到的收益和负担的成本并不是成比例的。获得收益少的消费者群体或经济部门，其负担的成本却不一定少于其他群体或部门负担的成本，反之亦然。

成本收益分析可以对风险削减政策和项目的合理性进行探讨，但是成本收益分析通常不仅是意识决策工具，它可以对国家对民众说明，公共支出不是为了特定的利益集团而是对全社会有利。即成本收益分析也是公共关系的工具，是信息公开的工具。下面将要讲到，美国发布总统令要求对管理控制措施的影响进行成本收益评价。但是也有个别环境法，在确定限量标准时，不考虑成本和收益，因此，成本收益分析的结果，在很多情况下无法左右决策过程。进行成本收益分析，并不单纯意味着基于成本收益分析进行决策。

4.3.6　欧美行政机关的应用状况

在美国，风险削减的收益分析中使用的环境经济学评价方法是应美国行政机关的现实需求发展而来的。例如，近年假想市场法的快速发展，是由于《超级基金法综合环境损害赔偿与责任法案》及《油污染法案》等美国法律将自然资源作为信托财产来确定自然资源损害的赔偿责任。

1981 年里根政权发布的总统令 12291 号中规定，美国 EPA 在实施环境政策之前要进行政策影响分析，使净收益达到最大化。政策影响分析的具体内容之一，就是责成环保部门针对经济影响在每年 1 亿美元以上的环境政策进行实施前成本收益分析。1981～1986 年 5 年间，美国环境保护局就完成了 15 件成本收益评价，其中 6 件评价了收益的货币价值。以《大气净化法》和《饮用水安全法》为代表，美国环境保护局近年来完成了多件成本收益分析。

1993 年克林顿政府发布的总统令 12866 号，仍然要求环境政策实施前进行成本收益分析，与总统令 12291 号不同的，它更加强调对资源配置的影响及公平性的考虑。不过，上述两个总统令中成本收益分析实施的前提条件均为“只要法律允许”，也就是个别法律在进行环境政策决策时是不考虑成本或收益的，此时应遵从法律要求。依据《大气净化法》确定全美大气环境质量基准及杀虫剂杀菌剂杀鼠剂法等就是这样的例子。因此，即便进行了环境政策影响分析，由于相关法律禁止考虑成本或收益，会出现分析结果无法左右最终决策的情况。

在欧洲，随着欧盟的形成，在制定统一的环境政策、环境标准时，费用收益分析成为说明其制定依据及妥当性的重要工具。1992 年欧盟委员会第五次环境行动计划“面向可持续发展”中提到了环境评价及成本收益分析；《欧盟创立条约》（Treaty Establishing the European Community，EU Treaty）130r（3）条款要求对成本及收益进行考察。

二噁英的问题引起社会普遍关注，1989 年针对一般城市固体废弃物（municipal solid waste）焚烧制订了欧盟统一的环境标准。此后，排放控制更趋严格，不仅限于所排放的气体，固体残渣和液体残渣也被提议设定标准。在探讨这些标准的设定时，进行了成本效果分析及成本收益分析。但是，对象区域仅限于合计占欧盟一般固体废弃物排放总量 68%的法国、德国及英国。

围绕大气污染也开展了成本收益评价研究。1996 年欧盟委员会采纳了大气质量评价与管理的相关法规 96/62/EC，在其后续法规中，需要设定 SO_2、NO_2、悬浮颗粒物及铅的浓度限值。为了确定基准设定产生的成本和收益，欧盟委员会委托多家咨询公司进行分析，研究 SO_2、NO_2、悬浮颗粒物及铅在 2010 年前达到基准目标所需的成本及产生的收益。结果表明，只有铅在执行更严格控制标准时无法通过成本收益分析，即净收益为负。

如上所述，成本收益分析在环境风险规划与管理中应用越来越多，但是其分析结果对政策的影响程度尚待考证。

4.4 案例分析

4.4.1 案例分析一：WTP 调查实例

山本秀一和岡敏弘（1994）采用投标博弈法（bidding game method）和二项选择法（take-it-or-leave-it method）组合的方法，通过问卷调查及统计分析，推算了日本京都市饮用水中三卤甲烷致癌风险削减的收益，得出日本人的“统计学生命的价值”（VSL）。

山本秀一和岡敏弘（1994）依据 1984 年《世界卫生组织饮用水水质指南》所采用的三氯甲烷致癌风险评价方法，对京都市饮用水中三卤甲烷的致癌风险进行评价，得出致癌风险为 4×10^{-6}。他们假设有一种“过滤器”（耐用年数 10 年）可以将致癌风险降为零，调查居民购买此替代商品的支付意愿。调查采用面对面直接访问的形式对被访者进行问卷调查。被调查者为随机抽取的京都市左京区一般家庭。得到问卷数为 106，其中有效问卷数为 101。回答者的男女比例为 13∶87，回答者的家庭成员数平均为 3.6 人。其中已经安装使用净水器的家庭为 34 户，尚未安装净水器的家庭为 67 户。支付意愿的调查步骤为：

首先设定 1000～50 000 日元的 10 个价格，从中随机选取某一价格进行提问，要求被访者回答是否会以该价格购买过滤器。回答“买”的人，则提高一级价格继续询问，直到回答“不买”为止。回答“不买”的前一级价格，为最终支付价格（超出 50 000 日元时，以 10 000 日元为单位提高价格）；回答“不买”的人，降低一级价格继续询问，直到回答“买”为止。此价格就为最终支付价格。针对最初支付金额的“买/不买”的回答为二项选择法数据，最终支付金额为投标博弈法的数据。数据整理为不同价格“买”选项的概率，得到最终支付金额的概率分布图（图 4-4），计算得出最终支付金额的平均值为 26.9±5.3（95%置信区间）千日元，中位数为 20 千日元。

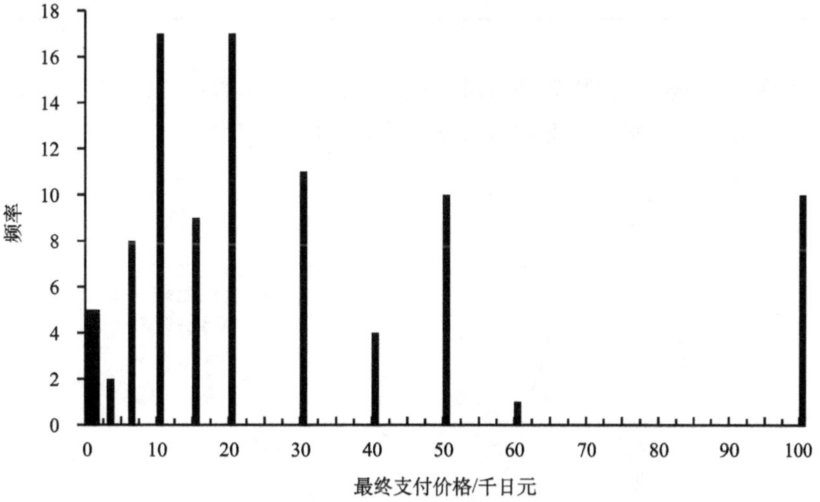

图 4-4　最终支付金额的概率分布（山本秀一和岡敏弘，1994）

二项选择法获得的数据列于表 4-7，假定 WTP 符合逻辑（logistic）分布或符合对数逻辑分布，推得需要曲线（横纵轴与通常的需要曲线相反）。也就是说，假设 WTP 符合逻辑分布，当询问价格为 Y 时，人们购买净水器的概率为

$$p(Y)=\Pr\{Y\leqslant \mathrm{WTP}\}=[1+\exp(-\alpha-\beta Y)]^{-1} \tag{4-13}$$

表 4-7　二项选择法得到的数据（山本秀一和岡敏弘，1994）

最初赋值/千日元	人数	YES 比率	YES 人数
1	12	100%	12
3	9	88.89%	8
5	6	100%	6
8	9	88.89%	8
10	15	80.00%	12
15	11	63.54%	7

续表

最初赋值/千日元	人数	YES 比率	YES 人数
20	13	69.23%	9
30	10	50.00%	5
40	9	33.33%	3
50	7	42.86%	3
合计	101	72.28%	73

假设 WTP 符合对数逻辑分布时，式（4-13）中 Y 换做 lnY 即可。采用最大似然法，由调查数据确定参数值 α 和 β。结果如图 4-5 所示。

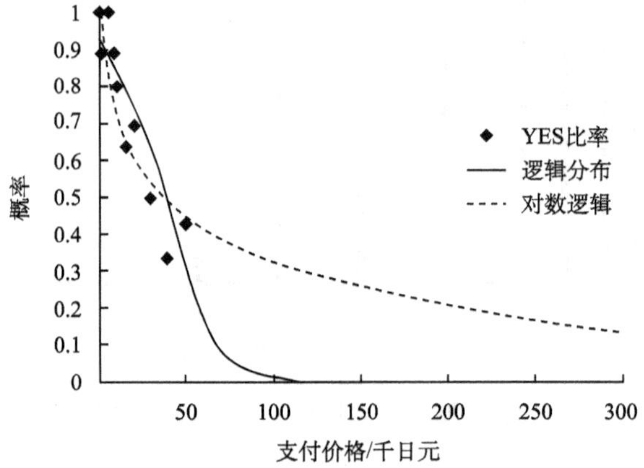

图 4-5　需要曲线（山本秀一和岡敏弘，1994）

将需要曲线由 0 到无穷大积分，得到 WTP 的平均值为 34.8 千日元，中位数为 33.4 千日元。假定 WTP 符合对数逻辑分布时，积分不一定收敛，取 0～50 000日元或 0～100 000 日元范围进行积分，计算得到 WTP 平均值分别为 30.3 千日元和 42.5 千日元，中位数为 30.5 千日元。

"统计学生命的价值"可以由 WTP 平均值或中位数除以风险削减量，再除以家庭成员数得到。原来已经装有净水器的家庭三氯甲烷的致癌风险为未设置净水器家庭的一半，则总的平均风险削减量为 3.3×10^{-6}。

$$\text{统计学生命的价值}=\frac{\text{WTP 平均值或中位数}}{\text{平均风险减少量}\times\text{家庭成员数}} \tag{4-14}$$

由式（4-14）计算可知，最终支付金额的平均值或中位数得到的"统计学生命的价值"分别为 22.4 亿日元与 16.7 亿日元。由二项选择法数据拟合的需要曲线求得的生命的概率价值，符合 logistic 分布时平均值为 29.1 亿日元，中位数为

27.9 亿日元；符合对数 logistic 分布时（积分上限设为 5 万日元或 10 万日元），平均值分别为 25.3 亿日元或 35.5 亿日元，中位数为 25.5 亿日元。

由上可知，由最终支付金额得出的推定值要小于二项选择法拟合需要曲线得出的推定值。这是因为，二项选择法最初的询问价格设定范围（1000～50 000 日元）比较窄，小于投标博弈法最终支付金额的范围（0～100 000 日元）。对于最初提示金额回答“购买”的比例高达 72.3%，使得由需要曲线求得的推定值大于由最终支付金额确定的推定值。如果将最初询问价格的范围扩大，样本量增大，应该得到精度较高的需要曲线。

欧美研究得出的“统计学生命的价值”为 160 万～850 万美元，考虑汇率及紧缩指数，相当于 2.8 亿～15 亿日元。山本秀一和岡敏弘（1994）的研究结果比欧美研究结果上限值稍大，在一个数量级。但是两个研究所采用的方法、风险的种类及暴露期间均不同。山本秀一和岡敏弘（1994）的研究考虑的是一生暴露导致的致癌风险，采用支付意愿法 WTP 推得；欧美信赖度较高的推定值是采用内涵工资法求得，考虑的是职业不同产生的最近一年间死亡率的差别。

4.4.2　案例分析二：可吸入颗粒物（PM_{10}）污染的健康效应的经济学评价

环境污染导致的健康危害的经济成本，实际上就是采取污染削减措施，降低污染所致健康风险的经济收益。其一般性评估流程如图 4-6 所示。其中各种健康效应的货币成本可以采用“疾病费用法”、“收益转移法”等收益评估方法进行估值。

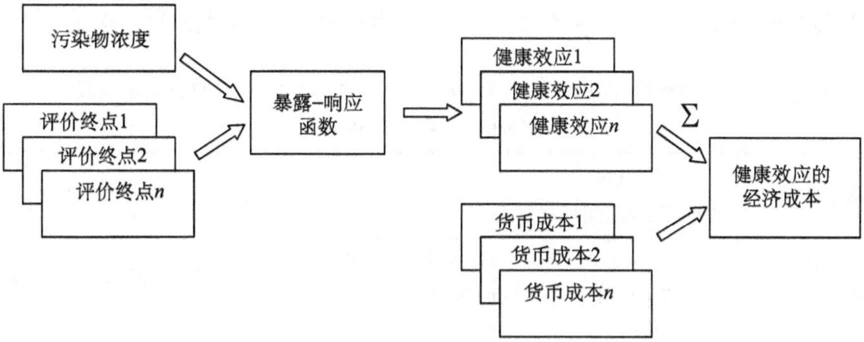

图 4-6　环境污染所致健康危害的经济成本的一般评价流程

世界范围的大量流行病学研究证实长期和短期的空气污染暴露，特别是颗粒物污染暴露，会导致死亡率和患病率的上升。空气污染所致死亡效应的定量化，已经逐渐成为决策制定的一个关键要素。Zhang 等（2008）研究者采用疾病的经济负担分析方法，估算了我国 111 个大型城市由于空气污染导致的经济成本。估算公众福利损失有助于环境健康补偿机制的形成，并为立法提供科学依据。

2004 年中国 111 个城市的 PM_{10} 数据来源于国家环保局（SEPAC，2005）。PM_{10} 的健康终点，包括死亡率和患病率的上升。患病率因素包括急慢性支气管炎、哮喘和门诊患者（内科和小儿科）数量及住院患者（呼吸科和心血管科）数量的增加。由于可用数据的限制，一些健康效应（如肝功能变化或受限活动天数）没有考虑在内。

在与收益和成本相关的研究中，暴露-响应函数常被用于确定环境污染与负面健康效应的定量关系。

（1）内科及儿科门诊患者就诊数的暴露-响应函数

$$E = E_0 \times [1 + \beta \times (\sqrt{C} - \sqrt{C_0})] \tag{4-15}$$

（2）其他健康效应评价终点的暴露-响应函数

$$E = E_0 \times [1 + \beta \times (C - C_0)] \tag{4-16}$$

式中，C 和 C_0 分别为环境浓度和阈值水平；β 为暴露响应系数；E 和 E_0 分别为对应于浓度 C 和 C_0 的健康响应。本案例中，E 为死亡率（或者发病率）与人口的乘积，即死亡或发病人数。如果 β、C、C_0 和 E_0 都已知，可以计算得到 ΔE，即污染增加导致的健康损害。

健康效应评价终点不同，上述公式中的暴露响应系数 β 及阈值浓度水平下的健康响应 E_0 则不同。本案例中，β 及 E_0 的取值均来源于相关研究（表 4-8）。作为健康效应评价终点的死亡率及患病率数据来源于中国卫生部的公共健康统计年鉴及其他学者的一些相关研究。β 的取值应尽可能采用以中国人为研究对象的流行病学调查的结果，数据不具备时可以考虑借用国际上相关研究的结果。

表 4-8　PM_{10} 的暴露-响应系数（每 $\mu g/m^3$）和健康评价终点的发生率（每人）（Zhang et al.，2008）

健康终点	系数平均值（95%置信区间）	文献	频率	文献
长期死亡率（成人≥30 岁）	0.004 30（0.002 60，0.006 10）	Dockery 等（1993），Pope 等（1995）	0.010 13	Wang 等（2001）
慢性支气管炎	0.004 50（0.001 27，0.007 73）	Kan 和 Chen（2004）	0.0139	CMH（1998）
呼吸道疾病入院	0.001 20（0.000 80，0.001 60）	Aunan 和 Pan（2004）	0.0042	CMH（2005）
心血管疾病入院	0.000 70（0.000 30，0.001 10）	Aunan 和 Pan（2004）	0.0100	CMH（2005），Kan 和 Chen（2004）

续表

健康终点	系数平均值（95%置信区间）	文献	频率	文献
门诊患者-内科	0.013 74（0.010 77，0.016 79）	Wan 等（2005）	每个省/城市的数据	CMH（2005）
门诊患者-儿科	0.015 51（0.010 41，0.020 60）	Wan 等（2005）	每个省/城市的数据	CMH（2005）
急性支气管炎	0.005 50（0.001 89，0.009 11）	Jing 等（2000）	0.0372	Wang 等（1994）
哮喘（儿童<15岁）	0.004 40（0.002 70，0.006 20）	Künzli 等（2000）	0.0693	Chen 等（2002）
哮喘（成人≥15岁）	0.003 90（0.001 90，0.005 90）	Künzli 等（2000）	0.0561	Chen 等（2002）

浓度阈值 C_0 是一个重要而且敏感的参数，它决定了健康效应的大小。由于目前的流行病学研究还无法确定一个 PM_{10} 的无毒性浓度 NOAEL，其取值尚有争议。目前的几个建议值，包括零浓度、环境背景浓度、国家标准及流行病学中的最小毒性浓度 LOAEL。世界卫生组织建议的选项包括零环境浓度、一些非零“洁净”浓度或者空气质量标准规定的浓度（WHO，2000）。本案例中，浓度阈值 C_0 采用了 PM_{10} 的国家标准浓度限值（$40\mu g/m^3$）。

利用上述的 β、C、C_0、人口、死亡率（或患病率）数据估算了各城市的健康效应。总体来说，颗粒物污染可以导致 2004 年中国 111 个城市中 281 361 人死亡，681 081 个慢性支气管炎病例，69 037 人因呼吸系统疾患住院，99 931 人因心血管疾患住院，3 037 669 人的内科门诊量，673 008 人的小儿科门诊量，2 100 733 人的急性支气管炎病例和 2 655 022 人的哮喘。

在计算上述健康效应的基础上，可以进一步计算健康效应的货币成本。死亡风险的货币成本可以由统计学生命的价值（VSL）指标来衡量。VSL 表示与群体中个人的死亡风险相关的一个微小变化的价值。换句话说，代表了个人对死亡风险边际减小量的支付意愿。致病风险的货币成本可以由疾病成本法（COI）或支付意愿法（WTP）求得。需要注意的是，疾病成本法计算的是疾病的社会总成本，通常用来估算医疗支出，并没有包含疼痛和不适所致效用的降低或人们采取的预防疾病发生的防护行为的费用。疾病费用法的推定结果可以看作支付意愿法所得结果的下限值。对于没有进行过与空气污染所致死亡率和患病率相关的经济学成本调查的城市，需要利用收益转移法（benefit transfer）进行评估。即利用已有项目的环境损失值，对相似项目进行评估，认为其健康影响是相似的。

VSL 的估值与被调查者的收入水平有直接关系。一些研究发现直接使用美国的 VSL 文献值会因为其高收入水平而过高估值。本案例中，采用了在重庆所做的假想市场法（CVM）的数据（Wang et al.，2001）。根据 1998 年（重庆调查实施年份）和 2004 年的平均个人年收入，计算得到 2004 年重庆的 VSL 约为 79 839 美元。其他城市的居民 VSL 是在考虑城市间平均个人年收入差异的基础上，依据式（4-17）由重庆市居民的 VSL 计算得到。

$$\mathrm{VSL} = \mathrm{VSL}_{\mathrm{CQ}} \times (I/I_{\mathrm{CQ}})^{e} \tag{4-17}$$

式中，VSL 和 $\mathrm{VSL}_{\mathrm{CQ}}$ 分别为所选城市和重庆的 VSL；而 I 和 I_{CQ} 分别为所选城市和重庆的收入；e 为 WTP 的弹性系数，设定为 1.0。

本案例中，急慢性支气管炎和哮喘的价值评估使用了上海的 WTP 调查结果（Kan and Chen，2004），并考虑了被选择城市和上海的收入差异。另外，利用 COI 方法对住院（呼吸和心血管病）和门诊（内科和小儿科）的费用进行了估算。健康影响值等于住院成本的总和，包括住院费、服务费和患者住院期间的工资损失。中国公共健康统计年鉴列出了呼吸和心血管疾病的住院费用的部分数据。表 4-9 列出了中国各种健康终点的单位价值。数据是 111 个城市数据的平均值。实际上，城市的经济发展水平各不相同。

表 4-9 中国不同健康终点的平均单位价值（Zhang et al.，2008）

健康终点	价值/美元	方法	数据源
死亡率	83 574.6	WTP	Kan 和 Chen（2004），CMBS（1999，2005）
慢性支气管炎	4 255.5	WTP	Kan 和 Chen（2004），CMH（2005）
呼吸系统疾病入院	502.8	COI	CMH（2005）
心脑血管疾病入院	1 025.5	COI	CMH（2005）
门诊患者-内科	13.0	COI	CMH（2005）
门诊患者-儿科	13.0	COI	CMH（2005）
急性支气管炎	5.0	WTP	Kan 和 Chen（2004），CMH（2005）
哮喘	3.5	WTP	Kan 和 Chen（2004），CMH（2005）

本案例利用不同健康终点的单位价值，由已估算的健康效应评价终点的发生率，计算了各健康终点的经济成本。2004 年中国颗粒物污染的总经济成本为 291.787 亿美元。其中，颗粒物污染可以导致 2004 年中国 111 个城市中未成年死亡的成本为 257.977 亿美元，慢性支气管炎成本 31.36 亿美元，因呼吸系统疾患住院成本 0.402 亿美元，因心脑血管疾患住院成本 1.183 亿美元，内科门诊成本 0.543 亿美元，小儿科门诊成本 0.107 亿美元，急性支气管炎成本 0.113 亿美元，哮喘成本 0.100 亿美元。在这些健康效应的评价终点中，未成年死亡的成本所占的比重较大，占总成本的 88.4%。慢性支气管炎的经济成本贡献率排在第二

位。另外，心血管疾病住院的成本相对较高，而小儿科门诊患者的贡献率最小。

4.4.3　案例分析三：美国饮用水中砷规制的经济分析

1996 年修订的美国《安全饮用水法》要求美国环境保护局对已知或可预见存在于公共供水系统中可能对公众健康产生危害的物质进行确认和控制。美国《国家暂行饮用水基本条例》中公共供水系统的砷强制标准为 50μg/L，《国家饮用水基本条例》对该标准做了如下修订：

（1）将公共供水系统中的砷污染物最大允许浓度从 50μg/L 降低为 10μg/L；

（2）增加了非社区长期供水系统（non-transient non-community water system，NTNC）作为新标准的规制对象；

（3）修订现行监测要求使其与《标准监测框架》一致。

执行令 12866 要求美国环保局在经济分析文件中对砷条例的成本和收益进行评价。针对《国家饮用水基本条例》所做的上述修订，美国环境保护局进行了相关经济分析，起草了《美国饮用水标准中砷的经济分析》报告。本案例将对该经济分析文件的主要内容进行简要介绍，主要包括砷的健康效应、砷限量标准备选方案的确定及其成本收益分析。

有关砷的致癌作用早在 100 多年前就已经开始研究。美国国家癌症研究机构（National Cancer Institute，NCI）将砷归类为 A 类人类致癌物。已经观察到多个人群主要经由呼吸暴露的肺癌致死率的上升，饮用含高浓度无机砷饮用水人群内脏（如肝、肾、肺和膀胱）肿瘤致死率的增高及皮肤癌发生率的增加。美国学术研究委员会（National Research Council，NRC）报告砷暴露还会导致非致癌效应，包括皮肤肥厚、对神经系统的影响（如肢体麻刺感及知觉丧失、听觉障碍）、对心脏及循环系统的影响、糖尿病、对发育的影响、对消化系统及肝脏的影响等。在流行病学调查可以观察到致癌效应的浓度下，通常也可以观察到这些非致癌效应。NRC 在 1999 年的报告中指出 50μg/L 的砷最大允许污染物水平不能充分保护人类健康，需要尽快进行修订。

砷是出现在地壳中的一种元素，岩石的侵蚀与风化会导致砷在水体中的沉积及动植物对砷的摄入。对于大多数美国人而言，食物及水的摄取是砷暴露的主要来源。人们也会暴露于工业源，因为砷会用于半导体制造、石油精炼、木材防腐剂、动物饲料添加剂及除草剂的生产。砷可以与其他元素结合生成无机及有机砷化物。一般来讲，无机砷衍生物比有机砷具有更高的毒性。食物中既含有无机砷也含有有机砷，而水中的砷主要以无机砷形式存在。美国环境保护局的全国大气采样调查数据表明城市及非城市的大气砷浓度都非常低，在 0.003～0.03μg/m^3 范围内。大气来源的砷占总暴露量的 1%以下。采用美国食品和药品管理局的总膳食研究数据的分析表明，成年人平均总砷摄入量为 53μg/d。进一步的研究表明，通过膳食途径摄入的砷大约有 20%是以无机砷形式存在，膳食途径的无机砷摄入量近似为 14μg/d。一个成年人的饮水量为 2 L/d，如果饮用水中砷浓度为 10μg/L，则来源于饮用水的砷摄入量为 20μg/d，占无机砷总摄入量的 60%。当饮用水中砷浓度为 2μg/L 时，大约 80%的无机砷来源于食物。

1. 规制方案的确定

在对污染物进行管理控制时，首先设定一个最大允许污染水平的目标值（maximum contaminant level goal，MCLG），在这一污染水平下，无已知或可预见的负面健康影响产生。MCLG 是非强制执行的目标值。在制定该条例时，USEPA 设定 MCLG 值为零。随后，USEPA 又设定了一个强制执行的最大允许污染水平（maximum contaminant level，MCL），这一污染水平是最接近 MCLG 的技术上可实现的污染水平。另外，USEPA 确定 MCL 需考虑在保护公众健康的同时保证可量化及不可量化成本要与可量化及不可量化的收益相抵。

对于被归类为“可能的人类致癌物质”的污染物，MCLG 值设定为 0。也就是假定致癌效应没有阈值，致癌物质在任何浓度下都会有致癌风险；对于非致癌物质，则基于参考剂量（reference dose，RfD）确定 MCLG 的值。砷的 RfD 值为 0.3μg/(kg · d)，假设成年人的体重平均为 70kg，每天水的摄入量平均为 2L，则饮用水中砷的等效水平（drinking water equivalent level，DWEL）近似为 10μg/L。由于 RfD 存在 3 倍的不确定性，DWEL 应该在 3～30μg/L 范围内。因此，USEPA 确定 MCL 备选方案为 3μg/L、5μg/L、10μg/L 和 20μg/L。进一步通过经济分析确定一个 MCL 方案，在此浓度控制水平下收益与成本相当。

2. 收益分析

降低饮用水中砷含量的健康收益主要来源于负面健康效应的减少。负面健康效应的减少主要包括：①避免生病所导致的医疗费用及劳动能力的丧失；②避免生病所导致的疼痛及痛苦；③发病风险及不确定性的降低；④未成年死亡风险的降低。如前所述，砷有很多不良的健康效应。由于很多健康效应不能量化，这里只对肺癌和膀胱癌这两个与砷暴露相关的评价终点进行定量风险分析。只评估避免这两种癌症发生的收益可能会过低评估饮用水中砷含量降低的总收益。

收益分析考虑的供水系统主要包括社区供水系统（community water system，CWS）和非社区长期供水系统（non-transient non-community water system，NTNC）。CWS 是指常年为 25 人以上居民或 15 个以上服务节点提供管道供水的系统；NTNC 是指为 25 人以上的固定人口提供年 6 个月以上服务的供水系统，如宾馆、学校、幼儿园、医院等的供水系统。社区供水系统又可以分为服务人数小于百万人口的 CWS 和服务人数大于百万人口的 CWS，需要分别进行评价。

1）社区供水系统（服务人数 $< 10^6$ 人）

使用社区供水系统的人群砷暴露风险减少的计算包括 5 个步骤：①确定相关暴露因子的分布，使用含有年龄、性别和体重信息的 USEPA 最新饮用水消费量的研究数据；②计算了砷暴露水平在 3μg/L 以上人群的砷暴露浓度分布；③选定膀胱癌和肺癌做进一步风险分析；④采用蒙特卡罗模拟（Monte Carlo simulation）估算暴露人群可能罹患膀胱癌和肺癌的风险，这一模拟给出了饮用水中砷浓度在 3μg/L 以上的美国民众的实际风险上限值；⑤修正砷暴露的推测风险下限值，以反映美国民众与砷毒性流行病学调查对象人群在砷暴露来源上的差异。

致癌风险的计算如下式所示：

$$R_{\text{ind}} = C(\text{As})_{\text{ind}} \times [\text{DW}_{\text{ind}} \times \text{DW}_{\text{adj}}] \times R_{\text{unit}} \tag{4-18}$$

式中，$C\ (\text{As})_{\text{ind}}$为终生平均暴露浓度（μg/L）；$\text{DW}_{\text{ind}}$为平均一日饮用水摄取量[L/(kg·d)]；$\text{DW}_{\text{adj}}$为常数（70kg÷2L/day＝35kg·d/L）；$\text{DW}_{\text{ind}} \times \text{DW}_{\text{adj}}$为终生相对暴露因子；$R_{\text{unit}}$为单位致癌风险（per μg/L）。

对以上各因子给以特定分布，采用蒙特卡罗法推定致癌风险上限值。计算式中单位致癌风险的取值如表 4-10 所示。

表 4-10　用于收益分析的单位风险（Morales et al.，2000）引自（U. S. EPA，2000b）

	膀胱癌		肺癌	
	男性	女性	男性	女性
ED_{01}/(μg/L)	395	252	364	258
R_{unit}	2.53×10^{-5}	3.97×10^{-5}	2.75×10^{-5}	3.88×10^{-5}
LED_{01}/(μg/L)	326	211	294	213
95%上限 R_{unit}	3.07×10^{-5}	4.74×10^{-5}	3.40×10^{-5}	4.69×10^{-5}

注：ED_{01}:终生摄取时发生 1%的致癌风险的饮用水中砷浓度值；LED_{01}：ED_{01}的 95%下限值；$\text{R}_{\text{unit}} = 1/\text{ED}_{01}$。

2）社区供水系统（服务人数$>10^6$ 人）

砷浓度超过 3μg/L，服务人数超过一百万人口的社区供水系统只有 3 家：凤凰城、休斯敦与洛杉矶。式（4-18）所示风险算法仍然适用于服务人数超过一百万人口的社区供水系统致癌风险和风险回避件数的计算。只是风险不再采用 Monte Carlo 法进行模拟计算，而是采用三大供水系统的实际数据的平均值进行计算。

3）非社区长期供水系统（NTNC）

非社区长期供水系统与社区供水系统风险模型的区别在于要考虑不同种类设施利用人口的分布及服务设施中从业人员与顾客对砷的暴露程度（暴露期间及饮

用水消费量）的差异，在此不再详述。

实施不同饮用水中砷浓度限量标准（MCL）时，社区供水系统及非社区长期供水系统总服务人群的癌症致死减少件数及癌症致病减少件数如表 4-11 所示。

表 4-11 MCL 不同选项所对应的癌症削减总件数（CWS+NTNC，年间）（U. S. EPA，2000b）

砷浓度/(μg/L)	癌症致死减少件数	癌症致病减少件数	癌症减少总件数
3	32.6～74.1	24.6～64.2	57.2～138.3
5	29.1～53.7	22.0～46.5	51.1～100.2
10	21.3～29.8	16.1～25.9	37.4～55.7
20	10.0～11.5	8.5～8.8	19.0～19.8

收益可以由所避免的膀胱癌与肺癌的件数推算。总件数又可以根据生存信息，分为致死与非致死癌症削减件数。根据《经济分析指南》（U. S. EPA，2000a）建议的方法，避免未成年死亡的收益可以由《统计学生命的价值》（VSL）推算。非致死癌症削减件数的收益则以避免慢性支气管炎发生的支付意愿值（WTP）作为代用值。VSL 的推算值为＄6 100 000（1999 年 5 月价值）；避免慢性支气管炎发生所愿支付金额的调查值为＄607 162（1999 年 5 月价值）。

以上为降低饮用水中砷暴露浓度所带来的可以货币价值化的收益（膀胱癌与肺癌发病件数的减少）。另外还有很多由于相关数据不足等原因尚不能货币价值化的收益，主要包括减少砷暴露引起的一些其他健康危害，如皮肤癌、肾癌、鼻咽癌、肝癌、前列腺癌、心血管疾患、肺部疾患、免疫系统疾患、内分泌效应，以及用户了解到饮用水经过砷处理后的放心感。

3. 成本分析

砷规制的成本主要包括：①供水系统遵守新 MCL 标准的成本及增加的监测需求的成本；②州实施和执行砷规制的成本。

USEPA 从 1993 年开始总结了饮用水供水系统中砷去除技术，并起草了相关文件，征求外审专家组及利害相关者意见，并于 2000 年整理为《砷规制的成本和技术的文件》(*Cost and Technology Document for the Arsenic Rule*)，其中列举了 13 个可能利用的饮用水中砷去除技术。处理技术的成本包括水处理资本成本、水处理运行管理成本、废弃物处置资本成本和废弃物处置运行管理成本。各处理技术的成本是系统规模、设计流量（决定资本成本）、平均流量（决定运行管理成本）的函数。由供水系统的水源水砷浓度、系统规模、位置、水源、现有处理技术等，可以预测采用对应 MCL 新标准值，某系统采用某特定技术的概率。

（1）社区供水系统 CWS（巨大系统除外）：由蒙特卡罗法模拟模型 Monte

Carlo Simulation Model（Safe Water XL）实现；

（2）非社区长期供水系统 NTNC：由决定论（decision theory）的表计算分析实现；

（3）巨大系统：需要进行个案的案例分析（25 案例）。

全国砷规制的总成本（national cost）列于表 4-12。

表 4-12　全国供水系统和州的年总成本（单位：百万美元）（U. S. EPA，2000b）

贴现率	CWS		NTNC		合计	
	3%	7%	3%	7%	3%	7%
MCL=3μg/L						
系统成本						
处理	665.9	756.5	27.2	29.6	693.1	786.0
监测/行政	2.2	3.0	1.0	1.4	3.2	4.4
州成本	1.4	1.6	0.1	0.2	1.5	1.7
总成本	669.4	761.0	28.3	31.1	697.8	792.1
MCL=5μg/L						
系统成本						
处理	394.4	448.5	16.3	17.6	410.6	466.1
监测/行政	2.0	2.8	1.0	1.3	2.9	4.1
州成本	1.1	1.3	0.1	0.2	1.2	1.4
总成本	397.5	452.5	17.3	19.1	414.8	471.7
MCL=10μg/L						
系统成本						
处理	169.6	193.0	7.0	7.6	176.7	200.6
监测/行政	1.8	2.5	0.9	1.3	2.7	3.8
州成本	0.9	1.0	0.1	0.2	1.0	1.2
总成本	172.3	196.6	8.1	9.1	180.4	205.6
MCL=20μg/L						
系统成本						
处理	60.7	69.0	2.6	2.8	63.3	71.8
监测/行政	1.7	2.4	0.9	1.3	2.6	3.7
州成本	0.7	0.8	0.1	0.2	0.9	1.0
总成本	63.2	72.3	3.6	4.2	66.8	76.5

4. 成本和收益的比较

USEPA 分析了将饮用水中砷浓度控制在 20μg/L、10μg/L、5μg/L 及 3μg/L 4 种不同 MCL 标准下的成本和收益。这 4 种方案反映了饮用水中砷暴露防护程度的提高。随着 MCL 标准更趋严格，相关成本和收益的增长幅度加大。

全国公共供水系统的实现成本包括处理成本（年投资成本及运行维护成本）、

监测和管理成本及各州的成本，包括一次性启动成本和常规实施执行成本。年贴现率为 3%时，执行 4 种 MCL 标准的全国成本在 6680 万（MCL＝20μg/L）～69 780 万美元（MCL＝3μg/L）。年贴现率为 7%时执行 4 种 MCL 标准的全国成本在 7650 万美元（MCL＝20μg/L）～79 210 万美元（MCL＝3μg/L）。

4 种砷规制 MCL 方案所避免的膀胱癌和肺癌两种癌症发生件数对应的全国健康收益的最小值在 6620 万美元（MCL＝20μg/L）～21 380 万美元（MCL＝3μg/L）；最大值在 7530 万美元（MCL＝20μg/L）～49 090 万美元（MCL＝3μg/L）。

表 4-13 所示是贴现率分别为 3%和 7%水平下不同规制标准方案所对应的净收益（＝收益－成本）及收益/成本比。可以看出随着砷规制标准方案越趋严格，净收益越加变小，而且除了贴现率为 3%、MCL 为 10μg/L 和 20μg/L 之外，净收益均小于 0。相应的，收益/成本比随着砷规制标准越趋严格，比值变小，而且除了贴现率为 3%、MCL 为 10μg/L 和 20μg/L 之外，收益/费用比均小于 1。也就是说，大多数方案成本都超出了所获得的收益。净收益和收益/成本比均在 MCL 为 10μg/L、贴现率为 3%时得到最大化。图 4-7 直观地比较了贴现率为 7%时对应不同 MCL 值的全国收益及全国成本。

表 4-13　年度全国净收益和收益-成本比率总结（单位：百万美元）（U. S. EPA，2000b）

MCL/(μg/L)		3	5	10	20
3%贴现率					
下限	净收益	－484.0	－223.7	－40.8	－0.6
	比率	0.3	0.5	0.8	1.0
上限	净收益	－206.8	－59.2	17.3	8.5
	比率	0.7	0.9	1.1	1.1
7%贴现率					
下限	净收益	－578.3	－280.6	－66.0	－10.3
	比率	0.3	0.4	0.7	0.9
上限	净收益	－301.3	－116.1	－7.9	－1.2
	比率	0.6	0.8	1.0	1.0

5. 成本有效性分析

成本有效性分析是衡量规制方案，满足规制目标的经济效益的常用方法。图 4-8所示为 7%贴现率下各 MCL 规制标准对应的年成本和年癌症避免件数。所画折线描述了各点所代表的不同 MCL 规制方案之间边际成本和边际收益（以健

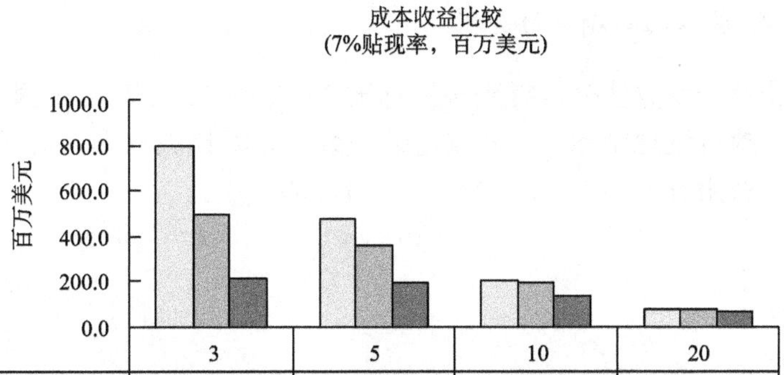

	3	5	10	20
□ 成本	792.10	471.70	205.60	76.50
▨ 效益(上限)	491.00	355.60	197.70	75.30
■ 效益(下限)	213.80	191.10	139.60	66.20

图 4-7　成本收益比较（U. S. EPA，2000b）

康危害的避免为指标）的变化趋势。沿着折线的各点可以表达实现下一个风险削减增量（也就是增加的癌症避免件数）所需增加的成本。曲线的斜率由缓变陡，说明随着 MCL 规制标准的提高，实现同样的风险削减增量所增加的成本越来越大。例如，规制标准 MCL 从 20μg/L 变到 10μg/L 的单位癌症削减件数的实现成本为 360 万美元，而从 10μg/L 变到 5μg/L 的单位癌症削减件数的实现成本为 600 万美元，增加了 240 万美元。

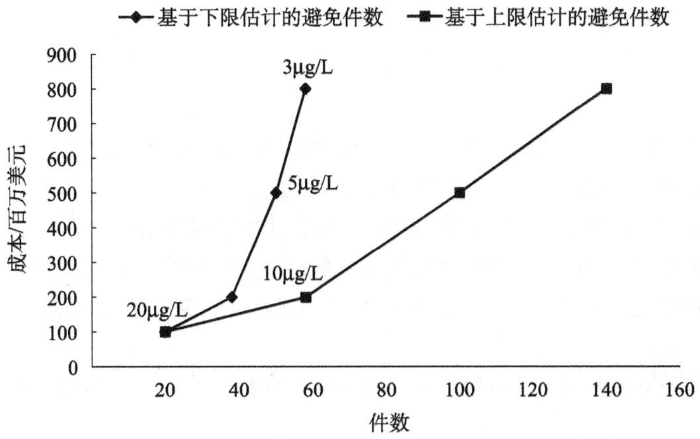

图 4-8　7%贴现率下各 MCL 规制标准对应的年成本和年癌症避免件数（U. S. EPA，2000b）

6. 收益-成本的非确定性分析

采用蒙特卡罗方法分析得到规制标准 MCL 为 10μg/L 的全国遵守成本累积分布，并与执行该规制标准所获收益的一致分布相比较（图 4-9）可知，收益按上限评价时费用有近 50％的可能性小于对应的收益。

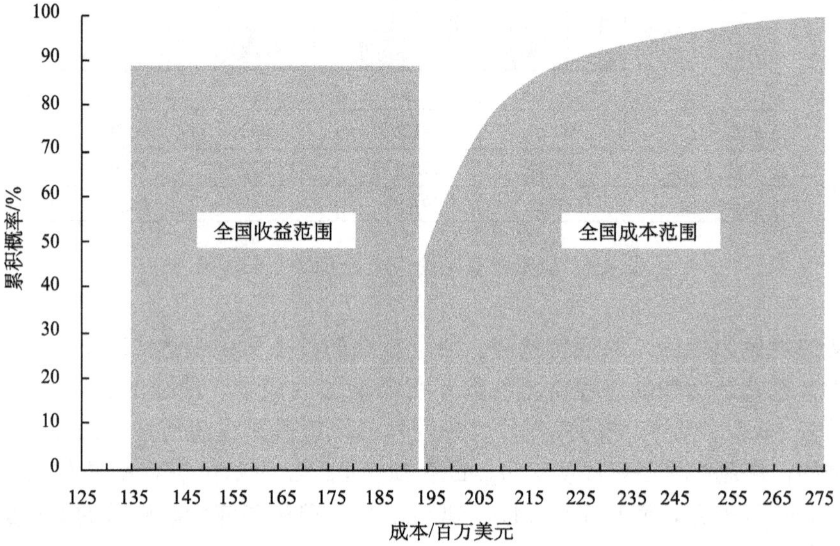

图 4-9　规制标准 MCL 为 10μg/L 时全国收益及成本分布（U. S. EPA，2000b）

思　考　题

（1）请阐述风险评价与风险管理的关系，风险评价一定要明确排放源吗？

（2）风险管理中常用的三种经济学手段是什么？成本效果分析与成本收益分析的区别？

（3）环境成本的分析方法？各有什么特点？在实践中如何应用？

（4）在风险管理中应用成本效果分析的难点是什么？效果可以用什么样的指标来衡量？

（5）环境收益的分类有哪些？对应不同类别的环境收益，其适用的收益分析方法是什么？

（6）什么是环境资源的存在价值？可以对包含存在价值在内的收益进行估值的收益评估方法有哪些？

（7）什么是收益转移法？在应用收益转移法时的注意事项是什么？

（8）基于风险收益分析结果进行风险削减方案比选，确定最佳方案所依据的检验指标是什么？可以采用收益-成本比吗？

参考文献

陈喜红. 2005. 环境经济学. 北京：化学工业出版社.

刘学敏，金建君，李咏涛. 2008. 资源经济学. 北京：高等教育出版社.

麻彦春，魏益华，齐艺莹. 2007. 人口、资源与环境经济学. 长春：吉林大学出版社.

山本秀一，岡敏弘. 1994. 飲料水リスク削減に対する支払意思調査に基づいた統計的生命の価値の推定. 環境科学会誌，7 (4)：289-301.

中西準子，蒲生昌志，岸本充生等. 2003. 環境リスクマネジメントハンドブック. 东京：朝倉書店.

Abrahams N A, Hubbell B J, Jordan J L. 2000. Joint production and averting expenditure measures of willingness to pay: do water expenditures really measure avoidance costs? American Journal of Agricultural Economics, 82 (2): 427-437.

Annual report of national urban environmental management and integrated management in 2004.

Aunan K, Pan X C. 2004. Exposure-response functions for health effects of ambient air pollution applicable for China—a meta-analysis. Science of the Total Environment, 329: 3-16.

Bresnahan B W, Dickie M, Gerking S. 1997. Averting behavior and urban air pollution. Land Economics, 73 (3): 340-357.

Butler R J. 1983. Wage and injury rate responses to shifting levels of workers' compensation. In: Worrall J D. Safety and the Work Force. Cornell University, Ithaca, NY: ILR Press.

Callan S J, Thomas J M. 2006. 环境经济学与环境管理：理论、政策和应用. 第 3 版. 李建民，姚从容译. 北京：清华大学出版社.

Callan S J, Thomas J M. 2007. Environmental Economics & Management: Theory, Policy and Application. 4th ed. USA: Thomson Learning.

Carson R T, Mitchell R C. 1988. The value of clean water: the public's willingness to pay for boatable, fishable, and swimmable quality water. Discussion Paper 88-13. La Jolla, CA: University of California at San Diego.

Chen C, Chen D, Green C, et al. 2002. Benefits of expanded use of natural gas for pollutant reduction and health improvement in Shanghai. The Sinosphere Journal, 5 (2): 58-64.

China Ministry of Health (CMH). 1998. Report of the Second National Health Service Survey. Beijing (in Chinese): People's Medical Publishing House.

China Ministry of Health (CMH). 2005. China Statistical Yearbook of Public Health. Beijing (in Chinese): Peking Union Medical College.

Chongqing Municipal Bureau of Statistics (CMBS), 1999, 2005. Chongqing Statistical Yearbook. Beijing (in Chinese): China Statistics Press.

Cousineau J, Lacroix R, Girard A. 1988. Occupational hazard and wage compensating differentials. Working Paper. University of Montreal.

Desvousges W H, Johnson F R, Banzhaf H S. 1998. Environmental Policy Analysis with Limited Information: Principles and Applications of the Transfer Method. Northampton, MA: Edward Elgar.

Dillingham A. 1985. The Influence of risk variable definition on value of life estimates. Economic Inquiry, 24: 277-294.

Dockery D W, Pope III C A, Xu X, et al. 1993. An association between air pollution and mortality in six US cities. The New England Journal of Medicine, 329: 1753-1759.

Drummond M F，O'Brien B，Stoddart G L，et al. 1997. Methods for the Economic Evaluation of Health Care Programmes. 2nd ed. Oxford University Press.

Fryback D G，Dasbach E J，Klein R，et al. 1993. The Beaver Dam health outcome study：initial catalog of health-state quality factors. Medical Decision Making，13：89-102.

Garen J. 1988. Compensating wage differentials and the endogeneity of job riskiness. The Review of Economics and Statistics，70 (1)：9-16.

Gegax D，Gerking S，Schulze W，et al. 1985. Valuing Safety：Two Approaches，in Experimental Methods for Assessing Environmental Benefits，Volume IV. Report prepared for the U. S. EPA，Office of Policy Planning and Evaluation U. S. EPA. Washington，D C.

Gerking S，de Haan M，Schulze W. 1988. The marginal value of job safety：a contingent valuation study. Journal of Risk and Uncertainty，1 (2)：185-200.

Gold M R，Franks P，McCoy K I，et al. 1998. Toward consistency in cost-utility analyses using national measures to create condition-specific values. Medical Care，36：778-792.

Graham J D，Vaupel J W. 1983. The value of a life：what difference does it make//Zeckhauser R，Leebaert D. What Role for Government? Lessons from Policy Research. Duke：Duke University Press：176-186.

Herzog H W，Schlottmann A M. 1987. Valuing risk in the workplace：market price，willingness to pay，and the optimal provision of safety. University of Tennessee Working Paper.

Jing L，Qin Y，Xu Z. 2000. Relationship between air pollution and acute and chronic respiratory disease in Benxi. Journal of Environmental Health，17 (5)：268-270 (in Chinese).

Johansson P-O. 1995. Evaluating Health Risks：An Economic Approach. Cambridge，Great Britain：Cambridge University Press.

Jones-Lee M W. 1989. The Economics of Safety and Physical Risk. Oxford，Great Britain：Basil Blackwell.

Kan H，Chen B. 2004. Particulate air pollution in urban areas of Shanghai，China：health-based economic assessment. Science of the Total Environment，322：71-79.

Kiel K A，Zabel J. 2001. Estimating the economic benefits of cleaning up Superfund sites：the case of Woburn，Massachusetts. Journal of Real Estate Finance and Economics，22 (2，3)：163-184.

Kiel K A. 1995. Measuring the impact of the discovery and cleaning of identified hazardous waste sites on house values. Land Economics，71 (4)：428-435.

Kniesner T J，Leeth J D. 1991. Compensating wage differentials for fatal injury risk in Australia，Japan，and the United States. Journal of Risk and Uncertainty，4 (1)：75-90.

Kohlhase J E. 1991. The impact of toxic waste sites on housing value. Journal of Urban Economics，30：1-26.

Künzli N，Kaiser R，Medina S，et al. 2000. Public health impact of outdoor and traffic-related air pollution：a European assessment. Lancet，356：795-801.

Leigh J P，Folsom R N. 1984. Estimates of the value of accident avoidance at the job depend on concavity of the equalizing differences curve. The Quarterly Review of Economics and Business，24 (10)：56-66.

Leigh J P. 1987. Gender，firm size，industry and estimates of the value-of-life. Journal of Health Economics，6：255-273.

Marin A, Psacharopoulos G. 1982. The reward for risk in the labor market: evidence from the United Kingdom and a reconcilation with other studies. Journal of Political Economy, 90 (4): 827-853.

Miller T R, Guria J. 1991. The value of statistical life in New Zealand. Report to the New Zealand Ministry of Transport. New Zealand: Land Transport Division.

Moore M J, Viscusi W K. 1988. The quantity-adjusted value of life. Economic Inquiry, 26 (3): 369-388.

Morales K H, Ryan L, Kuo T-L, et al. 2000. Risk of internal cancers from arsenic in drinking water. Environmental Health Perspectives, 108 (7): 655-661.

Mullen J K, Menz F C. 1985. The effect of acidification damages on the economic value of the Adirondack fishery to New York anglers. American Journal of Agricultural Economics, 67 (1): 112-119.

Olson C A. 1981. An analysis of wage differentials received by workers on dangerous jobs. Journal of Human Resources, 16: 167-185.

Pope III C A, Thun M J, Namboodiri M M, et al. 1995. Particulate air pollution as a predictor of mortality in a prospective study of US adults. American Journal of Respiratory and Critical Care Medicine, 151: 669-674.

Schulze W D, Brookshire D S. 1983. The economic benefits of preserving visibility in the natural parklands of the Southwest. Natural Resources Journal, 23 (1): 763-772.

Smith R S. 1974. The feasibility of an 'Injury Tax' approach to occupational safety. Law and Contemporary Problems, 38 (4): 730-744.

Smith R S. 1976. The Occupational Safety and Health Act: Its Goals and Achievements. Washington, D. C: American Enterprise Institute.

Smith V K, Desvousges W H, McGivney M P. 1983. Estimating water quality benefits: an econometric analysis. Southern Economic Journal, 50 (2): 422-437.

Smith V K, Desvousges W H. 1985. The generalized travel cost model and water quality benefits: a reconsideration. Southern Economic Journal, 52: 371-381.

Smith V K, Desvousges W H. 1986. Measuring Water Quality Benefits. Norwell, MA: Kluwer-Nijhoff.

Smith V K, Gilbert C. 1984. The implicit risks to life: a comparative analysis. Economics Letters, 16: 393-399.

Smith V K. 1983. The role of site and job characteristics in Hedonic Wage Models. Journal of Urban Economics, 13: 296-321.

State Environmental Protection Administration of China (SEPAC). 2005.

Tengs T O, Adams M E, Pliskin J S, et al, 1995. Five-hundred life-saving interventions and their cost-effectiveness. Risk Analysis, 15: 369-390.

Tengs T O, Graham J D. 1996. The opportunity costs of haphazard social investiments in life-saving. In: Hahn R W. Risk, Costs and Lives Saved. Oxford: Oxford University Press, the AEI Press: 167-182.

Tengs T O, Wallance A. 2000. One thousand health-related quality-of-life estimates. Medical Care, 38: 583-637.

Tolley G S, Kenkel D, Fabian R. 1994. Valuing Health for Policy: An Economic Approach. Chicago, IL: University of Chicago Press.

U. S. Environmental Protection Agency. 1997. The Benefits and Costs of the Clean Air Act: 1970-1990, prepared by the Office of Air and Radiation and the Office of Policy, Planning and Evaluation. EPA/410/R-97/002.

U. S. EPA. 2000a. Guidelines for Preparing Economic Analyses, EPA 240-R-00-003. Office of the Administor, U. S. Environmental Protection Agency, Washington, DC.

U. S. EPA. 2000b. Arsenic in Drinking Water Rule Economic Analysis, EPA 815-R-00-026. Office of Ground Water and Drinking Water, U. S. Environmental Protection Agency, Washington, DC.

Vaughan W J, Russell C S. 1982. Valuing a fishing day: an application of systematic varying parameter model. Land economics, 58 (4): 450-463.

Viscusi W K. 1978. Labor market valuations of life and limb: empirical estimates and policy implications. Public Policy, 26 (3): 359-386.

Viscusi W K. 1979. Employment Hazards: An Investigation of Market Performance. Cambridge, MA.: Harvard University Press.

Viscusi W K. 1981. Occupational safety and health regulations: it's impact and policy alternatives//Crecine J. Research in Public Policy Analysis and Management, vol. 2. Greenwich, Conn.: JAI Press.

Viscusi W K, Magat W A, Huber J. 1991. Issues in Valuing Health Risks: Applications of Contingent Valuation and Conjoint Measurement to Nerve Diseases and Lymphoma. Draft report to U. S. EPA. Office of Policy Planning and Evaluation.

Viscusi W K. 1992. Fatal Tradeoffs: Public and Private Responsibilities for Risk. New York, NY: Oxford University Press.

Wan Y, Yang H W, Masui T. 2005. Air pollution-induced health impacts on the national economy of China: demonstration of a computable general equilibrium approach. Reviews on Environmental Health, 20 (2): 119-140.

Wang H, Mullahy J, Chen D, et al. 2001. Willingness to pay for reducing the risk of death by improving air quality: a contingent valuation study in Chongqing, China//Ho M S, Nielsen C P. Presented at the Third International Health Economic Association Conference in York, UK. Hong Kong: The MIT Press.

Wang J, Wang Q, Bi Z. 1994. A survey on acute respiratory disease. Chinese Journal of Epidemiology, 15 (3): 141-144 (in Chinese).

World Health Organization (WHO). 2000. Quantification of the health effects of exposure to air pollution. Report of a WHO Working Group. Bilthoven, Netherlands: 20-22.

Zhang M S, Song Y, Cai X H, et al. 2008. Economic assessment of the health effects related to particulate matter pollution in 111 Chinese cities by using economic burden of disease analysis. Journal of Environmental Management, 88 (4): 947-954.

第 5 章　化学物质风险评价中的基础数学

在上述章节中，我们详细介绍了人体健康风险评价和生态风险评价等内容。在上述风险计算中，经常涉及分布检验、统计推断、不确定性分析等计算方法。本章着重阐述这些数学知识，主要包括：①风险计算中常用的分布类型以及这些分布类型的分布检验方法，重点介绍了正态分布检验方法；②数据的统计推断方法以及各种方法的适用范围；③介绍风险计算中所常用到的回归分析；④风险评价中的不确定性分析，包括 Monte Carlo 方法和 Bayesian（贝叶斯）方法。本章的知识结构如图 5-1 所示。

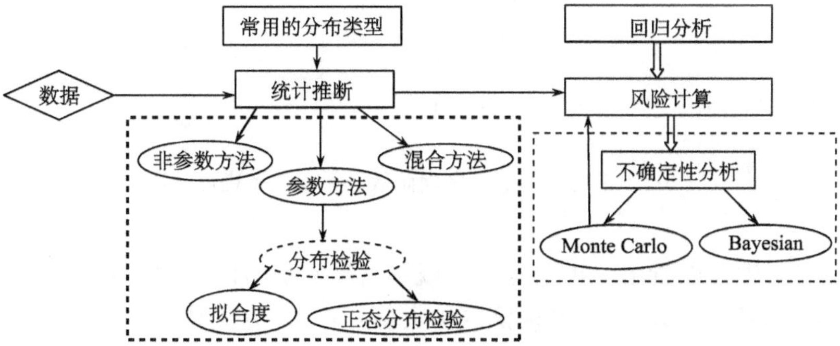

图 5-1　本章内容和各内容之间的相关性图

5.1　风险评价中常用的分布类型介绍

在本节中，我们着重介绍正态分布、对数正态分布、均一分布、指数分布、泊松分布这五种分布类型。了解常用的分类类型及其图形结构，对于环境数据的检验分析以及统计推断大有裨益。

5.1.1　正态分布

设 X 为概率空间上的连续型随机变量，若 X 的概率密度函数（probability density function，PDF）为

$$f(x) = \frac{1}{\sigma\sqrt{2\pi}} e^{-\frac{(x-\mu)^2}{2\sigma^2}} \tag{5-1}$$

式中，μ、σ 的取值范围分别为（$-\infty$，$+\infty$）、（0，$+\infty$）；μ、σ 分别为参数 X

的算术均值和算术标准差；x 为随机值，取值范围为（$-\infty$，$+\infty$）。则称 X 服从参数为 μ、σ^2 的正态分布（normal distribution），记为 $X \sim N(\mu, \sigma^2)$。正态分布也被称作高斯分布（Gaussian distribution）。正态分布的概率密度图形和累积概率密度函数（cumulative density function）如图 5-2 所示（其中 $\mu=0$，$\sigma=1$）。

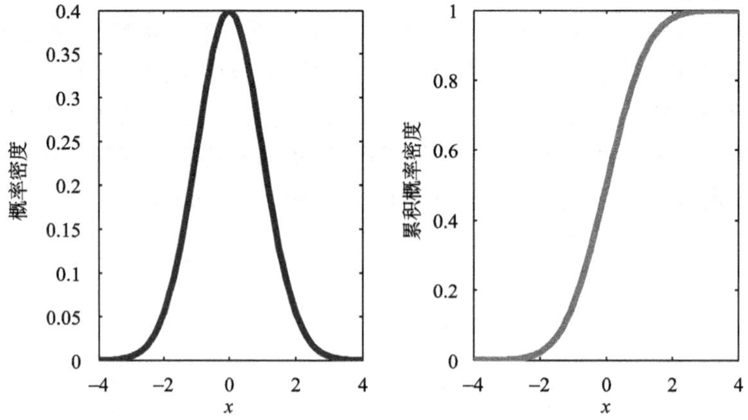

图 5-2　正态分布概率密度函数及累积概率密度函数

从图 5-2 中可以看出，正态分布的概率密度函数图形呈“中间大，两头小”，图形对称于直线 $x=\mu$，并且其极值（极大值）在 $x=\mu$ 处取得。而其累积概率密度函数呈类似 S 形曲线。

5.1.2　对数正态分布

设 X 为概率空间上的连续随机变量，若 X 的概率密度函数为

$$f(x)=\begin{cases}\dfrac{1}{x\sigma\sqrt{2\pi}}\mathrm{e}^{-\frac{[\ln(x)-\mu]^2}{2\sigma^2}} & x>0\\ 0 & x\leqslant 0\end{cases} \tag{5-2}$$

式中，μ、σ、x 其取值范围分别为（$-\infty$，$+\infty$）、（0，$+\infty$）和（0，$+\infty$）；μ、σ 分别为 $\ln(X)$ 的算术均值和算术标准差，则称 X 服从参数为 μ、σ^2 的对数正态分布（log-normal distribution），且 $\exp(\mu)$ 及 $\exp(\sigma)$ 分别为原分布的几何均值、几何标准差。对数正态分布的概率密度图形和累积概率密度函数如图 5-3 [$\mu=0$，$\sigma=\ln(2)$] 所示。

从图 5-3 中可以看出，对数正态分布的概率密度函数图形呈很明显的右拖尾，值得注意的是其最大概率密度点并非 $x=\mathrm{e}^{\mu}$，而在 $x=\mathrm{e}^{\mu-\sigma^2}$ 处。

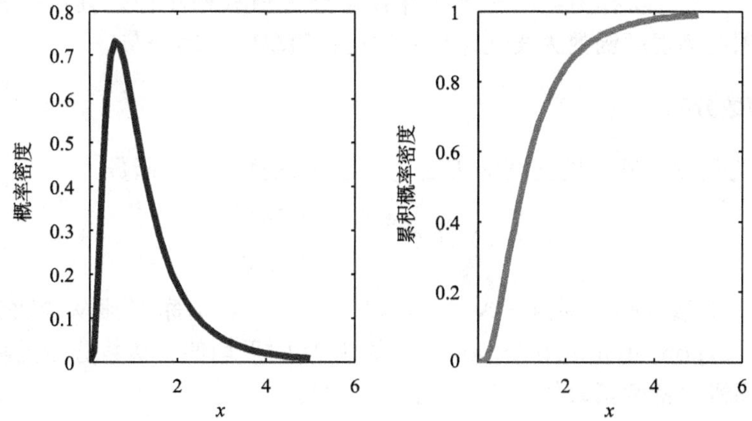

图 5-3　对数正态分布概率密度函数及累积概率密度函数

5.1.3　均一分布

设 X 为概率空间上的连续随机变量，若 X 的概率密度函数为

$$f(x)=\begin{cases}0, & x<a\\ \dfrac{1}{b-a}, & a\leqslant x\leqslant b\\ 0, & x>b\end{cases}\tag{5-3}$$

式中，x 取值范围为（$-\infty$，$+\infty$）；b 和 a 分别为 X 的最大值和最小值，则称 X 服从均一分布（uniform distribution），记为 $X\sim U$［a，b］。均一分布的概率密度图形和累积概率密度函数如图 5-4 所示（$a=0$，$b=10$）。

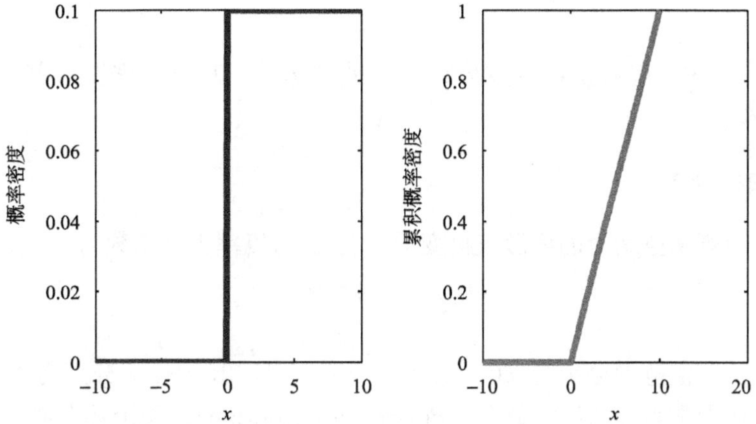

图 5-4　均一分布概率密度函数及累积概率密度函数

从图 5-4 中可以看出，均一分布存在着最大值和最小值。其概率密度为常数，而累积概率密度函数为线性，是一种比较简单的常用分布。

5.1.4　指数分布

设 X 为概率空间上的连续随机变量，若 X 的概率密度函数为

$$f(x)=\begin{cases}\lambda e^{-\lambda x}, & x\geqslant 0\\ 0, & x<0\end{cases} \tag{5-4}$$

式中，λ、x 取值范围分别为（0，$+\infty$），（0，$+\infty$），则称 X 服从参数为 $1/\lambda$ 的指数分布（exponential distribution）。$1/\lambda$ 为 X 的平均值。指数分布的概率密度图形和累积概率密度函数如图 5-5 所示（$\lambda=1$）。

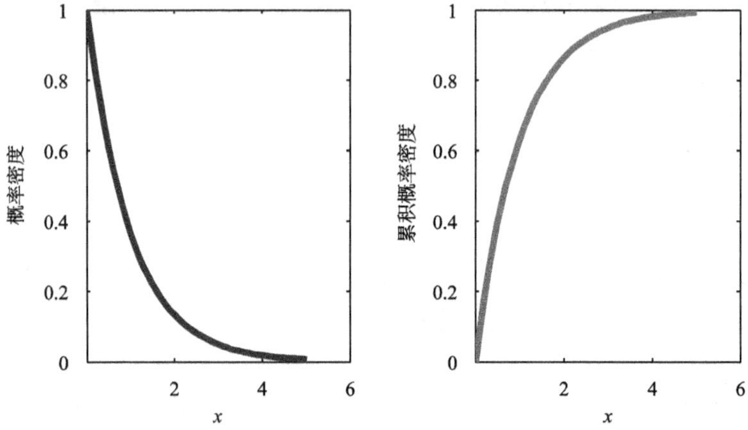

图 5-5　指数分布概率密度函数及累积概率密度函数

从图 5-5 中可以看出，指数分布是一种减函数，其概率密度随着 X 的增加而迅速减少。

5.1.5　泊松分布

设 X 为概率空间上的离散随机变量，若 X 的概率密度函数为

$$f(x)=\frac{\lambda^{x} e^{-\lambda}}{x!} \tag{5-5}$$

式中，λ、x 取值范围分别为（0，$+\infty$），$x=0$，1，2，…，λ 分别为 X 平均值，则称 X 服从参数为 λ 的泊松分布（Poisson distribution）。与上述分布不同的是，泊松分布是一种离散型分布，X 的取值只能为非负整数。

除了上述常用分布，贝塔（beta）分布、伽玛（gamma）分布、卡方分布、

三角分布也经常应用于风险评价。限于篇幅，这里不再一一介绍。如有兴趣，可以查阅相关文献（陈佳明等，2002）。

5.1.6　多维高斯分布

以上介绍的分布均为单一变量的分布状况。在风险评价中，有一个常用的多维正态分布，在这里有必要阐述一下。

设 $X=(x_1, x_2, \cdots, x_i, \cdots, x_n)$ 为概率空间上的随机变量，式中，x_i 为 $1\times d$ 列向量，若 X 的概率密度函数为

$$f(x,\mu,\sum)=\frac{1}{(2\pi)^{d/2}\left|\sum\right|^{1/2}}\exp\left\{-\frac{1}{2}(x-\mu)\sum{}^{-1}(x-\mu)\right\} \tag{5-6}$$

式中，μ 和Σ分别为此多维高斯分布的平均值与标准差，μ 为 $1\times d$ 列向量，Σ 为 $d\times d$ 对称矩阵；而 σ_{ij} 为其第 i 行第 j 列元素：

$$\sigma_{ij}=E[(x_i-\mu_i)(x_j-\mu_j)] \tag{5-7}$$

二维高斯分布可以如图 5-6 所示（$\mu=$ [0；0]，$\Sigma=$ [10.70；010.7]）。

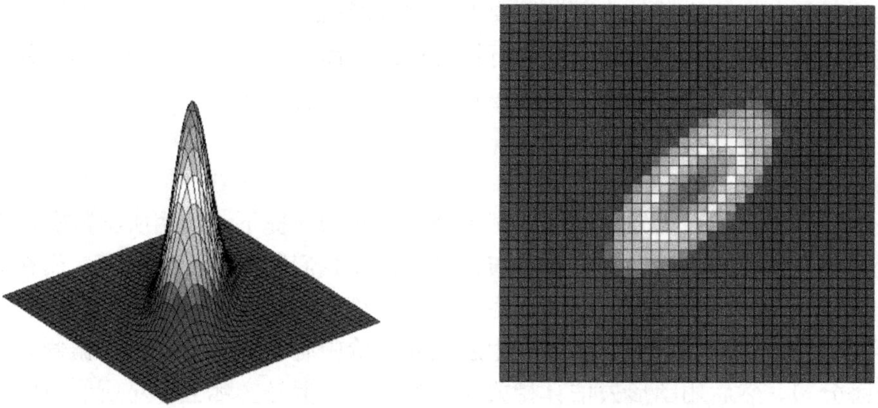

图 5-6　二维高斯分布概率密度函数及俯视图

对于二维正态分布，其图形如一个钟形。钟形的中心点由均值决定，其形状由Σ决定。若Σ的非对角元素为 0，而其对角元素相等，则此钟形的俯视图为圆；若非对角元素为 0，则其呈椭圆状。在 Bayesian 采样中（见 5.4 节），常需要用到多维高斯分布作为状态转移函数。

5.1.7　常用分布实现形式

在风险评价中，我们要经常求解常用分布的累积概率、概率密度、逆累积分布以及随机数生成。Matlab 软件可以很方便的用于上述计算。

Matlab 的全称为矩阵实验室（matrix laboratory），是由 MathWorks 公司出品的数学软件，用于算法开发、数据可视化、数据分析以及数值计算等高级技术计算语言和交互式环境。操作界面友好，易于学习。其统计库函数多达 23 种，为每种分布提供了常用的 4 种函数，即概率密度函数（pdf）、累积概率密度函数（cdf）、逆累积概率函数（inv）以及随机数发生器（rnd）（注：具体的随机数生成方法请查阅本章不确定性分析小节以及附录的随机数命令）。在 Matlab 中，常用分布的各种函数的命令由两部分组成，前部分为表征函数的字符串，后部分为表征函数类型的字符串。例如，对数正态分布的逆累积概率函数的 Matlab 由以下两部分构成，表征对数正态分布的字符串为 lg$n$，而表征逆累积概率函数的字符串为 inv，因而此命令为 logninv。附录Ⅳ中含常用分布的概率密度函数、累积概率密度函数及其在 Matlab 中的字符串。

5.2 统计推断

在 5.1 节中，我们介绍了常用的分布类型。在风险评价中，很多工作是由一套数据来推断我们所关心的有效统计量。例如，在第 3 章中，假设我们获得了一套某物质对各生物物种的 NOAEL 数据，我们需要推断 HC_5、HC_{10} 之类。获得此类统计量，需要对获得的数据进行统计推断，而方法主要有三种，第一种为参数方法，第二种为非参数方法，第三种为两者的混合方法。

5.2.1 参数方法

参数方法，即在已知数据服从某种特定分布的前提下，利用所给数据，对数据进行参数估计；随后利用参数分布，进而推断我们所需要的统计值。而在数学中，可用矩阵法、最大似然估计、最小二乘法等去估计所给数据的平均值、标准差等常见的参量。在第 3 章的种群生态风险评价中有个例子，即将数据假设为服从正态分布，然后用图形去估算相关参量的方法，但是实际上，对所假设的分布需要进行假设检验才能被接受。因此这里我们结合第 3 章的 SSD 方法，首先扼要的介绍一下常见的正态性检验和在未知分布的情况下，如何获取最佳分布。

1. 正态分布检验

化学物质的毒性往往存在个体敏感性差异，具体表现在人群的无影响作用浓度呈一定的函数分布（如第 2 章中的汞的健康毒性）。同样，人群的化学物质暴露也往往呈一定的函数分布。例如，我们经常用对数正态分布去描述人群暴露化学物质的个差。我们以表 5-1 为例，表 5-1 为某地区儿童血铅监测数据，我们绘制了血铅浓度的实测值频数图［图 5-7（a）］。其中，柱状图为血铅浓度的实测值的频数，曲线为对数正态分布的曲线，两者比较接近。我们还需要一个验证表中数据是否符合对数正态分布的过程。然而，在数学中，对数正态分布检验比较复杂。而将数据取对数［图 5-7（b)］，重新作频数图，则从右边拖尾的不对称图变成了左右对称的正态分布图，也即将横坐标血铅浓度取对数后，血铅浓度呈现正态分布。经过这样一个简单的处理，我们将检验对数正态分布的过程，简化为正态分布的检验。

表 5-1　某地区儿童血铅浓度（单位：μg/dL）

3.03	8.17	4.18	4.17	3.67
4.71	2.01	2.46	5.47	2.69
4.90	5.64	9.03	3.00	5.37

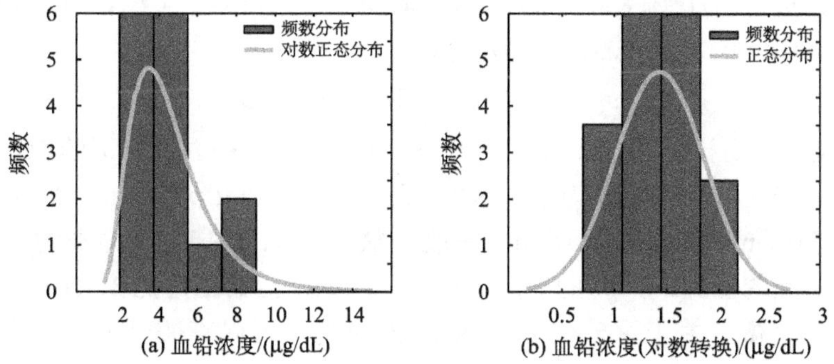

图 5-7　儿童血铅频数图及其拟合曲线

我们设 M 和 G 为表 5-1 血铅数据的几何均值以及几何标准差，μ 和 σ 为表 5-1 血铅数据取对数后的算术平均值和算术标准差。对于正态分布和对数正态分布，其累积概率有如表 5-2 的对应关系：99.87%的暴露量或者无影响作用浓度在 $\mu+3\sigma$ 之内，或者在 MG^3 之内。

表 5-2　正态分布和对数正态分布下的累积概率

正态分布	对数正态分布	累积概率
$\mu-3\sigma$	M/G^3	0.001 349 9
$\mu-2\sigma$	M/G^3	0.022 75
$\mu-\sigma$	M/G^3	0.158 7
μ	M	0.5
$\mu+\sigma$	MG	0.841 3
$\mu+2\sigma$	MG^2	0.977 3
$\mu+3\sigma$	MG^3	0.998 7

由表 5-2 可知，其实为了得到累积概率，需要获得血铅浓度取对数后的算术平均值 μ 和标准偏差 σ。以上述血铅数据为例，我们将其转换进行对数转换之后，可以根据式（5-8）计算 μ 和 σ（费鹤良，1982）

$$\mu = \overline{X}, \sigma^2 = \frac{1}{n}\sum_{i=1}^{n}(X_i - \overline{X})^2 \tag{5-8}$$

式中，X 为血铅数据，根据表 5-1 数据获得 μ 和 σ 分别是 1.43 和 0.43。我们在对这 15 个数据进行估计均值和标准差估计之后，我们必须检验此 15 个数据是否符合（1.43，0.43）的正态分布。可用下面三种图示法对数据进行正态性检验（王斌会和徐勇勇，1996）：

第一个方法是 Q-Q（quantile-quantile plot）图方法。该方法是通过检验数据点 X_i 和相应的累积概率的分位点 q_i 是否在同一直线上的方法（表 5-3）。首先我们将数据进行由小到大排序，随后计算其对应的标绘点或者百分位数等级（plotting position）p_i。按式（5-9）计算：

$$p_i = (i - a)/(15 + 1 - 2 \times a) \tag{5-9}$$

式中，i 为从 1 到样本数 N，此例中，$i=1$，2，3，…，15。a 的取值区间是[0，0.5]，当 a 取 0 时，即为第 3 章的 Weibull plotting position，而当 a 取 0.5 时，即为 Hazen plotting position。一般 a 默认为 0，“15”为样本的数据个数。在所有数据点的检验中，p_i 的确定都是核心问题。当数据量比较大时，a 的取值并对 p 影响甚微。关于百分位数等级 p_i 的讨论，可以查阅 Thode 教授的讨论（Thode，2002）。

相对应的，累积概率的分位点 q_i 计算公式如下：

$$q_i = N^{-1}(p_i) \tag{5-10}$$

式中，N 为标准（0，1）正态分布。

此后，作 q_i 和 X_i 的线性回归。如果 q 与 X 的数据点基本在一条直线上，即可以认为其服从正态分布。

第二个方法 P-P 图（probability-probability plot）和第三种方法 S-P 图（stabilized probability plot）的做法类似，均为检验数据散点是否在一条直线上。

P-P 图方法是通过检验百分位数等级 p_i [式（5-9）] 和对应的数据点在正态分布中的累积概率 t_i [式（5-11）] 是否在同一直线上，从而验证数据正态性的方法。

$$t_i = N(X_i - \mu/\sigma) \tag{5-11}$$

第三个方法为 S-P 图检验，S-P 图方法是通过检验 r_i [式（5-12）] 和 s_i [式（5-13）] 是否在同一直线上的方法。

$$r_i = 2/\pi \times \arcsin(\sqrt{t_i}) \tag{5-12}$$

$$s_i = 2/\pi \times \arcsin(\sqrt{p_i}) \tag{5-13}$$

综上所述，这三种方法的检验关系可归纳为表 5-3。

表 5-3　正态检验三种图示法横纵坐标归纳

图形形式	横坐标	纵坐标
Q-Q	q_i	X_i
P-P	p_i	t_i
S-P	r_i	s_i

在上述方法中，我们是检验相对应数据点是否在一条直线上。然而，由于对点是否偏离直线的观点存在主观差异性，我们无法判断这种偏离是否可接受。因此给直线的这种偏离关系加入接受区间就非常有必要。我们在本章中提供的方法为 Michael 拟合方法，Michael 拟合优度统计量 D_{sp}［式（5-14）］是一种类似于 Kolomgrov-Smirnov 检验的正态分布检验方法。

$$D_{sp} = \max|r_i - s_i| \tag{5-14}$$

在给上述直线加入区间的工作中，引入参数 d。d 为 D_{sp} 在显著性水平 α 上的临界值。即当 $D>d$ 时，我们认为数据不服从正态分布，反之则认为服从正态分布。这一点可以与式（5-9）的讨论相呼应，在式（5-9）中，我们强调了 a 取值的重要性，在这里可以得到佐证——a 的取值会影响 S_i 的取值。

d 值常用 Monte Carlo 模拟计算得到，附录Ⅳ中分别列举了一些常用的临界值（王斌会和徐勇勇，1996；Michael，1983），供参考。

这样，在 Q-Q 图、P-P 图和 S-P 图中，区间的上下限可以用式（5-15）～式（5-17）分别计算获得（王斌会和徐勇勇，1996）。

$$X = \mu + \sigma N^{-1}\{\sin^2 \arcsin[N^{1/2}(q)] \pm \pi/2d\} \tag{5-15}$$

$$p = \sin^2[\arcsin(t^{1/2}) \pm \pi/2d] \tag{5-16}$$

$$s = r \pm d \tag{5-17}$$

对图形加入上下区间线之后，我们利用此三种图对数据进行假设检验：原假设为数据服从正态分布，而备注假设是数据不服从正态分布。设定显著性水平 α，如选取显著性水平为 $\alpha=0.1$，因样本量 n 为 15，查表得到 d 为 0.1184；我们得到的区间检验图如图 5-8～图 5-10 所示。

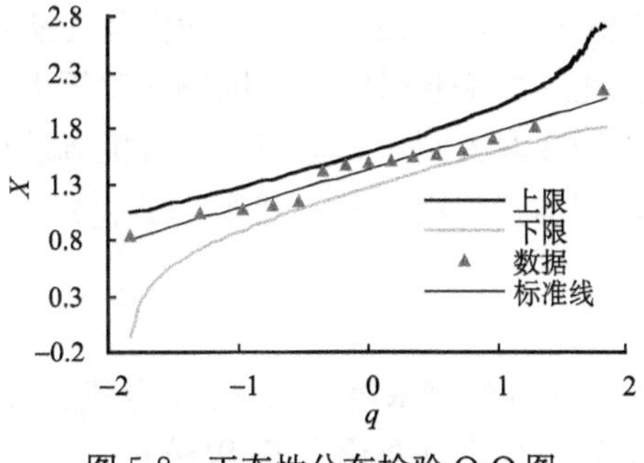

图 5-8　正态性分布检验 Q-Q 图

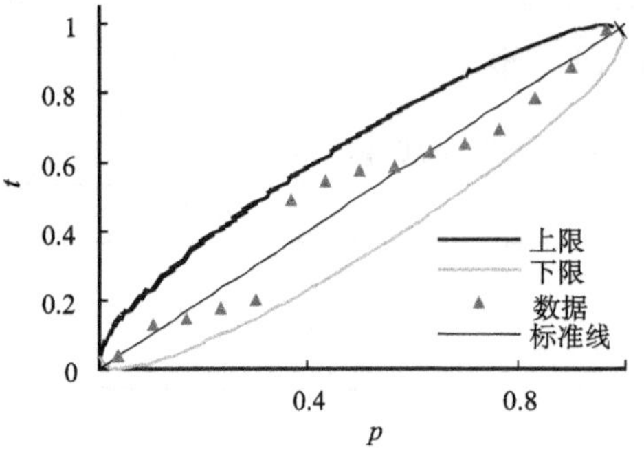

图 5-9　正态性分布检验 P-P 图

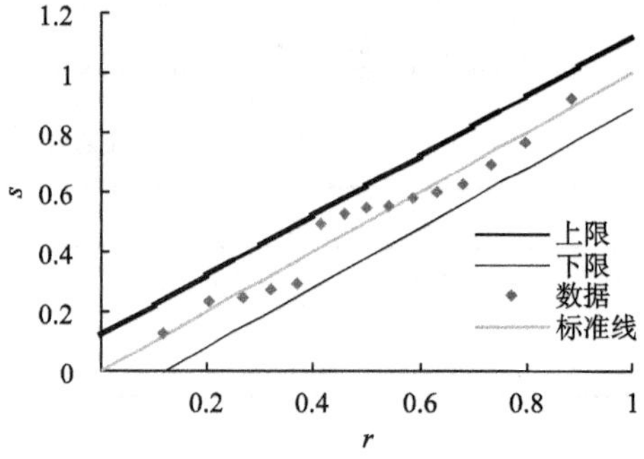

图 5-10　正态性分布检验 S-P 图

如图 5-10 所示，所有的数据点是都落在浅线间，所以我们没有充分的理由去拒绝原假设，也即此数据服从正态分布。如果有某些数据落在区间之外，我们就需要推翻原假设。换言之，由于设定了显著性水平为 0.1，如果有一个点或者几个点在浅线之外，我们就“有 90%的把握拒绝原假设，即有 90%的可能性不服从原假设服从正态分布”。

在这一节中，我们利用图示法对数据进行正态性检验。就三种图示法而言，Q-Q 图和 P-P 图虽然较为常用，但是 S-P 图效率最高。这是因为 S-P 图中对统计量进行方差稳定化转换（反正弦转化），并且由于其图形坐标分布在［0，1］，坐标不依赖于原数据，因此其扩展性较好。更为重要的是，S-P 图加的区间为直线，容易制图。

2. 拟合度检验

在上述讨论中，我们假设了图示的数据符合对数正态分布，进而对数据进行对数转换，并利用图示法对其正态性进行检验。之所以作出对数正态分布的假设，是因为在多年对人群血铅数据的监测中，对数正态分布被认为最能描述人群血铅分布。所以上述案例中，我们只需要判断其数据是否能接受假设。然而，在自然环境中，有很多数据，我们是无法获知其先验分布。例如，在内分泌干扰物质的之一的壬基酚的物种敏感性解析中，假定不同物种的毒理数据呈对数正态分布，而在澳大利亚和新西兰对有机氯杀虫剂的环境风险评价和环境质量标准制定中，则推荐使用了 BurrⅢ型函数［式（5-18）］。

$$F(x)=\frac{1}{[(1+(b/x)^{c}]^{k}} \tag{5-18}$$

式中，x 为环境浓度；b、c、k 分别为函数的三个参数。而当 k 趋于无限大时，BurrⅢ分布可以变化为 ReWeibull 分布：

$$F(x)=\exp(-\frac{a}{x^b}) \tag{5-19}$$

通常在获得了一些数据之后，在未能获知其分布时，往往要寻找其最有可能的分布。这个在统计学上被称作最优拟合度（the goodness of fit）。拟合度检验方法有 K-S 检验、Anderson 检验（Anderson-Darling test，即 A-D test）、Cramér-von-Mises criterion。这三种方法都是对数据的百分等位数等级［式（5-9)］和目标分布函数的累积概率进行比较，然后进行拟合检验。在拟合度检验中，K-S 检验和 A-D 检验是比较常用的方法，我们简单介绍如下。

K-S 检验是指以样本数据的累计频数分布与特定理论分布比较，若两者间的差距很小，则推论该样本取自某特定分布族。其计算公式如式（5-20）所示：

$$D_i=\max|G(x)-F_i(x)| \tag{5-20}$$

式中，$G(x)$ 和 $F_i(x)$ 分别为数据的百分等位数等级［式（5-9)］和目标分布的累积概率函数；i 为目标分布的类型，常见的目标分布有正态分布、对数正态分布、均一分布等。在获得所有分布下的 D 值后，查询目标分布下特定样本量下的 D_i 所对应的 probability-value（p）值，p 值的大小意味着我们仅有 $1-p$ 的把握拒绝原假设。对应所有分布下的 p 值，最佳 p 值所对应的分布即为数据最佳分布的必要条件。

K-S 检验是一种适用于大样本的检验方法，由于所检验的是 $G(x)$ 和 $F(x)$ 的最大差值［式（5-19)］，因此一些异常值可能会对结果产生误导，从而作出拒绝原假设的结论。Anderson 检验对 K-S 检验进行改良，其检验从数据整体状况的出发，因此弱化了异常值对检测值的干扰。其公式如下：

$$A_i^2=n\int_{-\infty}^{\infty}\frac{[G_n(x)-F_i(x)]}{F_i(x)[1-F_i(x)]}\mathrm{d}F_i(x) \tag{5-21}$$

在实际应用中，常用离散模式来代替式（5-21）：

$$A_n^2=-n-\frac{1}{n}\sum_{i=1}^{n}\{(2i-1)\lg[F(x_i)]+(2n+1-2i)\lg[1-F(x_i)]\} \tag{5-22}$$

在拟合度检验中，除了上述两种方法，卡方检验也常被人提及。卡方检验一般应用于分类资料统计推断中，但其也可以应用于拟合度的检验。其计算步骤类似。以分类资料为例，卡方检验的公式如下：

$$\chi^2=\sum_{i=1}^{n}\frac{(O_i-E_i)^2}{E_i} \tag{5-23}$$

式中，O_i 和 E_i 分别为第 i 类数据的观察样本和期望样本。理论上，若样本来自于目标分布，那么 O_i 和 E_i 的差距就会很小，那么 χ^2 的值也会很小。在获得所有目标分布的卡方值后，确定各目标分布所对应的 p 值，而最佳 p 值所对应的分布即为最佳分布的必要条件。

在拟合度检验中，如果出现两种或者三种检验不吻合时，需要检查各检验方法的适用范围，Narsky 对此做了详细的论述（Narsky，2003）。除此之外，Filliben 相关检验和 Shapiro and Wilk 回归检验也常用于分布检验中（Posthuma et al.，2002）。

目前 Excel、Matlab 等软件都没有给出拟合度。SPSS 中有 K-S 检验的选项，但是只提供了正态分布、均一分布、指数分布以及泊松分布四种分布函数，因此在检验数据时，分布函数有可能不够。而由 Decisioneering 公司开发的 crystal ball 软件的 fit 工具箱具备计算拟合度的功能，而且函数库比较丰富，有 22 种常用分布函数。如果这些分布仍然不能满足需求，建议按照此三种分布的原理，给出自制函数，进行这三种拟合度的比较分析。

5.2.2 非参数 bootstrap 方法

上一小节，我们介绍参数方法在统计推断中的应用。有时，如果数据对各种传统的分布拟合情况均不是很理想时，如何利用数据的最大信息，去正确地估计这些数据的均值、标准差、偏度、HC_5 等以及这些统计参量的分布，是风险评价中必须面对的问题。非参数方法正是基于这种背景下提出的。

1. 重采样技术：普通 bootstrap 方法

非参数方法的核心在于只利用数据的相对大小顺序（秩），去对数据的统计参量进行估计推断。在非参数方法中，重采样是一种经常用到的技术。所谓重采样技术是一种从原样本数据进行某种抽样处理 N 次，利用此 N 次样本对原样本的统计参量，如均值、标准差、置信区间、偏差等进行估计。重采样方法主要分为两种，即刀切法和 bootstrap 方法，相对而言，bootstrap 方法相对比较通用。bootstrap 方法的目的是用现有的小样本数据在数理统计的基础上进行未知分布的模拟，其本质在于将小样本问题转化为大样本分布。术语“bootstrap”来自短语“to pull oneself up by one's bootstraps”，也就是不依靠外界力量，而是依靠自身来提高自己的性能（张守玉和封伟，2009）。具体操作步骤如下所述。

假设有 n 个原始数据，$X=[X_1, X_2, X_3, \cdots, X_n]$，从这些原始数据中 $X=(X_1, X_2, X_3, \cdots, X_n)$ 进行 n 次有放回采样，从而得到一个 bootstrap 样本 $X^*=(X_1^*, X_2^*, \cdots, X_n^*)$，每一个 bootstrap 样本中的个数和原始数据一样。如果原始样本为 $X=(X_1, X_2, X_3, X_4, X_5)$，那么，随机一次的采样可能得到的样本为 $X_1^*=(X_2, X_2, X_3, X_1, X_5)$ 或者 $X_2^*=(X_1, X_2, X_5, X_3, X_5)$ 等。假设采样次数为 B 次，则得到由 B 个 X^* 组成的 bootstrap 样本集。每一次 bootstrap 采样中，某些原始数据可能没被采到，另外一些数据可能

被采集多次。这样，在每一次 bootstrap 的采样中，某个数据不被采到的概率为 $(1-1/n)^n \approx 1/e = 0.368$。

也即每一个 bootstrap 样本包含了原始数据的 0.632 的信息（1－0.368）。bootstrap 方法即是利用每一个 bootstrap 样本集的统计信息，去描述原数据的统计信息，如均值、方差以及置信区间。置信区间的计算公式如下：

$$C_n = (T_\alpha^*, T_{1-\alpha}^*) \tag{5-24}$$

式中，α 为表征置信区间的一个指标，其计算公式如下：

$$\alpha = \frac{1 - 置信区间}{2} \tag{5-25}$$

假定置信区间为 95%，那么 α 为 2.5%。T_α^* 和 $T_{1-\alpha}^*$ 为样本集中的统计参量（T^*）的 α 及 $1-\alpha$ 的百分位数，也是置信区间 C_n 的上下限。

用偏差描述每次采样统计参量与原样本间统计参量（T）的差异性：

$$\varepsilon = T^* - T; \tag{5-26}$$

式中，ε 为残差。

下面举例说明这个计算过程。

假设有 10 个观测数据：2.17，0.91，1.37，0.79，1.15，1.45，0.27，－0.26，1.26，3.29。此数据的频数图如图 5-11 所示。这 10 个数据的算术平均值 μ 为 1.24，标准差 σ 为 0.93（自由度为 10）。为了用 bootstrap 法估算此样本的统计参数（均值、方差和置信区间），采集 1000 个 bootstrap 样本 X_1^*，…，X_{1000}^*，计算每个 bootstrap 样本的统计参数（均值、方差、置信区间）。对所获得的 1000 个样本的统计参数（均值、方差）以及置信区间进一步统计计算获得样本集的均值和方差（表 5-4）。

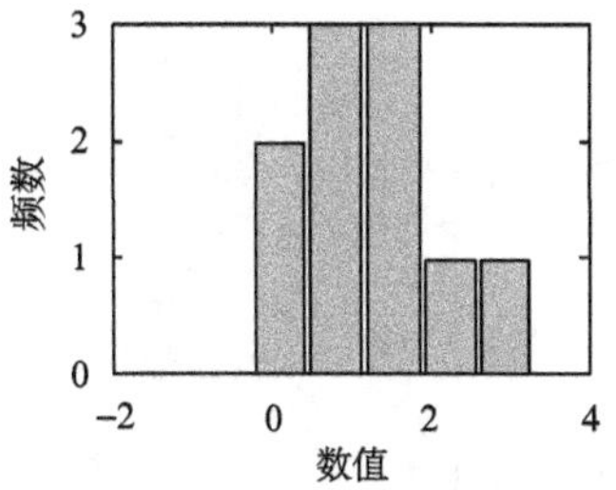

图 5-11　bootstrap 采样案例数据频数图

表 5-4　bootstrap 方法下的数据统计量

采样次数	统计量		
n	均值	标准差	95%置信区间（均值）
1000	1.238±0.29	0.895±0.2453	0.689～1.864

如图 5-12 所示，我们得到了平均值和标准差的一个分布状况，如此，这个分布可以用于风险计算，以降低单纯依靠均值计算所导致的不确定性。

由此可知，bootstrap 方法其实是一种对原数据重复抽样的过程，其在于假定每个数据在原总体中出现的概率一致，而每次重采样，我们获得的数据，是原总体数据的一个小样本（所谓总体，即指一个无穷大的样本，假设我们的样本数据从此总体中抽取而得）。因此，我们很容易地看出 bootstrap 的不适用范围：①样本量太稀少，如 10 个以下会导致原始样本不能覆盖到总体分布；②数据并非独立的，其结构间有关联：如时间/空间序列信号，因为 bootstrap 假设每个样本间独立；③脏数据：奇异点（outliers）给估计带来了变化，这需要我们在选择数据时宁缺毋滥。

综上所述，bootstrap 的过程总结：对原始样本数据进行重采样，得到 B 个 bootstrap 样本；对每个 bootstrap 样本，计算其对应的统计量的值（bootstrap 复制）；根据 bootstrap 复制，计算其方差、偏差和置信区间等。bootstrap 的实现代码可以查阅 Matlab 中的 bootstrp 函数，也可以在挪威奥斯陆大学数学系的网站上（http：//www. math. uio. no/avdc/kurs/STK1120/compstat/）下载 csboot、csbootint、csbooperint、csbootbca 等相关程序。

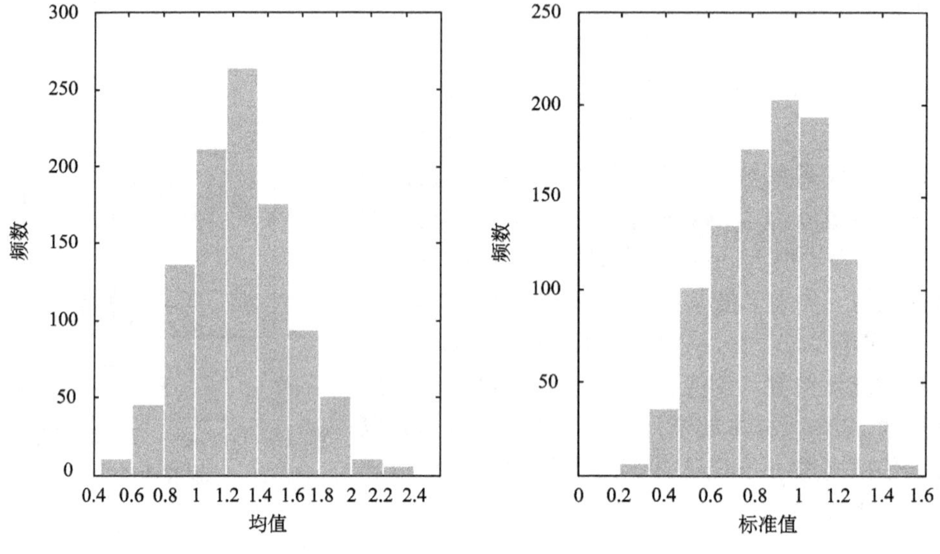

图 5-12　bootstrap 采样均值及标准差分布

现在已经有一些改进的重采样，即新样本集中的数据不一定来源于原样本数据，新样本中的数据，有可能是原数据进行线性插值，以便得到更为精确的分布，是一种改进的算法。另外，bootstrap 中抽样次数与结果稳定性等的研究，这方面的研究这几年已经比较多，限于篇幅，本书不再赘述。

上述所描述的是最为基本的 bootstrap 采样，抛开数据的质量来说（如独立性和奇异点），其还存在两个主要缺点，第一是置信区间的估计为有偏估计，需要进一步调整。第二是 bootstrap 方法不适用于小样本，因为当样本量少时，估计结果很不稳定。我们针对其第一个缺陷，进行如下讨论。

2. *改进的* bootstrap *方法*

考虑到 bootstrap 方法的置信区间的有偏性，Grist 对此进行了改进，具体如下。

在上述置信区间的估计中［式（5-24）和式（5-25）］，设定我们所关注的统计参量置信区间为［α，$1-\alpha$］。这种置信区间的求解会有一定偏差。换言之，T_{α}^{*} 和 $T_{1-\alpha}^{*}$并不一定代表 $1-2\alpha$ 的真实上下限。这是因为理论上残差［式（5-26)］的分布应该服从正态分布 N（0，σ^2），但是由于抽样的偏差，需要对 T_{α}^{*} 和 $T_{1-\alpha}^{*}$中的 α 和 $1-\alpha$ 进行如下校正（Grist et al.，2002）：

$$[LU] = [T_{\alpha_1}^{*}, T_{\alpha_2}^{*}] \tag{5-27}$$

假定 L 和 U 分别为对应置信区间 $1-2\alpha$ 的上下限。而 T^* 为统计参量的分布。α_1 和 α_2 分别为 α 和 $1-\alpha$ 经校正后的百分位数。校正公式如下：

$$\begin{aligned} \alpha_1 &= \Phi(2z_0 + z^{\alpha}) \\ \alpha_2 &= \Phi(2z_0 + z^{1-\alpha}) \end{aligned} \tag{5-28}$$

式中，Φ 为标准正态累积概率密度函数（即均值为 0，标准差为 1）；而 z 函数为其逆函数［式（5-29)］。

$$z_0 = \Phi^{-1}\left[\frac{\mathcal{L}(\theta_i < \bar{\theta})}{n}\right] \tag{5-29}$$

符号$\mathcal{L}$为数目，$\mathcal{L}$（$\theta_i<\bar{\theta}$）的含义即是在 bootstrap 采样中，所有统计参量小于原样本统计参量的个数。由此可以看出，当$\mathcal{L}$（$\theta_i<\bar{\theta}$）为 $n/2$ 时，那么 $z_0=\Phi^{-1}$（0.5）$=0$，α_1 和 α_2 等价于 α 和 $1-\alpha$。

在式（5-27）～式（5-29）中，我们对置信区间进行了校正。这种校正，是针对 n 次 bootstrap 所带来的采样偏差。除了采样会带来的偏差，原始数据本身也会有一定的偏差，即原样本量的统计参量$\bar{\theta}$不一定精确反映总体数据。如果考虑原始样本数据的偏差，那么 α_1 和 α_2 的校正公式如下：

$$\begin{aligned} \alpha_1 &= \Phi\left[z_0 + \frac{z^{\alpha} + z_0}{1 - a(z^{\alpha} + z_0)}\right] \\ \alpha_2 &= \Phi\left[z_0 + \frac{z^{1-\alpha} + z_0}{1 - a(z^{1-\alpha} + z_0)}\right] \end{aligned} \tag{5-30}$$

式中，a 用式（5-31）计算

$$a = \frac{\sum_{i=1}^{n}[\theta_{(.)} - \theta_{(i)}]^3}{6[\sum_{i=1}^{n}(\theta_{(.)} - \theta_{(i)})^2]^{3/2}} \tag{5-31}$$

式中，n 为原样本数，$\theta_{(i)}$ 为原样本抽去第 i 个数据而所得的统计参量，即抽掉第 i 个数据的$\bar{\theta}^*$。$\theta_{(.)}$ 为所有 $\theta_{(i)}$ 之统计均值 $[\theta_{(.)}=(\sum_{i=1}^{n}\theta_{(i)})/n]$。由式（5-30）可知，当 $a=0$ 时，式（5-30）和式（5-28）是一致的。

3. 混合方法——bootstrap regression 模型

在上一节中，我们讨论了 bootstrap 有两个缺陷，其一是置信区间的估计，这个问题已经在上述的讨论中得到了纠正；其二是随着样本量的下降，bootstrap 估计的统计参量会带来很大的误差。一些研究文献中提到，bootstrap 在进行 SSD 分析时，估计 HC_5 时所采用的最佳样本量为 15～55 个，在对 HC_{10} 的估计中样本量则必须至少为 10（Wheeler et al.，2002）。因此在样本量小于 10 时，可以采样一种混合技术，即 bootstrap regression 方法去对统计量进行估计。

bootstrap regression 方法是参数方法和非参数方法一种混合方法。根据所用参数方法的种类，bootstrap regression 根据参数模型的差异，可以分为 bootstrap 正态回归、bootstrap logistic 回归等。bootstrap regression 回归的第一步是利用原数据产生 bootstrap 样本，然后利用每一个产生的 bootstrap 样本集分别去回归选定的统计模型，如上面提到的正态模型、Logistic 模型等。由于利用 bootstrap 采样可以获得大量样本，获得大量的分布曲线（与选择的模型有关），将这些曲线的统计参量进行再统计，即可以获得我们所需要的数值。其具体做法如下。

如图 5-13 所示，我们有如下 8 个数据 1.58，3.42，－3.17，0.70，1.68，

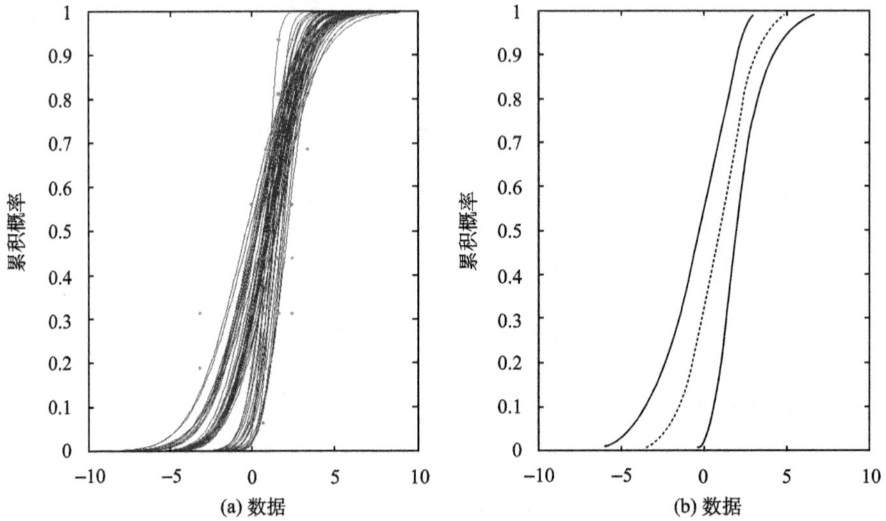

图 5-13　bootstrap-regression 模型

2.48，－0.032，0.83，我们所利用的模型为 bootstrap-normal model。利用 bootstrap 方法对原样本采样 50 次，然后利用每一组数据和假定模型进行拟合，得到 50 条正态累积概率密度曲线［图 5-13（a）］；先固定每一个百分位数点，其次考察其对应的累积概率密度曲线所对应的数值；将所对应的 50 个数值取我们所需要的置信区间，如图 5-13（b）的 5%～95%；最后，将每一点所对应的数值画累积概率密度曲线，获得我们所关心的统计参量。例如，从图 5-13（b）中，可以查询得到 5%百分位数为－2.16，5%～95% 的置信区间为［－4.36，0.31］。

必须要提醒的是，并没有哪种方法对于所有数据都是合适的，需要根据背景知识、数据数量、数据质量等来共同决定采取哪种统计推断。

5.3　回 归 分 析

回归分析是环境科学中重要的一章，其在风险评价中也有广泛的应用。在对数据进行统计推断后，有时我们需要将两者或者三者以上的数据进行回归分析，解析数据间的相关关系。例如，在环境风险管理中，在对 WTP 的调查案例研究中，计算 WTP 的分布曲线时用到了 Logistic 回归；同理，在构建化学物质的剂量-效应曲线时，也会用到各种回归分析。

5.3.1　传统线性回归

回归分析是用来确定两种或两种以上变数间相互依赖的定量关系的一种统计分析方法之一，通常是从大量反映某些变量间关系的观测值出发，解析变量间的相关关系及相关程度，并建立模型来拟合相关的参数。自由变量和依赖变量之间关系分为线性回归分析和非线性回归分析。在回归分析中，如果只有一个自由变量和一个依赖变量，且二者的关系可以用一条直线近似表示，这种回归分析被称为一元线性回归分析；若自变量因素在两个或者两个以上，且因变量和自变量之间呈线性关系，则称为多元线性回归分析。线性回归通常采用最小二乘法计算获得。

这里需要说明的是，必须注意回归分析与相关分析的区别：相关分析在于用来检验两个随机变量的共变趋势，而回归分析的目的是用自变量来预测因变量的值。

以一元线性为例，由数据组（X_i，Y_i）组成的回归方程的形式是

$$y_i = \beta_0 + \beta_1 x_i + \varepsilon_i \quad i = 1, 2, \cdots, n \tag{5-32}$$

式中，ε_i 需要满足以下四个条件：正态性、无偏性、同共方差性、独立性。记为 ε：N（0，σ^2）。线性回归分析，即是根据数据（X_i，Y_i），求解 β_0 和 β_1 的最佳估计$\widehat{\beta_0}$和$\widehat{\beta_1}$。在线性回归方程建立后，非常重要的一步是，对线性回归模型需要做

以下三个方面的观测，分别是模型的相关性、F 检验、t 检验，确定模型是否有效。

模型的相关系数平方（R^2）的计算公式为 $R^2=\text{SSR}/(\text{SSR}+\text{SSE})$；其中，SST＝SSR＋SSE 为总体平方和，SSR 为回归平方和（可解释误差），SSE 为剩余平方和（不可解释误差）。R^2 越大，说明解释性越大，模型越好。但是 R^2 并没有一个合适的标准，用来表征模型是否有效。表征模型是否有效一般用 F 检验。所谓 F 检验就是检验自变量和因变量是否存在相关性。其原假设 H_0 为模型不存在相关性（即回归系数为 0），备注假设 H_1，原方程为存在相关性。在 H_0 成立时，F 统计量$=R^2/(1-R^2)\times(n-2)$，查询 F 分布表（附录Ⅳ），我们即可查询 F 值所对应的 p 值。p 值是用来描述我们拒绝原假设的情况下，犯错的可能性（p 的可能性犯错），即我们有 $1-p$ 的把握拒绝原假设。最后，在多元回归中，往往还需要 t 检验，t 检验可用来对单个回归系数的显著性检验，具体原理可以查阅相关文献（杜强和贾丽艳，2009）。在一元回归中，t 检验和 F 检验类似，都可以用于检验原方程是否有回归效果。在 Matlab 中，回归分析的命令为 regress，运用此命令，给出回归系数及其置信区间以及回归的 R^2 统计量、F 及 p。

在多元回归中，常需要用到逐步回归。逐步回归的基本思想是，将回归变量逐个选入，选入的条件根据偏回归平方和是否显著，每选入一个变量，对已选入的各变量逐个进行显著性检验，并剔除不显著变量。如此反复选入、检验、剔除，直至无法剔除且无法选入为止（陈佳明等，2002）。Matalb 提供了交互工具箱 stepwise 用于逐步回归分析，可以对自变量的有效性进行检验。

在一般的线性回归模型中，通常用普通最小二乘法（ordinary least square）去估计其系数。最小二乘法可以使得回归模型的误差最小以及无偏。然而，对于以下几种情况，我们需要利用一些改进的最小二乘法去估计方程系数。

（1）岭回归：在线性回归方程中，当自变量间存在共线性时，解释变量的相关矩阵行列式近似为零，是奇异的，也就是说它的行列式的值也接近于零，此时最小二乘估计将失效。这时就舍弃一部分无偏性来补偿偏度，即用到岭回归技术。在 Matlab 中，岭回归的命令为 ridge。另外一种可处理的办法是在进行回归之前，对自变量进行因子分析等，降低其共线性。

（2）给定协方差的线性回归：在剂量-效应曲线中，我们对同一浓度一般会做平行实验。而在做回归分析中，我们对同一浓度下的不同响应（即因变量）往往采取平均值处理，而忽视了平衡实验结果的差异性。而实际上，我们可以采取一种特殊的线性回归来提高此种方程的回归精度。在数学上，此种问题可以归纳如下：一般给定的回归方程为 $b=a\times X$。式中，a 和 b 分别为系数和应变量；X 表示自变量。但是，如果我们为了反映平行实验间的误差，可以给因变量加入实验室误差的正态误差，此时，方程的形式变为 $b+e=aX$。式中，e 服从均值为 0、方差为 v 的正态分布，即平行实验误差的分布。这是一个带有最小方差的超定最小二乘法。其在 Matlab 中的解析命令为 lscov。

（3）鲁棒回归：在传统的回归分析中，我们对误差项有一个假设，即假设误差服从正态分布，但是当误差并不服从正态分布时，用传统的最小二乘法产生的回归方程是不准确的，需采用一种称作鲁棒回归的技术。鲁棒回归在 Matlab 中的命令参数是 robustfit。

5.3.2　Logistic 回归

在现实世界中，当因变量为二分定性变量（0，1 变量）时，如剂量-效应曲线中的响应指标是实验受体是否致死，是否致癌之类的数据，利用最小二乘法的估计是错误的。这是因为利用最小二乘法对这种二分定性变量进行估计，用 t 检验，F 检验结果都是不合理的，但是可用非线性概率模型代替线性概率模型来解决这个问题。非线性概率模型的估算方法也并非是最小二乘法，而是用最大似然法进行参数估计。Logistic 模型即属于此类非线性概率模型，此回归模型常用于因变量为二分类或者多分类的情况下。

假定事件的发生概率为 P，事件不发生的概率即为 $1-P$，则事件发生比的对数为 ln［P/（$1-P$)］，那么，建立 Logistic 模型方程如：

$$\ln\left(\frac{P}{1-P}\right)=a+\sum_{i=1}^{n}b_i x_i \tag{5-33}$$

式中，x_1，x_2，…，x_n 为影响概率 P 的自变量因子。

注意，Logistic 回归模型和 Logistic 曲线是不一致的，虽然两者都是 S 形的，但是 Logistic 曲线模型的形式如下：

$$Y=\frac{Y_0}{1+\alpha e^{\beta x}} \tag{5-34}$$

此种曲线模型常用于描述种群增长，如人口增长。

以第 5 章中的 WTP 数据为例，建立 Logistic 回归方程：

$$P=\frac{1}{1+\exp(\alpha+\beta Y)} \tag{5-35}$$

式中，Y 为代表价格；而 P 为原数据中回答 YES 的概率，即二元数据，其为二元输入数据，即［response total］。在操作上，Matlab 提供了非线性转化函数，即 glmfit 函数。我们利用 Matlab 的 glmfit 函数对其求解：B＝glmfit（y，［response total］，“binomial”）；即可得到原文中的数据解。

5.4　不确定性分析

在 5.1～5.3 小节中，介绍了环境数据的分布检验以及统计推断的方法。这些处理的目的在于更加精确和正确地进行风险计算。而在风险评价中，与正态性检验、拟合度以及重采样技术中相对应的技术，就是这一节所阐述的不确定性分析及灵敏度分析。

5.4.1 风险评价步骤

所谓风险，是指遭受破坏或者损失的可能性。化学物质的健康风险评价是指从暴露分析到危害评价的一个整体有机的过程。总体而言，风险评价包括四个部分，如危害识别、暴露评价、剂量-效应以及风险表征和风险管理。而不确定性分析，是随着这四个部分，而贯穿于风险评价的整体流程。通过降低风险评价中的不确定性，使得风险评价的结果更加科学，从而更易被决策者和公众所接受。风险评价过程中的不确定性主要是三种因素导致的，第一是客观世界内在的随机性，第二是人类对客观世界认识的不完全性，第三是评价方法本身的误差。

如图 5-14 所示，风险评价主要由四个部分组成。

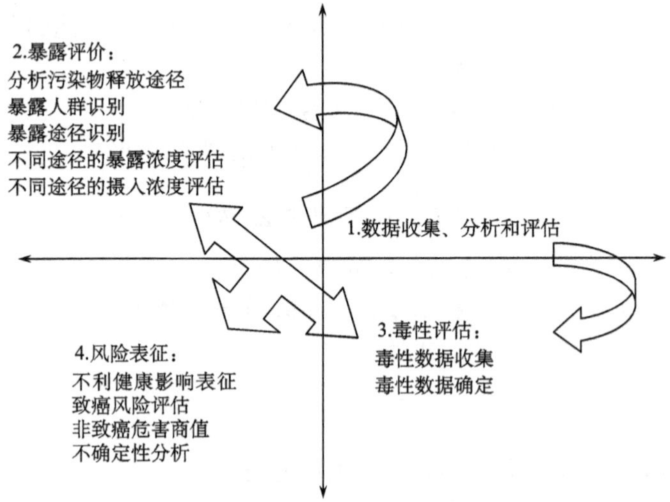

图 5-14 风险评价过程示意图

而相对应的是，风险评价中的不确定性传播过程如图 5-15 所示。

5.4.2 风险评价过程中不确定性的分类及其计算方法

参考风险评价的整个过程及其可能的不确定性（图 5-15），风险评价过程的不确定性分为以下几个类型（Hertwich et al.，2000）。

第一类为事件背景的不确定性。包括对事件的描述、专业判断的失误以及信息丢失造成分析的不完整性。它的产生往往在于进行风险评价目标设定时，对物

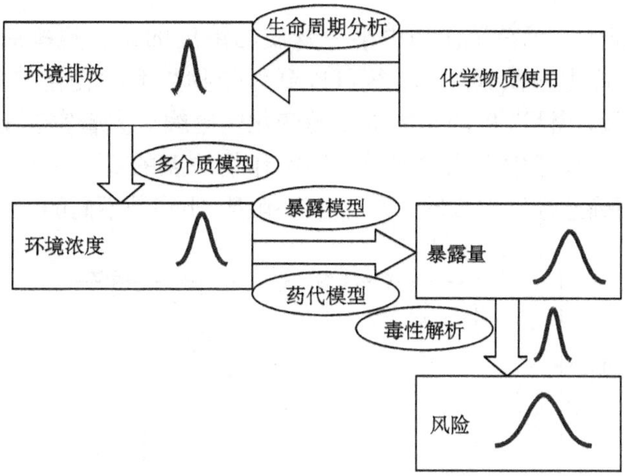

图 5-15　不确定性在风险评价过程中的传播过程

质的背景知识认识、背景材料等所造成的欠缺。这种不确定性一般是在整个风险评价的起始阶段，但是很多情况下，这种不确定性在风险评价中不被考虑。而消除这种不确定性方法一般采取的办法是专家法。利用专家具备的丰富背景知识，最大限度地将问题科学化。

第二类主要发生在暴露评价中。暴露评价是指计算化学物质从排放到进入人体目标器官的化学物质浓度或者量的过程。整个流程可能涉及物质从生产到不同使用环节的整个生命周期，物质进入环境后的在不同介质中的分配、降解等的多介质模型，以及进入人体后通过血液输送在不同器官中的分配和代谢的药代过程。但是从大的分类而言，暴露评价中的不确定性主要分为两类，也即模型的不确定性和参数的不确定性。模型是对真实世界的模拟与简化，与真实世界存在一定的差异。为了消除模型的不确定性，在建模阶段就要求模型尽可能地接近真实世界，减少黑箱子过程，利用多组数据对模型的有效性进行验证。很多情况下，风险评价结果的不确定性主要来源于模型的结构和与模型相关的参数的不确定性。

参数的不确定性可以分为两类，即“variability”和“uncertainty”。前者主要由于客观世界的差异而导致的个体或者实物之间的不同。例如，人的身高体重是因人而异的，这种差异被称为“差异性”（variability）。后者是由于现有知识的局限，导致参量估计的不准确，被称为“不确定性”（uncertainty）。例如，重金属的土壤-作物富集系数往往受土壤性质和作物品种的影响，从而导致不同的地区会有不同的富集系数，如果我们采用富集系数从土壤浓度预测作物中浓度时，那么不同土壤浓度存在差异“variability”，而所预测得到的作物浓度存在

“不确定性”和“差异性”。

如图 5-16 所示，示范了作物中某一物质的浓度的累积概率曲线。横坐标为作物浓度，纵坐标为累积概率。实线可以看作作物浓度的变化“差异性”，而虚线则考虑了“不确定性”后的作物浓度的变化。虚线对应着实线上每一个浓度的上下区间。例如，只考虑变化“差异性”的作物浓度的 5%～95%分布范围（a）和同时考虑“不确定性”的 5%～95%分布范围（b）是不同的。

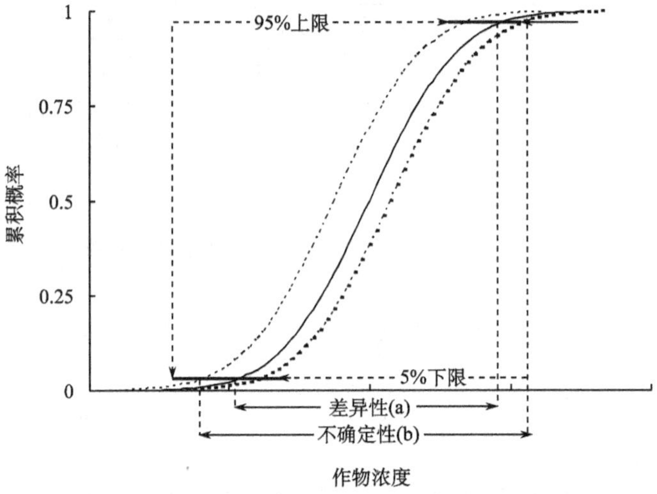

图 5-16 模型参数中的两种不确定性（Mckone，1994）

对于参数的不确定性分析，通常有如下几种分析法。

1）敏感性分析

敏感性分析是分析各种参数变化一定幅度时（或者变到某种幅度时），对模型的最终输出结果的影响程度。在敏感性分析中，把对模型输出结果影响较大的参数叫做敏感性因素。通常有单因素敏感性分析和多因素敏感性分析，其中单因素敏感性分析针对单因素的变化对模型的输出结果产生影响。

参数敏感性分析方法很多，常用的参数敏感性分析方法是在某个参数的默认值附近给定一个波动，并计算参数在该小范围内产生的变动所导致的模型输出的变化率。其计算公式如下：

$$\text{sensitivity} = \frac{\dfrac{f(x, y+Vy)}{f(x,y)}}{\dfrac{y+Vy}{y}} \tag{5-36}$$

式中，f 为模型；y 变量为进行灵敏度分析的因子；x 为除变量 y 以外的模型参数。在数学实现方法中，可以通过固定 x，观察 y 变化对结果的影响，从而计算

模型中参数 y 的灵敏度。

我们用描述人口增长模型举例说明。

$$
\begin{aligned}
Y &= \frac{K}{1+\lambda e^{-rt}} \\
\lambda &= \frac{K}{Y_0} - 1
\end{aligned}
\tag{5-37}
$$

式中，t 为时间；Y 为人口数目；K 为环境容量；Y_0 为人口初始量；r 为人口增长率。在灵敏度分析中，将 Δy 的变化为初始值的 10%，用式（5-36）计算目标函数的变化。按不同年份计算的参数的敏感度变化如表 5-5 所示。

表 5-5　逻辑斯蒂模型参数的敏感度变化

年份	$\Delta Y/\Delta Y_0$	$\Delta Y/\Delta\lambda$	$\Delta Y/\Delta r$
0	1.935×10^{-10}	-5.638×10^{-9}	0.000
200	1.291×10^{-9}	-3.761×10^{-8}	4.710×10^{4}
700	1.484×10^{-7}	-4.324×10^{-6}	2.443×10^{7}
1200	1.706×10^{-5}	-4.972×10^{-4}	6.323×10^{9}
1650	1.219×10^{-3}	-3.548×10^{-2}	8.012×10^{11}
1750	3.143×10^{-3}	-9.132×10^{-2}	2.301×10^{12}
1800	5.042×10^{-3}	-1.462×10^{-1}	3.869×10^{12}
1830	6.691×10^{-3}	-1.938×10^{-1}	5.263×10^{12}
1900	1.292×10^{-2}	-3.720×10^{-1}	1.059×10^{13}
1930	1.710×10^{-2}	-4.905×10^{-1}	1.412×10^{13}
1950	2.060×10^{-2}	-5.890×10^{-1}	1.701×10^{13}
1960	2.261×10^{-2}	-6.451×10^{-1}	1.863×10^{13}
1974	2.573×10^{-2}	-7.323×10^{-1}	2.112×10^{13}
1982	2.771×10^{-2}	-7.870×10^{-1}	2.265×10^{13}
1987	2.902×10^{-2}	-8.231×10^{-1}	2.366×10^{13}
1996	3.152×10^{-2}	-8.921×10^{-1}	2.555×10^{13}
1999	3.240×10^{-2}	-9.162×10^{-1}	2.620×10^{13}
2008	3.519×10^{-2}	-9.924×10^{-1}	2.823×10^{13}

从表中可以看出，敏感度随着年份的增加而增加，而不同参数间的敏感性差别非常显著。这三个参数中，人口的内禀增长率对模型的输出最为敏感，比其他两个参数敏感度大约 13 个数量级以上。

除了利用数字算法进行参量的灵敏度分析外，还可以通过数学微分的变量传播，来确定参数不确定性对评价结果的不确定性结果的影响。与灵敏度分析不同的是，这种传播分析是建立在一种严谨的数学推导上的，对于比较复杂的函数表达式，可以考虑采用泰勒展开式进行展开，保留其一阶导数或者前几阶导数即可。但是对过于复杂的模型和计算公式，不一定适用。

2）蒙特卡罗（Monte Carlo）方法

灵敏度方法是通过改变参量，计算评价结果的变化大小来研究不确定性的方法。而当这种参量的变化很复杂时（如多个参量一起变化时），常用蒙特卡罗方法来模拟输出结果的概率分布。蒙特卡罗方法也称统计模拟方法，是 20 世纪 40 年代中期由于科学技术的发展和电子计算机的发明，而提出的一种以概率统计理论为指导的数值计算方法。蒙特卡罗方法的名字来源于摩纳哥的一个城市蒙特卡罗，该城市以赌博业闻名。蒙特卡罗方法是以概率为基础的方法。蒙特卡罗方法是指使用随机数，对那些由于计算过于复杂而难以得到解析解或根本没有解析解的问题，是一种有效的求出数值解的方法（维基百科）。

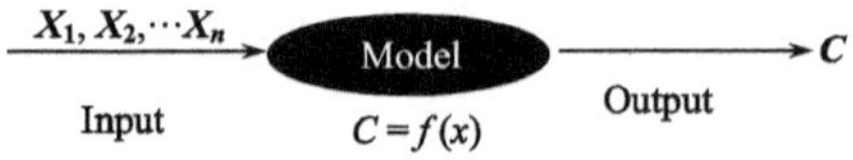

图 5-17　蒙特卡罗方法示意图

其计算步骤主要包括：首先利用一个随机数发生器对各输入变量按照其概率密度函数分布取值，输入各输入变量，得出输出结果。随后，对输入变量随机取值 i 次，可得到 i 次输出变量，并且由这 i 次输出变量求解输出变量之概率分布。蒙特卡罗方法示意图如图 5-17 所示。

在蒙特卡罗方法中，关键是随机数和分布的选取。在附录Ⅳ中，我们列出了常用的随机数发生器的字符串，这些字符串命令后面加入 rnd，即可成为随机数发生器。但是，如附录Ⅳ中的三角分布所示，有些随机数发生器并不能通过软件得到。下面介绍基于反函数而产生随机数的方法。

反函数的连续型随机数产生方法如下：

（1）求解逆累积概率密度函数 $F^{-1}(x)$；

（2）生成（0，1）间的随机数 U；

（3）获得随机数 $X=F^{-1}(U)$。

离散型随机数的反函数方法和连续性随机数的反函数方法类似，将其逆累积概率密度函数看成有限次的分段函数即可。下面以三角分布为例进行说明。三角分布是一种很特殊的分布，因其密度函数类似于三角形而得名（图 5-18）。从附录Ⅳ中可以得知，三角分布的累积概率密度函数：

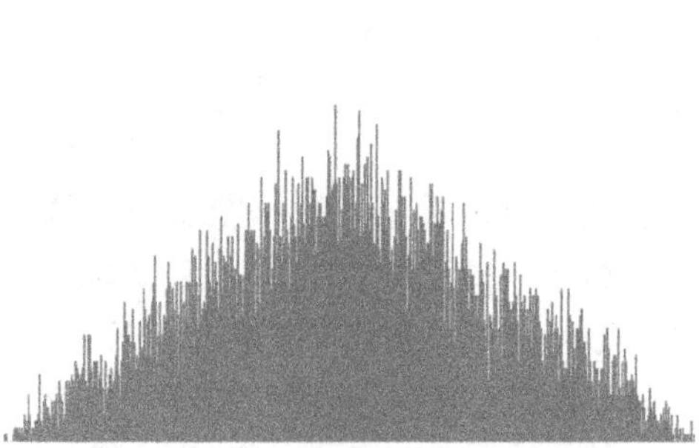

图 5-18　三角分布概率密度分布

$$F(x)=\begin{cases}\dfrac{(x-\alpha)^2}{(\beta-\alpha)(\gamma-\alpha)}, & \alpha\leqslant x\leqslant\gamma\\ 1-\dfrac{(\beta-x)^2}{(\beta-\alpha)(\beta-\gamma)}, & \gamma\leqslant x\leqslant\beta\end{cases}\tag{5-38}$$

式中，α、β、γ 分别为三角函数的最小值、最大值、众数。假设 α、β、γ 分别为 1、3、2。式（5-39）表示了逆累积概率密度函数。

$$x=\begin{cases}1+\sqrt{2\times y}\\ 3-\sqrt{2(1-y)}\end{cases}\tag{5-39}$$

用 Matlab 产生 1000 次 x，将此 1000 个数据绘制频数图（图 5-19）。

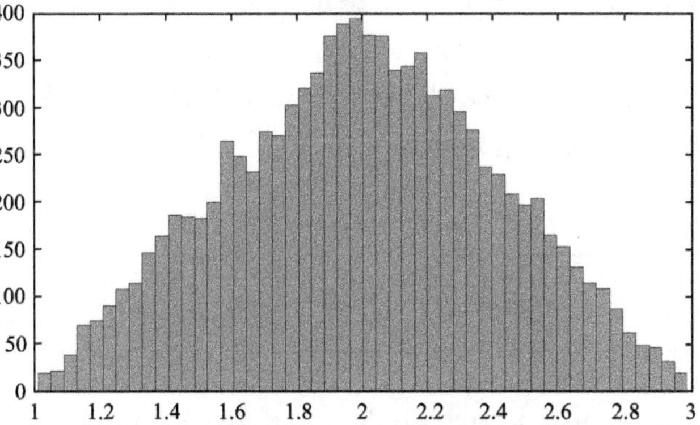

图 5-19　反函数方法

（三角分布随机数频数图）

统计上述随机数，最小值为 1.01，最大值为 2.99，平均值为 2.0。与我们给定的三角分布非常吻合。

在这里需要指出的是，所谓连续型分布和离散型分布，其实只是一种有限和无限的思想。在上述的例子中，我们能够得到累积概率密度函数，但是不能获得累积概率密度函数的情况下，可以考虑用经验数据"铺满"整个累积概率 [0, 1] 空间。然后，利用离散型随机数的方法去进行处理。

在随机数的产生中，Excel 也有简单的随机数发生器。位置在"加载宏"、"工具"中的"数据分析"，选中"随机数发生器"，就可以产生随机数。

如上所述，Monte Carlo 方法是一种随机数的方法，依靠于大量计算，该方法已经广泛地应用到化学物质的风险评价中。在第 3 章中，我们推导了暴露数据和个体敏感性分布相结合进行累积风险计算时采用了如下公式：

$$R = \int_{0}^{+\infty} f(x)\mathrm{d}x$$
$$f(x):\mathrm{N}(\mu_1 - \mu_2, \sqrt{\sigma_1^2 + \sigma_2^2}) \tag{5-40}$$

假设暴露浓度和毒理浓度的取对后的数据服从下述分布：

$$\ln(C_s):\mathrm{N}(3,1);$$
$$\ln(C_v):\mathrm{N}(5,2); \tag{5-41}$$

我们利用式（5-45），计算 $R=18.55\%$。如果我们用 Monte Carlo 方法产生（5000 次）结果（Matlab 命令）：

```
length(find((normrnd(3,1,5000,1)-normrnd(5,2,5000,1))>0))/5000
```

上述命令中，normrnd 即产生正态随机数，运算结果为 18.66%，比较接近。

表 5-6 列出 Monet Carlo 模拟次数和计算结果的一些关系，由此可以看出，随着模拟次数的增加，模拟结果收敛在 18.55%上下小幅震荡，误差小于 0.5%。

表 5-6　Monte Carlo 模拟结果

模拟次数	10	100	1000	2000	5000	10 000	20 000
风险结果	20%	16%	17.4%	18.5%	18.66%	18.13%	18.47%

除了 Matlab 随机数运算外，Monte Carlo 模拟还可以用商业软件 Crystal ball 进行运算。以在第 3 章中 DDE 水质基准制定为例。水质基准值即鸟蛋中 DDE 的 BMCLB（663ng/g）和水体-鸟蛋富集系数（BAF）的商值。这里的关键步骤是 BAF 的计算，BAF 的计算我们利用鸟蛋中 DDE 浓度分布和实际采样点的水体中 DDE 浓度解析得到。我们获得的鸟蛋中 DDE 浓度分布服从一个浓度均值和标准差分别为 58.79ng/g 和 36.39ng/g 的对数正态分布。而我们在渤海湾地区有 15 个采样点的水体中 DDE 浓度。此处计算中水质基准的不确定性来源于 BAF 的不确定性，而 BAF 的不确定性来源于鸟蛋中 DDE 浓度分布以及水体中 DDE 浓度分布。我们利用 Crystal ball 计算步骤如下：

输入水体中不同采样点的 DDE 浓度数据，在 Crystalball 软件界面上，选择 Gallery-Fit 键，拟合水体中 DDE 的浓度分布类型，得到水体中 DDE 的浓度分布呈对数正态分布（图 5-20）。同样，我们根据已知的鸟蛋中 DDE 浓度的基本信息：对数正态分布，平均值为 58.79，标准差为 36.39，在 Crystalball 软件界面上定义鸟蛋中 DDE 浓度的正态分布。根据如下计算公式，在界面上点击“run”键，就可以得到如图 5-21 所示的 DDE 水质基准值的分布。

$$\text{DDE 水质基准} = 663/(\text{鸟蛋浓度}/\text{水体浓度})$$

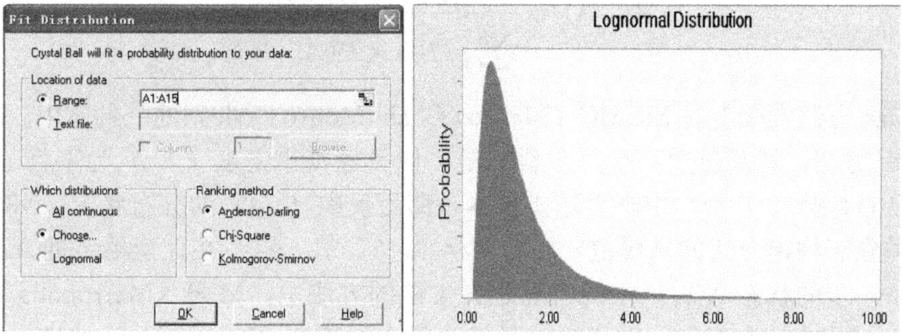

图 5-20　Crystal ball Fit 功能

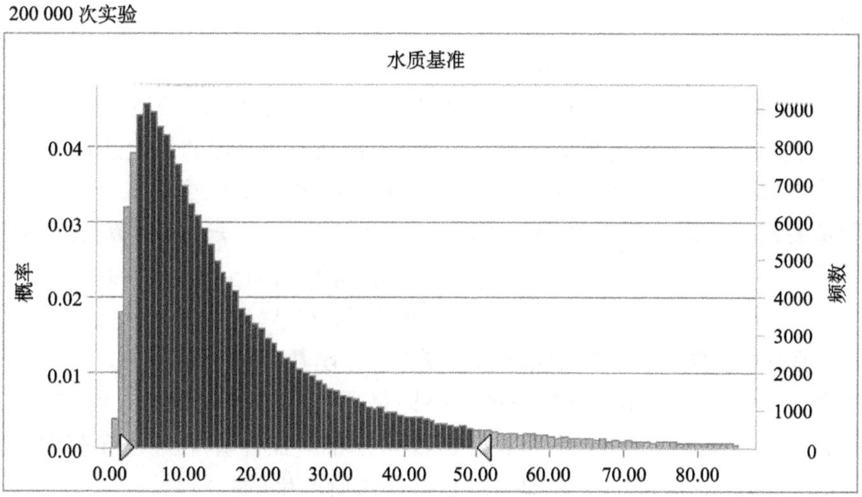

图 5-21　Crystal ball 计算结果

获得水质标准的 5%～95%置信区间为 4～48.1ng/L。从保护的角度并结合社会经济情况，从而最终确定水质标准。

3）Bayesian 方法

Bayesian 方法在不确定分析中主要用于参数的校正，利用参数先验分布，模型输出与观测值的差异，获得参数的后验分布，也即可以用作校正后的参数。该方法已经应用到风险评价中，如应用于 PBPK 模型参数的调整，提高参数的精度；在 DDT 在全球的归趋模型的研究中，利用 Bayesian 模型降低模型参数的不确定性。

Bayesian 模型的理论基础为 Bayesian 全概率公式

$$p(B_i \mid A)=\frac{p(B_i)\times P(A \mid B_i)}{\sum_{i=1}^{\infty} p(B_i)\times P(A \mid B_i)} \tag{5-42}$$

Bayesian 方法实际上是 MCMC（Markov Chain Monte Carlo）的一种应用。所谓 MCMC 方法，就是建立一个马尔科夫链，使目标概率密度 $f(t)$ 为平稳分布。那么从目标分布 $f(t)$ 中产生随机样本，即可反映 $f(t)$ 的分布状况。MCMC 的精髓在于构建合适的马氏链：$\{X_t \mid t=0,1,2,\cdots\}$。在任意给定的 X_t 下，产生下一步的状态 X_{t+1}。在构建马尔科夫链的方法中，M-H（Metropolis-Hastings）抽样方法和 Gibbs 抽样方法是最为常用的算法。其中，M-H 抽样方法的步骤如下：

（1）初始化状态，设置初值 X_0；

（2）状态转移：$r=q(r \mid X_t)$；

（3）生成（0，1）均一分布中随机数 U；

（4）接受概率：$U<\alpha(X_t,r)$，则 $X_{t+1}=r$，否则 $X_{t+1}=X_t$；

（5）设 $t=t+1$；重复步骤（2）～（5），直到 t 为设置的最大迭代次数。

上述步骤（2）中，状态转移函数 q 常设置为均一分布或正态分布。其步长的设置是关键，会影响采样效率。步骤（4）中，$\alpha(X_t,r)$ 的计算公式如下：

$$\alpha(X_t,r)=\min\left[1,\frac{\pi(r)q(X_t \mid r)}{\pi(X_t)q(r \mid X_t)}\right] \tag{5-43}$$

式中，q 函数即步骤（2）中的状态转移函数；π 函数即为目标分布。

从上述步骤可以看出，此方法的核心即是通过状态转移函数，考虑 X_t 是否属于目标分布，换言之，X_t 是否来自于目标分布。在计算中，舍弃前面迭代的数据（退火阶段），后面的数据即为由目标分布所产生的随机数。

下面我们以一个简单的水质模型为例，说明 Bayesian 方法的应用操作。此方法中所用数据以及模型均来自于文献（朱嵩等，2007）。

问题描述：已知河流中污染物的浓度计算公式如下：

$$c(x)=k_1\mathrm{e}^{r_1 x}+k_2 e^{r_2 x} \tag{5-44}$$

式中，c 为污染物的浓度；x 为采样点位置；r_1、r_2 和 k_1、k_2 分别为模型参数，其计算公式如下：

$$\begin{aligned} r_{1,2}&=\frac{u\pm\sqrt{u^2+4Dk}}{2D}\\ k_1&=\frac{c_0\mathrm{e}^{r_2 l}}{\mathrm{e}^{r_2 l}-\mathrm{e}^{r_1 l}}\\ k_2&=\frac{-c_0\mathrm{e}^{r_1 l}}{\mathrm{e}^{r_2 l}-\mathrm{e}^{r_1 l}} \end{aligned} \tag{5-45}$$

式中，u、D、k 分别为流速，弥散系数和污染物的一级降解系数；c_0 为污染物的初始质量浓度（即 $x=0$ 处）；l 为河流计算浓度。本例中，即需要根据 4 个点的污染物浓度，去推断参数为 D 及 k。

本例中的参数初始化如下：

$u=1\text{km/h}$，$c_0=1\text{mg/L}$，$l=15\text{km}$。观测点 $x=3\text{km}$、6km、9km、12km 处，观测值为 0.9559mg/L、0.9088mg/L、0.8407mg/L、0.6681mg/L。

步骤如下：

步骤 a：定义初始化化系数：包括基本条件、模型结构、迭代次数（5000 次）。

对于弥散系数 D 和污染物的一级降解系数 k，我们无法获得其先验分布，从文献中，可以查到其分布范围为：D 的范围为（0，10），k 的范围为（0，0.1）。在没有先验分布的情况下，为了使得墒值最大，我们假定其为均一分布。即

$$\begin{aligned} &D{:}\mathrm{U}(0,10);\\ &k{:}U(0,0.1); \end{aligned} \tag{5-46}$$

我们用正态分布构建其似然函数，即各点的污染值与观测值的相差。

$$\rho = \lambda \mathrm{e}^{\frac{-1}{2\sigma^2}\sum_{i=1}^{4}(d_i-\mathrm{dobs}i)^2} \tag{5-47}$$

式中，d_i 为观测值；dobs_i 为每一个点的计算值（根据每一步的 D 和 k 计算而得）。

因而，似然函数 L [式（5-43）中的 π]

$$L = \lambda \mathrm{e}^{\frac{-1}{2\sigma^2}\sum_{i=1}^{4}(d_i-\mathrm{dobs}i)^2}\chi; \tag{5-48}$$

式中，χ 为 D 和 k 的联合先验分布，由于我们假定了其为均一分布。因而，χ 的分布形式如下：

$$\chi\begin{cases}1, & 0<D<10;0<k<0.1\\ 0, & \text{else}\end{cases} \tag{5-49}$$

步骤 b：从 M-H 步骤中，第二步为生成状态转移函数，设置为正态分布。正态分布的方差为其先验分布方差/4。

步骤 c 至 e：由上分析可知，似然函数如式（5-48）所示，因此，整个反演命令如下：

```
u=1; c0=1; l=15; n=5000; theta=zeros (n, 2); c=zeros (n, 4); sc
=zeros (n, 1); x= [3 6 9 12]; z= [0.9559 0.9088 0.8407 0.6681];
r1= (u+sqrt (u^2+4*theta (1, 1) *theta (1, 2))) / (2*theta (1,
1)); r2= (u-sqrt (u^2+4*theta (1, 1) *theta (1, 2))) / (2*theta
(1, 1)); k1=c0*exp (r2*l) / (exp (r2*l) -exp (r1*l));
```

```
k2 = -c0 * exp (r1 * l) / (exp (r2 * l) - exp (r1 * l)); c (1,:) = k1 * exp
(r1 * x) + k2 * exp (r2 * x); sc (1) = sum ( (c (1,:) - z) .^2);
theta (1, 1) = unifrnd (0, 10); theta (1, 2) = unifrnd (0, 0.1);
for i = 2: n
covm = [sqrt (100/48), 0; 0, sqrt (0.01/48)]; yy = csmvrnd (theta (i-
1,:)', covm, 1);
r1 = (u + sqrt (u^2 + 4 * yy (1) * yy (2))) / (2 * yy (1)); r2 = (u - sqrt
(u^2 + 4 * yy (1) * yy (2))) / (2 * yy (1));
k1 = c0 * exp (r2 * l) / (exp (r2 * l) - exp (r1 * l)); k2 = -c0 * exp (r1 *
l) / (exp (r2 * l) - exp (r1 * l));
c (i,:) = k1 * exp (r1 * x) + k2 * exp (r2 * x);
uu = rand (1); y = sum ( (c (i,:) - z) .^2); alpha = min ( [normpdf (y,
0, 0.01) /normpdf (sc (i-1), 0, 0.01), 1]);
if uu <alpha & yy (1) >0 &yy (1) <10&yy (2) >0&yy (2) <0.1
theta (i,:) = yy; sc (i) = y; ind = ind + 1;
else
theta (i,:) = theta (i-1,:); sc (i) = sc (i-1);
end
end
```

运行上述命令，可得到其均值为（舍弃了前 2000 步结果）：

$$\overline{D} = 2.0473; \overline{k} = 0.0143; \tag{5-50}$$

从图 5-22 中可以看出，弥散系数在 2 的上下震荡，而一级降解系数在 0.015 上下震荡。说明，数据在经过初步迭代后，已经开始收敛。在计算数据收敛时，可应用 G-R 指标进行计算（Xu et al.，2006）。一般来说，G-R 指标小于 1.2 即说明数据已经收敛。在 M-H 算法中，各数据的相关性、相关系数也是重要指标之一。这些指标的计算，可查阅相关文献（Carlin，2000）。

另一种常用来构造马尔科夫链的方法为 Gibbs 抽样。其最大的优点在于采样效率高，为 100%。每一次采样都被接受。其原因在于在上述 M-H 算法中，每一个 X_t 是否被接受源于其似然函数，抽样效率在 20%～50%为宜。而在 Gibbs 算法中，每一个建议 X_t 都被接受，大大地提高了采样效率。Gibbs 方法的最大不方便在于必须先了解 X_t 中每一个成分的先验边缘分布，并产生随机数（随机数产生方法在本小节第二种方法——蒙特卡罗方法中已有阐述）。限于篇幅，本书并不阐述此方法的具体步骤，可查阅相关文献（Martinez W. L. and Martinez A. R.，2002）。

在实际操作中，Gibbs 方法可与 M-H 算法联用（Gelman et al.，1996），取

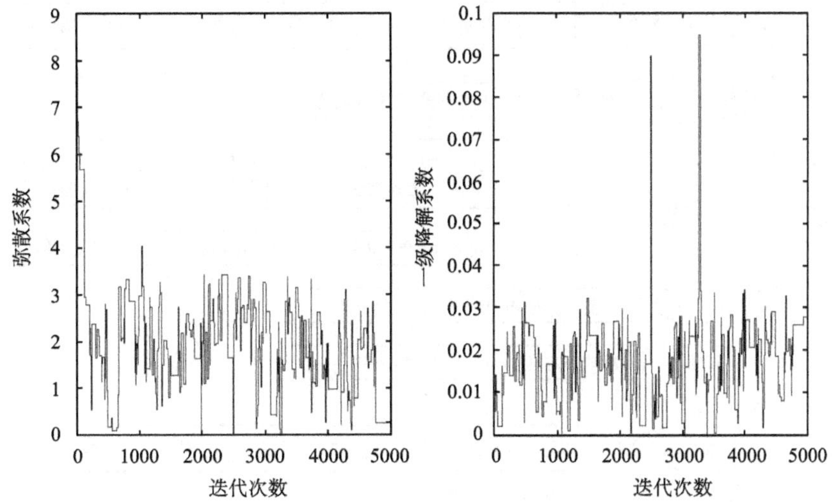

图 5-22　反演迭代图

长补短。提高采样效率，进而又保障结果的健壮性等。

第三类不确定性主要出现在其他评价过程中，特别是对毒性数据的评价。由于人体流行病调查数据的稀少，我们很难获得发生在实际人群的毒性数据。大部分化学物质的毒性数据是通过将动物实验数据外推到对人群的危害，在这个种间外推过程中发生不确定性；还有就是从高浓度到低浓度的外推。这里面最主要的区分主要是对于致癌物质和非致癌物质的细化。由于致癌的区别，这两者在进行风险评价的时候，其方法有着很大的不同。这部分内容将在前面第 2 章中已经有了较详细的阐述，本章不再重复。

在本章中，我们介绍了统计中常用的一些数学基础知识。然而，限于统计知识的庞杂，本章不可能将所有数学知识一一道来，甚至是很多基本概念也没有出现在本章节中，很多内容往往是点到为止，需要的读者可以详细的查阅参考文献。在环境科学领域，不懂得数学方法，研究者凭借其勤奋、严谨、聪慧，也能取得重大科学成就。然而，数学方法是望远镜、显微镜，有了数学方法，我们能够站得更高，看得更深。本章在介绍每一种基本数学方法的同时，也注重其应用功能，就是希望在分解步骤的时候，能够掌握每一种数学方法的原理，了解其使用方法、范围，这样才不会误用、滥用。作为本章最后的结尾部分，我们给出了在环境科学中常用的数学知识及其联系（图 5-23）。

如图 5-23 所示，我们列出即是数学中的传统三个部分的两个部分，即线性代数和概率与统计。而至于另外一个部分（微积分的内容），在风险评价中用到的地方并不是很多，我们只需要掌握基本的微分以及积分知识即可以了。在风险

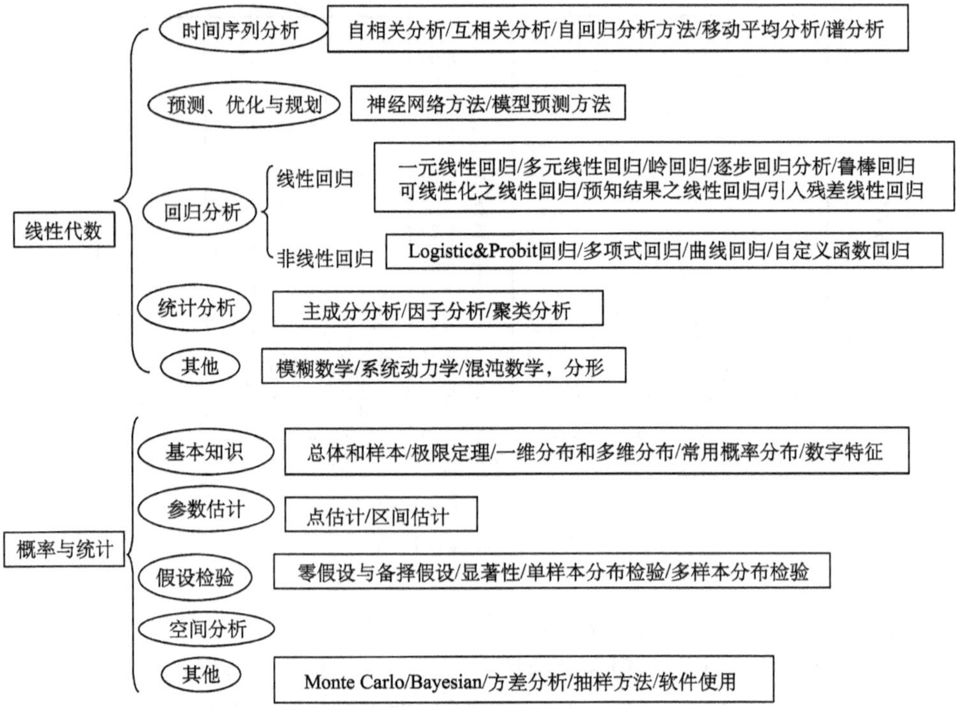

图 5-23　风险评价中应掌握的数学知识

评价中，最需要掌握的即是前面两部分内容。对于新型数学知识的三个部分，拓扑、泛函以及抽象代数，在我们的学科中，还没有大规模的应用。本章希望起到一个抛砖引玉的作用，更多的推荐阅读请查阅参考文献（Martinez and Martinez，2002；陈彦光，2008；陶澍，1996；陈佳明等，2002）。

思　考　题

（1）详细了解第一节涉及的其他常用分布，如 gamma 分布；了解这些分布间的内部联系；编写高维正态分布随机数发生器。

（2）比较拟合度三种检验方法的适用范围，用 spss 和 Matlab 实现三种检验方法；并且比较两个软件的差异。

（3）尝试一个 bootstrap 采样的例子，熟悉 bootstrap regression 过程。

（4）比较 logstic 回归与普通回归的差异性；比较 Matlab 中的 regress 命令和 spss 中线性拟合功能。

（5）尝试一个蒙特卡罗的例子并掌握蒙特卡罗过程；以混合 Bayesian 采样为基本方法，解决一个实际案例。

参考文献

陈佳明，戚红雨，潘伟. 2002. Matlab 数理统计. 北京：科学出版社.

陈彦光. 2008. 地理数学方法及其应用（课件整理）. 北京：北京大学城市与环境学院.

杜强，贾丽艳. 2009. SPSS 统计分析从入门到精通. 北京：人民邮电出版社.

费鹤良. 1982. 分布拟合优度检验方法综述. 上海师范大学学报（自然科学版），(02)：129-142.

陶澍. 1996. 应用数理统计方法. 北京：环境科学出版社.

王斌会，徐勇勇. 1996. 正态性检验的图示方法及其应用. 数理统计与应用概率，(03)：249-256.

维基百科. Monte Carlo 方法. http：//en. wikipedia. org/wiki/Monte Carlo _ Method.

张守玉，封伟. 2009. 基于 Bootstrap 方法的正态分布样本数据生成研究. 装备指挥技术学院学报，(02)：20-25.

朱嵩，毛根海，程伟平等. 2007. 基于贝叶斯推理的水环境系统参数识别. 江苏大学学报（自然科学版），28 (03)：237-240.

Carlin B P，Louis T A. 2000. Bayes and Empirical Bayes methods for data analysis. London：Chapman Hall CRC.

Gelman A，Bois F，Jiang J M. 1996. Physiological pharmacokinetic analysis using population modeling and informative prior distributions. J. Am. Stat. Assoc.，91 (436)：1400-1412.

Grist E，Leung K，Wheeler J R，et al. 2002. Better bootstrap estimation of hazardous concentration thresholds for aquatic assemblages. Environ. Toxicol. Chem.，21 (7)：1515-1524.

Hertwich E G，McKone T E，Pease W S. 2000. A systematic uncertainty analysis of an evaluative fate and exposure model. Risk Analysis，20 (4)：439-454.

Martinez W L，Martinez A R. 2002. Computational Statistics Handbook with MATLAB. London：Chapman Hall CRC.

Mckone T E. 1994. Uncertainty and variability in human exposures to soil contaminants through home-grown food—a Monte-Carlo assessment. Risk Analysis，14 (4)：449-463.

Michael J R. 1983. The stabilized probability plot. Biometrika，70 (1)：11-17.

Narsky I. 2003. Goodness of Fit：What DoWe ReallyWant to Know? PHYSTAT2003，SLAC，Stanford，California，(9)：8-11.

Posthuma L，Suter G W，Traas T P. 2002. Species Sensitivity Distributions in Ecotoxicology.（herry Hill，New Jersey：Lewis Publishers.

Thode H C. 2002. Testing for Normality. Boca Rabon，FL：CRC Press.

Wheeler J R，Grist E，Leung K，et al. 2002. Species sensitivity distributions：data and model choice. Mar Pollut Bull，45 (1-12Sp. Iss. SI)：192-202.

Xu T，White L，Hui D F，et al. 2006. Probabilistic inversion of a terrestrial ecosystem model：Analysis of uncertainty in parameter estimation and model prediction. Global Biogeochem Cy，20 (2)：(GB2007).

附　　录

附录Ⅰ　风险评价常用语

ABM：averting behavior method

防护行为法

ADI ：acceptable daily intake

日容许摄入量

ATSDR：Agency for Toxic Substances and Disease Registry

美国有害物质疾病登记局

AUC：area under the curve

浓度曲线下面积

ASL：above screening level

筛选浓度之上

ARI：aggregate risk index

美国 EPA 多途径风险指数

APDR：acute potential dose rate

急性潜在用量

ADME：absorption，distribution，metabolism and excretion

吸收、分配、代谢、排泄

ADD：average daily dose

日平均暴露量

ACC：American Chemistry Council

美国化学工业协会

benefit transfer：收益转移法

biomarker：生物标记物，通过测定能够表征体内暴露的证据，评价暴露量的各种指标。可以分为暴露指标和影响指标

BMC：benchmark concentration

基准浓度

BMCL：benchmark concentration lower confidence limit

基准浓度的 95%置信下限值

BMD：benchmark dose

基准剂量

BMDL：benchmark dose lower confidence limit

基准剂量的置信区间下限值

BF：bioavailability factor

100 内部用量/外部用量（Hrudey）

CBA：cost benefit analysis

成本和效益分析；为了削减化学物质所需要的社会费用和换算成货币的社会效益进行比较，如果效益高于社会费用，该对策给社会带来纯利益，有望实施

CEA：costs-effectiveness analysis

成本效果分析

CDF：cumulative probability density function

累积概率密度函数

central limit theorem

中心极限定理：概率论中讨论随机变量序列部分和的分布渐近于正态分布的一类定理。在自然界与生产中，一些现象受到许多相互独立的随机因素的影响，如果每个因素所产生的影响都很微小时，总的影响可以看作是服从正态分布的

ChV：chronic value

鱼类的慢性毒性值

CI：confidence interval

置信区间；推算时包含真值的可能性的范围。95%的置信区间是指置信区间内不包括真值的概率为5%

CMG：common mechanism group

具有共同作用机制的农药类

CMI：cornel medical index

Cornel 健康问询测试

CMR：carcinogenicity，mutagenicity，reproductive toxicity

致癌性，致突变性，生殖毒性

COC：chemicals of concern

具有风险的化学物质

COPC：chemicals of potential concern

具有潜在风险的化学物质

COMPACT：compute-optimised molecular parametric analysis of chemical toxicity

毒性值推算系统

Consumer surplus

消费者剩余

COI：cost of illness method

疾病费用法

CPLYS：cost per life-year saved

延长寿命一年的费用

CIIT：chemical industry institute of toxicology

美国化学产业毒性研究所

CPI：consumer price index

居民消费价格指数

CVM：contingent valuation method

假想市场法

DALY：disability adjusted life year

伤残调整寿命年定量的计算因各种疾病造成的早死与残疾对健康寿命年损失的综合指标。早死造成的

损失和因伤残造成的健康损失二者结合起来加以测算。一个 DALY 表示一个健康寿命年的损失，它反映的是疾病状态下损失的寿命年或通过干预挽回的寿命年损失

Delaney amendment，Delaney clause

美国《德莱尼修正案》(美国食品、药物和化妆品条例的修正案，禁止使用一切对人或动物有致癌作用的食品添加剂或其他物质，不管其用量多少

EC_{01}：有害影响高于背景 1%时的暴露浓度

ECETOC：european centre for ecotoxiclogy and toxicology of chemicals

欧洲环境健康毒性中心

ECA：European Chemicals Agency

欧洲化学物质局（REACH 系统的实施机构）

EDLC：estimated dose of low concern

预测无影响量

EFH：exposure factors handbook

暴露因子手册

EHC：environmental health criteria

环境健康基准

EHE：estimated human expoures

人类预测暴露量

ESQ：ecological screening quotient

环境初期评价指数

EU：European Union

欧洲联盟

Endpoint：影响判断的点。特定的病或者由于该病导致的死亡等

Excess lifetime cancer risk：终生过剩致癌风险

Existence value：存在价值

EUSES：European Union system for the evaluation of substances

EU 的化学物质风险评价系统

EURAM：European Union risk ranking method

欧洲联合风险排序方法

FQPA：Food Quality Protection Act

《美国食品安全保护法》

GINC：global information network on chemicals

化学物质安全性信息交换网络

GM：geometric mean

几何平均；数据对数变化后的算术平均值的反对数

GSD：geometric standard deviation

几何标准偏差；数据对数变换后的标准偏差的反对数

HEAST：health effect assessment summary table

健康影响数据库；IRIS 输入之前

HEC：human equivalent concentration

人类等价浓度（指定 RfC 时使用的用语）

hedonic property value study

　　内涵资产定价法

HQ：hazard quotient

　　危害性指标

HPM：hedonic price method

　　内涵定价法

HPV：high production volume chemicals

　　高生产量化学物质

HSDB：hazardous substance data bank

　　化学物质毒性数据库

IARC：International Agency for Research on Cancer

　　国际癌症研究署

IRIS：integrated risk information system

　　美国综合风险信息系统（美国环境保护局提供）

IUCLID：international uniform chemical information database

　　欧盟化学物质数据库

INCHEM：Chemical safety information from intergovernmental organization

　　IPCS（international programme on Chemical safety 制作的数据库

IARC：International Council of Chemical Associations

　　国际化学工业协会协议会

Individual excess lifetime cancer risk：个人一生额外致癌风险

LC_{50}：半致死浓度

LD_{50}：半致死剂量

LOAEL：lowest-observed-adverse-effect-level

　　最小毒性剂量；与对照组相比，暴露组中发生的有害影响的发生程度和发生频率统计学上呈现有意义增加的最低投加量。

LOEC：lowest-observed effect concentration

　　最低影响浓度；毒性实验中，暴露组合对照组之间存在显著性差异的影响的化学物质的最低浓度。

LRI：long-range research initiative

　　长期自主研究

LLE：loss of life expectancy

　　预期损失寿命；定量评价健康风险的一个尺度；平均寿命缩短时间；能够统一评价各种风险的大小。

LED_{10}：lower confidence limit on the effective dose to produce a 10 percent response

　　10％的影响用量的安全侧置信值；也可以表示为 $BMLD_{10}$

LADD：lifetime average daily dose

　　终生平均日暴露量

market method：市场法

MCL：maximum contaminant level

　　最大污染物水平

MCLG：maximum contaminant level goal

　　最大污染物水平目标值

MOE：margin of exposure：the benchmark dose divided by the dose from exposure. The smaller the dose from exposure the larger the margin of exposure

暴露边界

MOS：margin of safety

安全边界；与暴露边界同义，欧洲经常采用 MOS 概念

MSDS：material safety data sheet

产品安全数据集

NCI：National Cancer Institute

美国国家癌症研究机构

NOAEL：no observed adverse effect level

无毒性剂量

NOEC：no observed effect concentration

无影响浓度

NTP：National toxicology program

美国毒性评价项目

NRC：National Research Council

美国学术研究委员会

OECD：Organization for Economic Cooperation and Development

经济合作与发展组织，简称经合组织

OR（odds ratio）：在病例/对照研究中，暴露组合对照组中得病个体数比率和暴露组合对照组中健康个体（对照）比率之比

PBPK model：physiologically based pharmacokinetic modeling

生理药动学模型

PEC：predicted environmental concentration

预测环境浓度

PNEC：predicted no effect concentration

预测无影响浓度

Producer surplus：生产者剩余

PRTR：pollutant release and transfer register

化学物质排放和转移登记制度，是指建立一个从各类排放源向环境排放和通过废弃物转移的各种指定危险化学物质的报告和登记制度，并将收集的数据向社会公众散发和用于化学品环境管理

PTWI：provisional tolerable weekly intake

暂定容许周摄入量

PDF：probability density function

概率密度函数

QALY：quality-adjusted life year

质量生命调整年：用生命质量来调整期望寿命或生存年数而得到的一个新指标，它综合反映人群生命质量和生存数量的指标，是生命质量与生存数量的有机统一。质量调整寿命年的计算，首先将生命评价方法得出各种功能状态或不健康状态的效用值（参考尺度 0～1.0，0 表示死亡，1.0 表示完全健康）作为权重，再计算各种状态下的生存年数。一个 QALY 反映一个健康生存年，即它可以反映在疾病状态下或干预后剩余（经调整）的健康的寿命年

QOL：quality of life

生活质量：生存质量或生活质量 。WHO 定义健康为健康不仅意味着无病，而且在生理、心理及社会功能等方面处于一种完全良好的状态。社会学、心理学、医学等学科综合分析 ：生命质量不仅包括维持生命、保持躯体的完好，而且强调生活的多彩、与社会的和谐以及自身价值的实现和对社会的作用。它更符合 WHO“quality of life”内涵

RA：risk assessment

风险评价

RC：risk characterization

风险判断

revealed preference method：显示选好法

RfC：reference concentration

参考浓度；终生不可能产生有害影响的风险的人类每天的暴露浓度（剂量）的推算值。参考浓度的推算根据非致癌影响，通常是 NOAEL 或者 LOAEL 除不确定系数（UF）计算得到。美国 EPA 经常用该概念，实际上类似于 ADI

RfD：reference dose

参考剂量，常用于长期经口摄入剂量

ROD：report of decision

决定报告书，美国 EPA 的风险管理报告书

RME：reasonable maximumu exposure

合理的有根据的最大暴露

RMP：risk management program/plan

美国 EPA 紧急时风险应对计划

RPF：relative potential factor

相对影响因子

RTECS：registry of toxic effect of chemical substances

化学物质的毒性数据库

RI：risk index

风险指数

Risk Tradeoff：风险权衡

REACH：registration，evaluation，authorization，and restrictions of chemicals

欧盟的化学物质管理的新政策

RS：rating scale

得分尺度法

SF：slope factor

致癌斜率系数或者 cancer slope factor（CSF）

SG：standard gamble

基准博弈法

SIDS：screening information data set

初期评价的数据集

SRA：Society for Risk Analysis

风险解析学会（在美国）

SSD：species sensitivity distribution

　　生物种间敏感性分布

stated preference method：陈述选择偏好法

TCCR：transparency，clarity，consistency，reasonableness

　　美国环境保护局的风险管理原则

TCM：travel cost method

　　旅行费用法

TDI：tolerable daily intake

　　耐受摄入量

生殖毒性：生物生殖功能（受精能力和生殖组织发生影响的危害）

斜率系数：终生，每天摄入单位体重 1mg 化学物质时的过剩致癌风险。斜率系数乘摄入量［mg/（kg·d）］就是过剩致癌风险。

TD-TK：ToxicoDynamics-toxicoKinetics

　　体内动态和反应性

TTO：time trade-off

　　时间得失法

TRI：toxicant release inventory

　　有害物质排放量登记制度

TRV：toxicity reference value

　　毒性参照值

TWA：time-weighted average

　　时间权重平均值

UF：uncertainty factor

　　不确定系数：化学物质的有害影响的参考剂量。从毒性实验，流行病调查结果外推到人类健康影响浓度时，根据需要追加的系数。这些不确定系数主要包括人和动物敏感性的种间差、人的敏感性个差，从 LOAEL 外推到 NOAEL 的不确定系数。也被称为安全系数（safety factor）、评价系数（assessment factor）、调整系数（adjustment factor）。但是人类健康风险评价中，经常采用不确定系数这个概念，而生态风险评价中经常采用评价系数

user value：使用价值

USES：uniform system for the evaluation of substance

　　荷兰的化学物质风险评价系统

vPvB：veryPersistent，very bioaccumulative

　　高残留性/高富集性

VSD：virtually safe dose

　　实际安全量，针对致癌取之而言

VSL：value of a statistical life

　　统计学生命的价值

WHO：World Health Organization

　　世界卫生组织

WTP：willingness to pay

　　支付意愿

附录Ⅱ　生态风险评价的指南和案例

(1) 美国环境保护局，生态风险评价指南

USEPA，1998，Guideline for ecological risk assessment，EPA/630/R-95/002F

(2) EU，新物质的风险评价的欧盟指令 93/67/EEC；旧物质的风险评价的欧盟规则（EC），1488/94 的技术指南

European commission (1996)，Technical guidance document in support of commission directive 93/67/EEC on risk assessment for new notified substances and commission regulation (EC) 1488/94 on risk assessment for existing substances Part Ⅱ.

(3) 经济合作与发展组织，SIDS 手册，高产量物质（HPV）

OECD Secretatiat 1997，SIDS manual

(4) 经济协力开发机构，水环境影响评价指南，环境水和沉积物中化学物质，高产量物质（HPV）的补充

OECD，1995，Guidance document for aquatic effets assessment，OECD environment monographs No. 92

(5) 加拿大环境省，加拿大环境保护法下的优选物质环境评价，旧物质

Environment Canada 1997，Environmental assessment of priority substances under the Canadian environmental protection Act. EPS/2/CC/3E

(6) 美国水环境研究基金，水环境生态风险评价：多阶段评价，水环境中的化学物质

Parkhurst B. R.，Warren-hicks W.，Cardwell R. D.，Volosin J.，Etchison T.，Butcher J. B.，Covington S.，M.，1996，Aquatic ecological risk assessment ：a multi-tiered approach. Water Environment Research Foundation，Project 91-AER-1

(7) FIFRA 风险评价方法研讨委员会，ECOFRAM 水环境报告，农药

Ecological Committee on FIFRA risk assessment methods (ECOFRAM)，1999，ECOFRAM Aquatic report.

(8) 美国环境保护局，生态风险评价指南：Superfund 地的生态风险评价计划和实施过程，污染场地

USEPA，1997，Ecological risk assessment guidance for Superfund：process for designing and conducting ecological risk assessments，EPA540-R-97-006.

(9) 加拿大环境大臣审议会，生态风险评价框架：一般指南，污染场地

Canadian council of minister of the Environment (CCME)，1996，A gramework for ecological risk assessment，General guidance.

(10) 英国环境保护厅，废弃物处理设施的环境风险评价的实质性指南，废弃物处理设施认可

U. K. Environmental Agency，2000，A practical guideline to environmental risk assessment for waste management facilities guidance Note 25，Version 2.

(11) 美国环境保护局，为了水生生物保护的水质基准计算及其使用相关的指南，水质基准

Stephan C. E.，Mount D. I.，Hansen D. J.，Gentile J. H.，Chapman G. A.，Rrungs W. A.，1985，Guidelines for deriving numberical national water quality criteria for the protection of aquatic organisms and their uses，USEPA，PB85-227049.

(12) RIVM，荷兰环境风险限度，没有法律约束的环境基准

Bruijin J. de，Crommentuijn T.，Leeuwn K. van，Plassche E. van der，Sijm D.，Weiden M. van der.，1999，Environmental risk limits in The Netherlands，RIVM

(13) 美国政府、科学技术审议会、环境自然资源委员会、美国政府的生态风险评价、化学物质、外来物

种、病危物种等案例集
Committee on environment and natural resources of the national science and technology council (CENR), 1999, Ecological risk assessment in the federal government, CENR/5-99/001.

附录Ⅲ　风险评价中常用软件

软件分类	软件名称	用途及其说明
文本编辑类	Office Word	文档编辑，最为普遍
	WPS	国产软件，免费，与 Word 兼容
	Mathtype	与 Word 兼容的公式编辑器
	Chemical drawing	分子式绘制软件
数据处理类	Office excel	最为常用，简单的数据处理
	SPSS	三大流行统计软件之一
	SAS	最专业的统计软件
	Statistic	性价比较高的统计软件
	@Risk	最为专业的风险评价软件
	Crystal ball	Monte Carlo 专业软件
	Revman	Meta analysis 的专业软件
	Get data	从图形中获取数据软件
	R 软件	免费、简洁、易操作的编程软件
	Matlab	非常强大的数据编程处理，扩展性强
绘图类	Origin	功能强大，操作简单的专业绘图软件
	PowerPoint	可对图形进行基本的美化
	Photoshop	可对图形进行专业的美化
	ArcView	含地理信息类图形处理
	Google earth	辅助类采样图绘制
PBPK 相关软件	ACSL	最为专业流行的 PBPK 建模软件
	Berkeley Madonna	免费、简单的 PBPK 小软件
	BMDS	benchmark dose 计算软件
	PK solutions	体内化学物质浓度数据监测，预测专业软件
	Metabase	用来管理整理动物实验类数据专业软件
	Berkeley Madonna	免费、简单的 PBPK 小软件

附录Ⅳ　统计用表

1. 标准正态分布表

$$\Phi(x) = \int_{-\infty}^{x} \frac{1}{\sqrt{2\pi}} e^{-u^2/2} du$$

φ	0.00	0.01	0.02	0.03	0.04	0.05	0.06	0.07	0.08	0.09
0.0	0.5000	0.5040	0.5080	0.5120	0.5160	0.5199	0.5239	0.5279	0.5319	0.5359
0.1	0.5398	0.5438	0.5478	0.5517	0.5557	0.5596	0.5636	0.5675	0.5714	0.5753
0.2	0.5793	0.5832	0.5871	0.5910	0.5948	0.5987	0.6026	0.6064	0.6103	0.6141
0.3	0.6179	0.6217	0.6255	0.6293	0.6331	0.6368	0.6406	0.6443	0.6480	0.6517
0.4	0.6554	0.6591	0.6628	0.6664	0.6700	0.6736	0.6772	0.6808	0.6844	0.6879
0.5	0.6915	0.6950	0.6985	0.7019	0.7054	0.7088	0.7123	0.7157	0.7190	0.7224
0.6	0.7257	0.7291	0.7324	0.7357	0.7389	0.7422	0.7454	0.7486	0.7517	0.7549
0.7	0.7580	0.7611	0.7642	0.7673	0.7703	0.7734	0.7764	0.7794	0.7823	0.7852
0.8	0.7881	0.7910	0.7939	0.7967	0.7995	0.8023	0.8051	0.8078	0.8106	0.8133
0.9	0.8159	0.8186	0.8212	0.8238	0.8264	0.8289	0.8315	0.8340	0.8365	0.8389
1.0	0.8413	0.8438	0.8461	0.8485	0.8508	0.8531	0.8554	0.8577	0.8599	0.8621
1.1	0.8643	0.8665	0.8686	0.8708	0.8729	0.8749	0.8770	0.8790	0.8810	0.8830
1.2	0.8849	0.8869	0.8888	0.8907	0.8925	0.8944	0.8962	0.8980	0.8997	0.9015
1.3	0.9032	0.9049	0.9066	0.9082	0.9099	0.9115	0.9131	0.9147	0.9162	0.9177
1.4	0.9192	0.9207	0.9222	0.9236	0.9251	0.9265	0.9278	0.9292	0.9306	0.9319
1.5	0.9332	0.9345	0.9357	0.9370	0.9382	0.9394	0.9406	0.9418	0.9430	0.9441
1.6	0.9452	0.9463	0.9474	0.9484	0.9495	0.9505	0.9515	0.9525	0.9535	0.9545
1.7	0.9554	0.9564	0.9573	0.9582	0.9591	0.9599	0.9608	0.9616	0.9625	0.9633
1.8	0.9641	0.9648	0.9656	0.9664	0.9671	0.9678	0.9686	0.9693	0.9700	0.9706
1.9	0.9713	0.9719	0.9726	0.9732	0.9738	0.9744	0.9750	0.9756	0.9762	0.9767
2.0	0.9772	0.9778	0.9783	0.9788	0.9793	0.9798	0.9803	0.9808	0.9812	0.9817
2.1	0.9821	0.9826	0.9830	0.9834	0.9838	0.9842	0.9846	0.9850	0.9854	0.9857
2.2	0.9861	0.9864	0.9868	0.9871	0.9874	0.9878	0.9881	0.9884	0.9887	0.9890
2.3	0.9893	0.9896	0.9898	0.9901	0.9904	0.9906	0.9909	0.9911	0.9913	0.9916
2.4	0.9918	0.9920	0.9922	0.9925	0.9927	0.9929	0.9931	0.9932	0.9934	0.9936
2.5	0.9938	0.9940	0.9941	0.9943	0.9945	0.9946	0.9948	0.9949	0.9951	0.9952
2.6	0.9953	0.9955	0.9956	0.9957	0.9959	0.9960	0.9961	0.9962	0.9963	0.9964
2.7	0.9965	0.9966	0.9967	0.9968	0.9969	0.9970	0.9971	0.9972	0.9973	0.9974
2.8	0.9974	0.9975	0.9976	0.9977	0.9977	0.9978	0.9979	0.9979	0.9980	0.9981
2.9	0.9981	0.9982	0.9982	0.9983	0.9984	0.9984	0.9985	0.9985	0.9986	0.9986
3.0	0.9987	0.9990	0.9993	0.9995	0.9997	0.9998	0.9998	0.9999	0.9999	1.0000

2. t 分布表

$P\{t(n)>t_{\alpha}(n)\}=\alpha$

n	α										
	0.25	0.2	0.15	0.1	0.05	0.025	0.01	0.005	0.0025	0.001	0.0005
1	1.000	1.376	1.963	3.078	6.314	12.71	31.82	63.66	127.3	318.3	636.6
2	0.816	1.061	1.386	1.886	2.920	4.303	6.965	9.925	14.09	22.33	31.60
3	0.765	0.978	1.250	1.638	2.353	3.182	4.541	5.841	7.453	10.21	12.92
4	0.741	0.941	1.190	1.533	2.132	2.776	3.747	4.604	5.598	7.173	8.610
5	0.727	0.920	1.156	1.476	2.015	2.571	3.365	4.032	4.773	5.893	6.869
6	0.718	0.906	1.134	1.440	1.943	2.447	3.143	3.707	4.317	5.208	5.959
7	0.711	0.896	1.119	1.415	1.895	2.365	2.998	3.499	4.029	4.785	5.408
8	0.706	0.889	1.108	1.397	1.860	2.306	2.896	3.355	3.833	4.501	5.041
9	0.703	0.883	1.100	1.383	1.833	2.262	2.821	3.250	3.690	4.297	4.781
10	0.700	0.879	1.093	1.372	1.812	2.228	2.764	3.169	3.581	4.144	4.587
11	0.697	0.876	1.088	1.363	1.796	2.201	2.718	3.106	3.497	4.025	4.437
12	0.695	0.873	1.083	1.356	1.782	2.179	2.681	3.055	3.428	3.930	4.318
13	0.694	0.870	1.079	1.350	1.771	2.160	2.650	3.012	3.372	3.852	4.221
14	0.692	0.868	1.076	1.345	1.761	2.145	2.624	2.977	3.326	3.787	4.140
15	0.691	0.866	1.074	1.341	1.753	2.131	2.602	2.947	3.286	3.733	4.073
16	0.690	0.865	1.071	1.337	1.746	2.120	2.583	2.921	3.252	3.686	4.015
17	0.689	0.863	1.069	1.333	1.740	2.110	2.567	2.898	3.222	3.646	3.965
18	0.688	0.862	1.067	1.330	1.734	2.101	2.552	2.878	3.197	3.610	3.922
19	0.688	0.861	1.066	1.328	1.729	2.093	2.539	2.861	3.174	3.579	3.883
20	0.687	0.860	1.064	1.325	1.725	2.086	2.528	2.845	3.153	3.552	3.850
21	0.686	0.859	1.063	1.323	1.721	2.080	2.518	2.831	3.135	3.527	3.819
22	0.686	0.858	1.061	1.321	1.717	2.074	2.508	2.819	3.119	3.505	3.792
23	0.685	0.858	1.060	1.319	1.714	2.069	2.500	2.807	3.104	3.485	3.767
24	0.685	0.857	1.059	1.318	1.711	2.064	2.492	2.797	3.091	3.467	3.745
25	0.684	0.856	1.058	1.316	1.708	2.060	2.485	2.787	3.078	3.450	3.725
26	0.684	0.856	1.058	1.315	1.706	2.056	2.479	2.779	3.067	3.435	3.707
27	0.684	0.855	1.057	1.314	1.703	2.052	2.473	2.771	3.057	3.421	3.690
28	0.683	0.855	1.056	1.313	1.701	2.048	2.467	2.763	3.047	3.408	3.674
29	0.683	0.854	1.055	1.311	1.699	2.045	2.462	2.756	3.038	3.396	3.659
30	0.683	0.854	1.055	1.310	1.697	2.042	2.457	2.750	3.030	3.385	3.646
40	0.681	0.851	1.050	1.303	1.684	2.021	2.423	2.704	2.971	3.307	3.551
50	0.679	0.849	1.047	1.299	1.676	2.009	2.403	2.678	2.937	3.261	3.496
60	0.679	0.848	1.045	1.296	1.671	2.000	2.390	2.660	2.915	3.232	3.460
80	0.678	0.846	1.043	1.292	1.664	1.990	2.374	2.639	2.887	3.195	3.416
100	0.677	0.845	1.042	1.290	1.660	1.984	2.364	2.626	2.871	3.174	3.390
120	0.677	0.845	1.041	1.289	1.658	1.980	2.358	2.617	2.860	3.160	3.373
infty	0.674	0.842	1.036	1.282	1.645	1.960	2.326	2.576	2.807	3	

3. 卡方（χ^2）分布表

$P(\chi^2(n) > \chi_\alpha^2(n)\} = \alpha$

n	α												
	0.995	0.99	0.975	0.95	0.9	0.75	0.5	0.25	0.1	0.05	0.025	0.01	0.005
1	…	…	…	…	0.02	0.1	0.45	1.32	2.71	3.84	5.02	6.63	7.88
2	0.01	0.02	0.02	0.1	0.21	0.58	1.39	2.77	4.61	5.99	7.38	9.21	10.6
3	0.07	0.11	0.22	0.35	0.58	1.21	2.37	4.11	6.25	7.81	9.35	11.34	12.84
4	0.21	0.3	0.48	0.71	1.06	1.92	3.36	5.39	7.78	9.49	11.14	13.28	14.86
5	0.41	0.55	0.83	1.15	1.61	2.67	4.35	6.63	9.24	11.07	12.83	15.09	16.75
6	0.68	0.87	1.24	1.64	2.2	3.45	5.35	7.84	10.64	12.59	14.45	16.81	18.55
7	0.99	1.24	1.69	2.17	2.83	4.25	6.35	9.04	12.02	14.07	16.01	18.48	20.28
8	1.34	1.65	2.18	2.73	3.4	5.07	7.34	10.22	13.36	15.51	17.53	20.09	21.96
9	1.73	2.09	2.7	3.33	4.17	5.9	8.34	11.39	14.68	16.92	19.02	21.67	23.59
10	2.16	2.56	3.25	3.94	4.87	6.74	9.34	12.55	15.99	18.31	20.48	23.21	25.19
11	2.6	3.05	3.82	4.57	5.58	7.58	10.34	13.7	17.28	19.68	21.92	24.72	26.76
12	3.07	3.57	4.4	5.23	6.3	8.44	11.34	14.85	18.55	21.03	23.34	26.22	28.3
13	3.57	4.11	5.01	5.89	7.04	9.3	12.34	15.98	19.81	22.36	24.74	27.69	29.82
14	4.07	4.66	5.63	6.57	7.79	10.17	13.34	17.12	21.06	23.68	26.12	29.14	31.32
15	4.6	5.23	6.27	7.26	8.55	11.04	14.34	18.25	22.31	25	27.49	30.58	32.8
16	5.14	5.81	6.91	7.96	9.31	11.91	15.34	19.37	23.54	26.3	28.85	32	34.27
17	5.7	6.41	7.56	8.67	10.09	12.79	16.34	20.49	24.77	27.59	30.19	33.41	35.72
18	6.26	7.01	8.23	9.39	10.86	13.68	17.34	21.6	25.99	28.87	31.53	34.81	37.16
19	6.84	7.63	8.91	10.12	11.65	14.56	18.34	22.72	27.2	30.14	32.85	36.19	38.58
20	7.43	8.26	9.59	10.85	12.44	15.45	19.34	23.83	28.41	31.41	34.17	37.57	40
21	8.03	8.9	10.28	11.59	13.24	16.34	20.34	24.93	29.62	32.67	35.48	38.93	41.4
22	8.64	9.54	10.98	12.34	14.04	17.24	21.34	26.04	30.81	33.92	36.78	40.29	42.8
23	9.26	10.2	11.69	13.09	14.85	18.14	22.34	27.14	32.01	35.17	38.08	41.64	44.18
24	9.89	10.86	12.4	13.85	15.66	19.04	23.34	28.24	33.2	36.42	39.36	42.98	45.56
25	10.52	11.52	13.12	14.61	16.47	19.94	24.34	29.34	34.38	37.65	40.65	44.31	46.93
26	11.16	12.2	13.84	15.38	17.29	20.84	25.34	30.43	35.56	38.89	41.92	45.64	48.29
27	11.81	12.88	14.57	16.15	18.11	21.75	26.34	31.53	36.74	40.11	43.19	46.96	49.64
28	12.46	13.56	15.31	16.93	18.94	22.66	27.34	32.62	37.92	41.34	44.46	48.28	50.99
29	13.12	14.26	16.05	17.71	19.77	23.57	28.34	33.71	39.09	42.56	45.72	49.59	52.34
30	13.79	14.95	16.79	18.49	20.6	24.48	29.34	34.8	40.26	43.77	46.98	50.89	53.67
40	20.71	22.16	24.43	26.51	29.05	33.66	39.34	45.62	51.8	55.76	59.34	63.69	66.77
50	27.99	29.71	32.36	34.76	37.69	42.94	49.33	56.33	63.17	67.5	71.42	76.15	79.49
60	35.53	37.48	40.48	43.19	46.46	52.29	59.33	66.98	74.4	79.08	83.3	88.38	91.95
70	43.28	45.44	48.76	51.74	55.33	61.7	69.33	77.58	85.53	90.53	95.02	100.42	104.22
80	51.17	53.54	57.15	60.39	64.28	71.14	79.33	88.13	96.58	101.88	106.63	112.33	116.32
90	59.2	61.75	65.65	69.13	73.29	80.62	89.33	98.64	107.56	113.14	118.14	124.12	128.3
100	67.33	70.06	74.22	77.93	82.36	90.13	99.33	109.14	118.5	124.34	129.56	135.81	

4. 常用分布的概率 & 累积密度函数及 Matlab 字符串

分布模型	概率密度函数（PDF）	累积概率密度函数（CDF）	Matlab 字符串
Beta	$f(x)=\dfrac{1}{B(a,b)}x^{a-1}(1-x)^{b-1}$	$F(x)=\dfrac{1}{B(a,b)}\int_0^x t^{a-1}(1-t)^{b-1}\mathrm{d}t$	beta
Binomial	$f(x)=\binom{n}{x}p^x(1-p)^{n-x}$	$F(x)=\sum_{i=0}^{n}\binom{n}{i}p^i(1-p)^{n-1}$	bino
Exponential	$f(x)=\lambda e^{-\lambda x}$	$F(x)=1-e^{-\lambda x}$	exp
Gamma	$f(x)=\dfrac{1}{b^a\Gamma(a)}x^{a-1}e^{x/b}$	$f(x)=\dfrac{1}{b^a\Gamma(a)}\int_0^x t^{a-1}e^{t/b}\mathrm{d}t$	gam
Lognormal	$f(x)=\dfrac{1}{\sigma x\sqrt{2\pi}}e^{-\frac{(\ln(x)-\mu)^2}{2\sigma^2}}$	$f(x)=\int_0^x\dfrac{1}{\sigma t\sqrt{2\pi}}e^{-\frac{(\ln(t)-\mu)^2}{2\sigma^2}}\mathrm{d}t$	logn
Normal	$f(x)=\dfrac{1}{\sigma\sqrt{2\pi}}e^{-\frac{(x-\mu)^2}{2\sigma^2}}$	$f(x)=\dfrac{1}{\sigma\sqrt{2\pi}}\int_{-\infty}^x e^{-\frac{(t-\mu)^2}{2\sigma^2}}dt$	norm
Poisson	$f(x)=\dfrac{\lambda^x e^{-\lambda}}{x!}$	$F(x)=\sum_{i=0}^{n}\dfrac{\lambda^i e^{-\lambda}}{i!}$	poiss
Uniform	$f(x)=\dfrac{1}{\beta-\alpha}$	$F(x)=\dfrac{x}{\beta-\alpha}$	unif
Weibull	$f(x)=ba^{-b}x^{b-1}e^{(-\frac{x}{a})b}$	$F(x)=1-e^{-(\frac{x}{a})^b}$	weib
Triangular *	$f(x)=\begin{cases}\dfrac{2(x-\alpha)}{(\beta-\alpha)(\gamma-\alpha)}, & \alpha\leqslant x\leqslant\gamma\\ \dfrac{2(\beta-x)}{(\beta-\alpha)(\beta-\gamma)}, & \gamma\leqslant x\leqslant\beta\end{cases}$	$F(x)=\begin{cases}\dfrac{(x-\alpha)^2}{(\beta-\alpha)(\gamma-\alpha)}, & \alpha\leqslant x\leqslant\gamma\\ 1-\dfrac{(\beta-x)^2}{(\beta-\alpha)(\beta-\gamma)}, & \gamma\leqslant x\leqslant\beta\end{cases}$	—

* Matlab 函数库中并不含有三角分布。

5. 正态分布检验 Michael 方法临界表

附表 5-a　Michael 方法正态分布临界表（*d*）

样本数	显著性水平				
	0.010	0.050	0.100	0.250	0.500
5	0.208	0.172	0.154	0.128	0.102
6	0.198	0.165	0.149	0.125	0.101
7	0.190	0.159	0.144	0.121	0.099
8	0.183	0.154	0.140	0.118	0.097

续表

样本数	显著性水平				
	0.010	0.050	0.100	0.250	0.500
9	0.177	0.149	0.136	0.115	0.095
10	0.172	0.145	0.132	0.113	0.093
11	0.167	0.142	0.129	0.110	0.092
12	0.163	0.138	0.126	0.108	0.090
13	0.159	0.135	0.123	0.106	0.088
14	0.155	0.132	0.121	0.104	0.087
15	0.152	0.129	0.118	0.102	0.085
16	0.149	0.127	0.116	0.100	0.084
17	0.146	0.125	0.114	0.098	0.082
18	0.144	0.122	0.112	0.096	0.081
19	0.141	0.120	0.110	0.095	0.080
20	0.139	0.118	0.109	0.094	0.079
30	0.122	0.104	0.095	0.082	0.070
40	0.110	0.094	0.086	0.075	0.064
50	0.102	0.087	0.080	0.069	0.059
60	0.096	0.082	0.075	0.065	0.056
70	0.091	0.077	0.071	0.061	0.052
80	0.081	0.074	0.068	0.059	0.050
90	0.083	0.071	0.065	0.056	0.048
100	0.080	0.068	0.062	0.054	0.046
200	0.062	0.052	0.048	0.041	0.035
300	0.053	0.045	0.041	0.035	0.030
400	0.048	0.040	0.036	0.031	0.027
500	0.044	0.036	0.033	0.029	0.024
600	0.040	0.034	0.031	0.027	0.023
700	0.038	0.032	0.029	0.025	0.021
800	0.036	0.030	0.027	0.023	0.020
900	0.03	0.03	0.03	0.02	0.02
1000	0.032	0.027	0.025	0.021	0.018

附表 5-b　Michael 方法均一分布临界表（*d*）

样本数	显著性水平				
	0.010	0.050	0.100	0.250	0.500
1	0.455	0.399	0.356	0.27	0.167
2	0.495	0.406	0.353	0.273	0.198
3	0.461	0.377	0.333	0.26	0.195

续表

样本数	显著性水平				
	0.010	0.050	0.100	0.250	0.500
4	0.43	0.351	0.311	0.248	0.188
5	0.403	0.329	0.292	0.235	0.18
6	0.38	0.311	0.277	0.224	0.173
7	0.361	0.296	0.264	0.215	0.167
8	0.344	0.283	0.252	0.206	0.161
9	0.33	0.271	0.242	0.198	0.156
10	0.317	0.261	0.233	0.192	0.152
12	0.296	0.244	0.218	0.18	0.143
14	0.278	0.23	0.206	0.17	0.137
16	0.263	0.218	0.196	0.162	0.131
18	0.251	0.208	0.187	0.155	0.125
20	0.240	0.199	0.179	0.149	0.121
22	0.230	0.191	0.172	0.144	0.117
24	0.222	0.185	0.166	0.139	0.113
30	0.201	0.168	0.152	0.127	0.104
40	0.177	0.148	0.134	0.113	0.093
50	0.160	0.134	0.122	0.103	0.085
60	0.148	0.124	0.113	0.095	0.079
70	0.137	0.116	0.105	0.089	0.074
80	0.129	0.109	0.099	0.084	0.070
90	0.122	0.103	0.097	0.080	0.067
100	0.116	0.098	0.09	0.076	0.064

附录Ⅴ　我国2～5岁儿童膳食结构调查表

儿童年龄	年份	样本量	米	面	其他谷类	薯类	干豆类	深色蔬菜	浅色蔬菜	腌菜	水果	坚果	猪肉	其他畜肉	豆制品
2.00	1989	274.00	125.10	71.70	24.10	35.30	2.30	26.40	95.10	12.80	39.90	1.30	18.60	1.80	4.90
	1991	258.00	126.60	73.10	12.20	16.00	2.60	27.30	98.20	2.90	27.70	2.60	26.80	2.00	7.70
	1993	133.00	114.50	83.80	8.80	19.30	2.30	31.80	102.00	6.60	11.30	2.50	25.70	2.50	5.40
	1997	120.00	124.50	46.80	6.70	18.30	3.70	36.40	67.30	4.80	27.60	0.90	30.10	4.60	7.00
	2000	113.00	111.60	60.80	6.70	18.60	1.30	41.80	90.20	2.50	19.00	1.60	36.10	1.80	7.60
	2004	69.00	94.10	45.00	3.70	6.30	0.20	34.30	70.10	2.60	20.40	0.30	29.10	3.80	3.50
3.00	1989	288.00	162.30	77.20	26.10	52.90	3.90	37.10	120.90	20.50	37.30	3.00	24.20	2.40	6.10
	1991	288.00	128.80	104.00	20.20	22.30	3.80	27.20	112.20	5.00	27.90	1.50	29.50	1.40	6.60
	1993	179.00	130.70	106.70	14.50	32.20	3.30	28.80	129.10	9.10	22.80	1.50	26.30	1.40	6.50
	1997	86.00	142.40	87.80	10.00	16.80	4.30	46.50	91.10	8.30	34.90	1.80	26.30	1.00	8.60
	2000	106.00	118.40	55.50	12.70	13.60	4.60	49.50	104.40	3.80	24.80	0.60	31.40	2.50	8.90
	2004	100.00	99.90	52.90	11.90	20.40	1.80	45.60	94.70	2.50	21.70	0.90	31.30	1.10	5.60
4.00	1989	214.00	149.90	90.80	47.20	50.90	5.30	33.90	128.70	21.40	26.60	2.00	22.00	1.00	6.50
	1991	307.00	147.70	95.50	28.60	29.10	5.50	39.40	116.40	10.20	33.50	3.40	33.60	2.20	7.40
	1993	250.00	147.90	101.30	14.50	25.00	2.20	35.00	136.40	9.30	24.70	1.10	36.20	2.60	7.60
	1997	117.00	133.80	74.30	13.20	26.80	4.30	35.30	114.60	3.70	31.30	1.40	31.00	2.20	7.40
	2000	126.00	140.90	62.20	6.00	25.20	1.40	51.30	113.60	4.80	19.20	1.30	42.10	2.70	7.90
	2004	90.00	116.90	72.30	19.90	17.60	2.50	42.30	101.70	2.60	34.40	0.60	27.30	3.80	4.90
5.00	1989	200.00	196.80	81.50	29.10	71.70	4.70	42.30	142.20	19.40	33.20	1.80	27.70	1.90	6.30
	1991	317.00	169.10	99.60	25.20	36.10	5.10	43.20	133.90	12.10	26.80	1.00	32.70	2.20	7.50
	1993	267.00	167.40	117.60	19.50	22.30	3.20	40.90	155.80	14.00	18.10	1.50	32.40	3.70	7.40
	1997	137.00	167.40	82.20	9.10	20.10	3.90	45.80	129.60	5.00	12.90	3.10	34.30	6.80	7.70
	2000	128.00	160.30	70.70	10.50	24.80	4.20	55.60	111.00	8.10	20.40	1.30	38.90	3.70	10.30
	2004	102.00	137.00	84.40	9.30	17.90	3.10	53.40	129.30	1.60	20.10	0.40	33.40	3.70	5.40

续表

儿童年龄	年份	样本量	动物内脏	禽肉	奶及其制品	蛋及制品	鱼虾类	植物油	动物油	糕点类	糖，淀粉	食盐	酱油	酱类	其他
2.00	1989	274.00	1.30	4.00	27.50	12.30	10.60	9.20	7.40	3.40	3.40	5.90	7.40	0.80	5.00
	1991	258.00	0.80	3.60	37.10	20.00	10.60	10.10	5.10	5.30	2.50	6.70	6.50	0.70	3.90
	1993	133.00	1.00	3.30	8.20	10.90	7.50	9.10	4.60	3.50	1.90	5.70	3.40	0.20	5.70
	1997	120.00	1.40	7.70	54.50	24.80	12.40	13.80	3.70	10.10	5.90	6.20	5.50	2.80	4.90
	2000	113.00	2.30	5.90	36.20	27.40	12.40	13.70	4.60	6.50	4.90	6.40	5.80	1.00	4.20
	2004	69.00	2.20	5.50	71.10	20.50	14.10	13.70	2.00	4.90	1.30	4.70	3.30	0.00	16.60
3.00	1989	288.00	1.70	3.30	6.60	14.60	12.50	11.50	6.10	3.50	3.90	7.00	8.80	0.90	3.80
	1991	288.00	2.70	3.00	10.30	18.60	12.50	12.00	7.00	6.30	2.90	7.10	6.00	2.40	4.90
	1993	179.00	1.10	3.60	18.30	13.00	8.40	10.50	4.40	3.30	2.50	7.10	3.80	0.40	4.60
	1997	86.00	0.40	6.60	17.40	25.50	9.90	13.60	2.80	8.10	4.00	7.10	4.40	1.30	4.20
	2000	106.00	1.70	4.00	15.00	23.50	10.80	14.50	5.60	4.90	2.60	7.30	7.30	0.90	5.70
	2004	100.00	2.80	7.30	31.20	24.30	11.50	12.50	4.20	2.20	1.80	5.10	3.80	0.10	13.70
4.00	1989	214.00	0.60	3.90	1.10	12.20	12.80	11.70	9.20	2.60	3.90	7.80	8.30	0.70	3.90
	1991	307.00	2.20	5.80	10.00	13.90	10.60	10.80	7.10	4.70	4.10	8.30	8.80	1.30	6.80
	1993	250.00	3.10	5.00	11.00	15.80	9.80	10.10	6.30	1.80	4.20	7.30	5.50	0.40	5.70
	1997	117.00	1.60	6.70	7.40	24.40	12.20	17.00	4.60	3.40	4.10	7.80	5.60	2.90	6.00
	2000	126.00	2.30	7.40	16.40	22.80	15.40	19.80	6.50	3.30	3.80	6.80	7.60	3.50	5.50
	2004	90.00	1.10	3.10	38.40	44.80	12.40	14.70	3.10	4.00	1.70	5.10	4.40	0.10	10.90
5.00	1989	200.00	1.40	3.40	15.50	13.80	11.30	10.90	6.70	2.80	3.10	8.00	10.10	0.50	5.10
	1991	317.00	2.50	3.70	10.80	12.60	13.00	11.20	7.00	4.50	2.20	8.80	7.60	1.60	5.30
	1993	267.00	1.70	3.80	3.50	13.30	13.40	12.40	6.00	1.70	2.20	7.70	6.00	0.40	4.90
	1997	137.00	0.90	5.50	5.70	18.40	16.80	16.80	5.00	4.90	4.20	6.40	5.00	2.40	5.60
	2000	128.00	2.70	10.00	16.30	16.00	18.80	17.00	5.30	2.90	2.70	8.20	6.60	0.50	5.20
	2004	102.00	2.20	7.10	30.90	17.70	12.60	20.00	4.00	2.30	1.60	5.20	5.70	0.50	10.30

注：文献出处：翟凤英，中国居民膳食结构与营养状况变迁的追踪研究，科学出版社，2007。

附录Ⅵ　我国居民生命周期表

年龄	死亡数	出生人口	x 龄人口数目	超过 x 龄人口数	调整死亡人口数目	死亡率	假定存活数目	在此年龄死亡数	在此年龄存活数	累积存活数	在此年龄期望寿命
0	2 417	188 574			2 574	0.0135	100 000	1 352	100 406	6 918 301	69.18
1	233	173 372	180 973	16 761 586	248	0.0014	98 648	141	98 719	6 817 895	69.11
2	163	179 105	176 239	16 588 214	174	0.0010	98 507	95	98 555	6 719 177	68.21
3	113	183 858	181 482	16 409 109	120	0.0007	98 411	64	98 444	6 620 622	67.27
4	99	196 707	190 283	16 225 251	105	0.0005	98 347	53	98 373	6 522 178	66.32
5	109	201 677	199 192	16 028 544	116	0.0006	98 294	57	98 323	6 423 805	65.35
6	91	207 638	204 658	15 826 867	97	0.0005	98 238	46	98 261	6 325 482	64.39
7	74	216 034	211 836	15 619 229	79	0.0004	98 192	36	98 210	6 227 222	63.42
8	80	225 189	220 612	15 403 195	85	0.0004	98 156	37	98 175	6 129 012	62.44
9	108	245 438	235 314	15 178 006	115	0.0005	98 119	46	98 142	6 030 837	61.46
10	100	246 594	246 016	14 932 568	106	0.0004	98 073	42	98 094	5 932 695	60.49
11	105	253 653	250 124	14 685 974	112	0.0004	98 031	43	98 052	5 834 601	59.52
12	115	274 597	264 125	14 432 321	122	0.0004	97 988	44	98 009	5 736 548	58.54
13	93	289 690	282 144	14 157 724	99	0.0003	97 944	33	97 961	5 638 539	57.57
14	128	330 752	310 221	13 868 034	136	0.0004	97 910	40	97 931	5 540 578	56.59
15	158	335 475	333 114	13 537 282	168	0.0005	97 870	49	97 895	5 442 648	55.61
16	176	297 086	316 281	13 201 807	187	0.0006	97 821	62	97 852	5 344 753	54.64
17	176	285 228	291 157	12 904 721	187	0.0007	97 759	64	97 791	5 246 901	53.67
18	206	245 419	265 324	12 619 493	219	0.0009	97 695	87	97 739	5 149 110	52.71
19	188	209 115	227 267	12 374 074	200	0.0010	97 608	93	97 654	5 051 371	51.75
20	166	192 996	201 056	12 164 959	177	0.0009	97 514	89	97 559	4 953 717	50.80
21	166	194 059	193 528	11 971 963	177	0.0009	97 425	89	97 469	4 856 158	49.85
22	218	217 048	205 554	11 777 904	232	0.0011	97 336	104	97 388	4 758 688	48.89
23	177	230 207	223 628	11 560 856	188	0.0008	97 232	80	97 272	4 661 300	47.94
24	180	205 059	217 633	11 330 649	192	0.0009	97 153	91	97 198	4 564 028	46.98
25	209	222 863	213 961	11 125 590	223	0.0010	97 062	97	97 110	4 466 830	46.02

续表

年龄	死亡数	出生人口	x 龄人口数目	超过 x 龄人口数	调整死亡人口数目	死亡率	假定存活数目	在此年龄死亡数	在此年龄存活数	累积存活数	在此年龄期望寿命
26	185	221 148	222 006	10 902 727	197	0.0009	96 965	86	97 008	4 369 719	45.06
27	206	216 164	218 656	10 681 579	219	0.0010	96 879	98	96 928	4 272 711	44.10
28	228	227 247	221 706	10 465 415	243	0.0011	96 780	103	96 832	4 175 783	43.15
29	301	247 346	237 297	10 238 168	321	0.0013	96 677	125	96 740	4 078 951	42.19
30	276	262 370	254 858	9 990 822	294	0.0011	96 552	108	96 606	3 982 211	41.24
31	331	284 300	273 335	9 728 452	352	0.0012	96 444	120	96 504	3 885 605	40.29
32	397	303 137	293 719	9 444 152	423	0.0014	96 324	134	96 391	3 789 102	39.34
33	396	310 749	306 943	9 141 015	422	0.0014	96 190	130	96 255	3 692 711	38.39
34	469	334 193	322 471	8 830 266	499	0.0015	96 060	143	96 131	3 596 455	37.44
35	474	334 173	334 183	8 496 073	505	0.0015	95 916	145	95 989	3 500 324	36.49
36	555	361 371	347 772	8 161 900	591	0.0016	95 771	157	95 850	3 404 335	35.55
37	506	312 206	336 789	7 800 529	539	0.0017	95 615	165	95 697	3 308 486	34.60
38	515	301 722	306 964	7 488 323	548	0.0018	95 450	173	95 537	3 212 788	33.66
39	596	334 877	318 300	7 186 601	635	0.0019	95 277	180	95 367	3 117 252	32.72
40	631	326 270	330 574	6 851 724	672	0.0021	95 096	196	95 194	3 021 885	31.78
41	745	352 456	339 363	6 525 454	793	0.0022	94 901	213	95 007	2 926 691	30.84
42	712	355 863	354 160	6 172 998	758	0.0021	94 687	202	94 788	2 831 684	29.91
43	467	198 215	277 039	5 817 135	497	0.0025	94 486	237	94 604	2 736 896	28.97
44	437	173 962	186 089	5 618 920	465	0.0027	94 249	252	94 375	2 642 291	28.04
45	525	193 360	183 661	5 444 958	559	0.0029	93 997	271	94 133	2 547 917	27.11
46	644	213 231	203 296	5 251 598	686	0.0032	93 726	301	93 876	2 453 784	26.18
47	849	267 184	240 208	5 038 367	904	0.0034	93 425	316	93 583	2 359 908	25.26
48	938	257 591	262 388	4 771 183	999	0.0039	93 109	360	93 289	2 266 325	24.34
49	916	253 506	255 549	4 513 592	975	0.0038	92 749	356	92 927	2 173 036	23.43
50	1 090	274 650	264 078	4 260 086	1 161	0.0042	92 393	390	92 587	2 080 109	22.51
51	1 028	257 379	266 015	3 985 436	1 095	0.0042	92 003	390	92 198	1 987 521	21.60
52	1 145	251 485	254 432	3 728 057	1 219	0.0048	91 612	443	91 834	1 895 323	20.69

续表

年龄	死亡数	出生人口	x 龄人口数目	超过 x 龄人口数	调整死亡人口数目	死亡率	假定存活数目	在此年龄死亡数	在此年龄存活数	累积存活数	在此年龄期望寿命
53	1 071	222 394	236 940	3 476 572	1 141	0.0051	91 169	466	91 403	1 803 489	19.78
54	1 217	207 689	215 042	3 254 178	1 296	0.0062	90 703	564	90 985	1 712 087	18.88
55	1 250	213 111	210 400	3 046 489	1 331	0.0062	90 139	561	90 419	1 621 102	17.98
56	1 172	180 285	196 698	2 833 378	1 248	0.0069	89 577	618	89 886	1 530 682	17.09
57	1 155	170 398	175 342	2 653 093	1 230	0.0072	88 959	640	89 279	1 440 796	16.20
58	1 281	163 800	167 099	2 482 695	1 364	0.0083	88 320	732	88 686	1 351 516	15.30
59	1 384	156 306	160 053	2 318 895	1 474	0.0094	87 587	822	87 998	1 262 830	14.42
60	1 413	142 246	149 276	2 162 589	1 505	0.0105	86 765	913	87 222	1 174 832	13.54
61	1 360	134 297	138 272	2 020 343	1 448	0.0107	85 852	921	86 313	1 087 611	12.67
62	1 510	129 128	131 713	1 886 046	1 608	0.0124	84 931	1 051	85 457	1 001 298	11.79
63	1 615	125 173	127 151	1 756 918	1 720	0.0136	83 880	1 145	84 452	915 841	10.92
64	1 800	127 460	126 317	1 631 745	1 917	0.0149	82 736	1 235	83 353	831 389	10.05
65	1 816	114 122	120 791	1 504 285	1 934	0.0168	81 501	1 369	82 185	748 036	9.18
66	1 869	113 187	113 655	1 390 163	1 990	0.0174	80 131	1 397	80 829	665 850	8.31
67	2 169	113 636	113 412	1 276 976	2 310	0.0201	78 734	1 584	79 526	585 021	7.43
68	2 297	107 987	110 812	1 163 340	2 446	0.0224	77 150	1 728	78 014	505 495	6.55
69	2 762	111 214	109 601	1 055 353	2 941	0.0261	75 422	1 969	76 406	427 481	5.67
70	2 745	100 340	105 777	944 139	2 923	0.0287	73 453	2 109	74 508	351 074	4.78
71	2 746	99 630	99 985	843 799	2 924	0.0289	71 344	2 064	72 376	276 566	3.88
72	2 999	88 837	94 234	744 169	3 194	0.0353	69 280	2 447	70 504	204 190	2.95
73	2 933	78 770	83 804	655 332	3 123	0.0389	66 834	2 599	68 133	133 687	2.00
74	3 083	78 333	78 552	576 562	3 283	0.0411	64 235	2 637	65 554	65 554	1.02
75+	93 994	498 229			100 096						

注：根据人口统计年鉴整理而成。